SHENGWU YIQI JI SHIYONG

生物仪器及使用

郑蔚虹　张乔　薛永国　主编

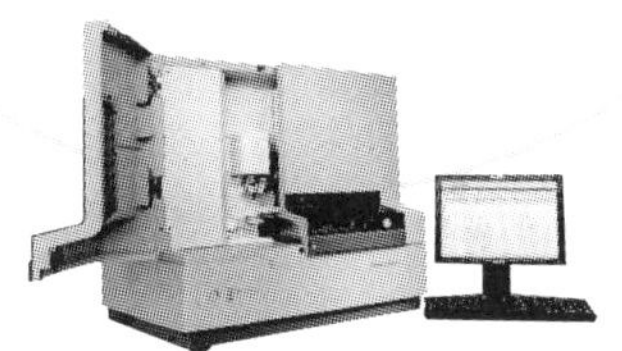

化学工业出版社

·北京·

本书共分4章，详细系统地讲述了生物样品制备的主要仪器、结构及性质分析主要仪器、功能研究仪器、环境监测常用仪器，书中对生物仪器的原理做了简明扼要的介绍，对各种生物仪器的操作步骤以及仪器运行中经常会遇到的问题及解决办法做了较详细的指导和阐述，并增加了对测试结果生物学意义的阐释，全书内容翔实、丰富，具有较强的实用性、实践性。

本书可作为高等学校生物技术、生物工程等相关专业学生的教材或参考书，也可供从事生物仪器使用、维护或销售的相关人员参考阅读。

图书在版编目（CIP）数据

生物仪器及使用/郑蔚虹，张乔，薛永国主编.—北京：化学工业出版社，2018.8

ISBN 978-7-122-32522-8

Ⅰ.①生… Ⅱ.①郑…②张…③薛… Ⅲ.①生物工程-仪器设备 Ⅳ.①Q81

中国版本图书馆CIP数据核字（2018）第145288号

责任编辑：窦　臻　陆雄鹰　　文字编辑：李　瑾
责任校对：王鹏飞　　装帧设计：韩　飞

出版发行：化学工业出版社（北京市东城区青年湖南街13号　邮政编码100011）
印　　刷：三河市航远印刷有限公司
装　　订：三河市瞰发装订厂
787mm×1092mm　1/16　印张17¼　字数424千字　2019年3月北京第1版第1次印刷

购书咨询：010-64518888　　售后服务：010-64518899
网　　址：http://www.cip.com.cn
凡购买本书，如有缺损质量问题，本社销售中心负责调换。

定　　价：59.00元

本书编写人员名单

主　　编：郑蔚虹　张　乔　薛永国

副 主 编：陈永强　冯慧敏　王传花

参编人员（按姓名笔画排序）

王传花　王佳琦　冯慧敏　曲晶升　乔青岗

刘志强　刘爱丽　李　楠　李志玲　邹慧熙

张　乔　张　旭　陈永强　郑蔚虹　柳劲松

钱鹏程　梁庆建　雷新响　薛永国

前言

生命科学是一门实验性很强的学科，没有观察和实验，生命科学不可能取得如此辉煌的成就。多年来在观察和实验过程中，我们深深体会到生物仪器的作用不容小觑，科学技术重大成就的获得，往往是以生物仪器和技术方法上的突破为先导的。它像“神眼”，看到了我们看不到的；它也像“神手”，做到了我们不能做的。

从教32年来，无论是上实验课还是做科研，笔者和很多生物仪器结下了不解之缘，相关实验室每年都要申报购进先进的仪器设备，可是很多学生甚至我们的老师对仪器的操作都不够规范，有点小问题就不知所措。测试结果的生物学意义阐释不准、数据不会分析等问题时常困扰着大家。所以笔者一直有个心愿，希望我们的学生不仅能学会使用仪器、维护仪器，还能讲出原理、讲出数据涵义，出现一些小故障知道怎样处理，更期待我们的学生毕业后从事生物仪器相关工作能有专业的素养。针对这种情况笔者给学生开设了“生物仪器及使用”这门课程，同时希望编写这样一本书，在学生学习使用某一仪器时，帮助他们了解相应领域的发展与应用，使学生学到的理论能够解决实际问题，从而增强学生了解学习这门课程的意义；帮助学生掌握仪器运行中经常遇到的问题和解决办法，及使用中的注意事项，明白测试结果的生物学意义阐释等；帮助学生对诸多分析方法形成全面总体的认识，同时便于学生了解不同方法仪器间的各自的特点，从而对各类分析方法之间的联系与区别有较好的理解，利于培养学生形成知识链和科学逻辑思维。因此，笔者和张乔、薛永国合作共同主编了这本书。同时也吸收了一些从事生物仪器相关工作的技术和销售人员，以及长期使用相关仪器的年轻博士及研究生加入了编写团队。但由于笔者水平所限，书中疏漏之处在所难免，敬请广大读者批评指正。

本书从生物科学工作者的角度编写，兼顾大多数生物科学实验室实际情况，有如下特色：

1. 本书按照生物样品制备与分离纯化、生物样品的主要成分分析、生物体功能研究及环境监测四大类仪器编排，内容全面。

2. 简明扼要地介绍生物仪器的原理，较详细地介绍了各种生物仪器的操作步骤以及仪器运行中经常会遇到的问题及解决办法。

3. 增加测试结果的生物学意义阐释，希望读者对诸多分析方法形成全面总体的认识，同时便于读者了解不同仪器各自的特点，从而对各种分析方法之间的联系与区别有较好的理解。

从出版社约稿到现在已有5年时间，这期间我去美国两次，又患病耽误了许久，感谢团队成员和出版社的不离不弃，感谢国家自然科学基金31470472和浙江省水环境与海洋生物资源保护重点实验室的支持，感谢温州大学教材立项的支持。也要感谢相关仪器厂家，提供了说明书、图解及视频，为本书的编写提供了大量素材。

郑蔚虹

2018年6月

目 录

1 生物样品制备主要仪器 1

1.1 组织匀浆机和粉碎机 …… 1
1.1.1 组织匀浆机 …… 1
1.1.2 粉碎机 …… 4
1.1.3 小结 …… 7
1.2 液相和固相萃取装置 …… 7
1.2.1 分液漏斗 …… 7
1.2.2 索氏提取器 …… 9
1.2.3 固相萃取柱 …… 12
1.2.4 固相微萃取装置 …… 15
1.2.5 快速溶剂萃取仪 …… 18
1.2.6 小结 …… 19
1.3 旋转浓缩仪 …… 19
1.3.1 主要用途 …… 19
1.3.2 原理与构造 …… 19
1.3.3 操作过程 …… 20
1.3.4 管理及维护 …… 20
1.3.5 常见故障 …… 21
1.3.6 结果解读 …… 23
1.3.7 小结 …… 23
1.4 离心机 …… 23
1.4.1 主要用途 …… 23
1.4.2 原理与构造 …… 24
1.4.3 操作过程 …… 25
1.4.4 管理及维护 …… 27
1.4.5 常见故障 …… 28
1.4.6 结果解读 …… 29
1.4.7 小结 …… 29
1.5 低温与超低温冷冻与冷藏 …… 29
1.5.1 冰箱或冰柜 …… 30
1.5.2 超低温保存设备 …… 31
1.5.3 液氮罐 …… 33
1.5.4 小结 …… 36
1.6 纯水仪 …… 37

1.6.1 主要用途…… 37
1.6.2 原理与构造…… 37
1.6.3 操作过程…… 39
1.6.4 管理及维护…… 39
1.6.5 常见故障…… 40
1.6.6 结果解读…… 42
1.6.7 小结…… 42
1.7 气相色谱仪…… 42
1.7.1 主要用途…… 42
1.7.2 原理与构造…… 42
1.7.3 操作过程…… 44
1.7.4 管理及维护…… 44
1.7.5 常见故障…… 46
1.7.6 结果解读…… 47
1.7.7 小结…… 48
1.8 高效液相色谱仪…… 48
1.8.1 主要用途…… 48
1.8.2 原理与构造…… 48
1.8.3 操作过程…… 49
1.8.4 管理及维护…… 51
1.8.5 常见故障…… 51
1.8.6 结果解读…… 53
1.8.7 小结…… 53
1.9 超临界流体色谱仪…… 53
1.9.1 主要用途…… 53
1.9.2 原理与构造…… 54
1.9.3 操作过程（临界二氧化碳萃取）…… 56
1.9.4 管理及维护…… 57
1.9.5 常见故障…… 57
1.9.6 小结…… 57
1.10 高效毛细管电泳仪 …… 57
1.10.1 主要用途 …… 58
1.10.2 原理与构造 …… 58
1.10.3 操作过程 …… 59
1.10.4 管理及维护 …… 61
1.10.5 常见故障 …… 62
1.10.6 结果解读 …… 63
1.10.7 小结 …… 64
1.11 蛋白质纯化系统 …… 64
1.11.1 主要用途 …… 64

1.11.2 原理与构造 …… 64
1.11.3 操作过程 …… 66
1.11.4 管理及维护 …… 67
1.11.5 常见故障 …… 67
1.11.6 结果解读 …… 67
1.11.7 小结 …… 68
参考文献 …… 68

2 结构及性质分析主要仪器 70

2.1 紫外-可见分光光度计 …… 70
2.1.1 主要用途 …… 70
2.1.2 原理与构造 …… 70
2.1.3 操作过程 …… 73
2.1.4 管理及维护 …… 75
2.1.5 常见故障 …… 76
2.1.6 结果解读 …… 78
2.1.7 小结 …… 79
2.2 红外光谱仪 …… 79
2.2.1 主要用途 …… 79
2.2.2 基本原理 …… 80
2.2.3 基本构造 …… 82
2.2.4 操作过程 …… 83
2.2.5 管理及维护 …… 85
2.2.6 结果解读 …… 86
2.2.7 小结 …… 87
2.3 分子荧光光谱仪 …… 88
2.3.1 主要用途 …… 88
2.3.2 基本原理 …… 89
2.3.3 基本构造 …… 90
2.3.4 荧光分析的操作过程 …… 92
2.3.5 管理及维护 …… 94
2.3.6 结果解读 …… 96
2.3.7 小结 …… 96
2.4 原子发射光谱仪 …… 97
2.4.1 主要用途 …… 97
2.4.2 原理与构造 …… 98
2.4.3 ICP-AES 操作过程 …… 101
2.4.4 ICP-AES 仪器管理及维护 …… 102
2.4.5 结果解读 …… 103
2.4.6 小结 …… 104

2.5 原子吸收光谱法 …… 105
2.5.1 主要用途 …… 105
2.5.2 基本原理 …… 105
2.5.3 基本构造 …… 108
2.5.4 原子吸收分光光度计通用操作规程与注意事项 …… 111
2.5.5 管理及维护 …… 116
2.5.6 结果解读 …… 118
2.5.7 小结 …… 119
2.6 核磁共振波谱仪 …… 120
2.6.1 主要用途 …… 120
2.6.2 原理及构造 …… 120
2.6.3 操作过程（液体核磁共振） …… 124
2.6.4 管理及维护 …… 124
2.6.5 常见故障 …… 124
2.6.6 结果解读 …… 125
2.6.7 小结 …… 129
2.7 质谱分析仪 …… 129
2.7.1 主要用途 …… 129
2.7.2 原理与构造 …… 132
2.7.3 操作过程 …… 132
2.7.4 管理及维护 …… 138
2.7.5 结果解读 …… 139
2.7.6 质谱联用技术 …… 141
2.7.7 小结 …… 143
参考文献 …… 143
3 功能研究仪器 145
3.1 有机体的功能研究 …… 145
3.1.1 光合仪 …… 145
3.1.2 开放式氧气分析仪 …… 150
3.1.3 Mini Mitter-VitalView 植入式生理信号无线遥测系统 …… 153
3.1.4 IKA C2000 氧弹量热仪 …… 159
3.2 细胞生物学新型研究技术与设备 …… 165
3.2.1 激光共聚焦扫描显微镜 …… 165
3.2.2 流式细胞仪 …… 169
3.3 生化分子生物学技术常用仪器设备 …… 174
3.3.1 酶标仪和洗板机 …… 174
3.3.2 生化分析仪 …… 178
3.3.3 电泳仪 …… 182
3.3.4 PCR 仪 …… 186

3.3.5 转基因仪 …… 193
3.3.6 凝胶成像系统 …… 195
3.3.7 基因差示系统 …… 197
3.3.8 半干转印仪、杂交炉与紫外交联仪 …… 199
3.3.9 电转化仪 …… 201
3.3.10 测序仪 …… 203
3.4 生物反应器与发酵工程设备 …… 211
3.4.1 主要用途 …… 211
3.4.2 原理与构造 …… 212
3.4.3 操作过程 …… 213
3.4.4 管理及维护 …… 216
3.4.5 小结 …… 216
参考文献 …… 216

4 环境监测常用仪器 218
4.1 陆地环境监测常用仪器 …… 218
4.1.1 红外线一氧化碳分析仪 …… 218
4.1.2 土壤养分测试仪 …… 221
4.1.3 便携式农药残留检测仪 …… 225
4.1.4 土壤电导率、温度、水分速测仪 …… 227
4.1.5 干湿球湿度计 …… 228
4.2 海洋环境检测常用仪器 …… 229
4.2.1 盐温深测量仪 …… 229
4.2.2 电位滴定仪 …… 234
4.2.3 浊度仪 …… 239
4.2.4 激光粒度仪 …… 242
4.2.5 多参数水质仪 …… 245
4.2.6 海洋综合观测浮标 …… 256
参考文献 …… 263

1 生物样品制备主要仪器

1.1 组织匀浆机和粉碎机

细胞破碎技术是利用外力破坏细胞膜和细胞壁，使细胞内容物释放出来的技术，是分离纯化细胞内生化物质的基础。

1.1.1 组织匀浆机

1.1.1.1 主要用途

组织匀浆机是将组织打散研磨成均匀糊状物，进行有机物的实验室细碎、匀化、乳化、分散、强烈搅拌、润湿等，常用于动植物组织、细菌和真菌类微生物，研磨后的匀浆液可以进行DNA/RNA、蛋白质、细胞器甚至是小分子化合物的分离提取。

1.1.1.2 原理与构造

手持式组织匀浆机（见图1-1）是生物实验室中最为常用的一种匀浆机，适合于小样品的匀浆操作和混悬液的制备。使用时电机驱动分散头旋转产生高速机械剪切力，使组织劈裂、碾碎和掺和，完成样品搅拌、捣碎和匀浆，结构如图1-2所示。

图1-1　s10手持式组织匀浆机

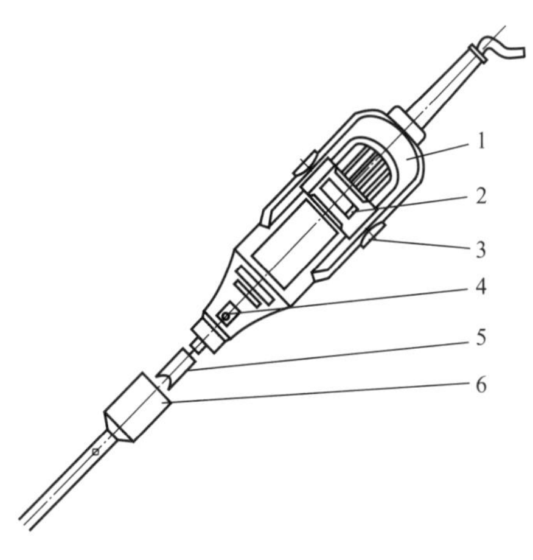

图1-2　手持式组织匀浆机结构示意图

1—发动机；2—调速开关；3—碳刷；4—止动按钮；5—四氟连接节；6—分散头

1.1.1.3 操作过程

① 制备组织匀浆液　将样品材料剪成小块后（少量多次）放入容器底部，根据样品软硬程度选择合适的档位，将手持式高速匀浆机与容器轴心对准，开机进行匀浆，至样品完全破碎即可关机。

② 制备微量混悬液　将粉末浸入液体中湿润，手持式高速匀浆机与容器轴心对准，将转速调至 2 档，开机 15s 即可。

1.1.1.4 管理及维护

① 及时进行清洗。分散头清洗后，须吹干后方可装箱待用。

② 由于电机转速高，因此使用时间以 2min 为限，停止 5min 后方可使用。

③ 连接轴上下滑动较困难时，应注入 1～2 滴机油，使之润滑。

④ 禁止捣碎骨类、矿砂等较坚硬的物质。

⑤ 防止有液体倒流进分散头底部的轴承处，以免轴承锈蚀，影响工作性能。

⑥ 电机、调速器不能受潮，要保持清洁，妥善保管。

⑦ 碳刷要经常检查，磨损了要更新。发现碳刷火花过大应停止使用，检查故障原因，修理好后，方可开机。

1.1.1.5 常见故障

发现电机运转不畅，甚至有胶皮融化的烟味，要停机检查。可能原因为：

① 电机转速高，使用时间长散热多，电机里的电圈损坏，所以匀浆机每使用 2min 需暂停冷却再使用。

② 物料偏大，电机运转阻力过大电圈损坏，所以要根据材料特性合理控制物料大小。

1.1.1.6 结果解读

细胞匀浆机可以实现动物组织匀浆和混合目的，能使细胞膜破裂，核分离，大分子物质断裂成小分子物质，如 DNA 链断裂。低速时可作搅拌器使用。

1.1.1.7 实验室其他常见匀浆仪器

细胞组织机械破碎的主要方法有珠磨法、高压匀浆法、撞击破碎法和超声波等方法，根据这些方法制成不同用途的匀浆机。

（1）玻璃匀浆器

如图 1-3 所示是两种玻璃匀浆器。这类匀浆器由硅酸盐玻璃制成，适用于培养细胞或软组织（如动物肝脏等）的匀浆。匀浆器包括一个筒状套管和两根槌管。其中一根为松形槌（适用间隙 0.089～0.14mm），另一根为紧形槌（使用间隙 0.025～0.076mm）。在实际操作中，组织剪成小块后以少量多次、覆盖住匀浆器底部为宜，可先用松形槌一边上下抽挤一边搅动，而后再用紧形槌继续匀浆。

（2）研磨珠敲打式匀浆机

利用珠子高速敲打进行组织破碎，用于 DNA/RNA、蛋白质、细胞器甚至是小分子化合物的分离提取，如图 1-4 所示。

图 1-3 玻璃匀浆器

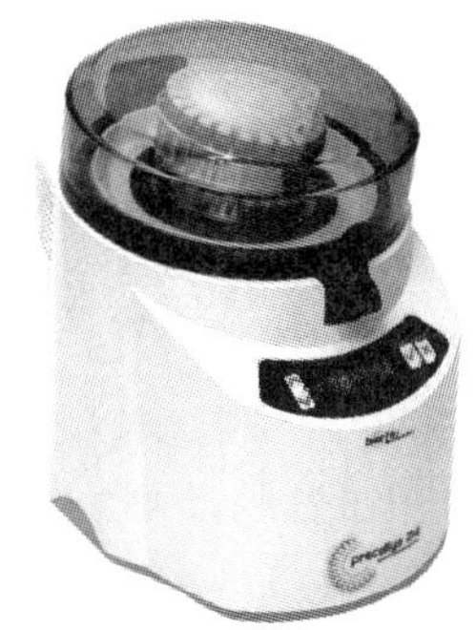

图 1-4 研磨珠敲打式匀浆机

（3）拍打式均质器

样品在无菌袋中被慢速敲打。用于活细菌、寄生虫/卵的提取，活组织细胞的分离培养。多用于食品（水果、蔬菜、肉类）的检验检疫，也用于土壤、环境行业的应用研究，见图 1-5。

（4）高压细胞破碎机

高压细胞破碎机如图 1-6 所示，它利用高压产生的挤压作用使细胞等材料破碎，适用于厚壁细胞、细菌和较浓样品，具有快速、方便和无噪声的特点。处理容量为 1～5mL/次，且可连续进样，最大破碎压力为 300MPa，使用电压为 380V。

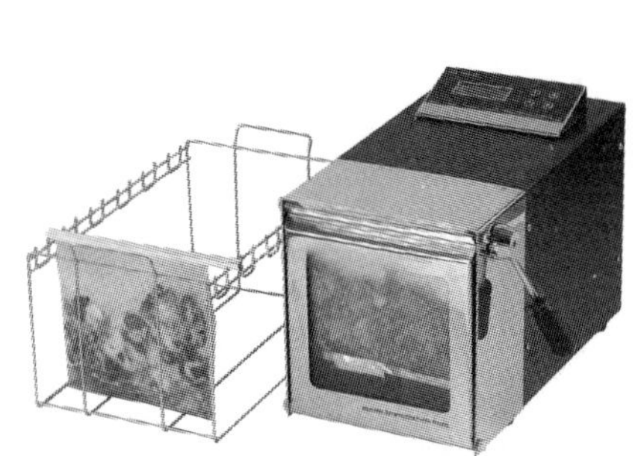

图 1-5 拍打式均质器

图 1-6 高压细胞破碎机

(5) 高速组织捣碎机

图 1-7 所示的是一种高速组织捣碎机。电机驱动旋刀在瓶杯内作用，利用瓶内流体力学和高速机械剪切力做工。这类装置的转速因机型不同而异，通常在 6000～15000r/min 之间，高速可达到 20000～30000r/min 之间，可根据需要调节。一般低速时连续运转时间稍长，而高速时运转时间则应短些（通常不超过 2min），以避免电机过热。组织捣碎机可用于较坚硬组织的匀浆，如肌肉、心肌或果实等。目前市场上的家用多功能搅拌器的转速可达到 20000r/min，也可用于干、湿样品的粉碎或匀浆。但应注意的是有机溶剂，如丙酮，不能直接放入塑料容器内。

(6) 超声波细胞破碎机

图 1-8 所示的是超声波细胞破碎机（JY92-2D 型），它是利用超声波在液体中产生的空化效应进行匀浆，可用于各种动物、植物细胞，细菌及组织的破碎和匀浆。功率为 450W，频率为 20Hz，破碎容量在 0.5～500mL 之间。为了提高细胞破碎效率，有时也配合添加一些细胞破碎珠。

图 1-7 高速组织捣碎机

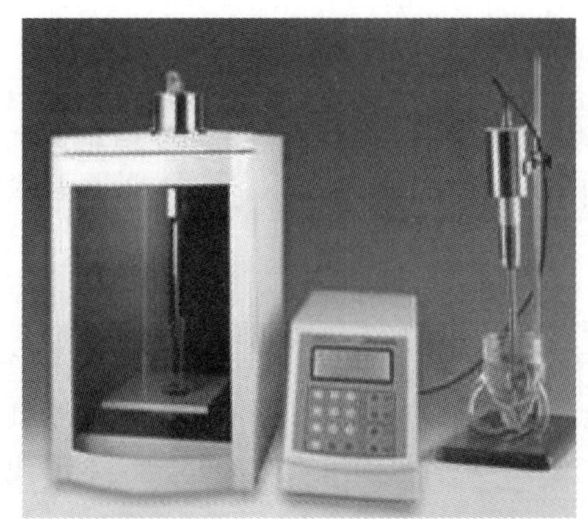

图 1-8 超声波细胞破碎机

1.1.2 粉碎机

1.1.2.1 主要用途

中药、西药、农药、生物等行业实验室对干性物料有超细粉碎的需求（见图 1-9），用

图 1-9 中药三七的粉碎

于对细胞组织生物材料的进一步研究利用，通常应用超细粉碎机，具有如下特点。

① 细度高，植物性纤维的粉碎细度可达 40～100μm；硬性、脆性物料的粉碎细度可达 12～44μm。

② 设计巧，将机械式粉碎、气流式粉碎的优点结合于一体，采用特殊结构的刀型极大地扩展了粉碎范围，适应实验室对多种物料的粉碎需求。

③ 体积小、重量轻，可放置于台面使用，方便在实验室操作。

④ 操控性好，接通电源即可，一人便可使用。

⑤ 由于采用全密闭结构，操作人员不与粉碎室直接接触，安全性能好，清理方便，无须过筛。

1.1.2.2 原理与构造

超细粉碎机是利用粉碎刀片高速旋转撞击和空气气流旋风分离产生的机械力粉碎物料，组成如图 1-10 所示，主要包括粉碎槽、电机和底座等。

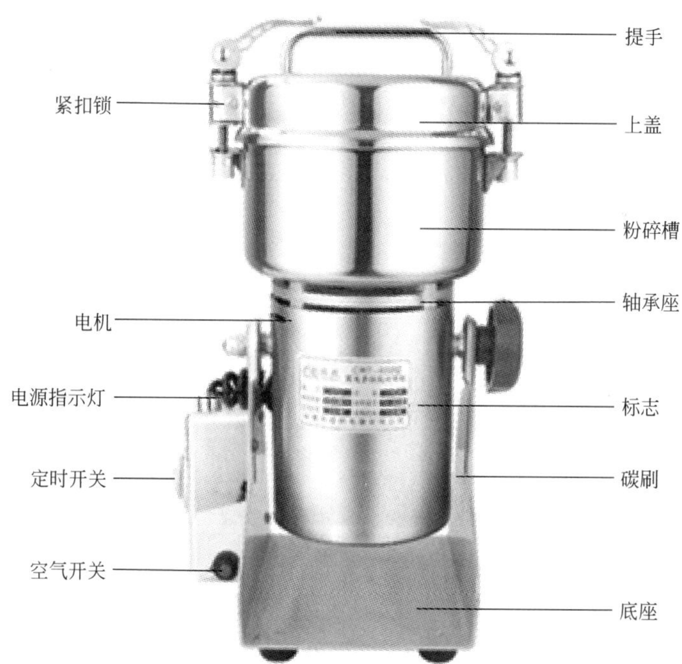

图 1-10 CR-400B 超微打粉研磨机

1.1.2.3 操作过程

如图 1-11 所示，粉碎机的使用可分为装料、粉碎和出料。

① 装料 拧开机盖，将要粉碎的样品装入粉碎室，盖好上盖。注意粉碎物料体积不要超过粉碎仓的三分之二。

② 粉碎 先将电源开关关闭，再接通电源，一手压机盖，一手再打开电源开关，粉碎时间一般中药半分钟即可，硬物 1min 即可，当样品达到粉碎粒度时，关闭电源开关。

③ 出料 顺时拧开上盖，倒出样品即可。

1.装料

2.扣盖

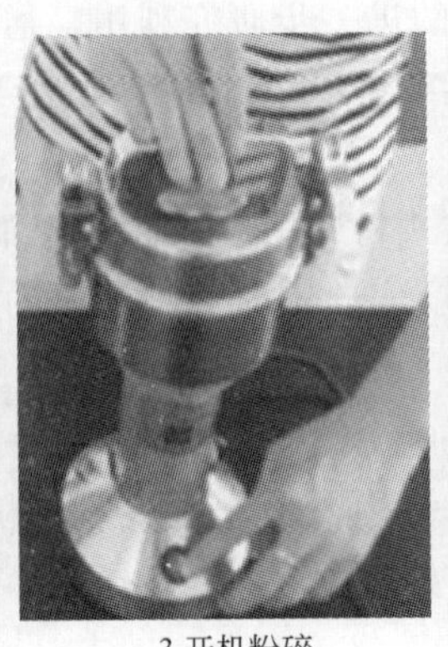
3.开机粉碎

4.出料

图 1-11　粉碎机使用操作示范

1.1.2.4　管理及维护

① 不要开盖工作，以免发生意外。

② 清扫样品时，先切断电源。

③ 清理粉碎室切忌注水，可用湿性介质擦拭。

④ 粉碎完黏性、腐蚀性物料后请及时清理以防腐蚀。

⑤ 由于电极转速较高，连续工作时间应控制在 3min 以内，间歇冷却 5min，再继续使用。

⑥ 如电机过热保险丝烧断需要及时更换，方法如图 1-12 所示。

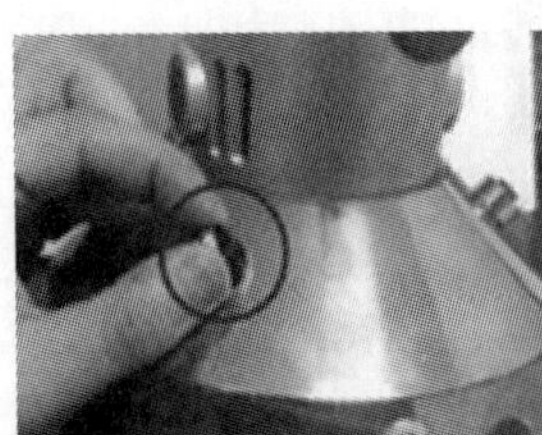
1.手动旋开保险丝塑料盖

2.取出损坏的保险丝

3.安装新保险丝旋紧塑料盖

图 1-12　更换保险丝

⑦ 电机属于有刷电机，开机出现火花，碳刷摩擦出现异味，属正常现象。碳刷磨损要及时更换，方法如图 1-13 所示。

1.用螺丝刀旋开塑料盖

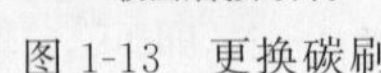
2.取出磨损碳刷

3.安装新碳刷旋紧塑料盖

图 1-13　更换碳刷

⑧ 刀片磨损需及时更换，将十字螺丝刀插入粉碎槽中的十字螺丝孔内，并用开口扳手

将锁紧刀片之六角螺母，依逆时针方向旋转松开更换刀片，再用螺丝刀及扳手依顺时针方向锁紧即可。

1.1.2.5 常见故障

粉碎含油性、水分、糖分、黏液质比较高的物料时，常抱成团状，沾满刀片及内壁，温度急剧升高，导致糊化，所以此类物料需经处理后再进行粉碎。常采用烘干处理，用微波炉、烘箱等设备将水分排出，使物料变硬变脆；或者混合粉碎，将干性物料和上述物料混合在一起粉碎，用干性物料来吸收它们的黏性、油性。

1.1.2.6 结果解读

干性实验材料经粉碎处理后形成150～300目的超细粉末。

1.1.3 小结

组织匀浆机和粉碎机是进行细胞组织破碎的仪器，经粉碎和匀浆的细胞组织材料可以继续进行相关的生物研究，如DNA/RNA、蛋白质、细胞器甚至是小分子化合物的分离提取等。

1.2 液相和固相萃取装置

萃取，又称溶剂萃取或液液萃取，亦称抽提，利用化合物在两种互不相溶（或微溶）的溶剂中溶解度或分配系数的不同，使化合物从一种溶剂内转移到另外一种溶剂中的方法。广泛应用于化学、冶金、食品和原子能等工业。

分配定律是萃取方法理论的主要依据，在两种互不相溶的溶剂中，加入某种可溶性的物质时，它能分别溶解于两种溶剂中。实验证明，在一定温度下，该化合物与此两种溶剂不发生分解、电解、缔合和溶剂化等作用时，此化合物在两液层中之比是一个定值，不论所加物质的量是多少，都是如此，属于物理变化。萃取有如下两种方式。

① 液-液萃取　利用化合物在两种互不相溶（或微溶）的溶剂中溶解度或分配系数的不同，使化合物从一种溶剂内转移到另外一种溶剂中。用选定的溶剂分离液体混合物中某种成分，溶剂必须与被萃取的混合物液体不相溶，具有选择性的溶解能力，而且必须有好的热稳定性和化学稳定性，如用苯分离煤焦油中的酚，用有机溶剂分离石油馏分中的烯烃等。

② 固-液萃取　也叫浸取，用溶剂分离固体混合物中的成分，如用水浸取甜菜中的糖类；用酒精浸取黄豆中的豆油；用水从中药中浸取有效成分等。经过反复多次萃取，绝大部分的化合物可以被提取出来。

下面介绍常见萃取仪器的构造及使用方法。

1.2.1 分液漏斗

1.2.1.1 原理与构造

分液漏斗的颈部有一个活塞，通过转动活塞可以灵活控制液体的流出，如图1-14所示。放液时，磨口塞上的凹槽对准漏斗口颈上的小孔，漏斗内外的空气相通，压强相等，漏斗里的液体顺利流出。分液时根据“下流上倒”的原理，打开活塞让下层液体全部流出，关闭活塞。上层液体从上口倒出。

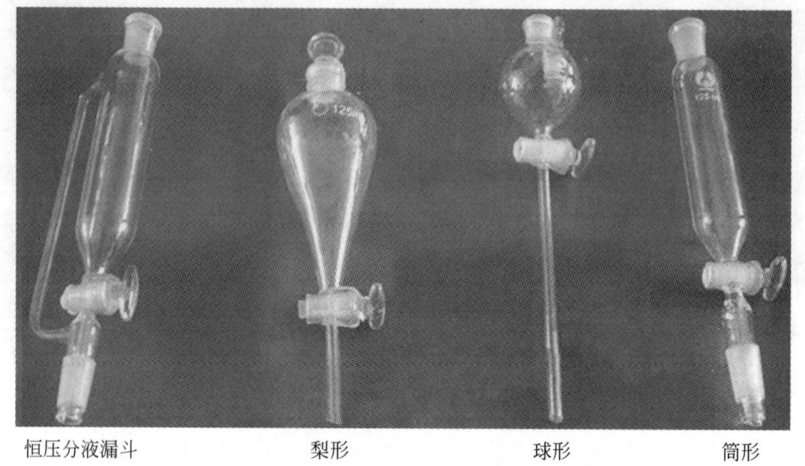

图 1-14　各种分液漏斗

1.2.1.2　操作过程

分液漏斗通过以下几个步骤完成液相萃取：检漏、加液、振摇、静置、分液和洗涤，见图 1-15。

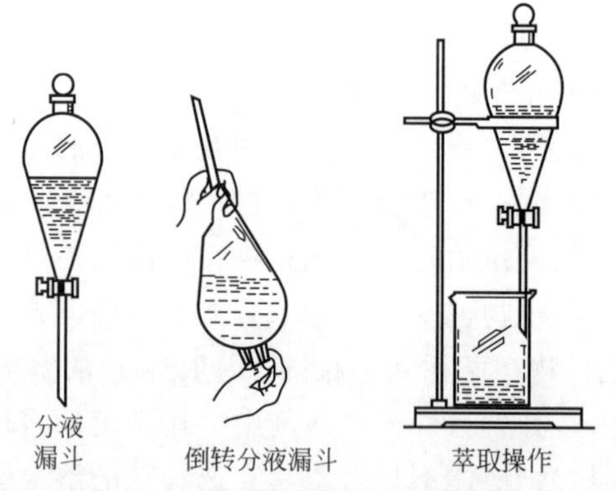

图 1-15　分液漏斗萃取操作示意图

① 分液漏斗使用前需取出漏斗颈上的旋塞芯，涂上凡士林后插入塞槽内转动，使油膜均匀透明转动自如。关闭旋塞，往漏斗内注水，检查旋塞处是否漏水，不漏水的分液漏斗方可使用。

② 将分液漏斗置于铁架台的铁圈中，关闭活塞，向分液漏斗中加入混合液体，盖紧玻塞。

③ 取下分液漏斗振摇，使两层液体充分接触，并在振摇过程中不时放气，以平衡内外压力。振摇时，右手握住漏斗上口径部，并用食指和中指夹住或掌心顶住玻塞，以防玻塞松脱。左手托住分液漏斗，大拇指、食指按住处于上方的活塞把手，漏斗颈向上倾斜 30°～40°，两手振摇数秒钟后，把漏斗颈朝上，旋开活塞放气，使内外气压平衡。当漏斗内有低沸点的有机溶剂时或用碱洗涤酸性物质时，更要注意放气。

④ 关闭活塞，再振摇，如此反复操作多次。

⑤ 振摇一段时间后，将分液漏斗放回铁圈中静置。

⑥ 待两层液体界面清晰时，将分液漏斗下端靠贴在接收器壁上，缓缓旋开活塞放出下层液体（放液应先快后慢，当界面临近活塞时，关闭活塞，稍加振摇，使黏附在漏斗壁上的液体下沉。静置片刻，下层液体会增多，再将下层液体慢慢放掉）。当最后一滴液体刚通过活塞孔时关闭活塞。

⑦ 待颈部液体流完后，将上层液体从上口倒出，装入另一容器内。

1.2.1.3 管理及维护

① 漏斗内加入的液体量不能超过容积的3/4，且不宜装碱性液体。

② 为防止杂质落入漏斗内，应盖上漏斗口上的塞子。

③ 分液漏斗不能加热。

④ 漏斗用后要洗涤干净，放进烘箱前把塞子拿出来，不要插在分液漏斗里面，在活塞面夹一纸条防止粘连，并用一橡筋套住活塞，以免失落。

1.2.1.4 常见故障

发生漏液现象，不可使用有泄漏的分液漏斗，以保证操作安全，所以在实验前务必检查分液漏斗的盖子和旋塞是否严密，通常方法是先加入一定量的水，振荡，看是否泄漏。

1.2.2 索氏提取器

索氏提取法是从固体物质中萃取化合物的一种方法（液-固萃取），用溶剂将固体长期浸润而将所需要的物质浸出来，即长期浸出法，用该方法进行萃取的仪器叫作索氏提取器，如图1-16所示。

1.2.2.1 原理与构造

索氏提取器又称脂肪抽取器或脂肪抽出器，结构如图1-17所示。

图1-16 索氏提取器

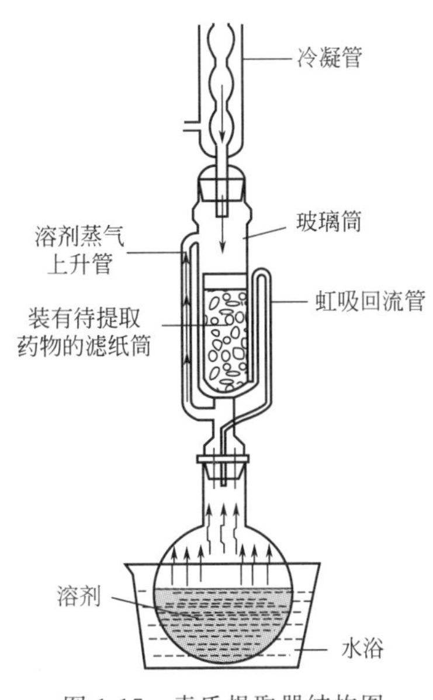

图1-17 索氏提取器结构图

索氏提取器利用溶剂回流虹吸原理，使固体物质连续不断地被纯溶剂萃取，既节约溶剂，效率又高。利用有机溶剂能溶解脂肪的特性，在抽出筒内将样品中的脂肪浸出，溶剂积聚至一定高度被虹吸管抽回入烧瓶，由于脂肪与溶剂的沸点不同，在45℃左右的恒温水浴条件下脂肪不被蒸发出来，只有溶剂继续蒸出，又积聚在抽出筒内，如此连续循环就能将试样中的脂肪全部被抽提转至烧瓶内。

1.2.2.2 操作过程

① 试样处理

a. 低油脂样品，直接称取2g粉碎样品，精确至0.0002g。先在滤纸桶内底铺一层脱脂棉，然后将样品转入筒内，再用脱脂棉盖在样品上面。

b. 油料等高油脂样品，称取2g左右试样，倒入烘盒内，放入105℃干燥箱中烘30min，趁热倒入研钵中磨碎，再加入2g左右的脱脂细砂同磨至出油状（注意：试样既要达到出油状，又要不黏糊，还要有一定的疏松度），再转入底部塞有脱脂棉的滤纸筒内，用脱脂棉蘸少许乙醚，揩净研钵上试样和脂肪，最好再用少量乙醚将研钵清洗一下，一并加入滤纸筒内，再用脱脂棉塞入上部，压住试样。

② 试样转入仪器，将滤纸筒移至冷凝管适当高度，并观察滤纸桶是否在冷凝管中心。

③ 将抽提桶在干燥缸内取出，至于托架内；此时要检查一下编号，防止错乱，在抽提桶内加入适量的溶剂（无水乙醚AR级）50mL左右，然后，手握托架手柄将抽提桶移入加热板上，然后用托架将抽提桶抬起，使抽提桶上口对准下保护套的圆柱孔，保证两平面接触良好；拉下压杆使锁紧钩子同座锁牢，然后，再将抽提桶稍加旋转，以保证两平面接触良好。

④ 接通水源给水管、排水管，开启冷凝管旋塞。

⑤ 手握提把上移，将试样移入抽提桶底，浸泡，此时将温控仪温度和调温旋钮设在45～55℃，具体按溶剂沸点及室温定。

⑥ 从溶剂挥发开始浸泡适当时间（时间根据含油量定），将滤纸桶提升约5cm，进行抽提，时间依据不同材质而定，再将滤纸桶提升1cm至最高位置，同时将冷凝管旋塞完全关闭，进行溶剂回收，时间约15min。

⑦ 关闭电源，左手握住压杆，拉开锁紧钩，使冷凝管复位，同时右手握住托架手柄将托架上抬，等冷凝管复位后，用托架将抽提桶在加热板上取出，转入干燥箱内（温度105℃）去水分，约45min后移入干燥缸内冷却称量，计算含油量，最好使所得油脂达到恒重（即多次烘干、冷却、称重使最后两次称重，前后重量差在0.002g以内即为恒重）。

⑧ 将滤纸筒移至适当位置，摘下滤纸筒后，取出回收溶剂，回收时将溶剂盛在冷凝管下部，容器口对准冷凝管下口完全打开旋塞，等到聚集在冷凝管内的溶剂流完为止，倒出回收溶剂，经处理精制，达到AR级再用。

⑨ 使用结束，关闭电源，擦洗干净，保持整洁。

1.2.2.3 管理及维护

① 使用时根据室温适当调整抽提加热的设定温度。

② 加热方式采用水浴加热，加热前必须先注入蒸馏水，防止电热管烧坏。抽提时随时注意水位，低水位时应及时补充。

③ 用两组水源进出冷却，防止乙醚挥发。

④ 索氏萃取器用完要立即洗净、烘干，放在专门的纸盒里保存。

1.2.2.4 常见故障

仪器密闭性不好，无法完成萃取操作或者效率低下，所以仪器安装好后要检查其气密性，无问题再进行试验操作。

1.2.2.5 索氏抽提系统

索氏抽提系统（图 1-18）具有快速、安全和经济的特点，方便操作者工作，运行中无须值守，系统处理简化。系统基本组件包括一套浸提器、一套控制装置和一套驱动装置。待分析样品在浸提纸筒内称重后装入浸提器，在封闭系统中加入溶剂，通过电子加热板对浸提杯加热。萃取程序包括 4 个步骤：热浸提、淋洗、溶剂回收和预干燥，如图 1-19 所示。

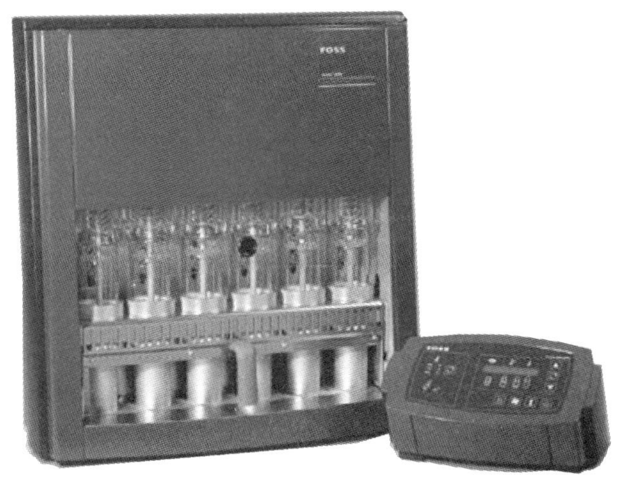

图 1-18 FOSS 索氏抽提系统

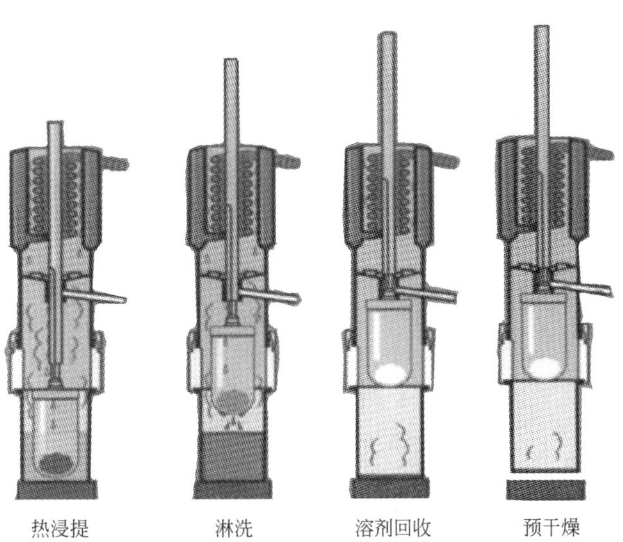

图 1-19 FOSS 索氏抽提系统的四个步骤

索氏抽提系统的工作流程可简述如下：打开冷却水→打开系统→选择或设置新程序→检查降低速率→预加热→样品称重→ 放入浸提装置→添加溶剂→开始抽提→干燥→溶剂回收→浸提杯烘干并称重→清洗套管和浸提杯→关闭系统→关闭冷却水。

索氏抽提系统可定量测定食物、种子、土壤、燃料、化学制品和药物等中可溶性成分的含量，广泛应用于农业、食品、环境及工业等不同领域。索氏抽提系统经济、安全，越来越多地应用于生物实验和研究中，是未来发展的重要方向。

1.2.3 固相萃取柱

1.2.3.1 原理与构造

固相萃取（solid phase extraction，SPE），也称固相提取，是结合了选择性保留、选择性洗脱等过程的分离技术，可近似看作一个简单的色谱过程。当复杂的样品溶液通过吸附剂（sorbent）时，吸附剂会通过极性相互作用、疏水相互作用或离子交换等作用力选择性地保留目标物（aimed compound）和少量与目标物性质相近的组分，其他组分则透过吸附剂流出小柱，然后用另一种溶剂体系选择性地把目标物洗脱下来，从而实现对复杂样品的分离、纯化和富集。在固相萃取过程中，“保留”（retention）和“洗脱”（elution）均受目标物、吸附剂和溶剂三种因素的影响，对于给定的目标物，选择合适的吸附剂、样品溶剂以及洗脱溶剂是实现成功分离的关键。

固相萃取的作用可以总结为以下三方面。

① 富集　痕量分析或制备时，必须对目标物进行富集。比如，分析水中的多环芳香烃（PAH），可以将 1000mL 水样加入 SPE 柱，PAH 保留在柱中，然后用少量溶剂（比如 2mL）洗脱，这样 PAH 就被浓缩了 500 倍，这意味着在相同的检测条件下，分析物的方法检测限仅为处理前的 1/500。

② 净化　在仪器分析之前除去杂质，避免对目标物的干扰，提高分析灵敏度，另一方面也避免了杂质对仪器的损害。

③ 转换溶剂　一些分析仪器对分析物溶解溶剂有特殊的要求，可以通过 SPE 柱进行转换。比如，采用气相色谱法分析水中的半挥发性污染物时，需要转换溶剂，如果采用直接进样，水分会影响分离并损害气相色谱柱。将水样加入反相萃取柱，目标物保留在柱中与水分离，然后用对目标物溶解性强并且易挥发的有机溶剂洗脱，干燥并浓缩后即可进行分析。

固相萃取的基本装置包括固相萃取柱和固相萃取过滤装置。

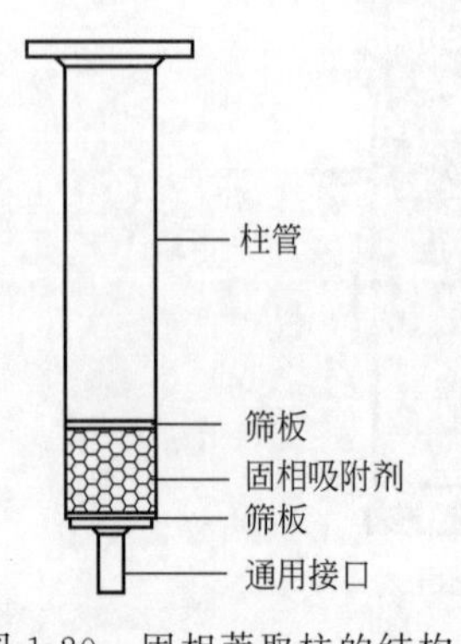

图 1-20　固相萃取柱的结构

（1）固相萃取柱

固相萃取柱是整个固相萃取装置的核心。如图 1-20 所示，常见的注射器式萃取柱由三个主要部分组成：柱管；筛板（烧结垫）；固相吸附剂。

① 柱管　吸附剂的载体，由血清级的聚丙烯制成，通常做成注射器形状。一些厂家也提供玻璃的柱管用以特殊分析（比如 PAE 分析）。柱管下端出口的尺寸已标准化，可用于不

同厂家的固相萃取多管真空装置。

② 筛板 起固定吸附剂和过滤溶液的作用。聚乙烯是常见的筛板材料，对于特殊分析也可采用特氟隆、不锈钢片或玻璃等材质。

③ 固相吸附剂 是固相萃取柱中发挥分离作用的物质。早期广泛应用于柱色谱的 Al_2O_3、florisil、石墨化炭黑等吸附剂在固相萃取中仍被使用；目前最常见的吸附剂是硅胶键合吸附剂，由球形硅胶颗粒键合各种官能团而制得；20 世纪末被发明的有机聚合物吸附剂，比如聚二乙烯基苯-*N*-乙烯吡咯烷酮，以重现性好、pH 适用范围宽以及适用性广等优势在许多应用中已经取代硅胶键合吸附剂。

④ 配套装置 如图 1-21(a) 所示，储样器用于增加柱管上方的容器体积，提高单次上样量；适配器用于连接柱管与柱管、柱管与储样器。

图 1-21 固相萃取过滤装置

(2) 固相萃取过滤装置（图 1-21）

固相萃取加样过程中，需通过适当的方法使样品溶液通过固相萃取柱，使待分析物吸附在填料上。洗脱过程中，同样需要使溶剂通过固相萃取住，使待分析物解析。以上步骤需借助于固相萃取过滤装置完成，采用柱前加压或柱后加负压抽吸的方式实现。

① 固相萃取过滤-加压操作：固相萃取加压操作可通过在液体样品储液槽上方用高压空气或氮气施加一定压力来实现。如果样品较少，可以用手动加压的方式实现。

② 固相萃取过滤-负压抽吸：负压抽吸是在固相萃取柱的出口用注射器手动抽负压，或与水泵或真空泵相连，用泵施加适当真空度，从而使样品溶液抽吸通过固相萃取柱。最常用的是用抽滤瓶实现负压抽吸。

③ 固相萃取过滤-离心法：将装有固相萃取管的离心管进行离心操作，洗脱溶液因离心力而通过固相萃取管。

1.2.3.2 操作过程

一个完整的固相萃取包括固相萃取柱的预处理（活化）、上样、淋洗、洗脱及收集四个步骤，如图 1-22 所示。

(1) 活化

为了获得高的回收率和良好的重现性，固相萃取柱在使用之前必须用适当的溶剂进行预处理，预处理可以除去填料中可能存在的杂质，还可以使填料溶剂化提高固相萃取的重现性。采取的方法是用一定量溶剂冲洗萃取柱。反相类型的固相萃取硅胶和非极性吸附剂介质，通常用水溶性有机溶剂如甲醇预处理，然后用水或缓冲溶液替换滞留在柱中的甲醇；正相类型的固相萃取硅胶和极性吸附剂介质，通常用样品所在的有机溶剂来预处理；离子交换填料一般用去离子水或低浓度的离子缓冲溶液来预处理。固相萃取填料从预处理到样品加入都应保持湿润，如果在样品加入之前，萃取柱中的填料干了，需要重复预处理过程。

（2）上样

预处理后，将样品倒入活化后的 SPE 小柱，然后利用加压、抽真空或离心的方法使样品进入吸附剂。采取手动或泵以正压推动或负压抽吸的方式，使液体样品以适当流速通过固相萃取柱，此时，样品中的目标萃取物被吸附在固相萃取柱填料上（注意流速不要过快，以 1mL/min 为宜，最大不超过 5mL/min）。

（3）淋洗

在样品通过萃取柱时，不仅分析物被吸附在柱子上，一些杂质也同时被吸附，选择适当的溶剂，可将干扰组分洗脱下来，而分析物仍留在柱上。一般选择中等强度的混合溶剂，既能除去干扰组分，又不会导致目标萃取物的流失。反相萃取体系常选用一定比例组成的有机溶剂-水混合液，有机溶剂比例应大于样品溶液而小于洗脱剂溶液。

（4）洗脱及收集

用洗脱剂将分析物洗脱在收集管中（注意流速不要过快，以 1mL/min 为宜），为了提高分析物的浓度或为以后分析调整溶剂杂质，可以把收集到的分析物用氮气吹干，再溶于小体积适当的溶剂中，以备后用或直接进行在线分析。

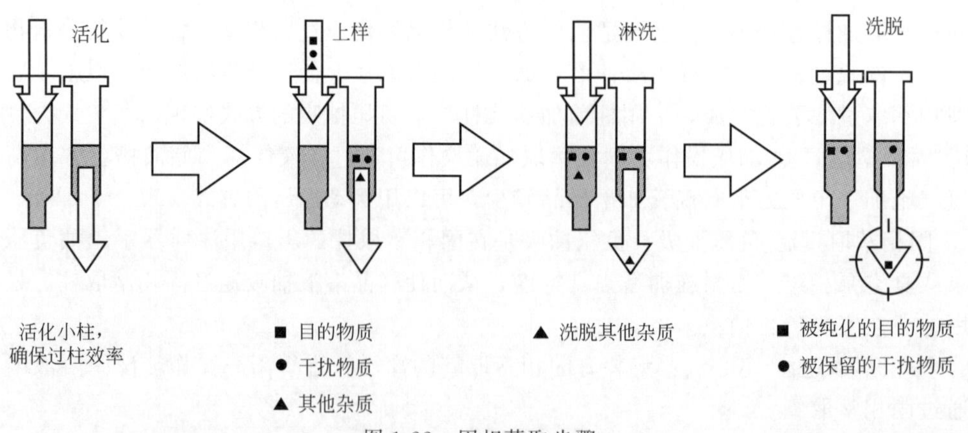

图 1-22　固相萃取步骤

1.2.3.3　管理及维护

固相萃取柱最好只用一次。因为从严格的意义上来说，很多物质的吸附是不可逆的，一次吸附，无法洗脱，影响着下一次吸附，虽然有人做过重复利用的实验，但是总体来说为了节省一点经费而大大增加了结果的不可靠性和不确定性，是很不合算的行为。因此建议，固相萃取柱只用一次。

1.2.3.4 常见故障

在固相萃取柱中遗失了样品。导致这种情况有许多种可能，分析如下。

① 填充床重量太小。如果分析物重量比填充床吸附的多，那么多余的分析物就会仅经过简单的冲洗就通过了。硅胶型填料会吸附填充床上化合物中大约1%的量，包括固相萃取填料吸附的成分，还包括干扰成分。笔者推荐先让填充床重量满足1%标准，之后如果还有大量的干扰，就把它的重量再加倍。

② 冲洗溶剂太强。如果选择的干扰物冲洗的溶剂相对于固相萃取填料与分析物的亲和力比较强，那么就会破坏分析物并且把它冲洗出来。

③ 洗涤溶剂太弱。如果选择的洗涤分析物的溶剂相对于固相萃取填料与分析物的亲和力太弱，那么所有分析物都不会被洗涤出来。

④ 洗涤溶剂体积太小，就会留下一些对固相萃取填充床有吸附作用的分析物。

⑤ 样品在固相萃取过程以前或以后的某个步骤中遗失了。

⑥ 考虑分析物是否对固相萃取柱或玻璃原料有吸附作用，如果有就需要转而使用Ultra-Clean的固相萃取柱，其表面具有类特氟龙涂料，并使用固体特氟龙玻璃原料。

⑦ 在上样过程中流速太快。样品没有充足的时间同固相萃取填料充分混合和进行化学作用，就会导致本该被吸附的化合物通过。样品进样应该采用每分钟1～5mL的流速，离子交换器采用每分钟1mL的流速。

⑧ 对固相萃取填料没有进行适当的预处理。

1.2.4 固相微萃取装置

1.2.4.1 主要用途

固相微萃取（solid phase microextraction，SPME）是在固相萃取（solid phase extraction，SPE）基础上发展起来的一种新型萃取分离技术。具有操作简单、携带方便、操作费用低廉的特点，另外克服了固相萃取回收率低、吸附剂孔道易堵塞的缺点，因此成为目前所采用的试样预处理中应用最为广泛的方法之一。固相微萃取装置（SPME）具有免溶剂、快速、萃取简单、可现场携带采样等优点，此外萃取后即可将其直接插入气相色谱（包括气相色谱-质谱）和高效液相色谱（HPLC）的进样室，见图1-23，经热解样品即进入色谱柱，减少了很多中间步骤，而且测定灵敏度高，可应用于药物分析、食品分析、环境污染分析（有机氯、有机磷杀虫剂）等。

图1-23 固相微萃取操作

1.2.4.2 原理与构造

固相微萃取法的原理与固相萃取不同，固相

微萃取不是将待测物全部萃取出来，其原理是建立在待测物在固定相和水相之间达成的平衡分配基础上。固相微萃取是用一根表层涂有特异性涂层，如聚二甲基硅氧烷（polydimethylsiloxane）的石英纤维来吸附挥发性化合物，可以根据要提取的挥发物的性质选择不同的涂层。在提取过程中，石英纤维被手柄推出保护针套，处于挥发物之中，挥发物被吸附到纤维涂层上，然后将石英纤维直接注入气相色谱的进样口，吸附在其表层的挥发物在瞬时高温条件下快速解吸附，进入色谱柱分离。SPME 可以在自然或半自然状态下对活体生物进行连续取样，是目前分析鉴定少量挥发性化合物最精确的方法，优点为直接取样，不需要净化的中间步骤，因而无溶剂干扰，而且需要样品数量少。

SPME 装置类似微量注射器（图 1-24），由手柄和萃取头（纤维头）两部分组成。萃取头是一根长约 1cm、涂有不同固定相涂层的熔融石英纤维，石英纤维一端连接不锈钢内芯，外套细的不锈钢针管（以保护石英纤维不被折断）。手柄用于安装和固定萃取头，通过手柄的推动，萃取头可以伸出不锈钢管，如图 1-25 所示。

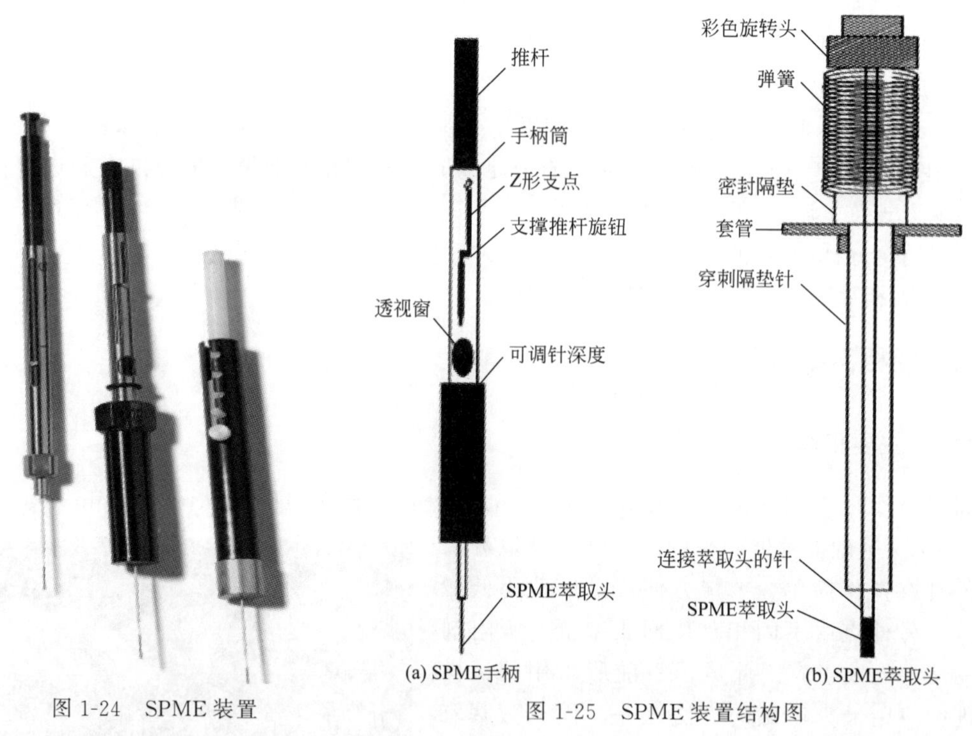

图 1-24　SPME 装置

图 1-25　SPME 装置结构图

1.2.4.3　操作过程

SPME 方法是通过萃取头上的固定相涂层对样品中的待测物进行萃取和预富集。萃取方法有直接法（Di-SPME），是将 SPME 纤维头直接插入水相或暴露于气体样品中进行萃取的方法，适合于气体基质或干净的水基质；顶空法（HS-SPME），是将 SPME 萃取头置于分析样品的上部空间进行萃取，适合于任何基质，尤其是直接 SPME 无法处理的脏水、油脂、血液、污泥、土壤等；膜保护法（membrane-protected-SPME），是通过一个选择性的高分子材料膜将试样与萃取头分离，以实现间接萃取，膜的作用是保护萃取头使其不被基质污染，同时提高萃取的选择性。SPME 操作包括三个步骤，如图 1-26 所示。

① 将 SPME 针管穿透样品瓶隔垫，插入瓶中。

② 推手柄杆使纤维头伸出针管，纤维头可以浸入水溶液中（浸入方式）或置于样品上部空间（顶空方式），萃取时间大约 2～30min，使待测物在固定相涂层与样品间进行分配直至平衡。

③ 缩回纤维头，然后将针管退出样品瓶。

④ 将萃取头插入分析仪器的进样口，通过一定的方式解析后进行分离分析。如气相色谱（GC）分析，将 SPME 针管插入 GC 仪进样口，推手柄杆，伸出纤维头，热脱附样品进色谱柱，缩回纤维头，移去针管。

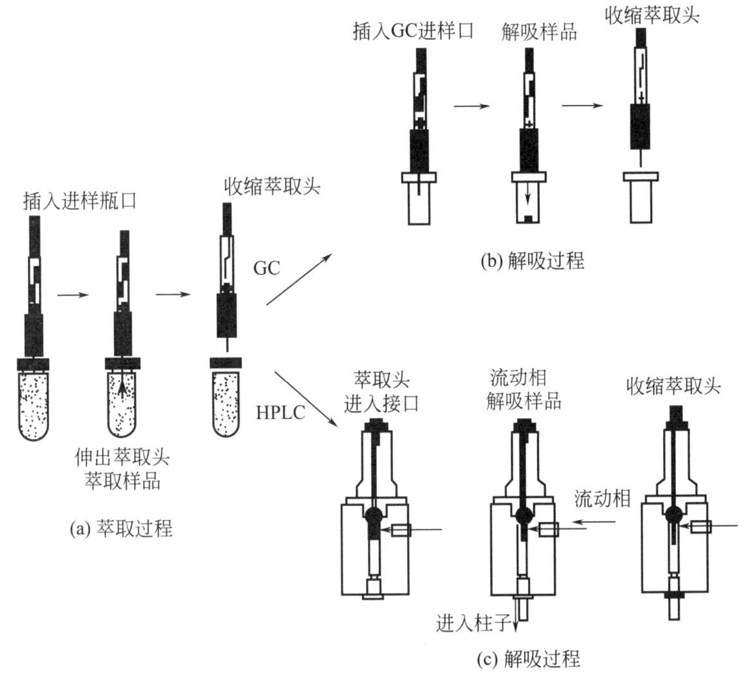

图 1-26　固相微萃取的操作步骤

1.2.4.4　管理及维护

① 固相微萃取装置使用前需要经过一个老化的过程，老化可理解为萃取头活化，老化是通过高温加热的方式将萃取头原来残余的挥发性成分去除，避免原来萃取头上的残余成分影响新的试验结果，而且萃取头吸附填料吸附到一定程度就会达到饱和，不老化的话可能会对新实验的吸附效果造成影响，所以每次做实验之前都需要进行老化。一般第一次老化需要的时间长些，因为是刚生产出来的还没有用过，上面的杂质可能会比较多，以后的老化就可以时间稍短一些了，通常第一次老化，大致是 250℃、60min，以后可以是 30～60min。

② 每次进样不需要润洗，因为在汽化室中物质几乎被解吸完全，而且固相微萃取样品的量非常少，如果润洗反而会影响实验。

③ 在萃取样品时一定要保证足够的萃取时间和萃取温度。

④ 在样品萃取和进样时都要先将纤维头收起，然后拔出进样器，否则可能会损坏纤维头。

1.2.5 快速溶剂萃取仪

使用快速溶剂萃取仪（ASE，如图 1-27 所示）在数分钟内即可完成常规萃取方法数小时所做的工作，与索氏萃取和微萃取相比，ASE 只需极短的时间，使用最低的溶剂量来满足各种萃取需求，通常使用 10～150mL 溶剂可萃取 1～50g 样品。ASE 是利用液体（有机溶剂或水溶剂）对固体或半固体样品进行萃取，它通过增加溶剂的温度和压力来提高萃取的速度和效率。ASE 克服了其他提取器抽提时间长（4～48h）的不足，在标准条件（100℃、1MPa）下，大约 75%的萃取可在 20min 内完成。

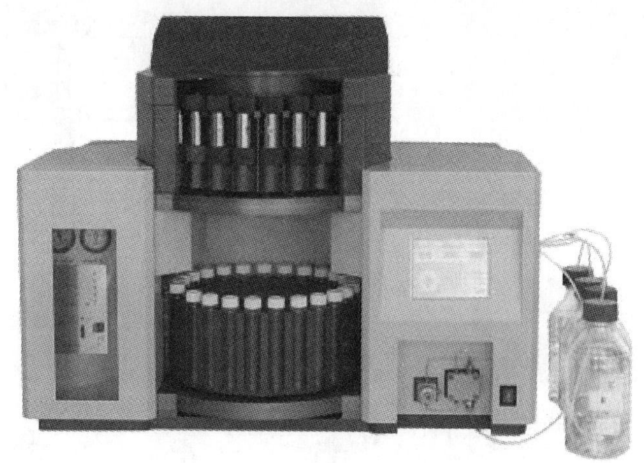

图 1-27 APLE 系列全自动快速溶剂萃取仪

快速溶剂萃取仪由 4 个溶剂瓶、炉体（包括萃取池及传送盘、泵、收集瓶、转盘等）和装有 AutoASE 计算机控制软件的设备等组成，见图 1-28。萃取池体积有 34mL、66mL、100mL，内径 28.3mm，空气瓶压力 0.4～8.3MPa，氮气瓶压力 1.0～1.4MPa。

使用时将准备好的样品装入不锈钢萃取池，拧紧池盖并放入圆盘式传送装置，后者将萃取池送入加热炉腔，萃取池在炉腔内一定的压力下自动密封。萃取池中开始注入溶剂，加热加压，达到设定的温度后，萃取池在炉腔中开始按设定的时间、恒定温度和压力萃取，之后分析物及溶剂自动经过滤，进入收集瓶，萃取池中被注入新鲜的溶剂并用氮气吹扫，完成后

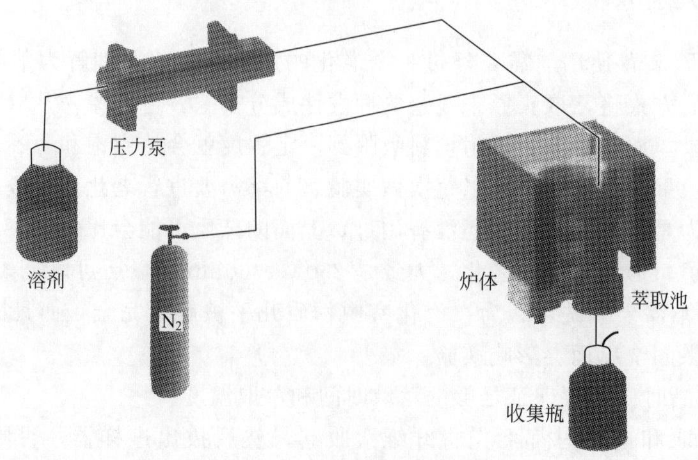

图 1-28 快速溶剂萃取装置

萃取池返回圆盘传送装置，下一个样品开始被萃取。

1.2.6 小结

实验样品分析中所涉及的环境和生物等样品基体复杂，且待测物质在样品中的含量一般都很低，所以往往需要对样品进行分离预富集，萃取是用来提取和纯化化合物的手段之一。通过萃取，能从固体或液体混合物中分离或提纯所需要的化合物。试样的预处理是样品分析中至关重要的一环，传统的样品预处理方法往往手续复杂、耗时。具有溶剂消耗量少、对样品污染少、预处理时间短等优点的固相萃取技术已广泛地应用于环境监测与分析中，成为一种常规分析方法。

1.3 旋转浓缩仪

1.3.1 主要用途

浓缩是实验室和生产中经常使用的一种工艺操作，在医药卫生、食品化工、环境保护及有机合成等许多行业中应用广泛。旋转浓缩仪（也叫旋转蒸发仪）主要用于在减压条件下连续蒸馏大量易挥发性溶剂，适用于回流操作、大量溶剂的快速蒸发、微量组分的浓缩和需要搅拌的反应过程等，如对萃取液的浓缩、色谱分离接收液的蒸馏，可以分离和纯化反应产物，是实验室常用的仪器设备。

1.3.2 原理与构造

旋转浓缩仪（图 1-29）的基本原理就是减压蒸馏，负压下溶液在旋转烧瓶内进行加热扩散蒸发。通过真空泵使蒸发烧瓶处于负压状态，通过电子设备控制蒸馏烧瓶在最适速度下连续转动，蒸发烧瓶同时置于水浴锅中恒温加热。瓶内旋转蒸发器系统可以密封减压至400～600mmHg（1mmHg=133.322Pa），用加热水浴加热蒸馏瓶中的溶剂，可接近该溶剂的沸点。同时旋转（速度 50～160r/min）使溶剂形成薄膜，增大蒸发面积。此外，在高效冷却器作用下，可将热蒸气迅速液化，加快蒸发速度。

旋转浓缩仪结构如图 1-30 所示，包括旋转发动机、蒸发管、真空系统、流体加热锅、冷凝管、冷凝样品收集瓶等。蒸馏烧瓶是带有标准磨口接口的梨形或圆底烧瓶，通过回流蛇形冷凝管与减压泵相连，回流冷凝管另一开口与带有磨口的接收烧瓶相连，用于接收被蒸发的有机溶剂。在冷凝管与减压泵之间有一三通活塞，当体系与大气相通时，可以将蒸馏烧瓶、接液烧瓶取下，转移溶剂；当体系与减压泵相通时，则体系应处于减压状态。蒸馏的热源为恒温水槽。

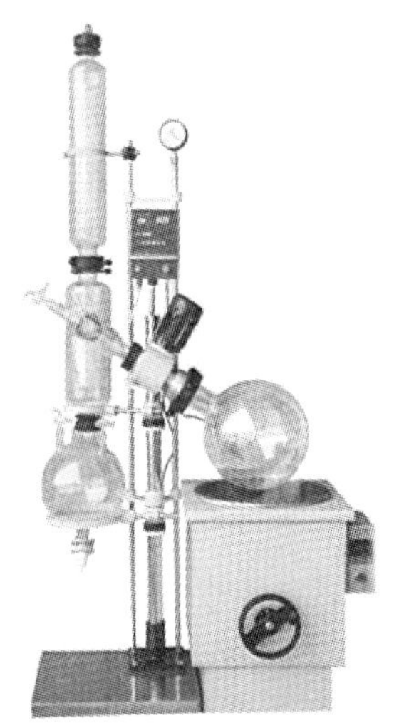

图 1-29 旋转浓缩仪

旋转发动机：通过发动机的旋转带动盛有样品的蒸发瓶。

蒸发管：蒸发管有两个作用，首先起到样品旋转支撑轴的作用，其次通过蒸发管，真空系统将样品吸出。

真空系统：用来降低旋转蒸发仪系统的气压。

流体加热锅：通常情况下都是用水加热样品。

冷凝管：使用回流蛇形冷凝管以及冷凝剂，如干冰、丙酮，冷凝样品。

冷凝样品收集瓶：样品冷却后进入收集瓶。

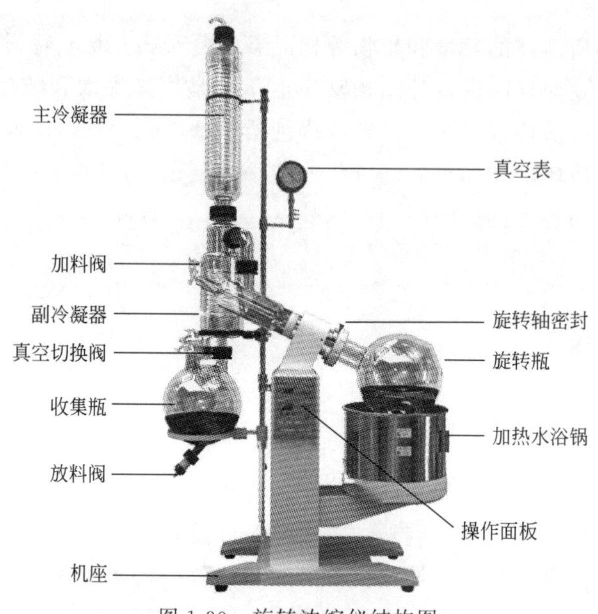

图 1-30　旋转浓缩仪结构图

机械或发动机机械装置用于将加热锅中的蒸发瓶快速提升。旋转蒸发仪的真空系统可以是简单的浸入冷水浴中的水吸气泵，也可以是带冷却管的机械真空泵。蒸发和冷凝玻璃组件可以很简单也可以很复杂，主要取决于蒸馏目的，以及要蒸馏的溶剂的特性。不同的商业设备都会包含一些基本特征，现代设备通常都增加了例如数字控制真空泵、数字显示加热温度甚至蒸汽温度等功能。

1.3.3　操作过程

① 安装好旋转蒸发仪的各部件，使得仪器稳固，装上接收瓶，卡牢卡口，打开冷凝水。

② 在烧瓶中加入待蒸馏液体，体积不能超过 2/3。装好烧瓶，用卡口卡牢。

③ 打开水泵电源，抽真空，待烧瓶吸住后，用升降控制开关将烧瓶置于水浴内。

④ 打开旋转蒸发仪的电源，慢慢往右旋，调整至稳定的转速。

⑤ 加热水浴，根据烧瓶内液体的沸点设定加热温度。

⑥ 在设定温度下旋转蒸发。

⑦ 蒸完后用升降控制开关使烧瓶离开水浴，关闭转速旋钮，停止旋转。打开真空活塞，使体系通大气，取下烧瓶，关闭水泵。

1.3.4　管理及维护

使用时，应先减压，再开动电机转动蒸馏烧瓶，结束时，应先停机，再通大气，以防蒸馏烧瓶在转动中脱落。

① 玻璃零件接装应轻拿轻放，装前应洗干净，擦干或烘干。

② 各磨口、密封面、密封圈及接头安装前都需要涂一层真空硅脂。

③ 加热槽通电前必须加水，不允许无水干烧。

④ 必须将保险栓拧入保险孔内，以免损坏烧瓶。

⑤ 如真空抽不上来需检查各接头、接口是否密封，密封圈、密封面之间真空硅脂是否涂好，真空泵及其皮管是否漏气，玻璃件是否有裂缝、碎裂。

⑥ 水浴锅内加入蒸馏水，以免锅内结水垢。

⑦ 水浴锅内没有水不能通电。

⑧ 仪器表面避免沾染有机溶剂。

⑨ 真空度达不到0.08MPa时，应及时更换密封圈，以免损坏机器。

⑩ 必须使用经过校直的旋转瓶，否则会损坏玻璃直导管。

1.3.5 常见故障

(1) 泄漏

泄漏是蒸发器常见的故障现象，在使用过程中应注意经常检漏。对泄漏处可用酚酞试纸检查，因为氨是碱性，遇酚酞试纸变红。用眼看时，一般在蒸发器的某处不结霜的地方就是泄漏点，也可在泄漏处用肥皂水找漏。

(2) 电机不转

检测内容如下。

① 电控箱指示灯（或数显）亮，检测电箱内外部插头连线是否松动、断线。

② 电控箱指示灯（或数显）不亮。

③ 确认“①②”无异常。

④ 变频器受高频干扰显示“O. U.”。

⑤ 变频器保护机能显示。

解决方法如下。

① 重新插插头，接通断线。

② 更新保险丝或确认供电无异常。

③ 更新线路板或电控箱。

④ 接妥地线或变动工作地点。

⑤ 按变频器说明书排除。

(3) 浴锅不加热

检测内容如下。

① 浴锅无数显。

② 温控仪中“OUT”或“ON”绿色指示灯亮不加热。

③ 浴温低于设定温度时，温控仪中“OUT”或“ON”绿色指示灯不亮。

④ 温控仪上显示“OVER”或“000”。

解决方法如下。

① 检测电源220V。

② 换加热圈，换固态继电器或继电板。

③ 换温控仪。

④ 检测探头接线或更新探头。

(4) 浴锅冲温

检测内容如下。

① 浴温高于设定温度时，温控仪中“OUT”或“ON”绿色指示灯不灭（1～2℃属正常）。

② 温控仪中“OUT”或“ON”绿色指示灯已灭，仍继续加热。

③ 数显浴温远远低于实际浴温。

解决方法如下。

① 换温控仪。

② 换固态继电器或继电板。

③ 换探头或温控仪。

(5) 真空抽不上

检测内容如下。

① 容器内有溶剂，受饱和喷射器气压限制。

② 真空油泵能力下降。

③ 真空皮管接头松动，真空表具泄漏。

④ 磁粉探伤仪作保压试验，在没有任何溶剂的情况下，关断所有外部蝶阀和管路，保压1min，真空表指针应不动，表示气密性良好，反之见相应解决方法。

⑤ 放料阀、压控阀内有杂物。

⑥ 玻璃丝棉夹芯板破损。

解决方法如下。

① 放空溶剂，空瓶试验。

② 真空油泵换油（水），清洗检修。

③ 沿真空管路逐段检测、排除。

④ 重新装配，玻璃丝棉夹芯板磨口擦洗干净，涂真空硅脂，法兰口对齐拧紧，或者更新失效密封圈。

⑤ 清洗。

⑥ 更新或修复。

(6) 电机飞车（只有最高速）

检测内容如下。

① 检测测速发电机线圈是否断路，用万用表量七芯插头“1、2”脚（插头对正槽两边），正常电阻400Ω左右。

② 发电机线圈与外壳短路。

③ 发电机磁环不转。

④ 发电机磁环破碎。

解决方法如下。

① 发电机断路，更新线圈或接通断路点。

② 松开电机后端发电机盖排除短路。

③ 拧紧M5螺母。

④ 更新发电机磁环。

(7) 电机发热

检测内容如下。

① 电机温升（ΔT＝外壳温度－室温），$\Delta T \leqslant 40℃$属正常。

② $\Delta T > 40℃$按相应解决方法处理。

③ 显示部闪亮，表示电机电流超负荷，按解决方法②处理。

解决方法如下。

① 不必处理，可继续使用。

② 减小搅拌桨翼，减轻负荷；避开旋转共振点；适当提高转速，使用中速；排出机械部分非正常阻力；对密封润滑部分做保养。

1.3.6 结果解读

旋转蒸发仪能在短时期内完成去除样品中的溶剂，达到浓缩样品的目的。

1.3.7 小结

旋转蒸发仪，主要用于在减压条件下连续蒸馏大量易挥发性溶剂，可以分离和纯化反应产物。旋转浓缩仪型号不同机构稍有不同，但基本原理不变，是医药、化工、生物制品等行业科研和生产过程中蒸发、浓缩、结晶、干燥、分离、溶剂回收等过程必不可少的仪器设备。

1.4 离心机

1.4.1 主要用途

离心机按转速不同分为低速离心机（转速10000r/min以内）、高速离心机（转速10000～30000r/min）、超高速离心机（转速30000r/min以上），见图1-31。

(1) 低速离心机

低速离心机可用于各种细菌、细胞、细胞核等的分离，是最广泛使用的一类离心机。低

(a) 低速离心机

(b) 高速离心机

(c) 超高速离心机

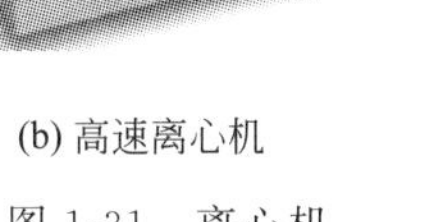

图1-31 离心机

速离心机转速连续可调，适用于医院化验室、生化及分子生物学试验室等进行定性分析，如血浆、血清和尿素等。还有水平桶式、大容量、带冷冻的、落地式等离心机，大容量冷冻离心机可直接用于生物制品最后阶段产品的加工。低速离心机有大容量的水平转子及角转子，并能配备强大的可调冷冻系统，所以广泛用于病毒、核酸、蛋白质、激素及血液组分的分离。

（2）高速离心机

高速离心机适用于各种生物细胞、病毒、血清蛋白等有机物，无机物溶液、悬浮液及胶体溶液等样品的分离、浓缩、提取等，适用于实验室小样品的沉淀、浓缩，是分子生物学实验中使用的基本设备。由于运转速度高一般需配备冷冻控温装置。

（3）超高速离心机

超高速冷冻离心机集真空、高速和冷却于一身，可用于大量的细胞、亚细胞、细菌、病菌的快速分离。制备的最高额定转速目前已经达到 120000r/min。

1.4.2 原理与构造

离心机分为过滤式离心机和沉降式离心机两大类。过滤式离心机是通过高速运转的离心转鼓产生的离心力（配合适当的滤材）将固液混合液中的液相加速甩出转鼓，而将固相留在转鼓内，俗称脱水的效果。沉降式离心机是通过转子高速旋转产生的强大的离心力，加快混合液中不同密度成分（固相或液相）的沉降速度，从而把样品中不同沉降系数和浮力密度的物质分离开。

低速离心机主要由机体部分、转动部分、减震系统、控制系统等组成，其结构如图 1-32 所示。

高速离心机比低速离心机多一个制冷系统，该系统和驱动系统受控于控制系统。

超高速离心机结构比较复杂，主要由驱动电机、制冷系统、真空系统、显示系统、自动

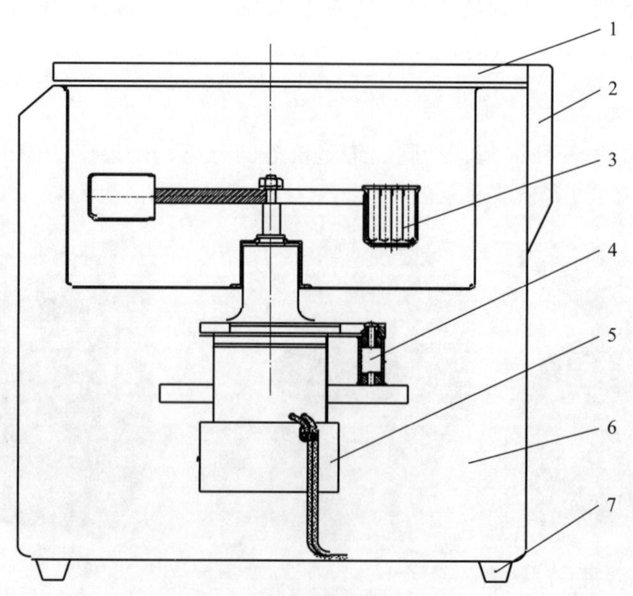

图 1-32 低速离心机结构示意图

1—门盖组件；2—铰链组件；3—转子系统；4—减震系统；5—电机；6—机壳；7—机脚

保护系统和控制系统组成。真空密封驱动系统，大大减低轴的磨损，高效脱水式真空系统，还具备水气排除功能，并配用 HEPA 超微孔过滤器，确保仪器排出无细菌气体。

离心机最重要的配件是离心转头和离心管，不同类型的离心机其配件也不相同。转头是离心机的重要组成部分，由驱动系统带动，随时可装卸，是样品的负载者。根据结构和用途可分为五大类：角转头、水平转头、区带转头、垂直转头和连续流动转头，见图 1-33。

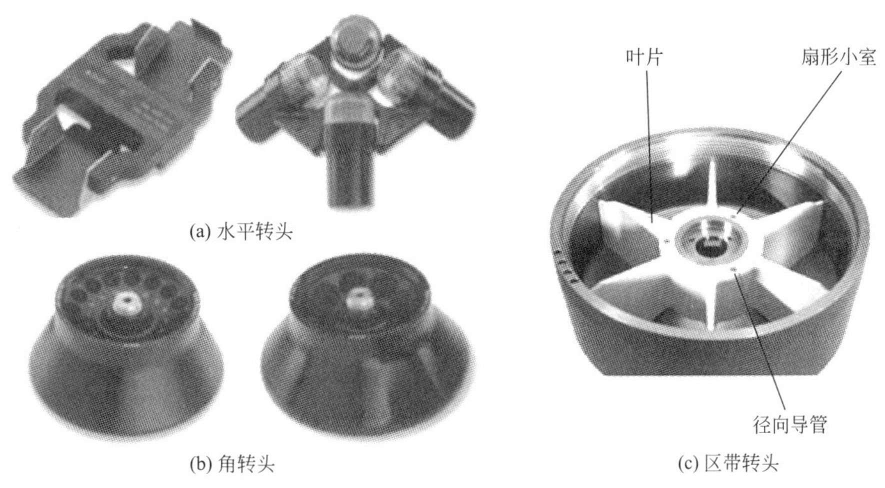

图 1-33　转头结构示意图

1.4.3　操作过程

1.4.3.1　低速离心机的使用方法

① 检查离心机调速旋钮是否处在零位，外套管是否完整无损和垫有橡皮垫。

② 离心前，先将离心的物质转入合适的离心管中，其量以距离心管口 1～2cm 为宜，以免在离心时甩出。将离心管放入外套管中，在外套管与离心管间注入缓冲水，使离心管不易破损。

③ 取一对外套管（内已有离心管）放在台秤上平衡，如不平衡调整缓冲用水或离心物质的量。将平衡好的套管放在离心机十字转头的对称位置上。把不用的套管取出，并盖好离心机盖。

④ 接通电源，开启开关。

⑤ 平稳、缓慢地转动调速手柄（约需 1～2min）至所需转速，待转速稳定后再开始计时。

⑥ 离心完毕，将手柄慢慢地调回零位，关闭开关，切断电源。

⑦ 待离心机自行停止转动后，才可打开机盖，取出离心样品。

⑧ 将外套管、橡胶垫冲洗干净，倒置干燥备用。

1.4.3.2　高速离心机使用方法

① 打开离心机开关，进入待机状态。

② 选择合适的转头：离心时离心管所盛液体不能超过总容量的 2/3，否则液体易于溢出；使用前后应注意转头内有无漏出液体，需保持干燥。转换转头时应注意使离心机转轴和转头的卡口卡牢。离心管平衡误差应在 0.1g 以内。

③ 选择离心参数

a. 按温度设置按钮，再用数字键设置离心温度，回车确定。

b. 按速度设置按钮，可在 RPM/RCF 设置挡之间切换，用数字键设置离心速度，回车确定。

c. 按转头设置按钮，再用数字键设置转头型号，回车确定。

d. 按时间设置按钮，再用数字键设置离心时间，回车确定。

e. 离心机刹车或加速速度一般设置在 0～4 之间，不宜经常调整。

④ 将平衡好的离心管对称放入转头内，盖好转头盖子拧紧螺丝。

⑤ 按下离心机盖门，如盖门未盖牢，离心机将不能启动。

⑥ 按 START 键，开始离心。离心开始后应等离心速度达到所设置的速度时才能离开，一旦发现离心机有异常（如不平衡而导致机器明显震动，或噪声很大），应立即按 STOP 键，必要时直接按电源开关切断电源，停止离心，并找出原因。

⑦ 使用结束后请清洁转头和离心机腔，不要关闭离心机盖，利于湿气蒸发。

1.4.3.3 超高速离心机使用方法

① 打开电源开关（O→I），进入 WINDOWS 操作系统界面。

② 钥匙应指向多转子图标（水平向左）。

③ 设置离心参数

a. 按转速设置离心参数

在触摸屏右半部 Settings 栏目下，直接选填要设置的转子转速 Speed；设置离心时间 Time，离心室温度 Temp，加速速率 Accel，减速速率 Decel。

如果离心室需要预冷，按 Precool/heat 按钮，设置预冷温度后，按 Start Temp 按钮，开始按设置的温度预冷。

如果需要定时开始或结束离心，按 Delay/Start 按钮，点选并设置开始时间（Start run at:）或结束时间（End run at:），按 Ok 按钮即启动了定时开始或结束离心程序。

b. 按离心力设置离心参数

选菜单 Setup→RCF Run，进入 RCF 窗口。

选所用转子（Rotor）、离心管（Tube）型号。

根据离心要求，点选离心力最大值 RCFmax→Speed 或平均值 RCFav→Speed 选项。

将所要求的离心力填入 RCF（xg）输入框内，右边 Speed 框内即显示出对应的转速。

填写运行参数（Run Setup Paraneters）。

如果需要存储，按 SAVE 按钮，命名后存入一个文件，以备以后调用。

按 Download 按钮，加载此页参数到主页 Setting 栏下。

④ 按键盘 V 键，放掉真空，打开离心机盖。

⑤ 装入转子

a. 旋开转子盖旋钮，将装好离心液的离心管平衡、密封、配头处理好后，对称插入转子，装好后的离心管应与转子腔紧密配合，不能有晃动。

b. 需要时用真空硅脂在转子盖“O”形密封环上轻拭一圈，盖上转子盖，并用专用工具旋紧转子盖固定旋钮。

c. 打开离心机盖，双手抱转子两边，将转子轻轻装入转子轴，用手轻转转子，应能平稳转动。

d. 合上离心机盖。

⑥ 启动

a. 按 Enter 按钮，如果是定时开始，到时间后就会自动启动离心。

b. 如果不是定时开始，再按 Start 按钮，启动离心；离心完成后，自动减速停机。

⑦ 如果离心过程中需要停机，按键盘红色 Stop 键；紧急情况停机按屏幕下红色 Power stop 键，切断离心机电源紧急停机。

⑧ 停机后，按键盘 V 键，放掉真空，打开离心机盖。

⑨ 取出转子

a. 双手抱转子，向上提出。

b. 将转子放在软布上，旋开转子盖，取出离心管。

c. 待转子各部件恢复到室温后，擦干冷凝水；旋松装配各部件，放入转子袋保存。

⑩ 关闭电源开关。

⑪ 待离心室恢复到室温后，擦干内外壁冷凝水（注意：不能碰到感温头）；晾干后合上离心机盖。

1.4.4 管理及维护

1.4.4.1 使用注意事项

① 离心机应水平放置，并保持环境通风，避免受热源和太阳光线的直接照射，室温不宜超过 30℃，否则会影响制冷效果。

② 转子使用时一定要确认设置的转子号正确无误。若转子号设置错误。可能造成转子超速使用或达不到所需的离心转速。特别是超速使用可能发生转子炸裂的恶性事故，万万不可疏忽大意。

③ 使用高转速时（大于 8000r/min），要先在较低转速运行 2min 左右以磨合电机，然后再逐渐升到所需转速。不要瞬间运行到高转速，以免损坏电机。

④ 当外界湿度较大时，离心机腔内的水分挥发慢，此时应及时清除，以防仪器生锈。

⑤ 离心刚从水温箱内取出的样本管时，应经常观察离心杯内是否有积水并及时倾倒，以保持离心杯的干燥和离心时的平衡。

⑥ 离心机严禁不加转头空转，如空转会导致离心机轴弯。因此离心机运转前应确认转头已加紧，转头盖已放稳。

⑦ 安装好一个转头后，将水平仪平放在转头上，反复调整离心机前面的两个可调螺钉，直到完全水平。精密地平衡离心管和它们的内容物是十分重要的。

⑧ 使用时对负载必须平衡，符合对称安装。

⑨ 使用时如发现声音不正常，立即停机。

⑩ 有的普通离心机带有离心管套筒，平衡时应带上管套筒，一台离心机的套筒只能在该离心机上使用，不能在离心机之间特别是不同型号的离心机之间混用套筒。

⑪ 要注意防止样品对仪器的污染，首先要仔细观察样本管有无裂痕或沙眼小孔，以免离心时液体渗出；其次是放入离心杯塑料管的动作要轻，防止液体溅出。如有液体进入离心杯造成离心机腔内污染，应立即将离心杯取出，用自来水反复冲洗并晾干，同时还应该对离心机腔内进行全面清洁。

⑫ 不得在机器运转过程中或转子未停稳的情况下打开盖门，以免发生事故。

⑬ 每次停机后再开机的时间间隔不得少于 5min，以免压缩机堵转而损坏。

⑭ 离心机一次运行时间最好不要超过 30min。

⑮ 取出转子时必须使用本机所配的专用提手，或用非金属工具（如起子柄）轻轻敲击转子体，反复进行直至震松转子与电机轴之间的连接。严禁松开螺帽后就直接用手向上硬拉拔，以免破坏电机的柔性支撑。

1.4.4.2 日常保养方法

① 离心机运转前应先切断电源并先松开离心机刹车，可以手试转动转鼓，看有无咬煞情况。

② 每次运行前应仔细检查转子及离心管是否有裂纹、老化等现象，如有必要时及时更换。检查其他部位有无松动及不正常情况。

③ 接通电源依顺时针方向开车启动（通常从静止状态到正常运转约需 40～60s）。

④ 通常每台新设备须空车运转 3h 左右，无异常情况才可工作。

⑤ 物料尽可能要放置均匀。

⑥ 必须专人操作，容量不得超过额定量。

⑦ 严禁机器超速运转，以免影响机器使用寿命。

⑧ 机器开动后，若有异常情况必须停车检查，必要时需予以拆洗修理。

⑨ 离心机工作时是高速运转，因此切不可用身体触及其转鼓，以防发生意外。

⑩ 滤布的目数应根据所分离物料的固相颗粒的大小而定，否则影响分离效果。

⑪ 密封圈嵌入转鼓密封槽内，以防物料跑入。

⑫ 为确保离心机正常运转，转动部件请每隔 6 个月加油保养一次。同时查看轴承处运转润滑情况，有无磨损现象；制动装置中的部件是否有磨损情况，严重的予以更换；轴承盖有无漏油情况。

⑬ 机器使用完毕，应做好清洁工作，保持机器整洁。

⑭ 不要将非防腐型离心机用于高腐蚀性物料的分离；另外严格按照设备要求、规定操作，非防爆型离心机切不可用于易燃、易爆场合。

1.4.5 常见故障

常见故障分析及排除方法见表 1-1。

表 1-1 常见故障分析及排除方法

故障现象	原因分析	排除方法
无显示或显示紊乱	主回路保险丝熔断	更换同规格保险丝
	接至显示板上的扁平电缆松脱	打开机箱,压紧扁平电缆
	单片机误操作,工作程序紊乱	关断主机电源开关,等数分钟后再开机

续表

故障现象	原因分析	排除方法
显示屏显示0000，按启动键仪器不运转	线路板或变压器损坏	更换
	控制系统接插件松动	更新插紧
	按键损坏	更换面板
	电机损坏或漏电	检查电机
有显示但离心不能正常工作	设定参数后，未按“设定确认”	按“设定确认”键或重新操作
	门盖未关好	重新关好门盖
	供电压不足，速度上不去	改变供电电源
	上次离心结束后，未开门换样	开门后再关好门
	按键开关因接触不良而失灵	打开机箱，检查按键开关，必要时更换
噪声大	机械安装部件的紧固件松动	旋紧各紧固件
	驱动电机损坏	更换电机
	吊杯长期使用不当有腐蚀	更换同规格型号的吊杯
	仪器处于倾斜状态	调整仪器至水平状态
	放置仪器的工作平台不稳固	将仪器放在稳固的工作平台上
转速不稳定	控制线路或变频器有故障	更换线路板或变频器
不平衡保护	吊杯内样品放置不平衡	重新放置样品试管
	吊杯内有污水	污水擦拭干净
	电机减震器老化或电机法兰盘松动	重新更换同规格减震器或旋紧法兰盘上紧定螺丝

1.4.6 结果解读

需要分离的样品得到加速分离。

1.4.7 小结

离心机是利用强大的离心力将物理性质（如质量、浮力、沉降系数等）不同的悬浮液内微粒进行分离和浓缩的机器。离心技术特别适用于溶液量较小或沉淀黏稠的生物样品的分离，是现代分析实验室的必备设备。随着分子生物学、遗传工程研究和应用的发展，离心分离技术也经历了数代更换，由低速离心机、高速离心机、超高速离心机到超高速冷冻离心机，使离心分离技术发展到了一个全新的时期。现有的分析用超高速离心机还装有分析光学系统，可用于定量分析。

1.5 低温与超低温冷冻与冷藏

经抽提分离或浓缩了的生物样品，在上机分析前或分析后往往需要低温或冻干保存，因此较为完备的实验室里一般也会装有低温冰箱、冰柜或超低温冻干保存设备。在实践中可以根据条件和需要选择不同的保存设备，包括冰箱、冰柜、储氮罐等。

1.5.1 冰箱或冰柜

存放样品或药品的冰箱或冰柜体积一般在300L左右，有立式或卧式两种类型。常划成几部分不同工作温度的冷藏和冷冻区域，保存温度范围通常在−18～4℃，存放方便。

1.5.1.1 原理与构造

(1) 工作原理

系统里充灌了一种叫"氟利昂12 (CF_2Cl_2，国际符号R12)"的物质作为制冷剂。R12在蒸发器里由低压液体汽化为气体，吸收冰箱内的热量，使箱内温度降低。变成气态的R12被压缩机吸入，靠压缩机做功把它压缩成高温高压的气体，再排入冷凝器。在冷凝器中R12不断向周围空间放热，逐步凝结成液体。这些高压液体必须流经毛细管，节流降压才能缓慢流入蒸发器，维持在蒸发器里继续不断地汽化，吸热降温。就这样，冰箱或冰柜利用电能做功，借助制冷剂R12的物态变化，把箱内蒸发器周围的热量搬送到箱后冷凝器里去放出，如此周而复始不断地循环，以达到制冷目的。

(2) 组成部件

电冰箱或冰柜由箱体、制冷系统、控制系统和附件构成。在制冷系统中，主要组成有压缩机、冷凝器、蒸发器和毛细管节流器四部分，自成一个封闭的循环系统。控制系统中主要有温控器、热继电器、过载保护器、门碰开关等。

1.5.1.2 操作过程

接通电源即可使用，如是新机器需要空机运转一段时间再使用，一般为4h左右。

1.5.1.3 管理及维护

定期适当保养可以延长冰箱、冰柜的使用寿命。但是保养冰箱前务必要拔下电源插头。

① 拔下电源插头或短时间停电时，要等5min后再接通电源，否则会影响压缩机寿命，甚至造成损坏。

② 每隔一段时间应清理冰箱或冰柜内部（最好趁结霜时），可先用清洁的软布蘸温水加中性洗涤剂擦拭一遍，然后用清水擦洗，最好用干布擦净（注意：严禁用水直接冲洗冰箱外表面，以免影响电气绝缘性能。严禁用研磨粉、洗衣粉、碱性洗涤剂、酒精、汽油、酸、腐蚀性清洁剂、硬刷等擦洗）。

③ 经常清除冰箱、冰柜背后、左右两侧板及箱体背后的护罩上的尘埃，以提高散热效率，保持通风良好。

④ 冰箱、冰柜长期停用时，应先切断电源，取出箱内一切物品，将箱内外清理干净，敞开箱门数日，使箱内充分干燥，并散掉异味。停用过程中按时开机运转几次（建议尽可能不要长时间停机）。

1.5.1.4 常见故障

由于冰箱、冰柜是各个部件的组合体，它们是彼此相互联系和相互影响的，因此出现故障，须找出两种或两种以上的反常现象或借助仪表和其他方法来综合判断故障原因。下面介绍排除故障的方法。

（1）看

① 看制冷系统各管路是否有断裂，各焊接点处是否有泄漏，如有泄漏，必有油渍出现。

② 看压缩机吸、排气（高、低压）压力值是否正常。

③ 看蒸发器和回气管挂霜情况。如冷冻蒸发器只挂有一部分霜或不结霜均属于不正常现象（冷藏蒸发器不能照此判断）。

④ 注意冷藏室或冷冻室的降温速度，若降温速度比正常运转时显著减慢，则属不正常现象。

⑤ 看冰箱主控制板的各种显示状态。

⑥ 看冰箱放置的环境。

⑦ 看冰箱门封、箱体、台面、保温层状态和保温环境。

（2）听

① 听压缩机运转时的各种声音　全封闭机组出现“嗡嗡”的声音是电机不能正常启动的过负荷声音。“嘶嘶”声是压缩机内高压管断裂发出的高压气流声，“咯咯”声是压缩机内吊簧断裂后发出的撞击声。

压缩机正常运转时，一般都会发出轻微但又均匀的“嗡嗡”的电流振动声。如出现“通通”声，是压缩机液击声，即有大量制冷剂湿蒸气或冷冻机油进入气缸。“当当”声是压缩机内部金属撞击声，这响声说明内部运动部件有松动（注意与开停时撞缸声相区别）。

② 听蒸发器里气体流动　在压缩机工作的情况下打开箱体门，侧耳细听蒸发器内的气流声，“嘶嘶嘶”并有流水似的声音是蒸发器内制冷剂循环的正常气流声。如没有流水声，则说明制冷剂已渗漏。蒸发器内没有流水声、气流声，说明过滤器或毛细管有堵塞（注意与堵、漏区别）。

③ 听温控器、启动继电器、主控板继电器、电磁阀换向声音是否正常。

（3）摸

① 摸压缩机运转时的温度，压缩机正常运转时，温度不会升高太多，一般不超过 90℃（长时间运转可能会超过此值）。

② 压缩机正常运转 5～10min 后，摸冷凝器的温度，其上部温度较高，下部温度较低（或右边温度高，左边温度低，视冷凝器盘管形式而异），说明制冷剂在循环。若冷凝器不发热，则说明制冷剂泄漏了。若冷凝器发热数分钟后又冷下来，说明过滤器、毛细管有堵漏。对于风冷式冷凝器，可手感冷凝器有无热风吹出，无热风说明不正常。

③ 摸过滤器表面的冷热程度，制冷系统正常工作时过滤器表面温度应比环境温度稍高些，手摸会有微热感。若出现显著低于环境温度的凝露现象，说明其中滤网的大部分网孔已阻塞，致使制冷剂流动不畅通，从而产生节流降温。

④ 摸制冷系统的排气冷热程度。排气应是很热的，烫手，这是正常工作状态。采用封闭压缩机制冷系统，一般吸气管不挂霜、不凝露，如挂霜和凝露则是不正常现象（刚开机时出现短时结霜、凝露属正常现象）。

1.5.2 超低温保存设备

超低温冰箱（ultra-low temperature freezer）又称超低温保存箱、超低温冰柜等，如

图 1-34 所示。按温度范围大致可分为－86～－60℃。超低温冰箱可用于电子器件、特殊材料的低温试验及低温保存血浆、生物材料、疫苗、试剂、生物制品、化学试剂、菌种、生物样本等。

图 1-34　Eppendorf －86℃超低温冰箱

1.5.2.1　原理与构造

超低温冰箱一般采用二级制冷，第一个制冷系统的蒸发器为第二个制冷系统的冷凝器提供冷量，因为第二个制冷系统用的是低温制冷剂，其冷凝温度很低。感温探头为热敏电阻，根据阻值的大小（即温度的高低）在面板上显示不同的温度。接通电源时，当面板显示温度比设定的温度高时，第一级压缩机首先启动，第一级制冷系统开始工作，使得第二级制冷系统的冷凝器温度下降，即第二级的制冷剂温度下降，经几分钟的延时后，第二级制冷系统也开始工作，它的蒸发器在冰箱内壁，这可使冰箱内部温度下降很多，它的冷凝器放出的热量全部由第一级制冷系统的蒸发器吸收，第一级冷凝器放出的热量则散入空气中。当超低温冰箱内部温度达到设定温度后，感温探头电阻把信息传出，控制继电器失电断开，两级制冷系统全部停止工作。当冰箱内温度再次升高，超出设定的温度时，冰箱再次重复上述运作过程，从而使冰箱内温度始终保持在设定的温度左右。

1.5.2.2　操作过程

接通电源，通过控制面板设置所需温度，一段时间后，温度达到所需值即可使用。

1.5.2.3　管理及维护

超低温冰箱的维护和保养可延长使用寿命和正常使用，如果温度控制不准确导致所保存对象受损，会对实验结果造成很大影响，从而影响研究工作的正常进行。超低温冰箱使用须知如下。

① 超低温冰箱仅限于存放毒种、菌种、血清抗体、单抗腹水、药品试剂和某些病料等。

② 放入冰箱内的所有物品必须按规定位置分类存放。取放都应在登记本上登记。

③ 箱门开启时应尽可能短暂，关门后锁紧扣好，严禁在停电时开启箱门。

④ 及时清理、剔除无保存价值的物品。

⑤ 每月清洁一次，以保证其清洁度。方法是用干布清除冰箱内外部和配件上的少量尘埃，如果冰箱太脏则使用中性洗涤剂，清洗后再用纯净水彻底冲洗。但不可在冰箱内部和上部冲水，否则会损坏绝缘材料并导致故障。压缩机和其他机械部分不需要使用润滑油；清洁压缩机后部的电扇时务必要小心；清洁完毕后进行安全检查，确保冰箱插头插好，不要虚接；确保插头没有异常热度；确保冰箱背部的电源电线和分配电线没有破裂和刻痕。

1.5.2.4 常见故障

① 警报器启动报警。当遇到警报器启动报警时，通常可通过以下方面进行检查：第一检查电源是否有问题或插头是否被拉出插座；第二检查内部温度计是否超出合适的范围，在此情况下，放入物品会使冰箱升温，并触发警报器；第三检查是否一次性置入物品过多。

② 冰箱冷却不充分。检查蒸发器表面是否有冰霜；冰箱门是否开关过频；冰箱背部是否接触墙面；是否放入过多物品。

③ 冰箱噪声过大。检查底板是否坚固；冰箱是否稳固（如不稳，调好活动螺丝以使四角稳固地支撑在底板上）；是否有物件接触到冰箱背部。

如果制冷效果差，冰箱不停机，散热管不热，蒸发器有很小气流声，这些是因为慢渗漏造成制冷剂严重缺损。在实际使用过程中，还会遇到许多其他问题，这类问题的解决方法需要不断地积累经验方可排除障碍，遇到难以解决的故障请联系专业售后维修人员，使得超低温冰箱达到最佳的工作状态。

1.5.3 液氮罐

1.5.3.1 主要用途

液氮罐是存储液氮、液氨、液氧的容器，因为最初发明的人叫杜瓦，所以又称为杜瓦罐，因为常存储液氮，所以常被叫作液氮罐。液氮拥有超低温的－196℃，可以很好地保存生物细胞、胚胎等，也被用于美容行业、食品加工。随着技术的成熟发展，越来越多的行业运用液氮罐，液氮是一种无色、无臭、无毒的液体，具有超低温性、膨胀性和窒息性，因此正确使用和维护液氮罐，对生物材料的保存，甚至操作人员的人身安全至关重要。

① 生物样本的活性保存。在生物医学领域内的疫苗、菌毒种、细胞以及人、动物的器官，都可以浸泡于液氮罐储存的液氮中，长期活性保存。需要使用时，取出解冻复温即可。

② 动物精液的活性保存。目前主要用于牛、羊等优良种公畜及珍稀动物的精液保存，以及远距离的运输。

③ 金属材料的深冷处理。利用液氮罐中储存的液氮对金属材料进行深冷处理，可以改变金属材料的金相组织，显著提高金属材料的硬度、强度和耐磨性能。

④ 精密零件的深冷装配。将精密零件经过液氮深冷处理后进行装配，可提高零件装配质量，从而提高设备或仪器的整机性能。

⑤ 医疗卫生行业的冷藏冷冻、医疗手术制冷。

1.5.3.2 原理与构造

液氮罐的工作原理：打开液氮罐底部液体管道排放阀，液氮通过管道排出经过罐体底部的蒸发器进行汽化，汽化后的气体进入罐体的顶部，提供液氮罐罐内压力达到自增压效果，当液氮罐需要给外界供气时，罐内的液体靠罐内压力将液体压出，通过管道送到外界汽化器，液氮在汽化器汽化后释放出来。液氮罐一般可分为液氮储存罐、液氮运输罐两种。储存罐主要用于室内液氮的静置储存，不宜在工作状态下作远距离运输使用；液氮运输罐为了满足运输的条件，做了专门的防震设计，可在充装液氮状态下运输，但也应避免剧烈的碰撞和震动。

从构造上来讲，液氮罐多为铝合金或不锈钢制造，分内外两层。具体的构件如图 1-35 所示。

① 外壳　液氮罐外面一层为外壳，其上部为罐口。

② 内槽　液氮罐内层中的空间称为内槽，一般为耐腐蚀的铝合金，内槽的底部有底座，供固定提筒用，可将液氮及样品储存于内槽中。

③ 夹层　夹层指罐内外两层间的空隙，呈真空状态。抽成真空增进罐体的绝热性能，同时在夹层中还装有绝热材料和吸附剂。

④ 颈管　颈管通常是玻璃钢材料，将内外两层连接，并保持有一定的长度，在颈管的周围和底部夹层装有吸附剂。顶部的颈口设计特殊，其结构既要有孔隙能排出液氮蒸发出来的氮气，以保证安全，还有绝热性能，尽量减少液氮的汽化量。

⑤ 盖塞　盖塞由绝热性能良好的塑料制成。

⑥ 提筒　提筒置于罐内槽中，其中可以储放细管。提筒的手柄挂于颈口上，用盖塞固定住。

⑦ 液氮罐为了使用的方便，还有以下几种配件可供选择。

a. 外套　中、小型液罐为了携带方便，带有人造革背包，其增加了产品的防磕碰保护，同时也便于用户人工背运。

b. 液氮罐手推车　该产品采用全不锈钢制造，其作用是转运液氮罐，同时也可辅助人工倾倒容器中的液氮。

c. 托盘运输车　该产品适用于较大容积（几何容积大于 30L）的液氮容器的转运。使用

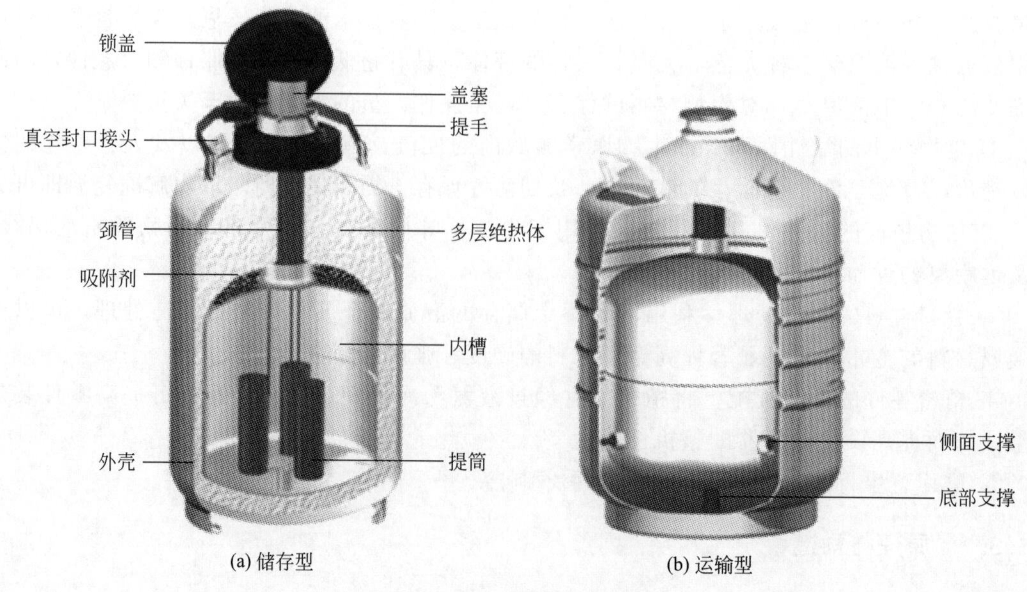

图 1-35　液氮罐结构示意图

时将液氮容器提起并且放入托盘运输车的凹座上，便可推动液氮容器在室内灵活地移动。

d. 自增压式液氮泵　自增压液氮罐还要用到自增压式液氮泵。此装置可以用于将自增压液氮罐中的液氮补充到其他容器中。

1.5.3.3 操作过程

(1) 液氮的取用方法

用液氮冷冻物品有 3 种方式：①将需要冷冻的物品用液氮浸泡；②把需要冷冻的物品放在液氮气体中；③将液氮喷射在需要冷冻的物品上。生物实验室最常用的就是最后一种方法。

液氮取用的实验人员应做好防护：一是手上要戴皮手套；二是眼部要戴防护眼镜；三是鞋口要缚遮脚布，最好穿靴子；四是身上穿工作服，防止工作人员皮肤冻伤。使用时打开盖塞，用提筒舀出液氮倒入盛有处理样品的容器中，迅速进行研磨，为了研磨充分可以重复 3 次左右。最好是 2 个人合作，一个人倒液氮，一个人迅速研磨。

(2) 液氮罐的使用

① 使用前的检查　液氮罐在充填液氮前，首先要检查外壳有无凹陷，真空排气口是否完好。若被碰坏，真空度则会降低，严重时进气不能保温，这样罐上部会结霜，液氮损耗大，失去继续使用的价值。其次，检查罐的内部，若有异物，必须取出，以防内胆被腐蚀。

② 液氮的充填　填充液氮时要小心谨慎。对于新罐或处于干燥状态的罐一定要缓慢填充并进行预冷，以防降温太快损坏内胆，减少使用年限。充填液氮时不要将液氮倒在真空排气口上，以免造成真空度下降。盖塞是用绝热材料制造的，既能防止液氮蒸发，也能起到固定提筒的作用，所以开关时要尽量减少磨损，以延长使用寿命。

③ 使用过程中的检查　使用过程中要经常检查，可以用眼观测也可以用手触摸外壳，若发现外表挂霜，应停止使用；特别是颈管内壁附霜结冰时不宜用小刀去刮，以防颈管内壁受到破坏造成真空不良，而是应将液氮取出，让其自然融化。

④ 液氮罐在使用过程中的注意事项　由于液氮罐的热量较大，第一次充液氮时，热平衡时间较长，可先充少量液氮介质预冷（60L 左右），然后再缓缓充满（这样才不容易形成冰堵）。

为减少以后充液氮时的损耗，可在液氮罐内还有少量液氮时即重新充液氮，或在用完液氮后的 48h 内充液氮。

为保证液氮罐使用的安全、可靠，液氮罐只能充装液氮、液氧、液氩。

输液时，液氮罐外表面结水珠、结霜，属正常现象。当把液氮罐的增压阀打开进行升压工作时，由于增压盘管是与液氮罐外筒的内壁贴合在一起的，液氮罐盘管中通过液氮时会吸收外筒的热量进行汽化从而升压，在液氮罐外筒上可能会有斑点状的结霜。关闭液氮罐增压阀后，霜点会慢慢散去。当液氮罐增压阀关闭没有进行输液工作时，液氮罐外表面有结水珠、结霜现象，这说明液氮罐的真空已经被破坏了，该液氮罐不能继续使用了。应找液氮罐专业厂家维修或作报废处理。

在三级或三级以下的路面上运输液氮介质时，汽车时速请不要超过 30km/h。

液氮罐上真空嘴、安全阀的封条，铅封不能损坏。

如果液氮罐长期不使用，请将液氮罐内部的液氮介质排出并吹干，然后关闭所有阀门封存。

液氮罐在充装液氮介质前，必须用干燥空气将容器内胆和所有阀门、管道吹干后，方能装液氮介质，否则会造成管道结冰阻塞，影响升压和输液。

液氮罐属仪器仪表类，使用时应轻拿轻放，开启液氮罐各阀门时力道要适中不宜过大，速度也不能过快；特别是将液氮罐金属软管与进/排液阀处的接头进行连接时，不能用大力拧得过紧，稍微用力拧到位能密封就可以了（球头结构容易密封），以免将液氮罐接管拧斜甚至拧断，拧时用一只手扶住液氮罐。

1.5.3.4 管理及维护

（1）液氮罐的放置

液氮罐要存放在通风良好的阴凉处，不要在太阳光下直晒。由于其制造精密及其固有特性，无论在使用或存放时，液氮罐均不准倾斜、横放、倒置、堆压、相互撞击或与其他物件碰撞，要做到轻拿轻放并始终保持直立。

（2）液氮罐的清洗

液氮罐闲置不用时，要用清水冲洗干净，再将水排净，用鼓风机吹干，常温下放置待用。液氮罐内的液氮挥发完后，所剩遗漏物质（如冷冻精子）很快融化，变成液态物质而附在内胆上，会对铝合金的内胆造成腐蚀，若形成空洞，液氮罐就会报废，因此液氮罐内液氮耗尽后对罐子进行刷洗是十分必要的。具体刷洗办法如下：首先把液氮罐内提筒取出，液氮移出，放置2～3天，待罐内温度上升到0℃左右，再倒入30℃左右的温水，用布擦洗。若发现个别融化物质粘在内胆底上，一定要细心洗刷干净。然后再用清水冲洗数次，之后倒置液氮罐，放在室内安全不宜翻倒处，自然风干，或如前所述用鼓风机风干。注意在整个刷洗过程中，动作要轻慢，倒入水的温度不可超过40℃，总重量以不超过2kg为宜。

（3）液氮罐的安全运输

液氮罐在运输过程中必须装在木架内垫好软垫，并固定好。罐与罐之间要用填充物隔开，防止颠簸撞击，严防倾倒。装卸车时要严防液氮罐碰击，更不能在地上随意拖拉，以免减少液氮罐的使用寿命。

1.5.3.5 常见故障

① 阀门处有泄漏现象。这是由于阀门的压紧螺母密封不严造成的，用扳手拧紧。

② 冰堵现象。一般情况下是在增压盘管处发生，有时也会在排液管处发生，这是由于空气中的水分进入容器后，没有充分排出，在低温下凝结成冰堵塞管道造成的。解决的办法是先从氮气瓶往容器里充氮气，把容器内部的压力升到0.05～0.09MPa之间，将容器内部的液体介质排空；然后再用热氮气或干燥的热空气对冰堵的管道进行吹除，将冰吹化并排出，关闭所有阀门即可。

如果故障不及时排除，液氮汽化时吸收大量的热，可能造成人员冻伤，大量吸入会造成缺氧窒息。

1.5.4 小结

实验室里一般会配备有低温冰箱、冰柜或超低温冰箱等，用以保存需低温的生物样品，正确维护和使用这些设备可以保证样品的质量。液氮罐具有绝热性能好、坚固耐用和使用方便等特点，可以满足生产或科研的使用。

1.6 纯水仪

1.6.1 主要用途

做实验接触到的最多的试剂莫过于水，常贯穿于整个实验过程。处理不同样品对水质有不同的要求，实验室纯水仪就是实验室检验、检疫用纯水的制取装置。纯水仪可分为家用和实验室用，本节讲解实验室用纯水仪的相关知识。

实验室用纯水仪（图 1-36）适用于检测中心、科研院所、大专院校、医院和企业，提供所需的分析测试用水、试剂用水、实验用水及分析仪器用水。实验室用超纯水可以分为三个级别：一级水基本不含有溶解或胶态离子杂质及有机物，它可用二级水经进一步处理而制得；二级水一般含有微量的无机、有机或胶态杂质；三级水适用于一般实验室实验工作。

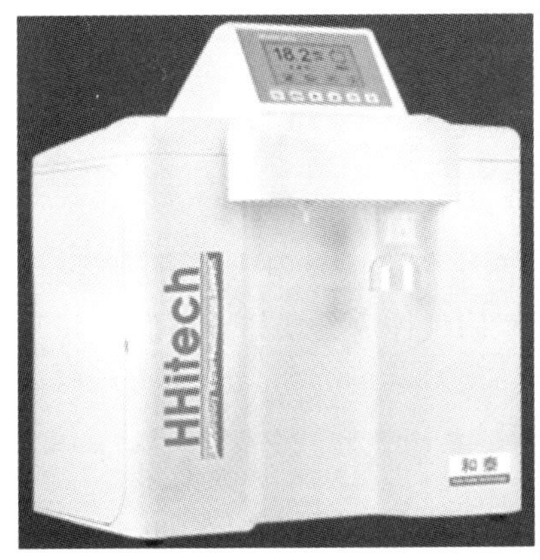

图 1-36　和泰超纯水仪

1.6.2 原理与构造

1.6.2.1 纯水仪原理

纯水又称纯净水，是指以符合生活饮用水卫生标准的水为原水，通过电渗析器法、离子交换法、反渗透法、蒸馏法及其他适当的加工方法，制得的不含任何添加物、无色透明、可直接饮用的水，市场上出售的一些桶装水、蒸馏水均属纯净水的范围。超纯水是在纯水的基础上进一步将水中的导电介质几乎完全去除，又将水中不离解的胶体物质、气体及有机物均去除或至很低程度的水，电阻率等于或者接近 18.2MΩ·cm（25℃）极限值。纯水基本上都是经过反渗透和蒸馏两种方法制得，而超纯水是在纯水的基础上还要经过紫外线氧化技术(185nm)、抛光核子级树脂处理、微滤或超滤等一系列复杂的纯化技术制得的。反渗透的原理是在原水一方施加比自然渗透压力更大的压力，使水分子由浓度高的一方逆渗透到浓度低的一方。由于反渗透膜的孔径远远小于病毒和细菌，故各种病毒、细菌、重金属、固体可溶物、污染有机物、钙镁离子等根本无法通过反渗透膜，从而达到水质净化的目的。

1.6.2.2 实验室纯水仪的结构

实验室（超）纯水机是一种实验室用水净化设备，是通过过滤、反渗透、离子交换、紫外灭菌等方法去除水中所有固体杂质、盐离子、细菌病毒等的水处理装置。实验室超纯水机系统流程如图 1-37 所示。

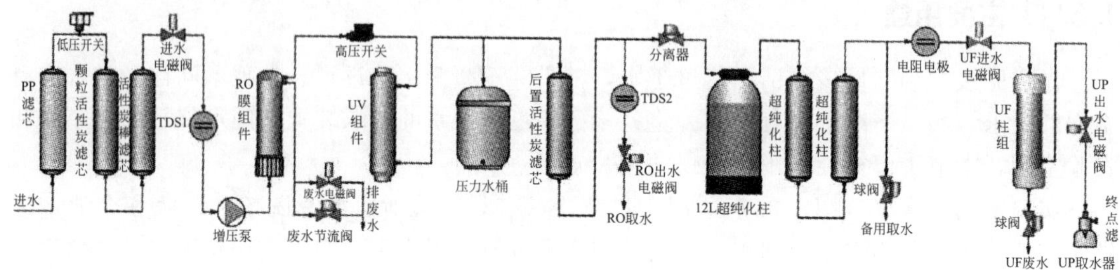

图 1-37　和泰实验室超纯水机系统流程图

原水经过以下过滤装置产生超纯水。

(1) 自来水预处理精密滤芯

通过砂芯滤板和纤维柱滤除机械杂质，去除水中较粗颗粒杂质、胶体、悬浮物等。

(2) 活性炭吸附

利用颗粒活性炭及压缩活性滤芯双重吸附水中异物、异色、有机物、部分重金属等杂质。活性炭是广谱吸附剂，可吸附气体成分，如水中的余氯等，氯气能损害反渗透膜，因此应力求除尽。

(3) 反渗透膜过滤

RO 反渗透膜可滤除 95%以上的电解质和大分子化合物，有效去除水中颗粒、细菌以及分子量大于 300 的有机物。

(4) EDI 模块

在反渗透膜的基础上再将水中的离子去除接近 99%，同时也去除部分有机物。EDI (Electrodeionization) 是一种将离子交换技术、离子交换膜技术和离子电迁移技术相结合的纯水制造技术。它巧妙地将电渗析和离子交换技术相结合，利用两端电极高压使水中带电离子移动，并配合离子交换树脂及选择性树脂膜以加速离子移动去除，从而达到水纯化的目的。在 EDI 除盐过程中，离子在电场作用下通过离子交换膜被清除。同时，水分子在电场作用下产生氢离子和氢氧根离子，这些离子对离子交换树脂进行连续再生，以使离子交换树脂保持最佳状态。

(5) 紫外线照射法

借助于短波（185nm/254nm）紫外线照射分解水中的不易被活性炭吸附的小有机化合物，如甲醇、乙醇等。此外细菌中的 DNA 及蛋白质会吸收紫外线而导致死亡。

(6) 去离子柱去离子

水中的杂质离子会与固定在树脂上的离子交换，氢离子交换阳离子，氢氧根离子交换阴离子，释出的氢离子与氢氧根离子相结合后生成纯水。

（7）终端过滤器

主要是适用于各种不同的应用。

① 0.22μm 滤膜过滤，以除去水中的颗粒物至每毫升 1 个（小于 0.22μm 的）。

② 终端超滤柱，主要用于去除热原、RNA 酶等物质，应用于分子生物学等生命科学实验。

③ Millipore 公司还开发了针对环境分析的 EDS-Pak 和 VOC-Pak 等终端过滤装置。

经过上述各步骤处理后生产出来的水就是超纯水了，能满足各种仪器分析、痕量分析等的要求。以上为从自来水到超纯水的全过程，一些超纯水器包含了上述的所有纯化单元，也有很多超纯水器所需要的进水是纯水（反渗透水、蒸馏水等），不能使用自来水作进水，其纯化单元相对就少得多了（不含反渗透，EDI 等纯化单元）。

1.6.3 操作过程

纯水仪或超纯水仪使用前首先开启进水水源，接通电源，开始制水工作，通过出水口即可获取纯水。

以 NW10VF 超纯水仪为例进行说明。

① 接通电源，打开开关，按下 OPERATE/STANDBY 键，使系统处于待机状态，此时 power 键指示灯亮。

② 按下取水键可使系统进入 OPERATE（运转）状态并制水，系统经常保持在此状态。

③ 正常的取水程序如下：

a. 确认系统处在 PRE-OPERATE 状态，供水箱有水。

b. 扳下取水开关（E）开始取水，此时系统会自动显示产水的电阻率值等参数。

c. 取水完毕，推回取水开关，显示屏幕会回到 PRE-OPERATE 状态。

④ 工作完毕，关闭电源，使恢复到工作前状态。

1.6.4 管理及维护

① 当系统关闭超过 48h 后，必须注意以下几点。

a. 膜元件应保持湿润，干的膜元件会损失通量，且无法恢复；

b. 系统能有效地防止微生物衍生或 24h 定期冲洗一次。

② 经常注意自来水的水质，如遇到自来水水质很差（黄色，浊度高，电导率大于 400μS/cm，带有异味）请及时停机，需要另行安装强化预处理器。

③ 如遇断水，请及时停机，以免在来水时，水中大量杂质进入仪器，降低预处理的寿命。

④ 精密滤芯、活性炭滤芯、反渗透膜、纯化柱都是具有相对寿命的材料，精密滤芯和活性炭滤芯实际上是对反渗透膜的保护，如果它们失效，那么反渗透膜的负荷就会加重，寿命减短，如果继续开机的话，则产生的纯水水质就会下降，随之就加重了纯化柱的负担，则纯化柱的寿命也会缩短，最终结果是加大了超纯水机的使用成本。所以，在超纯水机的使用中，必须注意以下方面。

a. 精密滤芯　精密滤芯又称过滤滤芯，新的滤芯为白色，使用时间长了表面会淤积泥沙等，呈现褐色，这就表示该滤芯不能用了，用自来水冲洗掉表面淤泥后，可以勉强继续使用1～2周，但不能长期使用。滤芯放在滤瓶里面，有的滤瓶是透明的，可以直观地观察滤芯的颜色变化；有些滤瓶是不透明的，需要将其拧开后才能观察滤芯的变化。从经验数据统计来看，精密滤芯的寿命一般在3～6个月，如原水的泥沙多，则其寿命短些；若泥沙等颗粒物少，则寿命稍长一点。

b. 活性炭滤芯　一般在一年左右就达到饱和吸附，需要更换。

c. 反渗透膜　反渗透膜是超纯水机中十分重要的部件，其孔径非常小，所以在使用过程中常常有细菌等微观物质淤积在其表面，一般各个厂家的纯水机都有反冲洗功能，旨在洗掉污染物。有水量在10L/天以内，可以冲洗3～5次，超过10L/天，则多冲洗几次。如果长时间（如1个月以上）不用，需要将其取出浸泡在消毒液里，避免细菌的滋生，不过该过程比较麻烦，建议即使不用水，也应经常开机生产少量的水，让机器内部的水形成流通，尽量减少死水的沉积时间。反渗透膜的寿命一般为2～3年，主要由客户的用水量来决定，所以用户在选购时一定要选择相匹配的规格。

d. 以自来水为水源的超纯水机一般都有两个出水口，分别是三级水和一级水，经反渗透出来的水是三级水，存放在水箱里，而一级水是即用即取，不存放。三级水没有通过纯水柱，一级水通过了纯化柱，一级水的成本高于三级水。所以客户在日常应用时，应根据水质需求分质取水，能用三级水时尽量不用一级水，避免使用成本的上升。

1.6.5 常见故障

(1) 高压泵不启动，无法造水

① 检查是否停电，插头是否插上；

② 检查低压开关是否失灵，能否接通电源；

③ 检查水泵和变压器是否短路，或整机线路连接有误；

④ 检查高压开关或水位控制器（指立式冰热机）是否失灵，无法复位；

⑤ 检查电脑盒是否有故障（指微电脑型）。

(2) 高压泵正常工作，但无法造水

① 高压泵失压；

② 进水电磁阀打不开无法进水（纯水、浓水均无）；

③ 前置滤芯堵塞（纯水、浓水均无或浓水很小）；

④ 逆止阀失灵（有废水无纯水）；

⑤ 自动冲洗电磁阀失灵，不能有效关闭（一直处于冲洗状态）；

⑥ 电脑盒有故障，不能关闭反冲电磁阀（一直处于冲洗状态）；

⑦ RO膜堵塞。

(3) 高压泵不停机

① 高压泵压力不足，不能达到高压设定的压力；

② 逆止阀堵塞，不出纯水；

③ 高压开关失灵，无法起跳。

(4) 高压泵停机，但废水不停

① 进水电磁阀失灵，不能有效断水；

② 电脑盒有故障，不能关闭进水电磁阀（指微电脑型）；
③ 逆止阀泄压（浓水流量小）。

(5) 水满后，机器反复起跳
① 逆止阀泄压；
② 高压开关或液位开关（指立式冰热机）失灵；
③ 纯水管路系统有泄压现象。

(6) 压力桶水满，但纯水无法流出
① 后置活性炭堵塞；
② 压力桶求阀失灵；
③ 管路堵塞。

(7) 纯水流量不足
① 前置滤芯堵塞；
② 高压泵压力不足；
③ RO 膜堵塞；
④ 冲洗电磁阀无法关闭；
⑤ 后置活性炭堵塞；
⑥ 压力桶压力不足或内胆破漏。

(8) 管路接口附近漏水
① 检查聚乙烯塑料（PE）管管头是否切平；
② 检查管塞是否塞到位；
③ 检查螺帽是否拧紧。

(9) 水机运行过程中有异常噪声
① 检查逆止阀是否失灵或老化；
② 检查高压泵质量是否出现问题；
③ 原水压过低，泵体充有空气。

(10) 浓水管无浓水排出，所制纯净水与自来水总溶解性固体物质（TDS）值相同

可能出现在产品刚安装、较大范围拆卸水机、从新安装后。可能错将高压泵与 RO 膜膜壳之间的水管直接接到后置活性炭的三通处，使高压泵泵出的自来水直接进入储水桶。

(11) 机器不工作
① 检查是否停电、插头插入是否牢靠；
② 检查低压开关接线插头是否脱落或失灵以导致电源触点无法回位；
③ 检查各接线端子的连接线是否脱落；
④ 检查自来水水压是否过低，以造成低压开关不工作。

(12) 制出的纯水口感不好或有异味
① 检查 RO 膜壳的纯水和浓水端是否隔断或出现裂缝；

② 检查RO膜橡皮圈一端是否大小合适或破损；
③ 检查后置活性炭作用是否有效。

(13) 水机日产水量达不到要求
① 检查是否计算有误；
② 检查水泵压力是否到位；
③ 检查冲洗电磁阀是否关闭不严；
④ 检查水温是否太低。

1.6.6 结果解读

纯水仪能有效除去水中盐分和微生物，获得满足实验要求的纯净水或超纯水。

1.6.7 小结

实验室纯水仪是实验室检验、检疫用纯水的制取装置。实验室纯水仪对于实验用纯水来说应该算是二代，一代是蒸馏水器。现代实验室纯水仪多采用人性化设计、全中文菜单、LCD液晶显示、触摸开关；配有超大容量储水箱，加快出水，停电停水可用；全自动电子控制，多重安全保护，停水、停电、水箱满水自动停机保护；全自动反冲，特设远程出水接口，并配送水管；人性化设计，可任意选择台上、台下或壁挂式安装；一机二用——实验室一级和三级用水，实现实验室分质用水。

1.7 气相色谱仪

1.7.1 主要用途

气相色谱法（gas chromatography，GC）是以气体为流动相的色谱分析方法。根据固定相的状态又可分为气-固色谱（gas-solid chromatograph，GSC）和气-液色谱（gas-liquid chromatography，GLC）两类。气相色谱仪是提供气相色谱分析工作条件的装置，可以对混合气体中各组成分进行分析检测。气相色谱仪在石油、化工、生物化学、医药卫生、食品工业、环保等方面应用很广，除用于定量和定性分析外，还能测定样品在固定相上的分配系数、活度系数、分子量和比表面积等物理化学常数。

1.7.2 原理与构造

气相色谱仪是以气体为流动相（载气），采用冲洗法的柱色谱技术。当多组分的分析物质进入到色谱柱时，由于各组分在色谱柱中的气相和固定液液相间的分配系数不同，各组分在色谱柱中的运行速度也就不同，经过一定的柱长后，顺序离开色谱柱进入检测器，检测器对每个进入的组分都给出一个相应的信号，经检测后转换为电信号送至数据处理工作站，从而完成了对被测物质的定性定量分析。将从样品注入载气为计时起点，到各组分经分离后依次进入检测器，检测器给出对应于各组分的最大信号（常称峰值）所经历的时间称为各组分的保留时间 t_r。实践证明，在条件（包括载气流速、固定相的材料和性质、色谱柱的长度和温度等）一定时，不同组分的保留时间 t_r 也是一定的，所以可以从保留时间推断出该组分是何种物质，保留时间就可以作为色谱仪器实现定性分析的依据。检测器对每个组分所给出的信号，在记录仪上表现为一个个峰，称为色谱峰。色谱峰上的极大值是定性分析的依据，而色谱峰所包罗的面积则取决于对应组分的含量，故峰面积是定量分析的依据。一个混合物样品注入后，由记录仪记录得到的曲线，称为色谱图。分析色谱图就可以得到定性分析和定量分析结果。

气相色谱仪分为两类：一类是气固色谱仪；另一类是气液分配色谱仪。这两类色谱仪所分离的固定相不同，但仪器的结构是通用的。气相色谱仪的基本构成包括气源及控制计量装置、进样装置、恒温器、色谱柱、检测器和自动记录仪（如图 1-38、图 1-39 所示）。色谱柱（包括固定相）和检测器是气相色谱仪的核心部件。

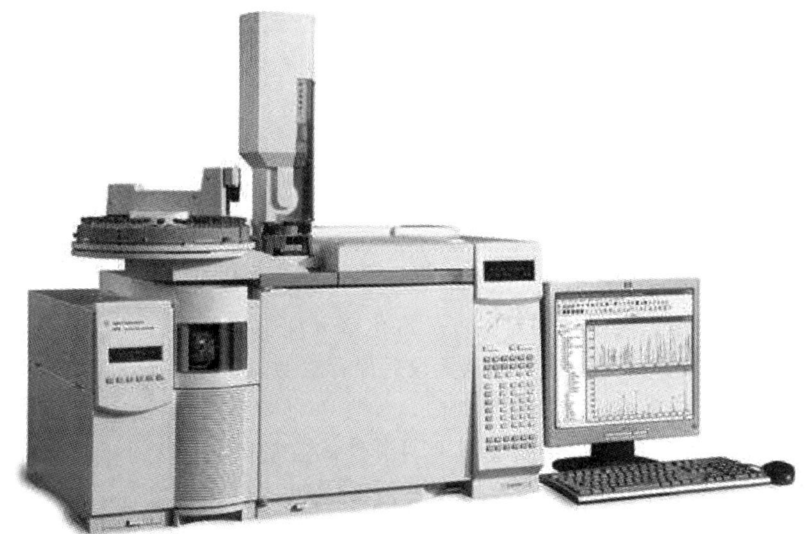

图 1-38 气相色谱仪

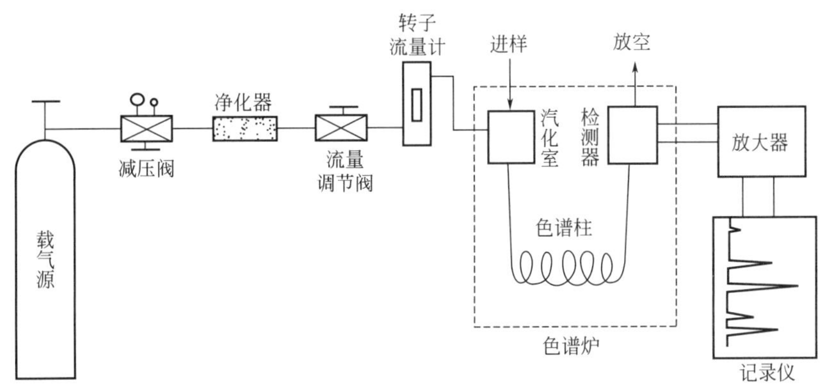

图 1-39 气相色谱仪结构示意图

① 载气系统。气相色谱仪中的气路是一个载气连续运行的密闭管路系统，要求载气纯净、密闭性好、流速稳定，并能准确测量流速。

② 进样系统。就是把气体或液体样品匀速而定量地加到色谱柱上端。

③ 分离系统。核心是色谱柱，作用是将多组分样品分离为单个组分。色谱柱可分为填充柱和毛细管柱两类。

④ 检测系统。检测器的作用是把被色谱柱分离的样品组分根据其特性和含量转化成电

信号，经放大后，由记录仪记录成色谱图。

⑤ 信号记录或微机数据处理系统。近年来气相色谱仪主要采用色谱数据处理机，可打印记录色谱图，并能在同一张记录纸上打印出处理后的结果，如保留时间、被测组分质量分数等。

⑥ 温度控制系统。用于控制和测量色谱柱、检测器、汽化室温度，是气相色谱仪的重要组成部分。

1.7.3 操作过程

（1）开机前准备

① 根据实验要求，选择合适的色谱柱。

② 气路连接应正确无误，并打开载气检漏。

③ 信号线连接所对应的信号输入端口。

（2）开机

① 打开载气气源开关，稳压阀调至 0.3～－0.5MPa，看柱前压力表有压力显示，方可开主机电源，调节气体流量至实验要求。

② 在主机控制面板上设定检测器温度、汽化室温度、柱箱温度，被测物各组分沸点范围较宽时，还需设定程序升温速率，确认无误后保存参数，开始升温。

③ 打开氢气发生器和纯净空气泵的阀门，氢气压力调至 0.3～0.4MPa，空气压力调至 0.3～0.5MPa，在主机气体流量控制面板上调节气体流量至实验要求；当检测器温度大于100℃时，按“点火”按钮点火，并检查点火是否成功，点火成功后，待基线走稳，即可进样。

（3）关机

关闭火焰离子化检测仪（FID）的氢气和空气气源，将柱温降至 50℃以下，关闭主机电源，关闭载气气源。关闭气源时应先关闭钢瓶总压力阀，待压力指针回零后，关闭稳压表开关，方可离开。

（4）注意事项

① 气体钢瓶总压力表不得低于 2MPa；

② 必须严格检漏；

③ 严禁无载气气压时打开电源。

1.7.4 管理及维护

要定期对仪器进行系统清洗、维护，这是因为：①气相色谱仪经常用于有机物的定量分析，仪器在运行一段时间后，由于静电原因，仪器内部容易吸附较多的灰尘；②电路板及电路板插口除吸附积尘外，还经常和某些有机蒸气吸附在一起；③部分有机物的凝固点较低，在进样口位置经常发现凝固的有机物，分流管线在使用一段时间后，内径变细，甚至被有机物堵塞；④在使用过程中，热导检测器（TCD）很有可能被有机物污染；⑤FID 检测器长时间用于有机物分析，有机物在喷嘴或收集极位置沉积或部分积炭。

(1) 仪器内部的吹扫、清洁

气相色谱仪停机后，打开仪器的侧面和后面面板，用仪表空气或氮气吹扫仪器内部灰尘，对积尘较多或不容易吹扫的地方用软毛刷清理。吹扫完成后，对仪器内部存在有机物污染的地方进行擦洗，水溶性有机物可以先用水进行擦拭，较难清洁的地方可以用有机溶剂进行处理；对非水溶性或可能与水发生化学反应的有机物，用不与之发生反应的有机溶剂进行清洁，如甲苯、丙酮、四氯化碳等。在擦拭仪器过程中务必小心，不能对仪器表面或其他部件造成腐蚀或二次污染。

(2) 电路板的维护和清洁

气相色谱仪准备检修前，切断电源，首先用仪表空气或氮气对电路板和电路板插槽进行吹扫，灰尘较多的部分可用软毛刷仔细清理。尽量戴手套操作，防止静电或手上的汗渍损坏电路板上部分元件。吹扫完成后，仔细观察印刷电路板或电子元件是否有明显被腐蚀现象，如沾染上有机物可用脱脂棉蘸取酒精小心擦拭，接口和插槽部分也应进行擦拭清理。

(3) 进样口的清洗

在检修时，分别清洗进样口的玻璃衬管、分流平板、分流管线、EPC（电子压力控制的缩写，用于气相色谱的载气控制，以提高分析的精度与稳定性）等部件。清洗玻璃衬管和分流平板时先从仪器中小心取出玻璃衬管，用镊子或其他小工具小心移去衬管内的玻璃毛和其他杂质，注意不要划伤衬管表面。如果条件允许，可将初步清理过的玻璃衬管在有机溶剂中用超声波进行清洗，烘干后再使用。也可以用丙酮、甲苯等有机溶剂直接清洗，干燥后即可使用。

(4) 分流平板的清洗

分流平板最为理想的清洗方法是在溶剂中超声处理，而后烘干使用。也可以选择合适的有机溶剂进行清洗，如先用甲苯等惰性溶剂、再用甲醇等醇类溶剂进行清洗，烘干后使用。

(5) 分流管线的清洗

分流管线被堵塞后，仪器进样口显示压力异常，峰形变差，分析结果异常。在检修过程中，无论事先能否判断分流管线有无堵塞现象，都需要进行清洗。清洗一般选择丙酮、甲苯等有机溶剂，对堵塞严重的分流管线可先采用一些机械方法处理，如选取粗细合适的钢丝进行简单的疏通。

对于 EPC 控制分流的气相色谱仪，由于长时间使用，有可能使一些细小的进样垫屑进入 EPC 与气体管线接口处，随时可能对 EPC 部分造成堵塞或造成进样口压力变化。所以每次检修过程中尽量对仪器 EPC 部分进行检查，并用甲苯、丙酮等有机溶剂进行清洗，然后烘干处理。

由于进样等原因，进样口的外部随时可能会形成部分有机物凝结，可用脱脂棉蘸取丙酮、甲苯等有机物进行初步擦拭，擦不掉的可先用机械方法小心去除。凝固有机物去除后再用有机溶剂仔细擦拭仪器部件。

(6) TCD 和 FID 检测器的清洗

① TCD 检测器的清洗　TCD 检测器在使用过程中可能会被柱流出的沉积物或样品中夹带的其他物质所污染。TCD 检测器一旦被污染，仪器的基线将出现抖动、噪声增加。

惠普原装热导检测器 HP-TCD 采用热清洗的方法，先关闭检测器，拆下柱子，用死堵堵死接头，将参考气的流量设置到 20～30mL/min，设置检测器温度为 400℃，热清洗 4～8h，降温后即可使用。

国产或日产 TCD 检测器清洗方法为：仪器停机后，将 TCD 的气路进口拆下，用 50mL 注射器依次将丙酮（或甲苯，可根据样品的化学性质选用不同的溶剂）、无水乙醇、蒸馏水从进气口反复注入 5～10 次，用洗耳球从进气口处缓慢吹气，吹出杂质和残余液体，然后重新安装好进气接头，开机后将柱温升到 200℃，检测器温度升到 250℃，通入比分析操作气流大 1～2 倍的载气，直到基线稳定为止。

对于严重污染的 TCD 检测器，可将出气口用死堵堵死，从进气口注满丙酮（或甲苯，可根据样品的化学性质选用不同的溶剂），保持 8h 左右，排出废液，然后按上述方法处理。

② FID 检测器的清洗　用丙酮、甲苯、甲醇等有机溶剂清洗检测器喷嘴和收集极。对检测器积炭较厚的部分用细砂纸小心打磨后用软布进行擦拭，再用有机溶剂最后进行清洗。

1.7.5　常见故障

（1）进样后不出色谱峰

遇到这种情况，应按从样品进样针、进样口到检测器的顺序逐一检查。首先检查注射器是否堵塞，如果没有问题，再检查进样口和检测器的石墨垫圈是否紧固、不漏气，然后检查色谱柱是否有断裂漏气情况，最后观察检测器出口是否畅通。

（2）基线问题

气相色谱基线波动、飘移都是基线问题，基线问题可增大测量误差，严重时导致仪器无法正常使用。

① 遇到基线问题时应先检查仪器条件是否有变动，近期是否更换气瓶及设备配件。如果新载气纯度不够就会造成基线非常高，并伴有强烈抖动，所有峰都湮没在噪声中，无法检测，重新更换合格载气后，即恢复正常。

② 检查进样垫是否老化（应养成定期更换进样垫的好习惯）。

③ 检查是否该更换石英棉。

④ 检查衬管是否清洁。

⑤ 检查检测器是否污染。

（3）峰丢失的故障

原因有两种：一种是气路中有污染；另一种可能是峰没有分开。

气路污染可通过多次空运行和清洗气路（进样口、检测器等）来解决。还可以通过以下措施减少对气路的污染：①程序升温的最后阶段有一个高温清洗过程；②注入进样口的样品应当清洁；③减少使用高沸点的油类物质；④使用尽量高的进样口温度、柱温和检测器温度。

峰没有分开，有可能是因系统污染造成的柱效下降，或者是由于柱子老化导致的。通常柱子老化所造成的峰丢失是渐进的、缓慢的。

（4）假峰

一般是由于系统污染和漏气造成的，其解决方法也是通过检查漏气和去除污染来解决。

在平时的工作中应当记录正常时基线的情况，以便在维护时作为参考。

这里介绍的只是工作中几种常见问题的检修方法，气相色谱仪的故障点比较多，故障恢复时间也较长，进行设备维护的关键在于对原因的正确分析。每检查一个部件，便要将前后的分析结果进行比较，做到不将问题扩大化，相信通过反复尝试，一定能成功解决问题。

1.7.6 结果解读

GC测定方法及结果报告如下。

（1）定性定量方法

定性分析主要是确认色谱峰的有无及种类。通常利用组分已知的标准物质在相同色谱条件下的色谱峰的保留时间来确定，如果采用双柱的保留值来定性则更为可靠。对于复杂组成的样品，通过气相色谱-质谱联机（GC-MS）来确认。

定量分析通常在定性分析之后进行，主要是确认样品中各组分的相对或绝对含量。其方法有峰面积（峰高）百分比法、归一化法、外标法和内标法等。这些方法各有特点，可根据分析目的选择使用。

① 峰面积（峰高）百分比法（peak area or height percentage） 此法最简单，但不确定，要求样品中所有组分均出峰，其计算式为：

$$X_i = A_i / \sum A_i \times 100\%$$

式中，X_i 为待测样品中组分 i 的含量（或浓度）；A_i 为组分 i 的峰面积（峰高）。

② 归一化法（normalization method） 此法简单准确，要求所有组分均出峰，且所有组分均配有标准样品，而这一点往往比较困难。其计算式为：

$$X_i = A_i f_i / \sum A_i f_i \times 100\%$$

式中，A_i 为组分 i 的峰面积；f_i 为组分 i 的校正因子。

③ 外标法（external standardization） 也称标准曲线法，方法简单，不需要校准因子，但定量准确度较低，操作条件严格重现，进样量也须十分准确。其计算式为：

$$X_i = \frac{A_i}{A_E} \times X_E$$

式中，X_E 为标准样中组分 i 的含量（浓度）；A_E 为标准样中组分 i 的峰面积；其他符号含义同前。

④ 内标法（internal standardization） 内标法是一种间接或相对的校准方法，此法定量精度高，但样品制备稍复杂。内标法在气相色谱定量分析中是一种重要的技术。使用内标法时，在样品中加进一定量的标准物质，它可被色谱柱所分离，又不受试样中其他组分峰的干扰，只要测定内标物和待测组分的峰面积与相对响应值，即可求出待测组分在样品中的百分含量。

（2）GC测定结果的报告

GC测定结果可以根据分析目的而编辑成各种报告格式。在气相色谱工作中，软件可根据分析者的要求生成各种格式的报告以供选择。通常测定结果的报告中包含仪器的厂家型号、仪器的配置（载气种类、检测器、色谱柱规格、固定相种类和浓度）、色谱分析操作条件（载气、辅助气流量或压力）、温度设定与控制（进样口温度、检出器及柱室温度、升温程序模式等）、色谱峰的定性、定量分析方法和计算结果等，比较详细的甚至包括记录仪型号、走纸速度、色谱图流水、测定日期等信息。

1.7.7 小结

气相色谱仪是工作时样品被送入进样器后由载气携带进入色谱柱，由于样品中各组分在色谱柱中的流动相（气相）和固定相（液相或固相）间分配或吸附系数不同使各组分在色谱柱中得到分离，然后由接在柱后的检测器根据组分的物理化学特性，将各组分按顺序检测出来，目前广泛应用于各个领域。

1.8 高效液相色谱仪

高效液相色谱法（high performance liquid chromatography，HPLC），是利用色谱分析技术分离混合物，样品经过泵加压后通过填充有吸附剂的压力柱使各组分分离。液相色谱法是分析化学中发展最快、应用最广的一种分析方法，特别是高效液相色谱仪已经成为分析检测的重要仪器。

1.8.1 主要用途

高效液相色谱仪是利用高效液相色谱法（HPLC）进行分析检测的仪器，如图 1-40 所示。高效液相色谱法是在经典色谱法的基础上，引用了气相色谱的理论，技术上流动相改为高压输送，色谱柱是以特殊的方法用小粒径的填料填充而成，从而使柱效大大高于经典液相色谱（每米塔板数可达几万或几十万）。高效液相色谱法只要求样品能制成溶液，不受样品挥发性的限制，流动相可选择的范围宽，固定相的种类繁多，可以分离热不稳定和非挥发性的、离解的和非离解的各种分子量范围的物质。与试样预处理技术相配合，高效液相色谱法所达到的高分辨率和高灵敏度，能够分离复杂相体中的微量成分。现代科学技术的发展分析对象越来越复杂，分析要求越来越高，高效液相色谱仪被广泛应用到生物化学、食品分析、医药研究、环境分析、无机分析等各种领域。

1.8.2 原理与构造

高效液相色谱仪是实现液相色谱分析的设备。高效液相色谱仪主要由储液器、脱气器、高压泵、进样器、色谱柱和检测器等组成，如图 1-40、图 1-41 所示。储液器中的流动相被高压泵打入系统，样品溶液经进样器进入流动相，被流动相载入色谱柱（固定相）内，由于样品溶液中的各组分在两相中具有不同的分配系数，在两相中做相对运动时，经过反复多次的吸附-解吸的分配过程，各组分移动速度差别较大，被分离成单个组分依次从柱内流出，通过检测器时，样品浓度被转换成电信号传送到记录仪，数据以图谱形式打印出来。

① 储液器　用于存放溶剂。储液器中的溶剂纯度高，储液器材料要耐腐蚀，对溶剂呈惰性，并配有溶剂过滤器，由耐腐蚀的镍合金制成，孔隙 2μm。

② 脱气器　为了防止流动相从高压柱内流出时释放出的气泡进入检测器影响正常检测需要进行脱气，一般采用氦气鼓泡来驱除流动相中溶解的气体。

③ 高压泵　用于输送流动相，由于固定相的颗粒极细，柱内压降大，为保证一定的流速，必须借助高压迫使流动相通过柱子，其压力一般为几兆帕至数十兆帕。

a. 恒压泵　输出恒定的压力。

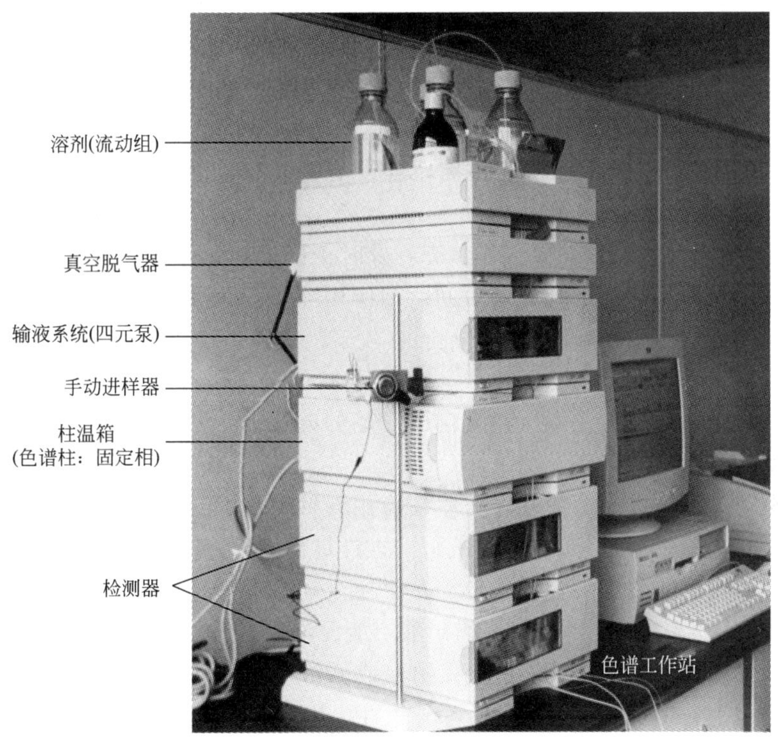

图 1-40　高效液相色谱仪

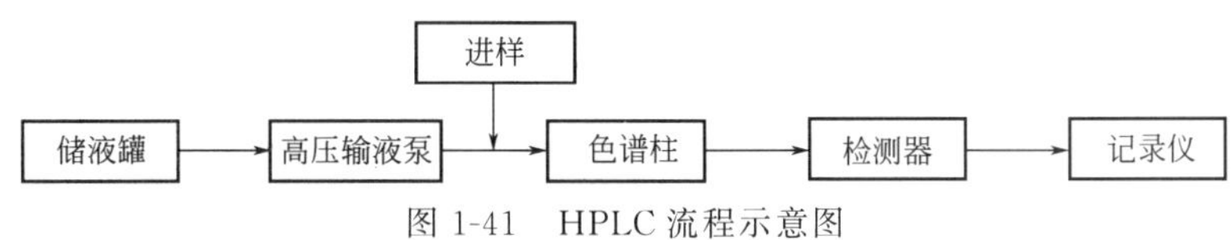

图 1-41　HPLC 流程示意图

b. 恒流泵　保证输出的流量恒定，如往复柱塞泵、螺旋传动注射泵等。恒流泵体积小，非常适合于梯度洗脱。

c. 螺旋传动注射泵　用电力以很慢的恒定速率驱动活塞，使流动相连续输出，当活塞到达末端时，输出中止，然后由另一个吸入冲程使溶剂重新充满再开始第二次输出。

④ 梯度洗脱　系在分离过程中通过逐渐改变流动相的组成来增加洗脱能力的一种方法。通过梯度装置将两种或三种、四种溶剂按一定比例混合进行二元或三元、四元梯度洗脱。

⑤ 进样器　使用高压进样阀，用微量注射器将样品注入样品环管，使用的样品环管分别有不同的尺寸，可根据分析要求选用。

⑥ 色谱柱　色谱柱一般采用优质不锈钢管制成，柱内壁光洁平滑，柱长一般为 10～25cm，内径 4～5mm。

⑦ 检测器　常用的检测器有紫外吸收、示差折光率、荧光和安培检测器等。

1.8.3　操作过程

① 开机操作

a. 打开电源。

b. 自上而下打开各组件电源，Bootp Server 里显示有信号时，打开工作站，先打开在线工作站；打开离线状态的工作站，可以离线处理图谱与输出报告。

c. 打开冲洗泵头的10%异丙醇溶液的开关（需用针筒抽），控制流量大小，以能流出的最小流量为准；在用完反相后要换成正相时，需要用异丙醇过渡30min左右，然后再换上正相柱。

d. 注意各流动相所剩溶液的容积设定，若设定的容积低于最低限会自动停泵，注意洗泵溶液的体积，及时加液。

e. 使用过程中要经常观察仪器工作状态，及时正确处理各种突发事件。

② 先用所用流动相冲洗系统一定时间，如所用流动相为含盐流动相，必须先用水冲洗20min以上再换含盐流动相，正式进样分析前30min左右开启D灯或W灯，以延长灯的使用寿命。

③ 建立色谱操作方法，注意保存为自己清楚的方法名，勿覆盖或删除他人的方法及实验结果。

④ 使用手动进样器进样，在进样前后都需用洗针液洗净进样针筒，洗针液一般选择与样品液一致的溶剂，进样前必须用样品液清洗进样针筒3遍以上，并排除针筒中的气泡。

⑤ 溶剂瓶中的沙芯过滤头容易破碎，在更换流动相时应注意保护，当发现过滤头变脏或长菌时，不可用超声洗涤，可用5%稀硝酸溶液浸泡后再洗涤。

⑥ 实验结束后，如果有盐溶液一般先用水或低浓度甲醇水溶液冲洗整个管路30min以上，再用甲醇冲洗。如果是一般的溶剂系统就直接用甲醇冲洗，冲洗过程中关闭D灯、W灯，以延长灯的寿命。

⑦ 关机时，先关闭泵、检测器等，再关闭工作站，然后关机，最后自下而上关闭色谱仪各组件，关闭洗泵溶液的开关。

⑧ 注意事项

a. 流动相必须用HPLC级的试剂，使用前过滤除去其中的颗粒性杂质和其他物质（使用0.45μm或更细的膜过滤）。

b. 流动相过滤后要用超声波脱气，脱气后应该恢复到室温后再使用。

c. 不能用纯乙腈作为流动相，这样会使单向阀粘住而导致泵不进液。

d. 使用缓冲溶液时，做完样品后应立即用去离子水冲洗管路及柱子1h，然后用甲醇（或甲醇水溶液）冲洗40min以上，以充分洗去离子。对于柱塞杆外部，做完样品后也必须用去离子水冲洗20mL以上。

e. 长时间不用仪器，应该将柱子取下用堵头封好保存，注意不能用纯水保存柱子，而应该用有机相（如甲醇等），因为纯水易生菌。

f. 每次做完样品后应该用溶解样品的溶剂（如甲醇）清洗进样器。

g. C18柱绝对不能进蛋白质样品、血样、生物样品。

h. 堵塞导致压力太大，按预柱→混合器中的过滤器→管路过滤器→单向阀检查并清洗。清洗方法有三种：以异丙醇作溶剂冲洗；放在异丙醇中间用超声波清洗；用10%稀硝酸清洗。

i. 气泡会致使压力不稳，重现性差，所以在使用过程中要尽量避免产生气泡。

j. 如果进液管内不进液体时，要使用注射器吸液，通常在输液前要进行流动相的清洗。

k. 要注意柱子的pH值范围，不得注射强酸强碱的样品，特别是碱性样品。

l. 更换流动相时应该先将吸滤头部分放入烧杯中边振动边清洗，然后插入新的流动相中。更换无互溶性的流动相时要用异丙醇过渡一下。

1.8.4 管理及维护

① HPLC的日常操作条件　工作温度10～30℃；相对湿度<80%；最好是恒温、恒湿，远离高电压干扰、高振动设备。

② 泵的保养　使用的流动相尽量要清洁；进液处的沙芯过滤头要经常清洗；流动相交换时要防止沉淀；避免泵内堵塞或有气泡。

③ 进样器的保养　每次分析结束后，要反复冲洗进样口，防止样品的交叉污染。

④ 柱的保养　柱子在任何情况下不能碰撞、弯曲或强烈震动；当柱子和色谱仪连接时，阀件或管路一定要清洗干净；要注意流动相的脱气；避免使用高黏度的溶剂作为流动相；进样样品要提纯；严格控制进样量；每天分析工作结束后，要清洗进样阀中残留的样品；每天分析测定结束后，都要用适当的溶剂来清洗柱；若分析柱长期不使用，应用适当有机溶剂保存并封闭。

⑤ 检测器（UV）的保养　紫外灯的保养要在分析前、柱平衡得差不多时，在打开检测器；在分析完成后，马上关闭检测器。同时样品池也要保养。

在高效液相色谱使用过程中故障排除时要遵守以下原则：一次只改变一个因素，从而确定假定因素与问题之间的联系；如果通过更换组件来排查故障时要注意将拆下的完好组件装回原位，从而避免浪费；养成良好的记录习惯，利于故障的排除。总之，在使用高效液相色谱时一定要注意样品的前处理与仪器的正确操作和保养，仪器系统的干净是用好仪器和维护维修仪器的关键。

1.8.5 常见故障

（1）HPLC灵敏度不够

① 样品量不足，解决办法为增加样品量。

② 样品未从柱子中流出。可根据样品的化学性质改变流动相或柱子。

③ 样品与检测器不匹配。根据样品化学性质调整波长或改换检测器。

④ 检测器衰减太多。调整衰减即可。

⑤ 检测器时间常数太大。解决办法为降低时间参数。

⑥ 检测器池窗污染。解决办法为清洗池窗。

⑦ 检测池中有气泡。解决办法为排气。

⑧ 记录仪测压范围不当。调整电压范围即可。

⑨ 流动相流量不合适。调整流速即可。

⑩ 检测器与记录仪超出校正曲线。解决办法为检查记录仪与检测器，重作校正曲线。

（2）HPLC柱柱压过高

柱压过高是HPLC柱用户最常碰到的问题。其原因有多方面，而且常常并不是柱子本身的问题，具体可按下面步骤检查问题的起因。

① 拆去保护预柱，看柱压是否还高，否则是保护柱的问题，若柱压仍高，进行下一步检查。

② 把色谱柱从仪器上取下，看压力是否下降，否则是管路堵塞，需清洗，若压力下降，

进行下一步检查。

③ 将柱子的进出口反过来接在仪器上，用10倍柱体积的流动相冲洗柱子（此时不要连接检测器，以防固体颗粒进入流动池），这时，如果柱压仍不下降，进行下一步检查。

④ 更换柱子入口筛板，若柱压下降，说明溶剂或样品含有颗粒杂质，正是这些杂质将筛板堵塞引起压力上升。若柱压还高，请与厂商联系。一般情况下，在进样器与保护柱之间接一个在线过滤器便可避免柱压过高的问题，SGE提供的heodyne 7315型过滤器就是解决这一问题的最佳选择。

(3) 液相色谱中峰出现拖尾或出现双峰

① 筛板堵塞或柱失效。解决办法是反向冲洗柱子，替换筛板或更换柱子。

② 存在干扰峰。解决办法为使用较长的柱子，改换流动相或更换选择性好的柱子。

(4) HPLC进行分析时保留时间发生漂移或急速变化

① 温度控制不好。解决方法是采用恒温装置，保持柱温恒定。

② 流动相发生变化。解决办法是防止流动相发生蒸发、反应等。

③ 柱子未平衡好。需对柱子进行更长时间的平衡。

④ 流速发生变化。解决办法是重新设定流速，使之保持稳定。

⑤ 泵中有气泡。可通过排气等操作将气泡赶出。

⑥ 流动相不合适。解决办法为改换流动相或使流动相在控制室内进行适当混合。

(5) HPLC仪基线不稳，上下波动或漂移

① 流动相溶解有气体。用超声波脱气15～30min或用充氦气脱气。

② 单向阀堵塞。取下单向阀，用超声波在纯水中超声20min左右，去除堵塞物。

③ 泵密封损坏，造成压力波动。更换泵密封。

④ 系统存在漏液点。确定漏液位置并维修。

⑤ 流通池有脏物或杂质。清洗流通池。

⑥ 柱后产生气泡。流通池出液口加负压调整器。

⑦ 检测器没有设定在最大吸收波长处。将波长调整至最大吸收波长处。

⑧ 柱平衡慢，特别是流动相发生变化时。用中等强度的溶剂进行冲洗，更改流动相时，在分析前用10～20倍体积的新流动相对柱子进行冲洗。

(6) 接头处经常漏液

① 接头没有拧紧。拧松后再拧紧，手紧接头以手劲为限，不要使用工具，不锈钢接头先用手拧紧，再用专用扳手紧1/4～1/2圈，注意接头中的管路一定要通到底，否则会留下死体积。

② 接头被污染或磨损。建议更换接头。

③ 接头不匹配。建议使用同一品牌的配件。

(7) 进样阀漏液

① 转子密封损坏。更换转子密封。

② 定量环阻塞。清洗或更换定量环。

③ 进样口密封松动。调整松紧度。

④ 进样针头尺寸不合适，一般是过短。使用恰当的进样针（注意针头形状）。

⑤ 废液管中产生虹吸。清空废液管。

（8）谱图问题

① 峰分叉。保护柱或分析柱污染，取下保护柱再进行分析。如果必要更换保护柱。如果分析柱阻塞，拆下来清洗。如果问题仍然存在，可能是柱子被强保留物质污染，运用适当的再生措施。如果问题仍然存在，入口可能被阻塞，更换筛板或更换色谱柱。样品溶剂不溶于流动相，改变样品溶剂，如果可能采取流动相作为样品溶剂。

② K′值增加时，拖尾更严重。反相模式，二级保留效应。a. 加入三乙胺（或碱性样品）；b. 加入乙酸（或酸性样品）；c. 加入盐或缓冲剂（或离子化样品）；d. 更换一支柱子。

③ 保留时间波动。温控不当：调节好柱温。流动相组分变化：防止流动相蒸发、反应等，做梯度洗脱时尤其要注意流动相混合的均匀。色谱柱没有平衡：在每一次运行之前给予足够的时间平衡色谱柱。

1.8.6 结果解读

液相色谱仪色谱图同气相色谱仪色谱图是一样的，可以用来定性，也可以用来定量。

现在以液相色谱反相谱图 C18，VWD 检测器进行分析定性说明：出峰越靠前，说明物质极性越大，同时说明结构中含杂原子、极性键，比如羧基、氨基等。峰响应值越高，说明有机物中共轭越多，有时物质已经带了颜色，进入可见区。峰型不好时，多是含双（多）基团，尤其是氨基酸类。根据 pH 调整看峰型，能基本判断 pK_a，有利于判断物质结构。多种条件分离都很困难时，并且峰型相似，一般多是两种或多种异构体。通过出峰顺序可判断物质处理（如重结晶）所使用溶剂。波长与响应值对应，用来判断可能结构（相当于四大谱之一的紫外光谱）。纯物对照定性，各物质在一定的色谱条件下均有确定不变的保留值，因此保留值可作为定性指标。

定性过后，如果用面积归一化法计算那么就是百分含量；如果用外标法或内标法计算的话得到的则是质量浓度。内标法，根据被测组分和内标物质的峰面积之比，确定被测物的含量；外标法，依照被测量标准品所绘制的标准曲线来计算被测样品的含量。

1.8.7 小结

高效液相色谱法具有高分辨率、高灵敏度、速度快、色谱柱可反复利用、流出组分易收集等优点，因而被广泛应用于生物化学、食品分析、医药研究、环境分析、无机分析等各种领域，被认为是解决生化分析问题最有前途的方法。

1.9 超临界流体色谱仪

超临界流体色谱技术（supercritical fluid chromatographs，SFC）是近年来在技术上的突破与革新，已经成为一种成熟的、高效率、低成本的色谱方法，在学术界和工业界广泛应用，发展迅速。

1.9.1 主要用途

超临界流体色谱仪是利用超临界流体色谱技术分析物质的仪器，如图 1-42 所示。SFC

兼有气相色谱和液相色谱的特点，它既可分析气相色谱不适应的高沸点、低挥发性样品，又比高效液相色谱有更快的分析速度和温和的条件，操作温度主要取决于所选用的流体，常用的有二氧化碳及氧化亚氮。超临界流体容易控制和调节，在进入检测器前可以转化为气体、液体或保持其超临界流体状态，因此可与现有任何液相或气相的检测器相连接，能与多种类型检测器相匹配，扩大了其应用范围和分类能力，在定性、定量方面有较大的选择范围，还可以用多种梯度技术来优化色谱条件。SFC 技术广泛应用于石油、化工、环保、医药、食品、齐聚物等领域，是和 GC、HPLC 同样的高效快速色谱分离技术。它与 HPLC 相比，具有分析和制备速度快、使用成本低、适用范围更广、“绿色”环保等优点。

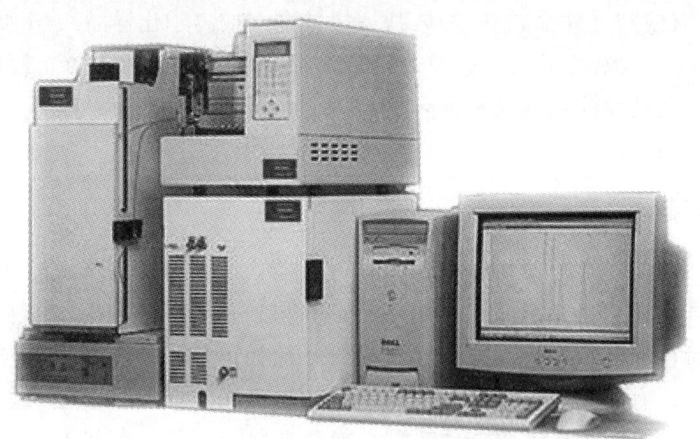

图 1-42　超临界流体色谱仪

1.9.2　原理与构造

超临界流体色谱技术以超临界或亚临界状态下的 CO_2 等作为流动相的主组分，加入改性剂/添加剂以调节流动相的极性，采用梯度洗脱的方法使样品得到分离。

纯净物质在不同的温度和压力下呈现出液体、气体、固体等状态变化，如果达到特定的温度、压力，会出现液体与气体界面消失的现象，称为临界点，如图 1-43 所示，在临界点附近会出现流体的密度、黏度、溶解度、热容量、介电常数等所有流体的物性发生急剧变化

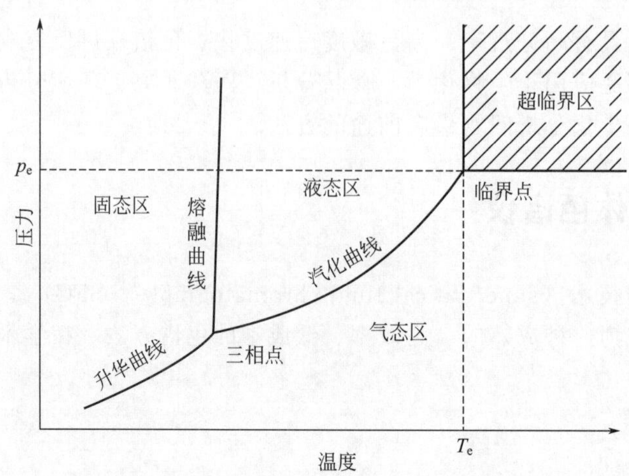

图 1-43　物质随温度和压力变化时状态的变化

的现象。温度及压力均处于临界点以上的液体叫超临界流体（supercritical fluid，SCF）。超临界流体是介于气体和液体之间的流体，兼有气体和液体的双重性质和优点：溶解性强，密度接近液体，且比气体大数百倍，由于物质的溶解度与溶剂的密度成正比，因此超临界流体具有与液体溶剂相近的溶解能力；扩散性能好，黏度接近于气体，较液体小 2 个数量级，扩散系数介于气体和液体之间，为液体的 10～100 倍；具有气体易于扩散和运动的特性，传质速率远远高于液体；易于控制，在临界点附近，压力和温度的微小变化，都可以引起流体密度很大的变化，从而使溶解度发生较大的改变（对萃取和反萃取至关重要）。SFC 通过调节流动相的流速、温度和组成及出口压力，实现分析和制备的优化。

SFC 兼有气相色谱和高效液相色谱两方面的特点，它既有气相色谱的恒温箱，又有高效液相色谱的高压泵，整个系统基本上都处于高压状态，要保证正常的工作，要求系统有很好的气密性。微处理机的作用是对系统的压力（或密度）、温度进行恒参数或程序变参数的控制。另外，它还具有进样时间的控制、检测信号的采集、数据处理以及显示打印等功能。所以 SFC 一般包括自动进样系统、色谱柱和恒温箱、超临界流体控制系统（包括超临界流体泵和改性剂泵）及检测器和数据处理系统，如图 1-44 所示。

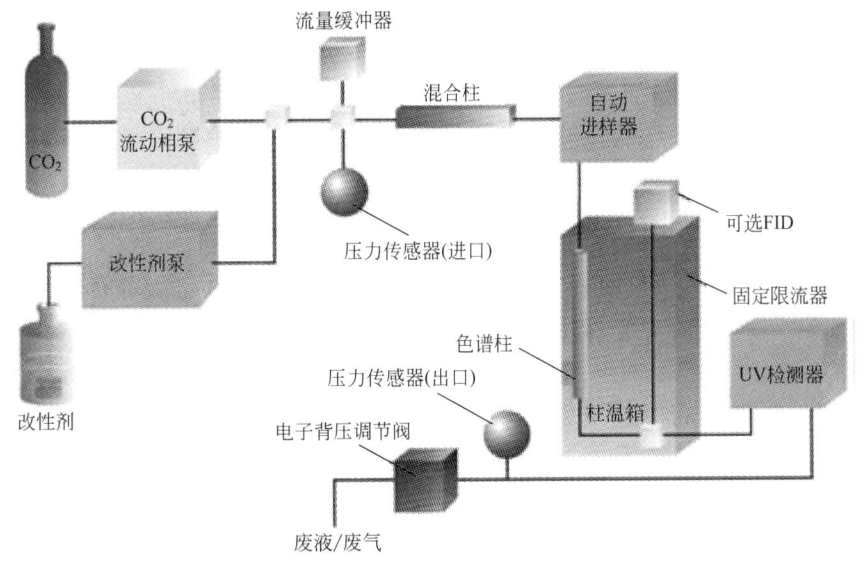

图 1-44　超临界流体色谱仪结构流程图

下面介绍超临界流体色谱仪的主要部件与结构。

① SFC 的高压泵　无脉冲的注射泵，通过电子压力传感器和流量检测器，计算机控制流动相的密度和流量。

② SFC 的色谱柱和固定相　可以采用液相色谱柱和交联毛细管柱。

a. 填充柱　填充柱与 HPLC 柱相似，基于分配平衡实现分离，柱长可达 25cm，分离柱内径 0.5～4.6mm。使用粒径为 3～10μm 的填料填充，如硅胶、$-NH_2$、—CN 及 C18、C8 等化学键合相均可用于 SFC，其中以极性填料的分离效果更好。在实际操作中，往往会因压力变化而产生较大的柱压降，使柱入口、出口处的保留时间有很大差异，所以一般采用高于超临界压力 20%左右的压力。在填料的选择上也要注意与所分析的样品相适应，如分析极性或碱性化合物时，填料覆盖度小，会产生不对称峰。若使用“封端”填料则会得到改善。填充柱在重现性、载样量等方面要优于毛细管柱，操作简便，也有用微填充柱的，将

3～10μm 的填料填充到内径几毫米或更小的毛细管柱中。

b. 毛细管柱　填充毛细管柱内径≤0.5mm，柱长为 10～30mm；开管毛细管柱内径为 50～100μm，为化学交联的各种硅氧烷柱或其他类型的交联柱。SFC 色谱柱必须借助柱箱以实现精确的温度控制，范围可以从室温至 450℃，同时配低温控制系统，可在－50℃以下工作。

③ 流动相　SFC 的流动相为超临界流体，通常用 CO_2、N_2O 或者 NH_3。CO_2 应用最广泛，无色、无味、无毒、易得、对各类有机物溶解性好，在紫外光区无吸收；缺点是极性太弱，可以加少量甲醇等改性。

④ 检测器　可采用液相色谱检测器，也可采用气相色谱的 FID 检测器。

1.9.3 操作过程（临界二氧化碳萃取）

（1）准备工作（开机顺序）

① 打开总电源开关，启动装置上的总电源，当三相电源指示灯都亮时，说明电源已经接通。

② 打开制冷开关和冷循环开关，给冷箱降温，当冷箱温度达到 0℃时，压缩机自动停止工作（当冷箱温度高于 5℃时，压缩机自动开始工作）。

③ 设定萃取釜、分离釜的温度，一般设定萃取釜温度为 40℃，分离釜温度为 35℃。这时须注意加热水箱的水位（一般保持在距离箱盖 2cm 左右），以免水位过低而烧坏加热管。

④ 待制冷和加热达到工艺要求时，可以开始按照工艺要求进行萃取。

（2）萃取实验

萃取过程可分为 3 步：根据被萃取物质的物化特性使溶剂在所需的条件下超临界化，萃取过程本身，被萃取物的回收。具体操作如下。

① 开始萃取前，确认所有的阀门都关闭，CO_2 钢瓶的压力在 4MPa 以上，若低于这一压力，需要用加热圈进行加热，待压力达到后进行试验，否则更换新气瓶。

② 装料：固体物料装入萃取釜时需加入 2～3 层脱脂棉，脱脂棉与过滤片之间留 5cm 左右的距离，如果是物料粒度大于 50 目的细物料，需要在过滤片和白垫圈之间加一层快速滤纸，以免堵塞滤片。液体物料一般加至萃取釜容积 2/3 处即可，在液面上加一块钢丝网。

③ 打通气体流动管路：依次打开 CO_2 钢瓶手轮阀门、高压泵进气阀、盘管出口阀，按照工艺流程打开相应的阀门。

④ 加高压（调节萃取釜压力）：加高压前需将系统压力表中的电接点至高于工艺要求的压力，点击柱塞泵按钮，按数位调频器调节高压泵频率，一般萃取釜Ⅰ（大釜）调为 22～27Hz，萃取釜Ⅱ（小釜）调为 17～21Hz，最高不超过 26Hz，按 RUN 键启动高压泵，然后开始调节系统压力，进行萃取。

⑤ 萃取：慢慢关闭阀门，让压力升高至工艺要求的压力（选择 15MPa），再调节工艺流程中相应的阀门以调节压力。

⑥ 为了提高 CO_2 萃取剂的溶解能力，有时需要加入夹带剂（如乙醇等）。

⑦ 萃取约 1h 后，可以从分离釜下面的放料口接萃取物。

⑧ 萃取釜的清洗：萃取釜的清洗剂根据清洗对象可以选择乙醇或食用油，操作方法同萃取方法一样，其中压力设定为 20～25MPa，分离釜Ⅰ压力设定为 8MPa，分离釜Ⅱ压力设

定为5～6MPa。

⑨ 记录萃取釜、分离釜温度和压力等相关数据。

（3）关机

萃取结束，关闭高压泵，调节高压阀门使分离釜Ⅰ和分离釜Ⅱ平衡，慢开阀门使系统压力平衡，再关闭阀门排空萃取釜压力，使萃取釜压力表指针为0，取出萃取釜，调节温度使设定温度为0℃，依次关闭温度开关、冷循环开关、制冷开关、总电源、高压泵进气阀、钢瓶阀门，并检查所有阀门均已关闭。

1.9.4 管理及维护

① 在进行超临界流体提取时应注意：萃取管必须填满，如果样品量不够，应用惰性材料填满以使萃取管的“死体积”最小；为避免由于形成气溶胶而带来的溶质损失，应控制超临界流体的流量；许多分析人员错误地将回收率低归咎于萃取溶剂的极性不够大，事实上他们更应该在回收过程中找原因。

② 在萃取过程中，由于设备高压运行，实验人员不得离开操作现场，不得随意乱动仪表盘后面的设备、管路、管件等，发现问题及时断电，然后协同管理员进行解决。

③ 为防止发生意外事故，在操作过程中，若发现超压、超温、异常声音等，必须立即关闭总电源，然后汇报管理员协同处理。

④ 通常分离釜后面的阀门及回流阀门处于常开状态，釜内压力应与储罐压力相等。若实验中分离釜内压力高于储罐压力，则表明气路堵塞，必须进行及时处理。处理方法：a.将压力排空，用酒精萃取；b.将压力排空后无法通气的管路，人为疏通，完成后应将压力帽拧紧，确保安全使用。

⑤ 若系统发生漏气现象，及时与管理员汇报，并进行处理，防止CO_2的大量泄漏。

⑥ 实验完成后必须清理装置和实验用器具、物料等，擦洗操作台以保证设施的完好。

1.9.5 常见故障

分析极性和碱性样品时，常出现不对称峰。这是由于填料的硅胶基质残余羟基所引起的吸附作用。发生这种情况时，用各种齐聚物和单体处理硅胶并把这些齐聚物和单体聚合固定化到硅胶表面上，就可以大大改善色谱峰的不对称现象。

其他常见故障参照高效液相色谱仪。

1.9.6 小结

超临界提取法可以分析气相色谱难汽化的不挥发性样品，同时具有比高效液相色谱更高的效率，分析时间更短，其优点可以概括为自动化程度高、提取时间短、重现性好、有机溶剂用量少、选择型号多、环境污染小等。SFC还可与气象色谱、超临界色谱、液相色谱等一起连用，在对天然产物的分离纯化中不会破坏天然产物的活性，所以近年来在许多领域得到广泛应用。

1.10 高效毛细管电泳仪

高效毛细管电泳仪是进行高效毛细管电泳分析的仪器，该技术是近年来发展起来的一种分离、分析技术，是凝胶电泳技术的发展，是高效液相色谱分析的补充。

1.10.1 主要用途

高效毛细管电泳（high performance capillaryelectrophoresis，HPCE）是一系列以微细管径熔融石英毛细管为分离通道、以高压直流电场为驱动力，对复杂体系中的各组分按其淌度差别进行高效分离和检测的新型液相色谱分析技术的总称，又简称为毛细管电泳（CE）。CE结构简单，可在高压下实现高效分离和快速分析，具有进样量小、多种分离模式可选、可实现自动化等优点。该技术可分析的成分小至有机离子，大至生物大分子如蛋白质、核酸、糖等，还可用于分析多种体液样本，如血清或血浆、尿、脑脊液及唾液等。HPCE分析高效、快速、微量，广泛应用于生命科学、医药科学、分子生物学、环境科学及单细胞、单分子分析等领域，如图1-45、图1-46所示。

图1-45　CL1020高效毛细管电泳仪（紫外检测）

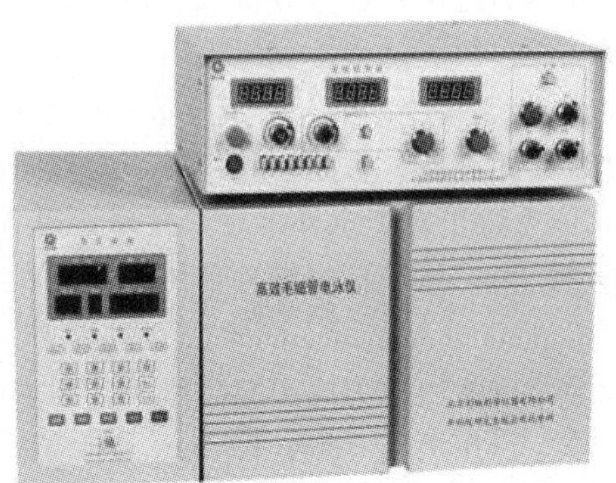

图1-46　高效毛细管电泳仪（安培检测）

1.10.2 原理与构造

HPCE技术是以高压电场为驱动力，以毛细管为分离通道，依据样品中各组分之间淌度和分配行为上的差异而实现分离的一项液相分离技术。电场作用下，在一根内径为25～75μm、长几十厘米熔融石英玻璃毛细管柱中出现电泳现象和电渗流现象（在毛细管中，溶液中的正电荷与毛细管壁表面的负电荷作用形成双电层，引起流体朝一个方向移动的现象），不同分子所带电荷性质、多少不同，形状、大小各异，样本中各组分按一定速度迁移，如图1-47所示。

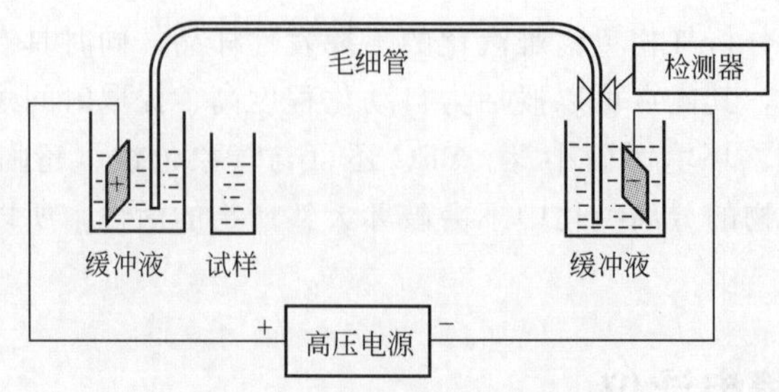

图1-47　高效毛细管电泳原理

毛细管电泳系统的基本结构包括进样系统、两个缓冲液槽、高压电源、检测器、控制系统和数据处理系统，如图 1-48 所示。

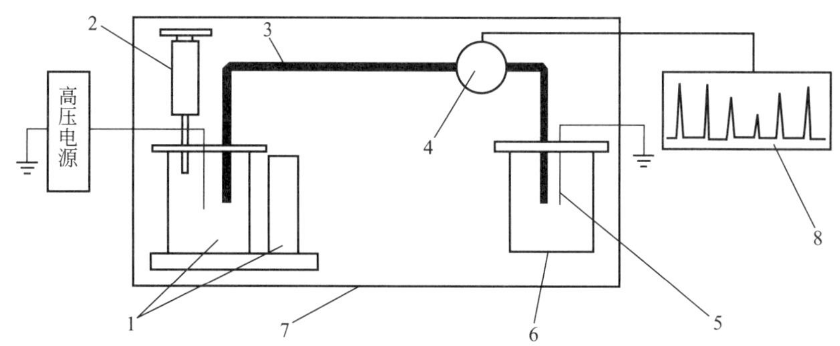

图 1-48 毛细管电泳结构图

1—高压电极槽与进样机构；2—填灌清洗机构；3—毛细管；4—检测器；
5—铂丝电极；6—低压电极槽；7—恒温装置；8—记录/数据处理

① 毛细管。用弹性石英毛细管，内径 50μm 和 75μm 两种使用较多（毛细管电色谱有时用内径再大些的毛细管）。细内径分离效果好，且焦耳热小，允许施加较高电压。毛细管长度称为总长度，根据分离度的要求，可选用 20～100cm，进样端至检测器间的长度称为有效长度。毛细管常盘放在管架上，在一定温度下操作，以控制焦耳热，操作缓冲液的黏度和电导度，对测定的重复性很重要。

② 直流高压电源。采用 0～30kV（或相近）可调节直流电源，可供应约 300μA 电流，具有稳压和稳流两种方式可供选择。

③ 电极和电极槽。两个电极槽里放入操作缓冲液，分别插入毛细管的进口端与出口端以及铂电极，铂电极接至直流高压电源，正负极可切换。多种型号的仪器将样品瓶同时用作电极槽。

④ 冲洗进样系统。每次进样前毛细管要用不同溶液冲洗，选用自动冲洗进样仪器较为方便。进样方法有压力（加压）进样、负压（减压）进样、虹吸进样和电动（电迁移）进样等。进样时通过控制压力或电压及时间来控制进样量。

⑤ 检测系统。紫外-可见分光光度计检测、激光诱导荧光检测、电化学检测和质谱检测均可用作毛细管电泳的检测器。其中以紫外-可见分光光度计检测应用最广，包括单波长、程序波长和二极管阵列检测器。将毛细管接近出口端的外层聚合物剥去约 2mm 一段，使石英管壁裸露，毛细管两侧各放置一个石英聚光球，使光源聚焦在毛细管上，透过毛细管到达光电池。对无光吸收（或荧光）的溶质的检测，还可采用间接测定法，即在操作缓冲液中加入对光有吸收（或荧光）的添加剂，在溶质到达检测窗口时出现反方向的峰。

⑥ 数据处理系统与一般色谱数据处理系统基本相同。

1.10.3 操作过程

（1）准备工作

毛细管的制备如下。①剪毛细管：剪略长于需要长度的毛细管（使用专用的裁剪纱布）。断端利用镊子小心移除。②烧窗：从毛细管进液端开始到实验者需要长度的位置烧窗，窗口尽量小，过程中可用防护工具对窗口两端的毛细管进行防护。烧好的窗需用蘸有酒精的棉花擦拭（注：检测的有效长度为从毛细管进液端到检测窗之间的距离，这个距离一般根据实验者的需要自己掌握)。③取出卡槽:打开安放卡槽区域的门,旋转固定卡槽的杠杆 90°,按卡槽中央的释放按钮,握住卡槽的两端向上抽出卡槽。④安装毛细管:将进液端的毛细管小心地从卡槽的出口插入。进入时可轻轻旋转。当窗口到达检测点时停止插入,将游离的进液端毛细管从卡槽的入口引出。固定好毛细管外端的橡胶管(注:插入毛细管时小心操作,窗口位置的毛细管非常容易破裂,需格外谨慎,切忌使用暴力)。⑤安放卡槽:用与取出的步骤顺序相反的操作安放卡槽。

添加样品、缓冲液及冲洗液:①为了减少样品及缓冲液的挥发,在插入加液管前可在加样管固定器的小孔内加入少量的 ddH_2O。②已添加好的加液管,在插入转盘上的固定槽前先离心 2min,加液时注意加样枪头紧贴管壁,防止气泡的产生。③为了减少虹吸作用,需要保持入口处和出口处的"running buffer"量一致,对于 500μL 体积的加液管,推荐加入 500μL 的剂量;对 1.5mL 体积的加液管,推荐 1.3mL 的剂量。④推荐加入样品的最小剂量为 50μL,检测需要的最小剂量为 15μL。⑤在出口处的 waste 管中加入 50μL 的 ddH_2O,可以防止检测端的毛细管被冲洗液残留污染。

(2) 电泳仪的操作

① 开机。检查电泳仪的连接情况。检查制冷区小槽内水量是否充足,打开电脑,打开电泳仪的开关(两扇门都需要关闭)。在电脑桌面点开 BioFocus 的图标,进入到 BioFocus 的控制界面。

②设置程序

a. 点击 Reagents 键,在已有的 Reagents Data base 中查看是否含有需要使用的配液,有可点击该配液查看,或使用 Edit 键进行修改;没有则点击 Add 进行编辑添加,添加之后注意命名名称的唯一性。

b. 点击 Cartridges 键,对卡槽的相关参数进行查看、修改。如 Cartridges Data base 中没有和试验要求匹配的配置参数则点击 Add 进行添加。注意需要激活相应的或者设置的卡槽。

c. 点击 Configurations→Define"添加需要的信息":Configuration ID;Configuration description;Select the cartridge→Continue"Regent"。双击左下角 Reagents Data base 中需要选择的 Reagent;双击屏幕右边需要放置该 Reagent 的 Inlet Carousel Position→Sample"命名"。同样的方式从左下角的 Reagents 中添加到右侧相应的位置上→点击 Empty,然后点击需要删除的 Reagent;点击 Clear 清除所有设置的 Reagent 摆放次序→OK(注:在以上几步中,记得同时设置好中止的清洗程序,及 Shutdown 程序)。ddH_2O 清洗 5min,氮气吹干。

d. 点击 Methods"选择设置好的程序"→Define"填写 Method ID Description→Inlet Reagent"。选择电泳中需要的 Running buffer→Outlet Regent,选择电泳中需要的 Running buffer→Voltage Mode,填写需要的电压、电流、正负极。设定电泳时毛细管需要的温度,以及电泳时间→Add"添加在电泳前后需要灌注的洗液等"。填写灌注的时间→Injection"选择电压或者气压的进液方式",前者需选择恒压或者恒流,以及进液时间的长短;后者需选择压力×时间的进液常数→Detector"Detector Parameters",设置波长、时间、通道、AU 范围。Options,设置 Rise Time Turn off lamp at run end;Designation,该设置者存储的位置→OK。

e. 点击 Auto Seqs“选择需要的程序”→Define 查看，编辑需要调整的程序。如 States 显示 Conflict，则需要对相应的设置进行调整。直到状态显示 Pending→Pending，Ready→OK→Start。

（3）停止，存储，查看文件

等待所有的程序完成后，要停止运行的程序可点击屏幕左上角的 Stop 键→选择需要中止运行的某一步（Abort Current Run Only）、某一组（Abort Current Run Group）或所有编辑的程序（Abort Automation Sequence）→OK→存储在指定盘上（Yes），自定义盘（NO）→需要取出加液管及转盘（YES）或不需要（NO）（注：在所有的对话框消失之前，以及转盘没有回到初始位置之前，不能打开电泳仪的门）。

1.10.4 管理及维护

① 将毛细管电泳仪放置于有空调的房间，保持室温恒定。操作中控制毛细管及仪器恒温。

② 缓冲液加压一段时间后，淌度和电渗流会变化，要经常更换。

③ 缓冲液要用 0.45μm 微孔滤膜过滤后使用。

④ 对未涂渍的毛细管柱每天使用前先用 0.1mol/L 氢氧化钠溶液、水及运行缓冲液各冲洗 10min 平衡后使用。更换缓冲液时要用水冲洗 3min，再用缓冲液冲洗 10min 平衡后进样。

⑤ 样品易溶于稀释 5～10 倍的运行缓冲液中，以获得好的峰形。

⑥ 为提高定量准确性，宜加入一内标物质。在保证峰形的前提下，样品宜用高浓度，进样时间应大于 5psi（1psi＝6894.76Pa）×s(秒)。

⑦ 摸索实验条件时，可先用一短柱，用磷酸盐、硼砂或 Tris 在不同的 pH 值条件下试验。当选定缓冲液种类时，可先改变 pH 值获得最佳分离，再改变浓度以获得较好的峰形及柱效。为使分析高效、快速，电压一般可用 18～20kV。

⑧ 每次做完实验后，用水冲洗 5min，可将毛细管两端置于水中保存，也可用氮气吹干后保存。

⑨ 高效毛细管电泳仪的清洁

a. 卡槽的清洁：松开固定卡槽前方 Holder 的螺丝，用羊毛刷及 ddH_2O 清洁卡槽，然后用干净的刷子擦干。如果可以的话，可以用异丙醇、甲醇或者乙醇代替水进行清洁，这样保存的时间较长。

b. 压力电极的清洁：吸入端电极的清理非常重要，利用甲醇、异丙醇或者乙醇清洁内部及其顶端。在电极内部小孔的顶部涂上一层薄薄的润滑油进行有效的防护。压力电极底部边缘的两个小孔需要用羊毛刷和水每个月进行清洁。

c. 毛细管卡槽的清洁：每次电泳完毕后，应该将毛细管用清洗液 ddH_2O 冲洗，然后用氮气吹干。

d. 托盘的清洁：托盘内的小槽可能由于电泳液的溢出而污染，采用温水以及性能较为温和的去污剂浸泡，然后用 ddH_2O 冲洗干净，晾干后再安装。清洗过程中注意不要让安放 EP 管的小槽滑出托盘，经常使用的小槽应重点清理。在常规的使用中制冷储备槽应当经常检查和补充水量，水量控制在槽内壁两条线之间，每周加入 1～2mL 的甲醇以防止细菌的滋长。使用电压在20kV以下时，ddH_2O可以作为制冷液；在20～25kV时，大部分情况下仍然可以采用水作为制冷液；在≥25kV时就要采用机器配置时自带的制冷剂。

e. 制冷槽的清洁：用螺丝刀将制冷槽Holder松开从底部取出槽，用制冷清洁压力器尽可能地取尽其中的液体，再用羊毛刷刷净；托盘内的卡槽归位，关好门。

f. 压缩机托盘的清洁：在电泳仪设备的底部有一个托盘，收集来自制冷器的废液，每周应检查是否已满，尤其是在潮湿的情况下需进行检查，如果内部有水，用容器在下部接住，并按下托盘右边的按钮。

1.10.5 常见故障

(1) 无样品峰出现

① 检查电流是否稳定

a. 没有电流

【可能原因】 毛细管堵塞或断裂。

【解决方法】 用水冲洗毛细管，并观察是否有水流出，若无水流出请拆下卡盒检查毛细管两端和窗口是否断裂；毛细管没有断裂的话可以用水反向高压冲洗。缓冲溶液需要过滤，将样品过滤或者离心去除其中的颗粒。

b. 电流波动很大，直至几乎消失

【可能原因】 缓冲溶液中有气泡产生或者区带中样品析出。

【解决方法】 将缓冲溶液超声脱气，如果还有此现象发生，则可能是样品区带有析出，可以通过降低样品浓度/延长出峰来解决这一问题；对于在缓冲溶液中溶解度不高的样品则需要在缓冲溶液中加入添加剂以解决此问题。

c. 电流初始值较小，后逐渐增大

【可能原因】 样品进样量过大。

【解决方法】 减少进样量，通常进样参数设置在0.5psi、5s左右。

d. 电流正常，可能原因为：

样品浓度过低——使用高浓度样品测试，如果无法解决则有可能是以下其他原因。

检测波长设置不正确——请确认被分析物的特征吸收，检查方法中的检测波长设置。

分离极性错误——对于蛋白质样品，请注意蛋白质在分离条件下其pI及所带电荷；对于核酸样品，通常条件下会带负电荷。

样品在毛细管内壁吸附——对于蛋白质及核酸样品应尽量采用涂层毛细管分离，或采用极端pH条件或动态涂层防止样品吸附。

光学检测器或光纤损坏——进行标准样品的测试，如果没有对应的结果出现，则有可能存在硬件问题，请联系工程师。

② 检查毛细管窗口，是否有透明窗口

【可能原因】 忘记开毛细管窗口或窗口位置不正。

【解决方法】 重新开毛细管检测窗口，或将窗口调整到正确位置。

(2) 样品峰出现拖尾

【可能原因】 样品在毛细管内壁吸附。

【解决方法】 对于蛋白质及核酸样品应尽量采用涂层毛细管分离，或采用极端pH条件或动态涂层防止样品吸附。

(3) 样品峰形不对称

① 检查毛细管入口

【可能原因】 毛细管入口切口不平齐。

【解决方法】 重新切割毛细管入口，注意毛细管切割方法，不可以用力过猛或反复刮擦。

② 检查更改样品溶剂

【可能原因】 缓冲溶液与样品溶液电解率差别过大。

【解决方法】 可采用缓冲溶液作为样品溶剂。

(4) 样品峰过宽

降低样品进样量：

① 有改善

【可能原因】 样品浓度太大。

【解决方法】 可降低样品浓度或减少进样量。

② 无改善

【可能原因】 样品本身性质不均一。

【解决方法】 此原因主要是针对蛋白质样品，小分子样品发生的概率较低。

(5) 迁移时间不稳定

① 出峰时间不稳定且无规律

【可能原因】 缓冲溶液与毛细管内壁平衡较慢。

【解决方法】 每次样品运行间避免用 NaOH 冲洗毛细管。

② 出峰时间依次后延

【可能原因】 样品中有物质易发生吸附。

【解决方法】 首先在每次样品运行前用 0.1mol/L NaOH 短时间冲洗毛细管，看迁移时间能否重复，如果效果不佳请使用涂层毛细管来改善结果或者将样品再次处理，以去除样品中易吸附的组分。

(6) 峰形和出峰时间不稳定

更换缓冲溶液种类：

① 峰形和时间稳定

【可能原因】 缓冲溶液不稳定，易电解，或者是样品在原缓冲溶液条件下不稳定。

【解决方法】 更换其他种类的缓冲溶液。

② 峰形和出峰情况仍不稳定

【可能原因】 样品中物质易在毛细管内壁吸附。

【解决方法】 可采用涂层毛细管来克服此问题，或对样品进行前处理。

1.10.6 结果解读

数据处理方式与一般色谱数据处理系统基本相同。

1.10.7 小结

传统电泳技术其局限性在于两端电压达到一定值时，会在电解质离子流中产生自热，引起径向黏度和速度的梯度，导致区带较宽、效率降低。高效毛细管电泳是在散热效率极高的毛细管内（10～200mm）进行，操作简单，分析速度快，进样较其他分离方法少，仅需几微升，灵敏度高，成本相对低，可反复使用毛细管并可自行配制缓冲液。目前高效毛细管电泳是当今分析化学和生物医药学公认的前沿。

1.11 蛋白质纯化系统

1.11.1 主要用途

从细胞中提取蛋白质，或从含有杂质的蛋白质溶液中分离得到，后者既要去除杂质，又要保持蛋白质的生物学活性，就要根据不同的蛋白质特性制定出相应的策略，采用不同的方法，这就叫作蛋白质纯化技术。分离纯化蛋白质是生命科学研究中基本且必要的技术手段，也是生物制品药物生产最重要的工艺步骤，蛋白质纯化系统就是进行蛋白质纯化的仪器，如图 1-49 所示。该仪器能快速纯化生物分子蛋白质，可以检测、分离、纯化多种生物样品，还能够检测、纯化、分离特异性生物小分子。可以说蛋白质纯化系统是进行生物大分子纯化，已知和未知蛋白质纯化，蛋白质的结构动力学药物作用靶点研究，药物蛋白的分离，蛋白质工程药物的合成，蛋白质的定性，基因表达产物的分离等研究的高效辅助仪器。

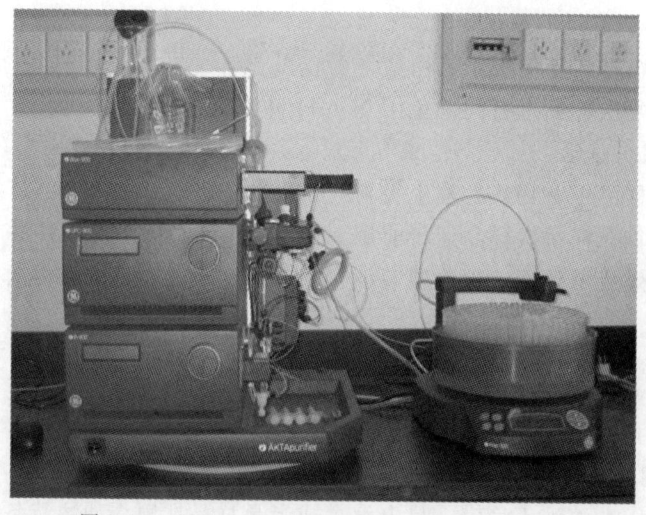

图 1-49　AKTA purifier UPC10 蛋白质纯化系统

1.11.2 原理与构造

蛋白质的结构决定不同蛋白质的物理、化学、生物化学、物理化学和生物学性质存在差异性，蛋白质纯化系统就是根据不同蛋白质的大小、电荷、疏水性和对其他分子的亲和性不同而分离出特异蛋白质。通常采用多种方法的组合来实现蛋白质的完全纯化，主要方法如下。

① 根据分子大小不同的分离方法：透析和超过滤（利用蛋白质分子不能通过半透膜）；密度梯度离心（蛋白质在介质中离心时质量和密度较大的颗粒沉降较快）；凝胶过滤（一种柱色谱）。

② 利用溶解度差别分离：等电点沉淀法（由于蛋白质分子在等电点时净电荷为零，减少了分子间静电斥力，因而容易聚集沉淀，此时溶解度最小）；盐溶与盐析（利用一定浓度盐溶液增大或减小蛋白质的溶解度）。

③ 根据电荷不同的分离方法，主要包括电泳和离子交换色谱分离。

④ 蛋白质的选择吸附分离（利用颗粒吸附力的强弱不同达到分离目的）。

⑤ 根据配体特性的分离——亲和色谱（利用蛋白质分子与另一种称为配体的分子能够特异而非共价地结合这一生物性质）。

蛋白质分离纯化系统是一个全自动液相色谱系统，采用色谱的方法完成对蛋白质的纯化，这是目前最广泛的蛋白质分离纯化方法，条件温和，能最大限度地维持蛋白质空间结构与活性。该系统由系统泵、检测器、混合器、组分收集器、控制软件等部分组成。AKTA蛋白质纯化系统是当前蛋白质纯化工作中经常用到的一组设备，自动化程度很高，该色谱系统的分离装置有三个主要组件，在底部平台的左侧整齐堆起（如图 1-50 所示）：①泵 P-900 为双通道高效梯度泵系列；②监测器 UV-900，同时监控 190～700nm 范围内高达 3 个波长的多波长紫外-可见（UV-Vis）监测器；③监测器 pH/C-900，在线电导率和 pH 监测的组合监测器。组成部件，如混合器、柱及不同的阀安装在右边部分，打开装阀的门可全部看

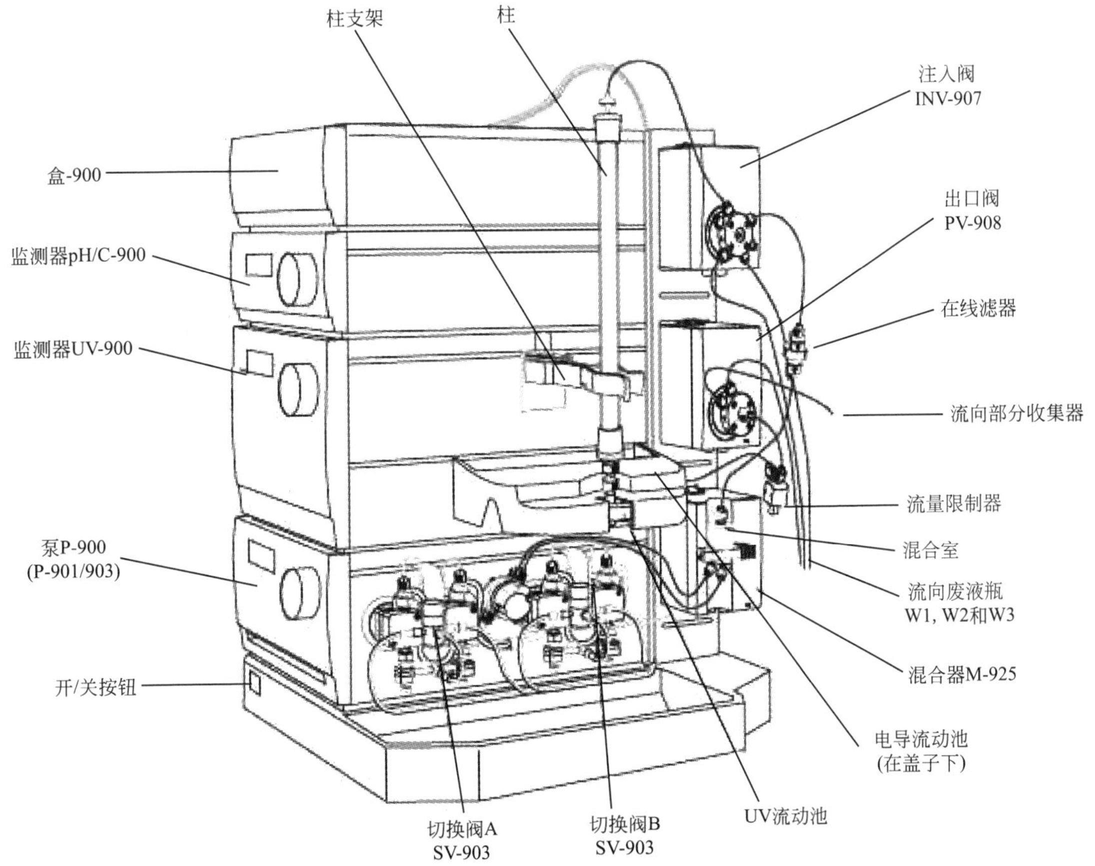

图 1-50 AKTA purifier 蛋白质纯化系统结构示意图

到，柱被挂在装阀的门的外侧。分离装置由 UNICORN 软件控制，软件安装于一独立的电脑主机中，电脑与色谱系统之间的通信由数据采集装置 CU950 进行控制。

1.11.3 操作过程

AKTA 系统依据不同的配置，可分为 AKTA explorer、AKTA pilot、AKTA purifier 等多种型号的设备，下面以 AKTA purifier 为例简单介绍 AKTA 蛋白质纯化系统的一般操作。

（1）开机

打开仪器的主电源，打开电脑电源。待仪器自检完毕（CU950 上面的 3 个指示灯完全点亮并不闪烁），双击桌面上 UNICORN 图标，进入操作界面。

（2）准备工作溶液和样品

所有的工作溶液和样品必须经过 0.45μm 滤膜过滤，样品也可高速离心后取上清备用。当缓冲液中含有有机溶剂（如乙腈、甲醇）时，需在使用前用低频超声脱气 10min。

（3）清洗及管道准备

首先将 A1 管道放入缓冲液或平衡液 binding buffer 中，将 B1 管道放入高盐溶液中或 elution buffer，在 system control 窗口点击工具栏内的 manual，选择 pump→pump wash basic，选中 A1、B1 管道为 ON，execute。泵清洗将自动结束。

（4）安装色谱柱

在 manual 里选择 pump→flow rate，输入流速 1mL/mL，insert；选择 Alarm&mon→alarm pressure，设置 high alarm（输入填料的耐受压力，可在填料说明书中查到），insert，execute。待 Injection Valve 的 1 号位管道流出水后接入柱子的柱头，稍微拧紧后将柱下端的堵头卸掉接入管道连上紫外流动池。

（5）开始纯化

① 等柱子平衡好（观察电导 COND、pH 的数值和变化趋势）即可上样。此时将紫外调零，选择 Alarm&mon→autozero，exectue。

② 用样品环上样：将样品吸进注射器，推掉气泡，从 Injection Valve 的 3 号位推入（进样量不得低于样品环体积的 2 倍），推好后不要取下注射器。在 manual 里选择 flowpath→Injection Valve→inject，execute。

③ 用泵上样：点击 pause，将 A1 放入样品中，点击 countine，待样品上完后，再将 A1 放入到平衡液中继续清洗柱子。②或③选择一种方式。

④ 洗脱：上样后用缓冲液尽量将穿透峰洗回基线。在 manual 里选择 pump→gradient，按照自己的工艺选择 target B（100%）和 length（10CV）。

⑤ 设定收集：选择 Frac→fractionation _ 900，输入每管收集体积，exectue。结束固定体积收集，选择 Frac→fractionation _ stop _ 900，exectue。

（6）清洗泵及卸下色谱柱

将 A1 和 B1 入口放入纯水中，启动 pump wash explorer 功能冲洗 A 泵和 B 泵及整个管路。然后再将 A1 和 B1 入口放入 20%乙醇中，同样操作将乙醇冲满整个管路保存。系统给柱子一个慢流速，设置系统保护压力，然后先拆柱子的下端，正在滴水的时候将堵头拧上，再拆柱子的上端，最后拧上上端的堵头。整个过程防止气泡进入。

（7）关闭电源

从软件控制系统的第一个窗口 unicorn manager 点击退出，其他窗口不能单独关闭。然后关闭 AKTA 主机电源，关闭电脑电源。

1.11.4 管理及维护

① 严格按照操作方法使用。

② 每次用前检查仪器是否正常，在使用时清洗系统。

③ 如果有大量溢出的液体渗入系统外壳并有同带电部件接触的危险，应立即关闭系统并同指定的技术服务人员联系。

④ 当使用危险化学品时，在维护和维修前应确保整个系统已用蒸馏水彻底冲洗过。

⑤ 每天当实验完成系统使用结束后，应尽可能避免缓冲液在系统中过夜，尤以高盐浓度洗脱缓冲液为甚。假如不能避免，则谨记次日尽早用 System Wash Method 以蒸馏水将系统彻底清洗，再予以保存或再更新使用其他缓冲液，再次投入使用进行实验操作(用蒸馏水将余下的缓冲液彻底冲洗出系统，此步骤至关重要。此举可以避免缓冲液对系统造成腐蚀，避免因使用高盐浓度缓冲液保存过久造成盐结晶等的堵塞对系统构成的不必要的损害和损耗)。

⑥ 每周更换润洗缓冲液（20%乙醇）。若发现储液瓶液体增多，就说明泵内部有漏液，需要更换泵密封圈。若发现液体减少，需要检查润洗管接头，如果没有漏液，则泵膜或密封圈需要更换。

⑦ 一定要保持实验环境的清洁，以免灰尘或泄漏的液体等造成仪器光学及电子元件的损坏。

⑧ 在长时间不应用系统进行试验时，应将系统管路充满 20%的乙醇，并关闭紫外检测器，清洗 pH 探头，并保存于适当的缓冲液中。

1.11.5 常见故障

① 发现出现假峰等问题时，可拆下柱子，并用适宜的毛细管替换其位置，将所有的缓冲液入口管件置于 1mol/L NaOH 中，对所有的入口管件通路运行 System Wash Method，以流速为 1mL/min，将整个系统充分冲洗 20min，然后立即用蒸馏水，以相同条件将整个系统运行 System Wash Method 冲洗 20min。

② 跳管或收集体积错误。当装配部分收集器出口管夹时，应根据收集管的长度不同而使用不同的切换口。调整时可将出口管和管夹放在输送臂上的长度导向小孔上，将管夹底在孔外臂上，将出口管轻推向下到达导向孔的底部，然后上紧管夹螺母。

③ 泄漏现象。如果有液体从泵泄漏，或冲洗的液体有增多或减少，则泵密封圈需要更换。

1.11.6 结果解读

可以快速检测、分离、纯化多种生物样品（蛋白质、多糖、生物酸、生物碱以及天然小分子等)，能够有效地针对各种样品如植物、动物、人类生物体，纯化、分离特异性生物小分子。

1.11.7 小结

为了研究某一种蛋白质，必须首先将该蛋白质从其他蛋白质和非蛋白质分子中纯化出来，纯度均一的蛋白质才能满足物理化学性质研究、生物活性测定、免疫学性质、结构分析、药理毒理实验的要求。蛋白质纯化系统是蛋白质纯化技术的全自动解决方案，可以自动执行两步亲和纯化，能完整、方便地完成亲和标记蛋白质的纯化和脱盐，具有完整、方便、快捷、自动的优点。

参考文献

[1] 徐金森. 现代生物科学仪器分析入门. 北京：化学工业出版社，2004.

[2] 吴蕾，洪建辉，甘一如，张瑛. 高压匀浆破碎释放重组大肠杆菌提取包含体过程的研究. 高校化学工程学报，2001，15 (2)：191-194.

[3] 孙成林. 近年我国超细粉碎及超细分级发展及问题. 全国首届旋流器分离理论与应用研讨会论文集矿业报，2002，(增刊)：65-70.

[4] CR-400B超微打粉机研磨机使用说明书. 永泰市超然电器有限公司.

[5] 傅若农. 近年国内固相萃取-色谱分析的进展. 分析试验室，2007，26 (2)：100-122.

[6] 周芳，孙成，刘浩. 改进固相萃取预处理操作过程的探讨. 江苏环境科技，2008，21 (1)：71-73.

[7] 杨大进，方从容，王竹天. 固相微萃取技术及其在分析中的应用 (综述). 中国食品卫生杂志，1999，11 (3)：35-39.

[8] 付华峰. 液相微萃取的研究与应用. 天津：天津大学，2006.

[9] Buch公司R-205型仪器的使用说明书.

[10] 周先碗，胡小倩. 生物化学化学仪器分析与实验技术. 北京：化学工业出版社，2003.

[11] 苏拨贤. 生物化学制备技术. 北京：科学出版社，1998.

[12] 聂永心. 现代生物仪器分析. 北京：化学工业出版社，2014.

[13] 李敏，蒋小强，宋小勇. 液氮冷藏车的设计及发展前景分析. 第2届中国食品冷藏链新设备、新技术论坛文集. 2004.

[14] 安守勤，李秋玲. 液氮罐及冻精的保养与使用. 山东畜牧兽医，2002，(1)：15-16.

[15] 郭秀君. 日常使用液氮罐的注意事项. 黑龙江动物繁殖，2011，19 (2)：55-56.

[16] 张国鸿，李跃军. 液氮罐日常使用时的注意事项. 中国畜牧兽医文摘. 2015，(4)：205-205.

[17] 谢元凯，李雁龙，张淑琴. 浅谈液氮罐的日常检测及维修方法. 黄牛杂志，1999，(6)：52-52.

[18] 张志坤，高学理，高从堦. 超纯水制备. 现代化工，2011，(4)：79-82.

[19] 闻瑞梅，屈掘博. 反渗透膜在超纯水生产中应用. 微电子学，1996，26 (4)：271-274.

[20] 王建友，王世昌. 反渗透/电去离子 (RO/EDI) 集成膜过程制备高纯水的研究. 化工进展，2002，21 (增刊)：172-177.

[21] 何京生. 纯水、超纯水与饮用纯净水. 四川地质学报，1999，19 (3)：233-239.

[22] 胡伟林. 反渗透法制取电子级超纯水工艺的改进. 水处理技术，2001，27 (5)：296-299.

[23] 王利平，张世华. 均质石英砂滤料过滤性能的实验研究. 西安建筑科技大学学报，1996，28 (1)：65-69.

[24] 刘虎威. 气相色谱方法及应用. 北京：化学工业出版社，2001.

[25] 傅若农. 色谱分析概论. 北京：化学工业出版社，2000.

[26] 陈康. 高效液相色谱仪基本结构及使用. 仪器原理与使用，2009，24 (1)：37-39.

[27] 苏承昌等. 分析仪器. 北京：军事医学科学出版社，2000.

[28] 邹汉法等. 高效液相色谱法. 北京：科学出版社，1998.

[29] 刘密新，罗国安等. 仪器分析. 北京：清华大学出版社，2002.

[30] 陈维杻．超临界流体萃取的原理和应用．北京：化学工业出版社，2000.

[31] 张殿清，张家忠．色谱新技术—超临界流体色谱原理和特点．化学与粘合，1990，(4)：253-254.

[32] 叶玉兰．超临界流体技术在国内的研究及应用．河北化工，2004，(6)：1-5.

[33] 李国龙，李继睿，邵涛．超临界流体技术应用及进展．广州化工，2004，32 (3)：5-9.

[34] 陈志伟，陈忠．超临界流体分离与 NMR 联用技术及其应用．光谱实验室，2001，18 (2)：139-144.

[35] 朱自强．超临界流体技术原理和应用．北京：化学工业出版，2001.

[36] 汪朝晖．超临界流体技术在医药工业中的应用（Ⅱ）生化药物的提纯、干燥与造粒．化工进展，1996，(4)：52-57.

[37] 肖建平，范崇政．超临界技术研究进展．化学进展，2001，13 (2)：94-101.

[38] 李洪霞，李伟，谷学新．毛细管电泳在手性分离中的应用进展．化学研究，2005，16 (2)：96-100.

[39] 陆少红，龙湘犁．毛细管电泳在生物领域的应用．沈阳航空工业学院学报，2002，19 (2)：85-87.

[40] 刘硕，董鸿晔．基于 Clementine 的毛细管电泳数据挖掘方法研究．计算机与现代化，2011，(5)：131-134.

[41] 曾亚凡等．毛细管电泳电容耦合非接触电导检测器．仪表技术与传感器，2011，12：3-5.

[42] 赵欣颖等．毛细管电泳技术及其应用发展．上海工程技术大学学报，2006，20 (2)：140-142.

[43] ÄKTA PURIFIER 层析仪使用说明书．瑞典通用电气医疗集团.

[44] 伯吉斯（Burgess R. R.）等．蛋白质纯化指南．陈薇译．北京：科学出版社，2013.

[45] 理查德 J. 辛普森（Simpson. R. J)．蛋白质组学中的蛋白质纯化手册．茹炳根译．北京：化学工业出版社，2009.

2 结构及性质分析主要仪器

2.1 紫外-可见分光光度计

2.1.1 主要用途

紫外-可见分光光度法是利用某些物质的分子吸收 200～800nm 光谱区的辐射所建立起来的一种定性、定量和结构分析方法。这种分子吸收光谱是价电子和分子轨道上的电子在电子能级之间的越迁而产生的。

在实践中人们早已总结出不同颜色的物质具有不同的物理和化学性质。早在 1852 年，比尔（Beer）参考了布给尔（Bouguer）在 1729 年和朗伯（Lambert）在 1760 年所发表的文章，提出了分光光度法的基本定律，即液层厚度相等时，颜色的强度与呈色溶液的浓度成比例，从而奠定了分光光度法的理论基础，即著名的朗伯-比耳定律。1854 年，杜包斯克（Duboscq）和奈斯勒（Nessler）等人将此理论应用于定量分析化学领域，并且设计了第一台比色计。到 1918 年，美国国家标准局制成了第一台紫外-可见分光光度计。此后，紫外-可见分光光度计经不断改进，又出现自动记录、自动打印、数字显示、微机控制等各种类型的仪器，使光度法的灵敏度和准确度不断提高，其应用范围也不断扩大（见图 2-1）。紫外-可见分光光度法具有仪器设备相对简单、易于操作、具有较高的灵敏度和准确度、测定速度快等优点，现在已广泛应用于无机和有机物质的定性、定量以及结构分析等分析测定中。

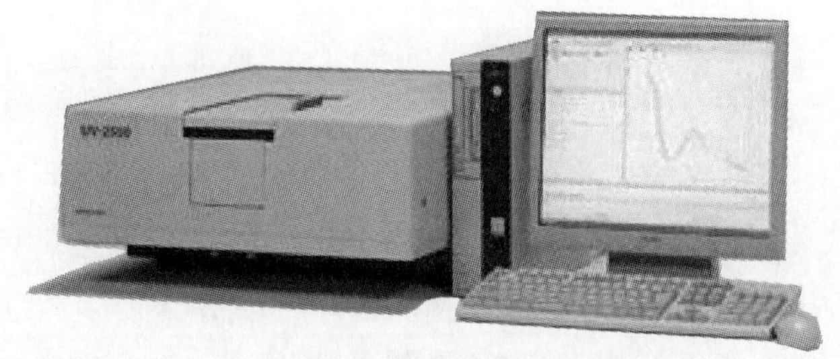

图 2-1 紫外-可见分光光度计

2.1.2 原理与构造

2.1.2.1 紫外-可见光谱的产生

在电磁波谱中 400～760nm 范围的光区称为可见光区，紧邻的短波长区域 200～400nm 称为紫外区，紫外-可见光谱仪常用的波长范围即在 200～800nm。

当某种分子吸收外界辐射能量时，会发生运动状态的变化，即发生能级的跃迁，其中含电子能级、振动能量和转动能量的跃迁。所以整个分子能量的变化 ΔE 等于其电子能级的变化 ΔE_e、振动能级的变化 ΔE_v 和转动能级的变化 ΔE_j 的总和，即：

$$\Delta E = \Delta E_e + \Delta E_v + \Delta E_j \tag{2-1}$$

当有一频率 ν，即辐射能量为 $h\nu$（h 为普朗克常数，$h=6.62\times10^{-34}$J·s）的电磁辐射照射分子时，如果辐射能量 $h\nu$ 恰好等于该分子较高能级与较低能级的能量差时，即有：

$$\Delta E = h\nu \tag{2-2}$$

分子就吸收该电磁辐射，发生能级的跃迁。若用一连续的电磁辐射以波长大小顺序分别照射分子，并记录物质分子对辐射吸收程度随辐射波长变化的关系曲线，这就是分子吸收曲线，通常叫分子吸收光谱。在分子能级跃迁所产生的能量变化 ΔE 中，电子能级跃迁的能量变化 ΔE_e 是最大的，一般在 1～20eV 之间，它对应的电磁辐射能量主要在紫外-可见光区。因此，用紫外-可见光照射分子时，会发生电子能级的跃迁，对应产生的光谱，称为电子光谱，通常称为紫外-可见吸收光谱。分子的紫外-可见光谱在宏观上呈现带状，称为带状光谱。吸收带的峰值波长为最大吸收波长，常表示为 λ_{max}。

2.1.2.2 朗伯-比耳定律

该定律也称作光分析定律。这一定律描述了物质吸收辐射的定量关系，是研究光吸收的基本定律，其数学表达式为：

$$A = \lg(I_0/I) = \varepsilon lc \tag{2-3}$$

式中，A 为吸光度；I_0、I 分别为入射光和透射光的强度；ε 为摩尔吸光系数；l 为样品的厚度，cm；c 为溶液浓度，mol/L。

ε 值在一定条件下是常数，可用于鉴定化合物及定量分析。能够符合朗伯-比耳定律条件的物质，在一定浓度内 A 与 c 呈线性关系，而 A 值可以从紫外-可见光谱仪上读出来。A 值常用下标表示其波长，如 A_{360} 表示在 360nm 处的吸光度值。

2.1.2.3 紫外-可见分光光度计的基本结构

各种型号的紫外-可见分光光度计，就其基本结构来说，都是由五个基本部分组成，即光源、单色器、吸收池、检测器及信号指示系统，见图 2-2。

图 2-2 紫外-可见分光光度计基本结构示意图

（1）光源

对紫外-可见分光光度计光源的基本要求是在整个紫外-可见光谱区内能稳定发射连续光谱、有足够辐射强度而且稳定。一般在可见光区常用的光源是钨丝灯和卤素灯，在紫外光区用氢灯或氘灯作为辐射光源。为了严格控制灯丝电压，仪器必须配有很好的稳压装置。

（2）单色器

单色器是能从光源波长连续的复合光中分出单色光的光学装置，其主要功能为：产生光谱纯度高的波长且波长在紫外-可见区域内任意可调。单色器一般由入射狭缝、准光器（透镜或凹面反射镜使入射光成平行光)、色散元件、聚焦元件和出射狭缝等几部分组成。其核心部分是色散元件，起分光的作用。

单色器起分光作用的色散元件主要是棱镜和光栅。棱镜有玻璃和石英两种材料。由于玻璃会吸收紫外光，所以玻璃棱镜只适用于350～3200nm的可见和近红外光区波长范围。石英棱镜适用的波长范围较宽，为185～4000nm，即可用于紫外、可见、红外三个光谱区域，但主要用于紫外光区。光栅是利用光的衍射和干涉作用制成的。它可用于紫外、可见和近红外光谱区域，而且在整个波长区域中具有良好的、几乎均匀一致的色散率，且具有适用波长范围宽、分辨本领高、成本低、便于保存和易于制作等优点，所以是目前用得最多的色散元件；缺点是各级光谱会重叠而产生干扰。

(3) 吸收池

吸收池用于盛放分析试样，一般有石英和玻璃材料两种。对于紫外和可见光区，都可以采用石英吸收池，而且它对3μm以内的近红外光区也是透明的。玻璃池则只能用于可见光区，当然它价格便宜。为了减少反射损失，吸收池光学面必须完全垂直于光束。在高精度的分析测定中（紫外光区尤其重要），吸收池要挑选配对。因为吸收池材料本身的吸光特征以及吸收池光程长度的精度等对分析结果都有影响。

(4) 检测器

检测器是一种光电转换元件，是检测单色光通过溶液被吸收后透射光的强度，并把这种光信号转变为电信号的装置。基本要求是灵敏度高，响应时间快，对辐射能量的响应线性关系好等。检测器应在测量的光谱范围内具有高的灵敏度；对辐射能量响应快、线性关系好、线性范围宽；对不同波长的辐射响应性能相同且可靠；有好的稳定性和低的噪声水平等。当前应用最广泛的检测器是硅光电池、光电管和光电倍增管。

(5) 信号指示系统

将检测器输出的信号放大并以适当的方式指示或记录。常用的信号指示装置有直流检流计、电位调零装置、数字显示及自动记录装置等。不同型号的仪器，记录装置是有所不同的。现在许多分光光度计配有微处理机，一方面可以对仪器进行控制，另一方面可以进行数据的采集和处理。

2.1.2.4 紫外-可见分光光度计的主要类型

紫外-可见分光光度计可以归纳为三种类型，即单光束分光光度计、双光束分光光度计、双波长分光光度计。

(1) 单光束分光光度计

经单色器分光后的一束平行光，轮流通过参比溶液和样品溶液，以进行吸光度的测定。这种简易型分光光度计结构简单，操作方便，维修容易，适用于常规分析。

(2) 双光束分光光度计

双光束分光光度计光路示意见图2-3。光源发出光经单色器分光后，经反射镜（M_1）分解为强度相等的两束光，一束通过参比池，另一束通过样品池，光度计能自动比较两束光的强度，此比值即为试样的透光率，经对数变换将它转换成吸光度并作为波长的函数记录下来。双光束分光光度计一般都能自动记录吸收光谱曲线。由于两束光同时分别通过参比池和样品池，因而能自动消除光源强度变化所引起的误差。

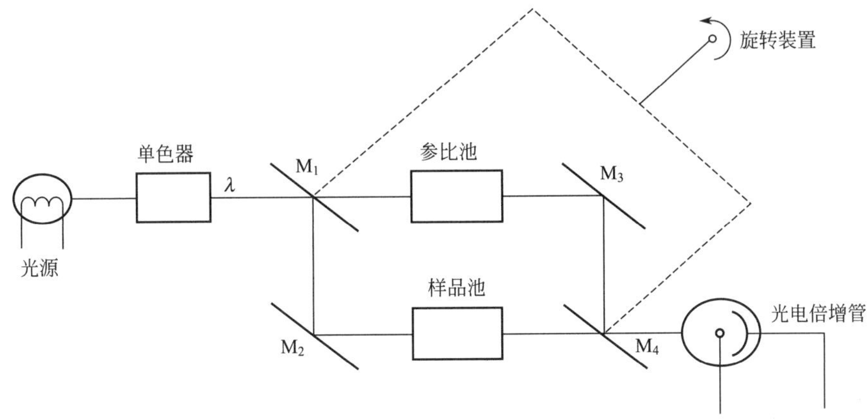

图 2-3 单波长双光束分光光度计光路示意图

M_1，M_2，M_3，M_4—反射镜

(3) 双波长分光光度计

双波长分光光度计基本光路如图 2-4 所示。由同一光源发出的光被分成两束，分别经过两个单色器，得到两束不同波长（λ_1 和 λ_2）的单色光；利用切光器使两束光以一定的频率交替照射同一吸收池，然后经过光电倍增管和电子控制系统，最后由显示器显示出两个波长处的吸光度差值。对于多组分混合物、混浊试样（如生物组织液）分析以及存在背景干扰或共存组分吸收干扰的情况下，利用双波长分光光度法，往往能提高方法的灵敏度和选择性。利用双波长分光光度计，能获得导数光谱。通过光学系统转换，使双波长分光光度计能很方便地转化为单波长工作方式。

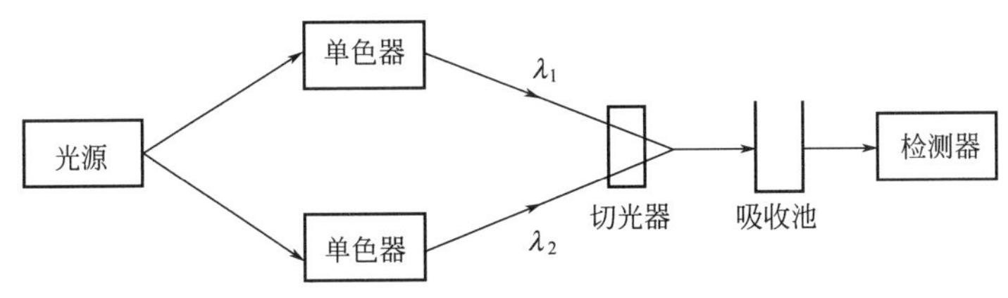

图 2-4 双波长分光光度计光路示意图

2.1.3 操作过程

2.1.3.1 分析条件的优化和选择

(1) 测量波长和狭缝宽度的选择

通常应选择最强吸收带的最大吸收波长 λ_{max} 作为测量波长，以获得最高的分析灵敏度。但在测量高浓度组分时，宁可选用灵敏度低一些的吸收峰波长（ε 较小）作为测量波长，以保证校正曲线有足够的线性范围。狭缝宽度直接影响到测定的灵敏度和校准曲线的线性范

围，一般选择狭缝宽度为样品吸收峰半宽度的 1/10 左右时，可以兼顾测定的灵敏度和光强度。

（2）样品浓度的选择

一般样品浓度应该在小于 0.01mol/L 的稀溶液里才符合朗伯-比耳定律，所以样品浓度过大或过小都会影响测定结果。通常应该调节样品的浓度，使其吸光度值在合适的范围（0.2～0.8）内。

（3）显色反应和显色剂的选择

紫外-可见分光光度法是利用测量有色物质对某一单色光吸收程度来进行测定的。在分析时，选择合适的显色反应和显色剂尤其重要。一般应满足下列要求。

① 选择性好。所用的显色剂最好只与一种被测组分发生显色反应，免除其他组分干扰。

② 灵敏度高。分光光度法一般测定微量组分，灵敏度高有利于测定低含量组分，因此要求反应生成的有色化合物的摩尔吸光系数大。

③ 生成的有色化合物组成恒定。有色化合物的组成若不恒定，测定的重现性就差；有色化合物若易分解或被空气氧化，则会影响分析结果的准确度及再现性。

④ 显色剂最好无色。如果显色剂有色，则要求有色化合物与显色剂之间的颜色差别要大，两者的 λ_{max} 在 60nm 以上，以减小试剂空白值，提高测定的准确度。

⑤ 显色条件易于控制。显色条件要易于控制，以保证有较好的再现性。

（4）溶剂的选择

因为本分析方法中有溶剂效应问题，所以制备分析样品时必须考虑溶剂选择是否合适。溶剂选择基本要求是在测定波长范围内无吸收、透明且不与样品发生化学反应，挥发性小、低毒、不易燃，样品在所选溶剂里有足够的溶解度等。

2.1.3.2 紫外-可见分光光度计的通用操作步骤

（1）透光率测量

在样品池中，放置空白及样品。

① 按需要调节波长旋钮，使显示窗显示所需波长值。

② 按“方式选择”键使透光率指示灯亮，并使空白溶液处在光路中。

③ 按“100%T”键调 100%，待显示器显示 100.0 时，即表示已调好 100%T。

④ 在样品池中放挡光块，拉入光路，关好样品室门，观察显示是否为零，如不为 0.0 则按“0%T”调零。

⑤ 取出挡光块，拉入光路，关好样品室门，显示器应显示 100.0，若不为 100.0 则应重调 100%T（重复步骤③）。

⑥ 拉动样品拉手使被测样品依次进入光路，则显示器上依次显示样品的透光率值。

（2）吸光度测量

吸光度测量与透光率基本相同，只是有一点要注意：按“方式选择”键时，应使吸光度指示灯亮。

（3）浓度直读

① 建曲线（建曲线有三种方法：一点法、二点法、三点法，此处以二点法为例）。

a. 先将配好的两个浓度标准液及空白液放入样品池架。

b. 按需要调整波长。

c. 按“方式选择”键至透光率档，将空白液拉入光路，按“100%T”键调 100.0。

d. 在样品池中放挡光块，按“0%T”键，调零后需检查 100.0，若有变化应重调 100%T。

e. 按“方式选择”键至建曲线，按“工作曲线选择”键至第二点，显示器应显示 500。

f. 将第一点标样拉入光路，按“置数加”或“置数减”键，使显示器显示标样浓度，按“确认”键，确认此组数据。

g. 将第二点标样拉入光路，按“置数加”或“置数减”键，使显示器显示第二点标样浓度值，按“确认”键，确认此组数据。

② 浓度测量

a. 将标准样品取出，将空白液及被测样品放入样品室内。

b. 按“方式选择”键至透光率档。

c. 在空白液时调 100%T 及 0%T（方法同透光率测量）。

d. 按“方式选择”键至浓度档（按“MODE”键使其左侧的 CONC 灯被点亮）。

e. 拉样品至光路中，显示应为样品在二点曲线下的浓度值。

2.1.4 管理及维护

紫外-可见分光光度计是精密光学仪器，正确的日常管理与维护对保持仪器良好的性能和保证测试的准确度有重要作用。

2.1.4.1 仪器较正

通常在实验室工作中，验收新仪器或仪器使用一段时间后都要对紫外-可见分光光度计进行波长校正和吸光度校正。建议采用下述较为简便和实用的方法来进行校正。随机都配置有镨钕（Pr-Nd）玻璃或钬（Ho）玻璃，它们有若干特征的吸收峰，可用来校正分光光度计的波长标尺，前者用于可见光区，后者则对紫外和可见光区都适用。可用 $CuSO_4$、K_2CrO_4 标准溶液来校正吸光度标度。校正前按规定浓度配制好标准溶液，在一定温度下利用不同波长测量标准溶液吸光度值，再与仪器厂家提供的吸光度校正表对照调整即可。

2.1.4.2 维护

(1) 紫外-可见分光光度计的工作环境要求

① 仪器应安放在干燥的房间内，使用温度为 5～35℃，相对湿度不超过 85%。

② 仪器应放置在坚固平稳的工作台上，且避免强烈的振动或持续的振动，尽量远离高强度的磁场、电场及发生高频波的电器设备。

③ 电扇不宜直接向仪器吹风，以防止光源灯因发光不稳定而影响仪器的正常使用，室内照明不宜太强，且应避免日光直射。

④ 供给仪器的电源电压为 AC 220V±22V，频率为 50Hz±1Hz，并必须装有良好的接地线。推荐使用功率为 1000W 以上的电子交流稳压器或交流恒压稳压器，以加强仪器的抗

干扰性能。

⑤ 避免在有硫化氢等腐蚀性气体的场所使用。

(2) 日常维护和保养

① 光源：光源的寿命有限，为了延长其使用寿命，应尽量减少开关次数，刚关闭的光源灯不能立即重新开启。仪器连续使用时间不应超过 3h。若需长时间使用，最好间歇 30min 以上。如果光源灯亮度明显减弱或不稳定，应及时更换新灯。更换后要调节好灯丝位置，不要用手直接接触窗口或灯泡，避免油污沾附。若不小心接触过，要用无水乙醇擦拭干净。

② 单色器：单色器是仪器的核心部分，装在密封盒内，不能拆开。选择波长应平衡地转动，不可用力过猛。为防止色散元件受潮生霉，必须定期更换单色器盒干燥剂（硅胶）。若发现干燥剂变色，应立即更换。

③ 吸收池：必须正确使用吸收池，应特别注意保护吸收池的两个光学面。

④ 检测器：光电转换元件不能长时间曝光，且应避免强光照射或受潮积尘。

⑤ 当仪器停止工作时，必须切断电源。为了避免仪器积灰和沾污，在停止工作时，应盖上防尘罩。

⑥ 仪器若暂时不用，一周左右要通电一次，每次不少于 20～30min，以保持整机呈干燥状态，并且维持电子元器件的性能。

2.1.5 常见故障

2.1.5.1 光源部分

(1) 故障：钨灯不亮

【原因】 钨灯灯丝烧断（此种原因概率最高）。

【检查】 钨灯两端有工作电压，但灯不亮；取下钨灯用万用表电阻档检测。

【处置】 更换新钨灯。

【原因】 没有点灯电压。

【检查】 保险丝被熔断。

【处置】 更换保险丝（如更换后再次烧断则要检查供电电路）。

(2) 故障：氘灯不亮

【原因】 氘灯寿命到期（此种原因概率最高）。

【检查】 灯丝电压、阳极电压均有，灯丝也可能未断（可看到灯丝发红）。

【处置】 更换氘灯（要注意型号）。

【原因】 氘灯起辉电路故障。

【检查】 氘灯在起辉的过程中，一般是灯丝先要预热数秒钟，然后灯的阳极与阴极间才可起辉放电，如果灯在起辉的开始瞬间灯内闪动一下或连续闪动，并且更换新的氘灯后依然如此，有可能是起辉电路有故障，灯电流调整用的大功率晶体管损坏的概率最大。

【处置】 需要请制造仪器厂家专业人士修理。

2.1.5.2 信号部分

(1) 故障：没有任何检测信号输出

【原因】 没有任何光束照射到样品室内。

【检查】 将波长设定为530nm，狭缝尽量开到最宽档位，在黑暗的环境下用一张白纸放在样品室光窗出口处，观察白纸上有无绿光斑影像。

【处置】 检查光源镜是否转到位，检查双光束仪器的切光电机是否转动了（耳朵可以听见电机转动的声音）。

(2) 故障：样品室内无任何物品的情况下，全波长范围内基线噪声大

【原因】 光源镜位置不正确、石英窗表面被溅射上样品。

【检查】 观察光源是否照射到入射狭缝的中央，观察石英窗上有无污染物。

【处置】 重新调整光源镜的位置，用乙醇清洗石英窗。

(3) 故障：样品室内无任何物品的情况下，仅仅是紫外光区的基线噪声大

【原因】 氘灯老化、光学系统的反光镜表面劣化、滤光片出现结晶物。

【检查】 可见光区的基线较为平坦，断电后打开仪器的单色器及上盖，肉眼可以观察到光栅、反光镜表面有一层白色雾状物覆盖在上面；如果光学系统正常，最大的可能是氘灯老化，可以通过能量检查或更换新灯方法加以判断。

【处置】 更换氘灯、用火棉胶粘取镜面上的污物或用研磨膏研磨滤光片（注意：此种技巧需要有一定维修经验者来实施）。

(4) 故障：样品室放入空白后做基线记忆，噪声较大，紫外光区尤甚

【原因】 比色皿表面或内壁被污染、使用了玻璃比色皿或空白样品对紫外光谱的吸收太强烈，使放大器超出了校正范围。

【检查】 将波长设定为250nm，先在不放任何物品的状态下调零，然后将空比色皿插入样品道一侧，此时吸光度值应小于0.07；如果大于此值，有可能是比色皿不干净或使用了玻璃比色皿；同样方法也可判断空白溶液的吸光度值大小。

【处置】 清洗或更换比色皿，更换空白溶液。

(5) 故障：吸光度值结果出现负值（最常见）

【原因】 没做空白记忆、样品的吸光度值小于空白参比液。

【检查】 将参比液与样品液调换位置便知。

【处置】 做空白记忆、调换参比液或用参比液配置样品溶液。

(6) 故障：样品信号重现性不好

【原因】 排除仪器本身的原因外，最大的可能是样品溶液不均匀所致；在简易的单光束仪器中，样品池架一般为推拉式的，有时重复推拉不在同一个位置上。

【检查】 更换一种稳定的试样判定。

【处置】 采取正确的试样配置手段；修理推拉式样品架的定位碰珠。

(7) 故障：做基线扫描或样品扫描时，基线或信号有一个大的负脉冲

【原因】 扫描速度设置得过快，在读取信号时，误将滤光片或光源镜的切换当作信号读取了。

【处置】 改变扫描速度。

(8) 故障：做基线扫描或样品扫描时，基线或信号有一个长时间段的负值或满屏大噪声

【原因】 滤光片伺服电机“失步”，造成档位错位，国产电机尤甚。

【检查】 重新开机有可能回复，或打开单色器对照波长与滤光片的相对位置来检查（注意：打开单色器时要保护检测器不被强光刺激）。

【处置】 更换伺服电机。

(9) 故障：样品出峰位置不对

【原因】 波长传动机构产生位移。

【检查】 通过氘灯的656.1nm的特征谱线来判断波长是否准确。

【处置】 对于高档仪器而言处理手段相对简单，使用仪器固有的自动校正功能即可；而对于相对简单的仪器，这种调整则需要专业人员来进行。

(10) 故障：信号的分辨率不够，具体表现是：本应叠加在某一大峰上的小峰无法观察到

【原因】 狭缝设置过窄而扫描速度过快，造成检测器响应速度跟不上，从而失去应测到的信号；按常理，一定的狭缝宽度要对应一定范围的扫描速度；或者狭缝设置得过宽，使仪器的分辨率下降，将小峰融合在大峰里了。

【检查】 放慢扫描速度看一看或将狭缝设窄。

【处置】 将扫描速度、狭缝宽窄、时间常数三者拟合成一个最优化的条件。

(11) 故障：当仪器波长固定在某个波长下时，吸光度值信号上下摆动，特别是测量模式转换为按键开关式的简易仪器

【原因】 开关触点因长期氧化造成接触不良。

【检查】 用手加重力量按键时，吸光度值随之变化。

【处置】 用金属活化剂清洗按键触点即可。

(12) 故障：仪器零点飘忽不定，主要反映在简易仪器上

【原因】 在简易仪器中，零点往往是通过电位器来调整，这种电位器一般是炭膜电阻制作的，使用久了往往造成接触不良。

【处置】 更换电位器。

2.1.6 结果解读

2.1.6.1 定性分析

紫外-可见光谱中，每一种化合物都有自己的特征吸收带，不同化合物有不同的特征光谱，进行定性分析时，通常是根据吸收光谱的形状、吸收峰的数目以及最大吸收波长的位置和相应的摩尔吸光系数来对物质进行定性鉴定。

2.1.6.2 定量分析

紫外-可见分光光度法用于定量分析的依据是朗伯-比尔定律，通过测定溶液对一定波长入射光的吸光度，可求得溶液的浓度和含量。常见的方法有如下几种。

（1）标准曲线法

先配制一系列已知浓度的标准溶液，以不含待测组分的空白溶液作参比，在 λ_{max} 处分别测得标准溶液的吸光度，然后，以吸光度为纵坐标，标准溶液的浓度为横坐标作吸光度-浓度（A-c）标准曲线图，在相同条件下测出未知试样的吸光度 A_x，就可以从标准曲线上查出未知试样的浓度 c_x。实际应用中经常根据测定结果计算其线性方程来进行拟合。如 $c=a+bA$，$r^2=0.9998$。式中 c 和 A 分别是样品浓度和吸光度值，a 和 b 分别是标准曲线的截距和斜率，r^2 是相关系数。

（2）标准加入法

当不能配制与试样组成一致的标准溶液时，可以使用标准加入法。其办法是：分取几份相同体积的待测溶液，除第一份不加待测元素标准溶液外，其余分别加入不同量的待测元素标准溶液，然后都稀释到相同体积，使加入的标准溶液浓度为 0、c_s、$2c_s$、$3c_s$…，然后分别测定它们的吸光度值，以加入的标准溶液浓度与吸光度值绘制校准曲线。曲线向 x 轴（浓度）外推至与 x 轴相交，则原点到相交点的距离 c_x 就是待测元素经稀释后的浓度。此法可以保持标准曲线法的优点，又可以克服其他成分对测定的干扰。但其使用的前提是原标准曲线必须通过原点。

（3）比较法

在相同条件下配制样品溶液和标准溶液，并在相同条件下分别测定吸光度 A_x 和 A_s，然后进行比较，利用下式，求出样品溶液中待测组分的浓度（c_x）。

$$c_x=A_x\frac{c_s}{A_s} \tag{2-4}$$

使用这种方法的要求是 c_x 和 c_s 应接近，且符合光吸收定律。因此比较法只适用于个别样品的测定。

2.1.7 小结

紫外-可见光分光光度计是用来测量待测物质对可见光和紫外光的吸光度并进行定性、定量分析的吸收式光学分析仪器，既可用于无机物分析，也可用于有机物分析。目前紫外-可见分光光度法的具体应用范围为：①定量分析，广泛用于各种物质中微量、超微量和常量的无机和有机物质的测定。②定性和结构分析，紫外吸收光谱还可用于推断空间阻碍效应、氢键的强度、互变异构、几何异构现象等。③反应动力学研究，即研究反应物浓度随时间而变化的函数关系，测定反应速度和反应级数，探讨反应机理。④研究溶液平衡，如测定络合物的组成、稳定常数、酸碱离解常数等。

紫外-可见分光光度计仪器价格相对低廉，操作易于掌握，分析结果准确、重现性好，目前已经广泛应用于药物、金属、矿物和水中污染物以及生产产品质量控制等各个研究及应用领域中，是分析检验中一种很重要的分析工具。

2.2 红外光谱仪

2.2.1 主要用途

红外光谱（IR）是一种分子吸收光谱，又称为分子振动-转动光谱。当一束具有连续波长的红外光通过物质，物质分子中某个基团的振动频率或转动频率和红外光的频率一样时，分子就会吸收能量由原来的基态振（转）动能级跃迁到能量较高的振（转）动能级，分子吸收红外辐射后发生振动和转动能级的跃迁，该处波长的光就被物质吸收，产生红外吸收峰，使相应的这些区域的透射光强度减弱。记录红外光的百分透射率与波数或波长的关系，即得到红外光谱。

通常红外吸收峰的波长位置与吸收谱带的强度，反映了分子结构上的特点，可用来鉴定未知物的结构组成或确定其化学基团；且吸收谱带的吸收强度与分子组成或化学基团的含量有关，可用以进行定量分析和纯度鉴定。由于红外光谱分析特征性强，气体、液体、固体样品都可测定，而且有用量少、分析速度快、不破坏样品的特点，因此，红外光谱法是鉴定化合物和测定分子结构最有用的方法之一。需要指出的是，由于红外光谱容易偏离 Lambert-Beer 定律，虽然采用傅立叶变换红外光谱仪（fourier transformation infrared spectrometer，FT-IR）后已经改善很多，但目前红外光谱仍主要应用在鉴定化合物和测定分子结构等定性研究方面。红外光谱仪见图 2-5。

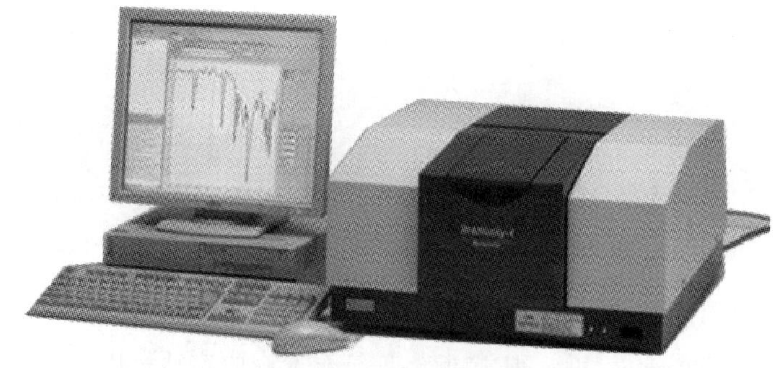

图 2-5　红外光谱仪

2.2.2 基本原理

红外光谱在可见光区和微波光区之间，波长范围约为 0.75～1000μm，根据仪器技术和应用不同，习惯上又将红外光区分为三个区：近红外光区（0.75～2.5μm）、中红外光区（2.5～25μm）和远红外光区（25～1000μm）。因为绝大多数有机化合物和无机离子的基频吸收带出现在中红外光区，而且基频振动是红外光谱中吸收最强的振动，所以该区最适于进行红外光谱的定性和定量分析，因此中红外光谱法又简称为红外光谱法。

红外吸收光谱一般用 T-λ 曲线或 T-波数曲线表示。纵坐标为 T（%），因而吸收峰向下，向上则为谷；横坐标是波长（单位为 μm）或波数（单位为 cm^{-1}）。普通红外光谱图的波数范围是 400～4000cm^{-1}，在此范围内可以得到绝大多数有机化合物和无机离子比较全面和丰富的吸收信息，包括各官能团的特征吸收和指纹吸收特征等。

红外吸收谱图解析一般都是通过对不同原子或官能团所引起的特征吸收带的比对、鉴别来进行的。物质的红外光谱，是分子结构的吸收峰，与分子中各基团的振动形式相对应。多原子分子的红外光谱与其结构的关系，一般是通过比较大量已知化合物的红外光谱，从中总结出各种基团的吸收规律。实验表明，组成分子的各种基团，如 O—H、N—H、C—H、C═C、C═O 等，都有自己特定的红外吸收区域，分子的其他部分对其吸收位置影响较小。通常把这种能代表基团存在并有较高强度的吸收谱带称为基团频率，其所在位置一般又称特征吸收峰。例如羰基（C═O）在 1650～1900cm^{-1}、羟基（—OH）在 3200～3640cm^{-1} 有特征吸收，那么只要在上述区域中有较强吸收峰出现，则基本上可以确定该化合物有这些官能团。

红外光谱解释最常用的是将 400～4000cm^{-1} 分成不同区域进行的归纳法。首先以 1300cm^{-1} 为界分成官能团区和指纹区两部分。

2.2.2.1 特征频率区

最有分析价值的基团频率在 1300～4000cm^{-1} 之间，这一区域称为基团频率区、官能团区或特征频率区。区内的峰是由伸缩振动产生的吸收带，比较稀疏，容易辨认，是用于鉴定样品分子中某些官能团有无的重要依据。基团频率区可分为如下三个区域。

2500～4000cm^{-1}：X—H 伸缩振动区，X 可以是 O、H、C 或 S 等原子。

1900～2500cm^{-1}：为叁键和累积双键区。

1200～1900cm^{-1}：为双键伸缩振动区。

2.2.2.2 指纹区

一个官能团在多数情况下会有多种振动形式，因此会有一些相互印证的相关吸收峰出现，所以应该采用一组相关吸收峰来确认一个官能团的存在。在 600～1800(1300)cm^{-1} 区域内，除单键的伸缩振动外，还有因变形振动产生的谱带。这种振动与整个分子的结构有关。当分子结构稍有不同时，该区的吸收就有细微的差异，并显示出分子特征。这种情况就像人的指纹一样，因此称为指纹区。指纹区对于指认结构类似的化合物很有帮助，而且可以作为化合物存在某种基团的旁证。

表 2-1 中列出几种重要化学键的特征吸收带，供 IR 光谱解析时参考。

表 2-1 主要官能团的红外吸收谱带

波长/μm	波数/cm^{-1}	产生吸收的键
2.7～3.3	3000～3750	O—H、N—H(伸缩)
3.0～3.4	2900～3300	—C≡C—H 、 >C=C<(H) 、Ar—H(C—H 伸缩)
3.3～3.7	2700～3000	—CH_3—CH_2≡C—H 、—C(=O)H (C—H 伸缩)
4.2～4.9	2100～2400	C≡N 、C≡C（伸缩）
5.3～6.1	1650～1900	C═O（羧酸、醛、酮、酰胺、酯、酸酐中的 C═O 伸缩）
5.9～6.2	1500～1650	>C═C<（脂肪族和芳香族，伸缩）、>C═N′（伸缩）
6.8～7.7	1300～1475	≡C—H(弯曲)

续表

波长/μm	波数/cm^{-1}	产生吸收的键
10.0～15.4	650～1000	$\rangle C=C\langle^{H}$ 、Ar—H(平面外弯曲)

2.2.3 基本构造

常用的红外光谱仪有色散型红外光谱仪和干涉型傅立叶变换红外光谱仪两类。

2.2.3.1 色散型红外光谱仪

这种仪器与紫外-可见光谱仪相似，都是由五个基本部分组成，即光源、单色器、吸收池、检测器及信号指示系统，但每一个部件的结构、材料、性能都有所不同。排列顺序也不同，紫外-可见光谱仪的样品池在单色器之后，而红外光谱仪中样品置于光源和单色器之间。色散型的红外光谱仪采用双光束，典型的色散型红外光谱仪基本组成如图 2-6 所示。

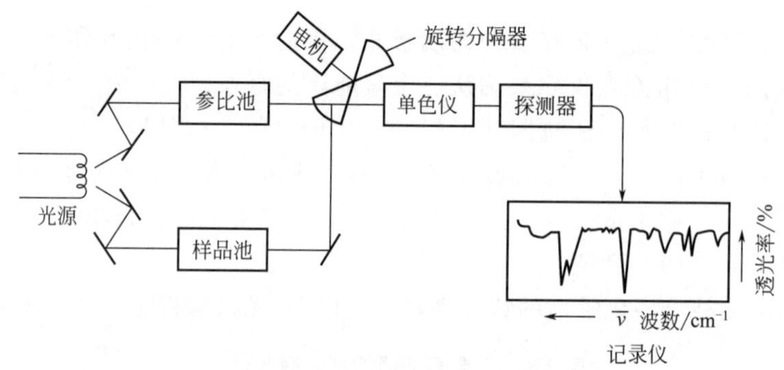

图 2-6　色散型红外光谱仪基本组成示意图

由光源发出的辐射被分为等强度的两束光分别通过样品池和参比池后交替进入单色器（棱镜或光栅）色散之后，同样交替投射到检测器上进行检测。当样品对某一波数的红外光有吸收，则两光束的强度便不再相等，这样的光信号在检测器中产生与光强差成正比的交流电信号，经放大和记录下来后，就可以绘出红外光谱图了。

（1）光源

红外光谱仪中所用的光源通常是一种惰性固体，用电加热使之发射高强度的红外辐射。常用的是硅碳棒和能斯特（nernst）灯。

（2）吸收池

红外吸收池要用对红外光透过性好的碱金属、碱土金属的卤化物，如 NaCl、KBr、CsBr、CaF_2 等或 KRS-5（TlI 58%，TlBr 42%）等材料做成窗片。窗片必须注意防湿及防损伤。固体试样常与纯 KBr 混匀压片，然后直接测量。

（3）单色器

单色器是由几个色散元件、入射和出射狭缝、聚焦和反射用的反射镜（不用透镜，以防色差）组成。其中色散元件棱镜组合或光栅是红外光谱仪的重要部件，由其从复合红外光中分解出单色光来，以提高分辨率。目前使用光栅的仪器较多。

(4) 检测器

是将接收到的红外光信号转变成电信号的元件，一般常见的有真空热电偶、测热辐射计、高莱池 (golay cell)、热释电检测器等。

(5) 记录仪

红外光谱都由记录仪自动记录谱图。现代仪器都配有计算机，以控制仪器操作、优化谱图中的各种参数、进行谱图的检索等。

2.2.3.2 干涉型傅立叶变换红外光谱仪

傅立叶变换红外光谱仪 (FT-IR) 是根据傅立叶变换的基本原理，即利用两束光相互干涉产生干涉谱而经过傅立叶变换来测定红外光谱的技术。其具有很高的分辨率、灵敏度和很快的扫描速度，也是实现联用较理想的仪器，目前已有气相-红外、高效液相-红外、热重-红外等联用的商品仪器，应用范围日益广泛。

傅立叶变换红外光谱仪 (FT-IR) 主要由光源、干涉仪、检测器、计算机和记录仪等部件组成，其基本结构如图 2-7 所示。

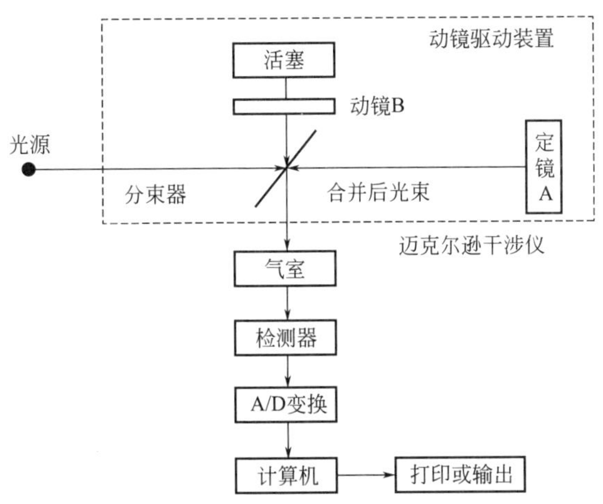

图 2-7 傅立叶变换红外光谱仪工作原理简介

FT-IR 中的光源、检测器、计算机和记录仪与上面介绍的色散型红外光谱仪 (IR) 的工作原理基本一致。而 FT-IR 的核心部分是迈克尔逊干涉仪 (Michelson interferometer)，其作用是将自光源发出的光信号以干涉图的形式送到计算机，由计算机进行傅立叶变换的数学处理，最后将干涉图还原为通常解析的光谱图。现在的 FT-IR 仪器扫描速度快 ($\leqslant$1s，可以追踪快速反应过程)、灵敏度高 (检出限$\leqslant 10^{-9}$g 级样品)、光谱范围广 (10～10000cm^{-1})、精度高 (分辨率可达 0.005～0.1cm^{-1})，因此应用范围日益广泛。

2.2.4 操作过程

红外光谱在化学领域中的应用是多方面的，因为其方法简便、迅速和可靠，同时样品用量少、可回收，对样品也无特殊要求，无论气体、固体和液体均可以进行检测。但 IR 分析对样品是有一定要求的，如需要待测样品有一定纯度，如有杂质需先提纯精化，样品应充分干燥，因水分会干扰谱图测定。

2.2.4.1 样品处理和制备

（1）气态样品

可将气体灌装进一个两端有盐窗（NaCl、KBr、KCl 盐晶等）的专用吸收池内，灌装前需要将吸收池先负压排空后再充入样品，密封后测定。

（2）液态样品

可在液体样品池中测定。溶液浓度应该控制透光率（T）在 15%～75%之间。也可采用液膜法测定，即将 1 滴纯液态样品夹在两盐晶薄片之间，样品就形成一均匀薄膜，将这两盐晶薄片固定在样品架上就可以测定了。通常溶液测试的浓度应是 10%左右。红外测试应选择所测光谱区内本身没有强烈吸收、极性小的物质作溶剂，如 CS_2、CCl_4 等。

（3）固体样品

① 压片法　样品以 0.1%～0.5%的比例与纯 KBr 混合压片进行测定。具体为将 1～2mg 样品与 200mg 纯 KBr 混匀研细，放入磨具中，在专用油压机上在（5～15）$\times 10^7$Pa 压力下压制成均匀透明薄片，就可以上机测定了。试样和 KBr 都应是干燥的，粒度要小于 2μm，否则会有散射光干扰。

② 溶液法　可选择溶剂将样品溶解成 1%～5%的溶液，然后用测液体样品的方法测定。如无合适溶剂，可采用下述方法测定。

③ 石蜡糊法　将干燥样品研细，然后与液体石蜡或全氟代烃混合均匀调成糊状，夹在两盐晶薄片中形成一均匀薄膜后即可测定。

④ 薄膜法　样品为高分子材料时，可将其直接加热融化后涂或压制成薄膜，也可将其溶解在易挥发、低沸点的溶剂中直接涂抹在盐晶薄片上，待溶剂挥发成膜后即可测定。

2.2.4.2 制样时的注意事项

① 红外光谱测定最常用的试样制备方法是溴化钾（KBr）压片法（药典收载品种 90%以上用此法），因此为减少对测定的影响，所用 KBr 最好应为光学试剂级，至少也要分析纯级。使用前应适当研细（200 目以下），并在 120℃以上烘 4h 以上后置干燥器中备用。如发现结块，则应重新干燥。制备好的空 KBr 片应透明，与空气相比，透光率应在 75%以上。

② 采用压片法时取用的供试品量一般为 1～2mg，因不可能用天平称量后加入，并且每种样品对红外光的吸收程度不一致，故常凭经验取用。一般要求所得的光谱图中绝大多数吸收峰处于 10%～80%透光率范围内。最强吸收峰的透光率如太大（如大于 30%），则说明取样量太少；相反，如最强吸收峰透光率接近为 0，且为平头峰，则说明取样量太多，此时均应调整取样量后重新测定。

③ 测定用样品应干燥，否则应在研细后置红外灯下烘几分钟使其干燥。试样研好并在模具中装好后，应与真空泵相连后抽真空至少 2min，以使试样中的水分进一步被抽走，然后再加压到 0.8～1GPa 后维持 2～5min。不抽真空将影响片子的透明度。

④ 如待测样品为盐酸盐，因考虑到在压片过程中可能出现的离子交换现象，标准规定用氯化钾（也同溴化钾一样预处理后使用）代替溴化钾进行压片，但也可比较氯化钾压片和

溴化钾压片后测得的光谱，如二者没有区别，则可使用溴化钾进行压片。

⑤ 压片时 KBr 的取用量一般为 200mg 左右（也是凭经验），应根据制片后的片子厚度来控制 KBr 的量，一般片子厚度应在 0.5mm 以下，厚度大于 0.5mm 时，常可在光谱上观察到干涉条纹，对供试品光谱产生干扰。

⑥ 压片时，应先取供试品研细后再加入 KBr 再次研细研匀，这样比较容易混匀。研磨所用的器具应为玛瑙研钵，因玻璃研钵内表面比较粗糙，易黏附样品。研磨时应按同一方向（顺时针或逆时针）均匀用力，如不按同一方向研磨，有可能在研磨过程中使供试品产生转晶，从而影响测定结果。研磨力度不用太大，研磨到试样中不再有肉眼可见的小粒子即可。试样研好后，应通过一小的漏斗倒入压片模具中（因模具口较小，直接倒入较难），并尽量把试样铺均匀，否则压片后试样少的地方的透明度要比试样多的地方的低，并因此对测定产生影响。另外，如压好的片子上出现不透明的小白点，则说明研好的试样中有未研细的小粒子，应重新压片。

⑦ 压片用模具用后应立即把各部分擦干净，必要时用水清洗干净并擦干，置干燥器中保存，以免锈蚀。

2.2.4.3 一般操作方法

① 打开主机电源和工作站，仪器开始自检，让仪器预热 10min。

② 进入测量模式（Measuer—advanced measure），点击 Check Singal，查看信号大小（大于 15000 以上为正常），点击 Basic 进入测定模式，光路在空气状态下进行背景扫描，这时在屏幕下面出现 1，2，3，4，5……字样，等待扫描完成。

③ 样品扫描：将制备好的上述样品放入光路中，点击 Sample Single Channel（样品测定），这时在屏幕下面出现 1，2，3，4，5……字样，等待扫描完成，处理谱图后保存。

④ 测试完毕，关闭主机、工作站电源。

2.2.4.4 实验结束后处理

对固体样品：扫谱结束后，取下样品架，取出样品薄片，将模具、样品架等用无水乙醇棉球擦净收好；对液体样品：取下样品池，拧开螺钉，小心取出盐片，用无水乙醇棉球把上面的液体擦干净，在红外灯下用滑石粉和无水乙醇进行抛光，处理后再用无水乙醇清洗，红外灯下烘干，最后把两个盐片收好放入干燥器中备用。

2.2.5 管理及维护

红外光谱仪是精密光学仪器，正确安装、使用和保养对保护仪器良好的性能和保证测试的准确度有重要作用。

2.2.5.1 仪器的工作环境

① 仪器应安放在干燥的房间内，使用温度为 15～28℃，相对湿度不超过 65%。

② 仪器应放在坚固平稳的工作台上，仪器中的光学元件及电气元件均怕震动，故仪器应避免强烈的震动或持续的震动。

③ 室内照明不宜太强，应避免阳光直射。

④ 电扇不宜直接向仪器吹风，以防止光源灯因发光不稳定而影响仪器的正常使用。

⑤ 尽量远离高强度的磁场、电场及发生高频波的电气设备，接好地线。

2.2.5.2 仪器的维护和保养

① 实验室的温度应在15～30℃，相对湿度应在65%以下，所用电源应配备有稳压装置和接地线。因要严格控制室内的相对湿度，因此红外实验室的面积不要太大，能放得下必需的仪器设备即可，但室内一定要有除湿装置，一般要求实验室装配空调和除湿机。

② 经常检查仪器存放地点的温度、湿度是否在规定的范围内，每星期检查干燥剂2次。干燥剂中指示硅胶变色（蓝色变为浅蓝色），则需要更换干燥剂。

③ 如所用的是单光束型傅立叶红外分光光度计（目前应用最多），则实验室里的CO_2含量不能太高，因此实验室里的人数应尽量少，无关人员最好不要进入，还要注意适当通风换气。

④ 仪器中所有的光学元件都无保护层，绝对禁止用任何东西揩拭镜面，镜面若有积灰，应用洗耳球吹。

⑤ 干涉仪是傅立叶变换红外光谱仪（FT-IR）的关键部件，且价格昂贵，尤其是分束器，对环境湿度有很高的要求，因此要注意保护干涉仪。

⑥ 应定时清扫电机箱背面的空气过滤器，因为一旦它被灰尘阻塞，影响到热交换，电学元件就会因为过热而损坏。

⑦ 红外光源应定期更换。一般情况下，光源累积工作时间达1000h左右就应更换一次。否则，红外光源中挥发出的物质会溅射到附近的光学元件表面上，降低系统的性能。

⑧ 为防止仪器受潮而影响使用寿命，红外实验室应经常保持干燥，即使仪器不用，每星期也应保证开机预热2h以上，同时开启除湿机除湿。特别是梅雨季节，最好能每天开除湿机。

2.2.6 结果解读

2.2.6.1 实验结果处理

把扫描得到的谱图与已知标准谱图进行对照比较，并找出主要吸收峰的归属。

2.2.6.2 红外光谱解析应用

化合物的红外光谱图同熔点、沸点、折射率和比旋度等物理常数一样是该化合物的一种特征。尤其是有机化合物的红外光谱吸收峰一般多达10～20个以上，如同人的指纹一样彼此各不相同，因此用它鉴别分析化合物，可靠性比其他物理手段强很多。所以红外光谱广泛用于化合物的定性鉴定和结构分析。红外光谱一般解析步骤如下。

① 检查光谱图是否符合要求。

② 了解样品来源、样品的理化性质、其他分析的数据、样品重结晶、溶剂及纯度。

③ 排除可能的“假谱带”。

④ 若可以根据其他分析数据写出分子式，则应先算出分子的不饱和度U：

$$U=(2+2n_4+n_3-n_1)/2$$

式中，n_4、n_3、n_1 分别为分子中四价、三价、一价元素的数目。

⑤ 结合其他分析数据，确定化合物的结构单元，推出可能的结构式。

⑥ 已知化合物分子结构的验证。

⑦ 标准图谱对照。

⑧ 计算机谱图库检索。

2.2.6.3 标准图谱查对

红外光谱标准图谱常见的有下面几种。

① Sadtler 标准图谱库。由美国费城 Sadtler Research Laboratories 收集整理编制，它备有多种索引，便于查找。

② Aldrich 红外图谱库。Pouchert C J 编，Aldrich Chemical Co. 出版，全卷最后附有化学式索引。

③ API 红外光谱数据。American Petroleum Institute Infrared Spectral Date，由美国石油研究所汇编。

另外还有 Sigma Fourier 红外光谱图库（Keller R J 编，Sigma Chemical Co. 出版）等资料可供参考。

2.2.6.4 红外光谱解析注意事项

为了从红外谱图中获取正确的信息和作出合理解释，必须注意以下几点。

① 应了解样品来源、用途、制备方法、分离方法、理化性质、元素组成及其他光谱分析数据，如 UV、NMR、MS 等。如样品中有明显杂质存在时，应利用色谱、重结晶等方法纯化后再作红外分析。

② 辨认并排除谱图中不合理的吸收峰，如由于样品制备纯度不高存在的杂质峰，仪器及操作条件等引起的一些“异峰”。

③ 注意红外光谱峰的位置、强度和峰形 3 个特征要素。吸收峰的波数位置和强度都在一定范围时，才可推断某基团的存在。

④ 在谱图解析时还应注意同一基团出现的几个吸收峰之间的相关性。分子中的一个官能团在红外光谱中可能出现伸缩振动和多种弯曲振动，因而在红外谱图的不同区域内显示出几处相关的吸收峰。

⑤ 应当注意，一些分子量较大的同系物，指纹区的红外谱图可能非常相似或基本相同；某些制样条件也可能引起同一样品的指纹区吸收发生一些变化，所以仅仅依靠红外谱图对化合物的结构作出准确的结论，仍是不严格的，还需用其他谱学方法互相印证。

⑥ 对化物结构的最终判定必须借助于标准样品或标准图谱。

2.2.7 小结

红外光谱是解析物质结构的强有力工具，被广泛用来分析、鉴别物质，研究分子内部及分子间相互作用。红外光谱法具有很强的普适性。气、固、液体样品都可测试，目前已广泛应用于农牧、食品、化工、石化、制药等各个生产、科研领域。

2.3 分子荧光光谱仪

2.3.1 主要用途

分子荧光分析法（molecular fluorescence analysis）是利用检测物质的分子发射光谱来分析测定物质组成和结构的分析方法。分子荧光分析技术具有发光方式多、灵敏度高、专一性好、取样量少、方法简单、准确度高等特点，已成为进行痕量和超痕量甚至分子水平上分析检测的一种重要工具。在生物医药、环境科学、食品安全、材料科学及工农业的各个领域都有广泛的应用。分子荧光光谱仪见图 2-8。

图 2-8　分子荧光光谱仪

荧光分析法目前主要用于无机物和有机物的定量分析，由于自身发射荧光的化合物不多，因此一般是利用有机试剂与荧光较弱或不发荧光的物质形成共价或非共价结合来进行测定。

2.3.1.1　无机化合物的荧光分析

能直接应用无机化合物自身荧光进行测定的为数不多，但很多无机离子（主要是阳离子）能与一些有机试剂形成荧光配合物而可以进行荧光定量测定。目前通过形成荧光配合物方式可以测定的元素已达 60 余种，其中较常采用荧光分析进行测定的元素有 Be、Al、B、Ge、Se、Mg、Zn、Cd 及某些稀土元素。还有一些阴离子如 F^-、CN^- 等能使其他物质的荧光减弱，据此可测定氟和氰等离子的浓度。某些反应产物虽能发生荧光，但反应速度很慢，荧光微弱，难以测定，在某些金属离子的催化作用下，反应将加速进行，利用这种催化动力学的性质，可以测定金属离子的含量。铜、铍、铁、钴、锇、银、金、锌、铅、钛、钒、锰、过氧化氢及氰离子等都曾采用这种方法测定。

2.3.1.2　有机化合物的荧光分析

脂肪族化合物的分子结构较为简单，会发荧光的为数不多。但也有许多脂肪族化合物与某些有机试剂反应后的产物具有荧光性质，可用于它们的测定。芳香族化合物具有共轭的不饱和结构，多能发射荧光，可以直接进行荧光测定。有时为了提高测定方法的灵敏度和选择性，常使某些弱荧光的芳香族化合物与某些有机试剂反应生成强荧光的产物进行测定。例如降肾上腺素经与甲醛缩合而得到强荧光产物，然后采用荧光显微法可以检测组织切片中含量

低至 10^{-17}g 的降肾上腺素。可用荧光法测定氨基酸、蛋白质，用以研究蛋白质的结构。

2.3.1.3 生物化学及生理医学方面的应用

荧光法对于生物中重要的许多化合物具有很高的灵敏度和较好的特效性，所以广泛用于生物化学分析、生理医学研究和临床分析，例如荧光法不仅能测定微量氨基酸和蛋白质，还能研究蛋白质结构。将蛋白质与一些荧光染料结合产生具有荧光的蛋白质衍生物，而使蛋白质分子的荧光强度发生改变，激发和发射光谱产生位移，荧光偏振也可能发生变化。根据这些参数的变化，就可以推测蛋白质分子的物理化学特性和构象的变化等。本法也是进行定性和定量分析酶以及研究酶动力学和机理的有用工具。在医学研究方面，荧光技术能提供关于细胞新陈代谢的重要信息。

2.3.2 基本原理

2.3.2.1 荧光产生的机理

当分子受到其特征波长的能量（光能、电能、热能、化学能等）激发后，分子内部处于不同能级状态的电子就会从基态跃迁至较高的能级，成为激发态分子。激发态分子不稳定，将很快放出多余能量回到基态，若分子返回基态时以发射电磁辐射（即光）的形式释放能量，就称为“发光”。

2.3.2.2 激发光谱和发射光谱

荧光为光致发光，涉及两种辐射，即激发光（吸收）和发射光，因而也具有两种特征光谱，即激发光谱和发射光谱。这两种光谱是荧光物质进行定性和定量分析的基本参数和依据。

(1) 激发光谱

因为荧光发射是光致发光，因此在荧光光谱分析中要选择最佳激发光的波长，这可以通过测量荧光物质的激发光谱来得到。首先选定待测荧光物质的最大发射波长为测量的固定波长，然后改变激发光的波长来测量荧光强度的变化。以激发光波长为横坐标、荧光强度为纵坐标作图，即可得到荧光物质的激发光谱。通过激发光谱，选择最佳激发波长——发射荧光强度最大的激发光波长，常用 λ_{ex} 表示。

(2) 发射光谱

测定荧光物质的发射光谱时，首先将激发光波长固定在最大激发波长处，扫描发射波长，记录不同发射波长处的荧光强度，以荧光强度对照着荧光波长所绘成的曲线称为该荧光物质的荧光发射光谱。荧光光谱表示该物质在不同波长处所发出的荧光相对强度。通过发射光谱，选择最佳的发射波长——发射荧光强度最大的发射光波长，常用 λ_{em} 表示。

(3) 荧光激发光谱和发射光谱的特征

① 斯托克斯位移　Stokes 于 1852 年首次发现，在溶液荧光光谱中，荧光发射波长总是大于激发波长，即 $\lambda_{em}>\lambda_{ex}$。故这种波长位移现象称为斯托克斯（Stokes）位移。

② 激发波长与荧光发射光谱的形状无关　由于荧光发射是激发态的分子由第一激发单

重态的最低振动能级跃迁回基态的各振动能级所产生的，所以不管激发光的能量多大，能把电子激发到哪种激发态，都将经过迅速的振动弛豫及内部转移跃迁至第一激发单重态的最低能级，然后发射荧光。因此除了少数特殊情况，如 S_1 与 S_2 的能级间隔比一般分子大及可能受溶液性质影响的物质外，荧光光谱只有一个发射带，而且发射光谱的形状与激发波长无关。

③ 荧光激发光谱的形状与发射波长无关　由于在稀溶液中，荧光发射的效率（称为量子产率）与激发光的波长无关，因此用不同发射波长绘制激发光谱时，激发光谱的形状不变，只是发射强度不同而已。

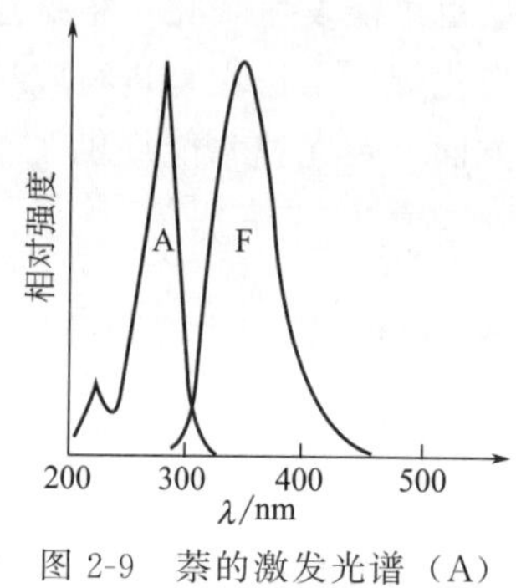

图 2-9　萘的激发光谱（A）和荧光发射光谱（F）

④ 荧光激发光谱与吸收光谱的形状近似，荧光发射光谱与吸收光谱成镜像关系　物质的分子只有对光有吸收，才会被激发，所以，某化合物的荧光激发光谱的形状，应与它的吸收光谱的形状完全相同。但由于存在着测量仪器的因素或测量环境的某些影响，使得绝大多数情况下，“表观”激发光谱与吸收光谱两者的形状有所差别。当校正仪器因素后，两者将非常近似，而如果也校正了环境因素后，两者形状才相同。萘的激发光谱和荧光发射光谱见图 2-9。

2.3.2.3　荧光分析法的特点

（1）灵敏度高

荧光分析法的最大特点是灵敏度高。一般来说，荧光分析法的灵敏度比紫外-可见分光光度法高 2～4 个数量级，它测定的下限在 $0.001\times10^{-6}\sim0.1\times10^{-6}$ 之间。

（2）选择性强

荧光光谱包括激发光谱和发射光谱。所以荧光法既能根据特征发射，又能根据特征吸收来鉴定物质。假如某几种物质的发射光谱相似，可以从激发光谱的差异把它们区分开来；如果它们的吸收光谱相同，则可从发射光谱来区别。荧光法与只能得到待测物质特征吸收光谱的紫外-可见分光光度法相比，在鉴定物质时，选择性更强。

（3）试样量少和方法简单

由于荧光分析法灵敏度高，所以测定用的试样量可减少，特别是在使用微量样品池时，试样用量大大减少。

（4）提供比较多的物理参数

荧光分析法能提供激发光谱、发射光谱以及荧光强度、荧光效率、荧光寿命、荧光偏振等许多物理参数。这些参数反映了分子的各种特性，并且通过它们可以得到被研究分子的更多的信息，这也是其他分光光度法不能相比的地方。

2.3.3　基本构造

用于测量荧光的仪器种类很多。但它们通常均由以下四个部分组成：激发光源、用于选择激发光波长和荧光波长的单色器、样品池及测量荧光的检测器。图 2-10 是荧光分光光度计的结构示意图。由光源发出光，经第一单色器（激发光单色器）后，得到所需要的激发光波长，设其强度为 F，通过样品池后，由于一部分光能被荧光物质所吸收，故其透射光强度减为 F_t。荧光物质被激发后，将向四面八方发射荧光，但为了消除入射光及散射光的影响，荧光的测量应在与激发光成直角的方向上进行。仪器中的第二单色器称为荧光单色器，它的作用是消除溶液中可能共存的其他光线的干扰，以获得所需要的荧光。荧光作用于检测器上，得到的电讯号，经放大后，再用适当的记录器记录。

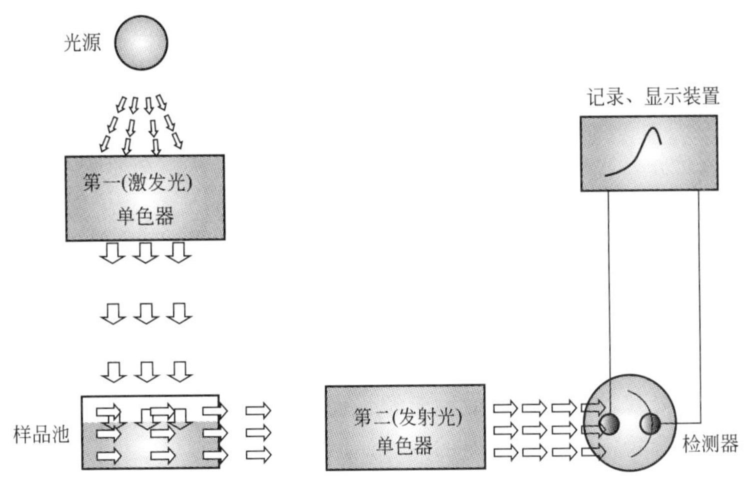

图 2-10 荧光分光光度计基本结构示意图

2.3.3.1 激发光源

荧光分光光度计多采用氙灯和高压汞灯作为光源，具有从短波紫外线到近红外线的基本上连续的光谱，以及性能稳定、寿命长等优点。近年来激光荧光分析应用日广，其采用激光器作为光源，有氮激光器、氩离子激光器、可调谐染料激光器和半导体激光器等。

2.3.3.2 单色器

荧光分光光度计用棱镜和光栅作为色散元件。现在较精密的荧光分光光度计都采用光栅。具有两个单色器：第一单色器用于选择激发波长；第二单色器用于分离出发射波长。

2.3.3.3 样品池

荧光分析用的液槽须用低荧光的材料制成，通常用石英。形状以正方形或长方形为宜，它们的散射光的干扰比圆柱形或其他形式的要小。荧光分析用的液池与紫外-可见分光光度法所用液池的不同之处是荧光样品池的四面均为磨光透明面，同时一般仅有一种厚度为 1cm 的液池。

2.3.3.4 检测器

荧光的强度通常比较弱，所以要求检测器有较高的灵敏度，一般用光电管或光电倍增管作检测器，并与激发光成直角。

2.3.4 荧光分析的操作过程

2.3.4.1 荧光仪器的校正及灵敏度

(1) 仪器的校正

人们希望仪器能记录荧光物质真实的荧光激发光谱和发射光谱，即仪器应该是激发光源、单色器及检测器等各部分在检测实验所需要的整个波段中，性能都一样，但这种理想化的光学部件实际上并不存在，因此，对于一些较特殊的测定（如荧光量子产率的测定计算，动力学的某些研究等），需对实际测定的“表观光谱”进行校正，以获得真实的光谱。现代仪器上很多已在荧光分光光度计上装配有光谱校正装置。此外，杂质光对荧光测量也有明显的影响，必须注意加以清除，在不少仪器中也配有杂质光的校正装置。对荧光激发光谱和发射光谱的校正比较复杂，如有需要可参考有关专著。

(2) 荧光仪器的灵敏度

荧光分析法的灵敏度包含两个部分：一是荧光体的本身因素，即荧光体的吸光系数及荧光量子产率；二是荧光仪器因素，它受到光源强度、稳定性、单色器的杂散光水平、光电倍增管的特性、高压电源稳定性及放大器的特性诸因素的影响。与紫外-可见分光光度法相比，荧光分析法的灵敏度要高出2～4个数量级，这主要取决于仪器的因素。其一，荧光强度正比于入射光的强度，所以增大光源的强度可以提高灵敏度，降低检测限；其二，荧光的测量是在激发光的垂直方向检测的，即在暗背景中检测，所以只要较好地消除杂散光，采用较灵敏的检测器，很微弱的荧光都可以检测，所以检测限较低。而紫外-可见分光光度法是在亮背景下检测透射光与入射光强度的比值，所以当强度较小时，透射光与入射光强度相差很小，因此不能准确地检测，所以检测限较高。

用检测限来表示荧光法的灵敏度，在实际工作中是比较直观和方便的。荧光分析法的检测限可以有两种表示方法：一是以奎宁表示，在0.05mol/L硫酸中，奎宁的荧光峰为450nm，当奎宁溶液很稀（如0.05μg/L）时，溶剂的拉曼峰所造成的对奎宁荧光信号的噪声已相当显著。因此人们常以此时奎宁信号与仪器噪声之比的奎宁浓度定为该仪器的检测灵敏度。多数仪器的检测灵敏度为0.05μg/L奎宁，有些灵敏度高的仪器可达0.005μg/L奎宁。二是以水的拉曼光信噪比表示，当水分子被激发时，水分子蒙受暂时的畸变，在极短的时间内（10^{-15}～10^{-12}s），会向各个方向发射出与激发光波长相等的瑞利光和波长略长的拉曼光。通过测量拉曼光的信噪比可以衡量仪器的检测灵敏度。由于纯的水易得，用同一波长的光激发水分子所产生的拉曼光波长一样，便于检测，所以用拉曼光信噪比表示仪器的灵敏度已被较多的生产厂家所采用。

2.3.4.2 以岛津 RF-5301PC 型荧光分光光度计为例介绍一般操作规程

(1) 开机

① 确认所测试样为液体或固体，选择相应的附件。

② 先开启仪器主机电源，预热半小时后启动电脑程序 RF-530XPC，仪器自检通过后，即可正常使用。

（2）测样

Ⅰ. Spectrum 模式

① 在“Acquire Mode”中选择“Spectrum”模式。对于做荧光光谱的样品，“Configure”中“Parameters”的参数设置如下：“Spectrum Type”中选择 Emission；给定 EX 波长；给定 EM 的扫描范围（最大范围 220～900nm）；设定扫描速度、扫描间隔、狭缝宽度，点击“OK”完成参数的设定。对于做激发光谱的样品，“Configure”中“Parameters”的参数设置如下：“Spectrum Type”中选择 Excitation；给定 EM 波长；给定 EX 的扫描范围（最大范围 220～900nm）；设定扫描速度、扫描间隔、狭缝宽度，点击“OK”，完成参数的设定。

② 在样品池中放入待测的溶液，点击“Start”，即可开始扫描。

③ 扫描结束后，系统提示保存文件。可在“Presentation”中选择“Graf”“Radar”“Both Axes Ctrl＋R”来调整显示结果范围；在“Manipulate”中选择“Peak Pick”来标出峰位，最后在“Channel”中进行通道设定。

④ 上述操作步骤对固体样品同样适用。

Ⅱ. Quantitative 模式

① 在“Acquire Mode”中选择“Quantitative”模式。

②“Configure”中“Parameters”的参数设置如下：“Method”选择“Multi Point Working Curve”；“Order of Curve”中选择“1st”和“No”；给定 EX、EM 波长；设定狭缝宽度，点击“OK”，完成参数的设定。

③ 在样品池中放入装有空白溶液的比色皿后执行“Auto Zero”命令校零点。

④ 点击“Standard”模式，制作工作曲线。

⑤ 将样品池中的空白溶液换成一系列已知浓度的样品标准溶液进行测量，执行“Read”命令，得到相应的荧光强度，系统根据测量值自动生成一条“荧光强度-浓度”曲线。

⑥ 在“Presentation”中选择“Display Equation”，得到标准方程。将此工作曲线“Save”为扩展名为“. std”的文件。

⑦ 工作曲线制备完毕，即可进入未知样的测量，选择进入“Unknown”模式，将样品池中的已知浓度标准溶液换成待测样品溶液，执行“Read”命令，即可得到相应的荧光强度和相应的浓度。将此“Save”为扩展名为“. qnt”的文件。

Ⅲ. Time Course 模式

① 在“Acquire Mode”中选择“Time Course”模式。

②“Configure”中“Parameters”的参数设置如下：给定 EX、EM 波长；设定狭缝宽度；设定反应时间、读取速度、读取点数，点击“OK”，完成参数的设定。

③ 在样品池中放入装有空白溶液的比色皿后执行“Auto Zero”命令校零点。

④ 将样品池中的空白溶液换成待测溶液，点击“Start”，即可开始扫描。扫描结束后，即可得到荧光强度对时间的工作曲线。

⑤ 将此工作曲线“Save”为扩展名为“. tmc”的文件。

（3）关机

退出软件后关闭主机。

(4) 注意事项

① 请注意爱护液体比色皿，特别是在测试有机样品时，请在测量完毕后用有机溶剂清洗干净，并于干燥后再放入盒子中，否则会造成比色皿表面严重污染，影响透光率。

② 为延长仪器使用寿命，在设置扫描速度、狭缝宽度等参数时不宜选在高档。

③ 关机后必须等半小时后（等氙灯的温度降下）方可重新开机。

2.3.5 管理及维护

2.3.5.1 仪器的使用环境

① 仪器应安放在干燥房间内，需定期打扫实验室，试验后要将试验用品收拾干净，把酸性物品远离仪器，以免酸气将光学器件腐蚀。

② 仪器应放在坚固平稳的工作台上，并应避免强烈或持续的震动。

③ 室内照明不宜太强，应避免阳光直射。

④ 荧光仪的电源要稳定，需要配备稳压器。

⑤ 荧光仪周围保留 0.3m 以上空间，便于散热。

⑥ 检测结束后，关闭荧光仪的电源，从而延长其使用寿命。

2.3.5.2 仪器的管理与维护

(1) 氙灯的保养与维护

氙灯是荧光分光光度计的一个重要部件，它的正常使用寿命通常为 500h。氙灯在使用时不宜频繁开关。氙灯关闭，需要重新开启前，请确保氙灯完全冷却后再开启，以免缩短其寿命。而且关机时最好不要马上切断总电源，让风扇多转一会，降低灯的温度，可延长灯的使用寿命。

为了得到稳定准确的测试数据，同时也出于仪器使用安全的考虑，在氙灯达到正常使用寿命时应及时更换新的氙灯。在更换新氙灯前，务必关断所有电源，而且要等氙灯完全冷却后再更换，这通常需要 2h，以防烫伤。更换氙灯时，首先，注意不要用手触摸灯的表面，以防留下指纹、汗液，可戴手套操作；如果不小心用手触碰到了，可用擦镜纸或脱脂棉蘸无水乙醇拭去。其次，注意不要用太大力或撞到氙灯。再次，安装氙灯时注意不能接反了正负极，否则可能引起爆炸事故。最后，注意不要用眼睛直视氙灯发出的光，以免对眼睛造成损伤。

被更换下来的旧氙灯内同样充有高压氩气，务必要妥善处理旧灯。通常的做法是：用厚布包住旧灯三层，然后用锤头打烂灯上的玻璃窗。

(2) 样品室的保养与维护

在使用中，样品室的污染是经常遇到的，如不采取必要的措施，会直接影响到测试的正常进行，严重的甚至会造成仪器损坏，所以需要特别注意保护样品室不受样品污染。通常来说，需要注意的污染源如下。

① 固体污染：主要是粉末污染，例如，高发光效率的发光粉末落在样品室，如果测量弱发光样品时就会干扰测试，需要特别留意。夹好的样品放入前，用洗耳球吹一下，可以减少洒落。

② 液体污染：在取放样品时样品池中的液体若不小心溅到样品室里，要及时进行清洗。

③ 气体污染：具有腐蚀性的酸性气体，对于光学元件的污染是不可逆的，直接影响到仪器的使用寿命。在测试此类气体时，样品室需要和周边的光学元件隔离，采用光学窗口保证测试正常进行。应该采用隔离式的荧光仪机型，而开放式荧光仪机型，就最好不要用来测此类样品。

④ 指纹污染：当狭缝开到比较大的时候，留在样品仓上的指纹、汗液可能会发光，影响测试，请在测试时戴上手套。

⑤ 水汽污染：做液氮低温或变温低温时，会导致窗口表面水汽凝结，影响测量数据，可以用干燥空气或氮气吹扫样品仓，驱走水汽。

（3）光电倍增管（PMT）的维护要点

在切换光源、修改设置或放样品之前必须把狭缝（Δλ）关到最小，防止强光照射时，通过光阴极的电流超过 PMT 的容许值，导致光阴极的光敏性下降，甚至损坏光电倍增管。经常清洁 PMT 外壳，保持干净无尘；也不要用手直接触摸其外壳。PMT 的光阴极具有光敏性，注意对其所有的操作都应在弱光下进行。

2.3.5.3 常见故障排除

仪器管理员除了对仪器进行保养维护外，也需要能够对一些简单的仪器故障进行合理的判断和维修，自己解决不了的故障再报给仪器公司的专业技术人员进行维修。这有助于故障得到更快的维修排除，也大大减少了因仪器故障而带来的工作不便。

（1）仪器开机自检不通过

① 计算机系统出错，关机重新开启。

② 主机与计算机连接电缆没接好，重新连接。

③ 电机故障，联系服务技术工程师维修。

（2）测试数据不稳定

① 光源不稳定，查看氙灯使用记录，看是否快到或者已到额定寿命，如果是，更换新灯。

② 测试样品本身不稳定。

（3）无结果显示

① 无激发光源，查看氙灯是否被点亮。

② 如果氙灯已被点亮，查看狭缝是否关闭。

③ 信号传输线断开，联系生产厂家技术工程师维修。

④ 样品没有荧光，或者荧光太弱，检测不到。

⑤ 样品有荧光，只是因为测量参数（比如激发波长、扫描范围等）设置错误而导致测不到峰，重新设置测量参数。

（4）氙灯未点亮

① 查看主机电源是否接通。

② 断开电源后查氙灯的保险丝，如已断，更换新保险丝。

③ 氙灯损坏，更换新的氙灯。

2.3.6 结果解读

2.3.6.1 定性分析

主要根据荧光发射的波长和峰位特征，来推断物质结构的一些信息。例如根据试样的图谱和峰波长与已知样品进行比较，可以鉴别试样和标准样品是否为同一物质。对于复杂混合物中的同分异构体，室温荧光光谱的波带太宽，难于鉴别，但如冷却至77K的低温，可获得高分辨的荧光光谱，足以检测复杂混合物中的个别分子。此法曾用于原油中各种三环杂氮化合物的鉴别。

2.3.6.2 定量分析

荧光定量分析方法的原理与紫外-可见分光光度法原理相似，根据荧光分子发射荧光强度来进行定量测定。因为荧光强度 I_f 与吸收的光强度 I_a 和荧光量子产率 Φ 之间的关系是：

$$I_f = \Phi I_a \tag{2-5}$$

由朗伯-比尔定律知道：

$$I_a = I_0 - I_t = I_0(1-10^{-klc}) \tag{2-6}$$

$$I_f = \Phi I_0(1-10^{-klc}) = \Phi I_0(1-e^{-2.303klc}) \tag{2-7}$$

浓度非常低时，将式（2-7）按泰勒展开，并作近似处理，可以得到：

$$I_f = 2.303\Phi I_0^{klc} = kc \tag{2-8}$$

则式（2-8）即为荧光分析方法的定量依据。荧光定量分析方法主要有标准曲线法和内标法。标准曲线法应用广泛。

① 标准曲线法　用已知含量的标准物质经过与待测试样相同的处理后，配制成一系列标准样品溶液，在一定的仪器条件下测定这些溶液的荧光强度，绘制标准溶液浓度与荧光强度的标准曲线。然后在相同条件下，测定待测试样溶液的荧光强度，从标准曲线上即可查得其浓度。

② 内标法（比较法）　如果已知待测物质的荧光标准曲线的浓度线性范围，选取一已知量的荧光物质配制成浓度在标准曲线线性范围之内的一标准溶液，测定其荧光强度，然后在相同条件下测定试样的荧光强度，通过下式可求出试样中荧光物质的含量。即：

$$c_1 = (A_2/A_1)c_2 \tag{2-9}$$

式中，c_1 为未知试样溶液浓度；c_2 为标准样品浓度；A_1 为未知试样溶液的荧光测定值；A_2 为标准样品溶液的荧光测定值。

2.3.7 小结

荧光分光光度计是用于扫描物质荧光标记物所发出的荧光光谱的一种仪器，能提供包括激发光谱、发射光谱以及荧光强度、量子产率、荧光寿命、荧光偏振等许多物理参数，从各个角度反映了分子的成键和结构情况。通过对这些参数的测定，不但可以做一般的定量分析，而且还可以推断分子在各种环境下的构象变化，从而阐明分子结构与功能之间的关系。荧光分光光度计的激发波长扫描范围一般是 190～650nm，发射波长扫描范围是 200～800nm。可用于液体、固体样品的荧光光谱扫描。

荧光光谱法具有灵敏度高、选择性强、用样量少、方法简便、工作曲线线性范围宽等优点，可以广泛应用于生命科学、医学、药学和药理学、有机和无机化学等领域。

2.4 原子发射光谱仪

2.4.1 主要用途

原子发射光谱法（atomic emission spectrometry，AES），是依据化学元素的原子或离子在热激发或电激发下，发射特征的电磁辐射，而进行元素的定性与定量分析的方法。它一般是通过记录和测量元素的激发态原子回到基态时发射出的特征辐射的波长和强度来对元素进行定性、半定量和定量分析。

原子发射光谱法主要用于金属元素的分析，近年来采用了新型激发光源，使其在非金属元素和稀有气体方面也有了广泛应用。原子发射光谱测定快速（试样一般不需经过化学处理就可分析，且固体、液体试样均可直接分析，若用光电直读光谱仪，则可在几分钟内同时进行几十个元素的定量测定）、选择性好（对化学性质相似的元素优势尤为明显，如铌和钽、锆和铪等）、无须预分离即可多元素同时测定（样品激发后，一次摄谱多元素可同时测定）、检测限低（一般光源可达 0.1～1μg/g，绝对值可达 10^{-9}～10^{-8}g）、用 ICP 光源时准确度高、标准曲线的线性范围宽（大部分元素的绝对灵敏度可达 10^{-9}～10^{-8}g，检测限可低至 ng/mL 数量级，线性范围可扩大至 4～7 个数量级，可同时测定高、中、低含量的不同元素）、样品消耗少，适于大批量样品的多组分测定，尤其是定性分析更有独特的优势。原子发射光谱仪见图 2-11。

原子发射光谱法主要缺点是影响谱线强度的因素较多，试样组分的影响较为显著，所以对标准参比的组分要求较高；含量（浓度）较大时，准确度较差；只能用于元素分析，不能进行结构、形态的测定；因为大部分非重金属元素或由于激发电位高或由于谱线落在远紫外光区而无法分析。

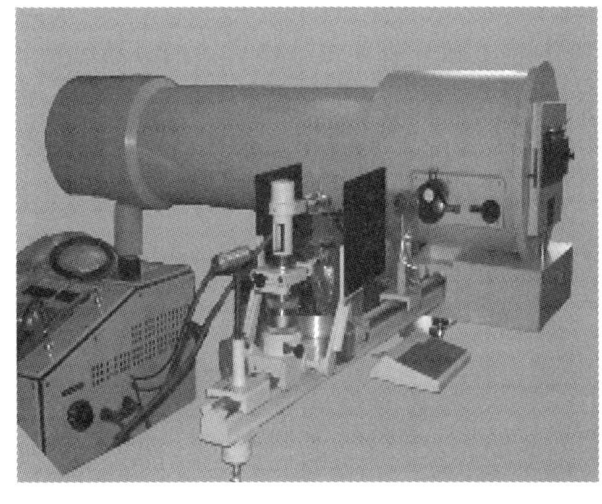
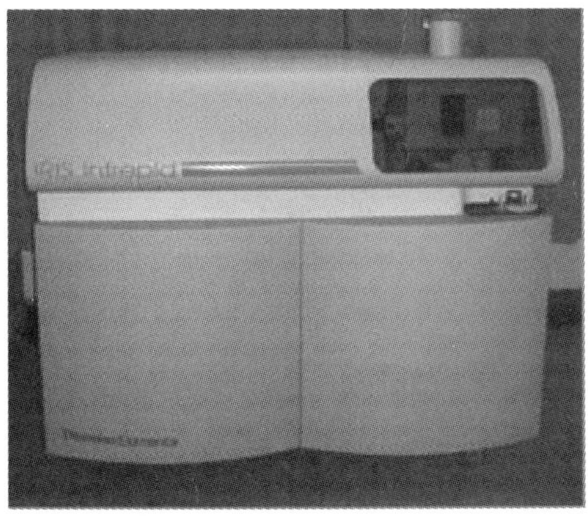

图 2-11　光栅摄谱仪和 ICP-AES 光电光谱仪

2.4.2 原理与构造

2.4.2.1 原子发射光谱的产生

通常情况下，物质的原子处于能量最低的基态（正常状态）。原子的基态是可以被破坏的，当获取足够的能量后，原子的一个或者几个电子就可以跃迁到较高的能级上去（激发态）；而处在激发态的电子是不稳定的，约经过 10^{-8}s，电子就从高能级向低能级或基态跃迁，两个能级的能量差就是以电磁辐射的形式发射。

每种元素因其原子结构的不同而有不同的能级，因此每一种元素的原子都只能辐射出特定波长的光谱线（包括原子线和离子线），它代表了元素的特征，这是原子发射光谱定性分析的依据。

而原子的浓度不同，发射出的谱线强度也不同，这是定量分析的依据。

AES 定量分析的依据是 Lomakin-Scherbe 公式：

$$I = ac^{b} \tag{2-10}$$

式中，I 为谱线强度；c 为待测元素的浓度；a 为常数；b 为分析线的自吸常数，一般情况下 $b \leqslant 1$，b 与光源特性、待测元素含量、元素性质及谱线性质等因素有关，在 ICP 光源中，多数情况下 $b \approx 1$。

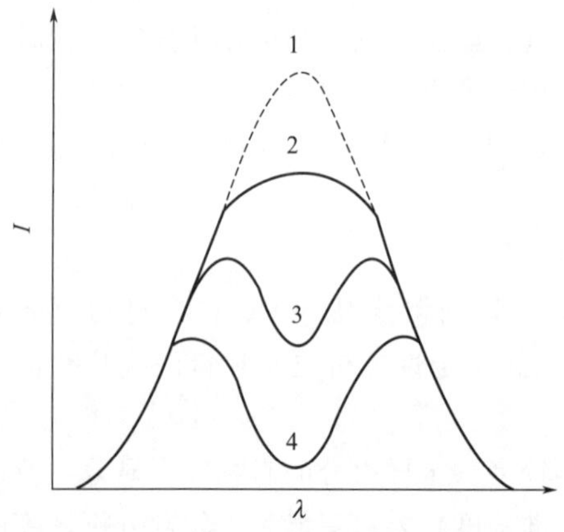

图 2-12 有自吸现象谱线形状示意图

1—无自吸；2—有自吸；3—自蚀；4—严重自蚀

2.4.2.2 谱线的自吸和自蚀

原子的激发一般是以光源激发（火焰、火花、电弧等），因光源都有一定的体积，在光源内部，粒子的密度及温度分布不均匀，中心高、边缘低。处于光源中心位置的高能级粒子发射的光子被处于光源边缘位置低能级的同类粒子吸收，使发射谱线的强度减弱，这种现象称为自吸。自吸严重时，谱线的峰值强度完全被吸收，称为自蚀（如图 2-12 所示）。样品溶液浓度越大，自吸越严重，光源类型也影响自吸程度，这在进行定量分析时尤其要注意。所以原子发射光谱分析要根据样品的性质和分析要求选择合适的样品浓度和激发光源。

2.4.2.3 仪器结构

原子发射光谱仪基本部件为三部分：激发光源、分光系统和检测系统，如图 2-13 所示。

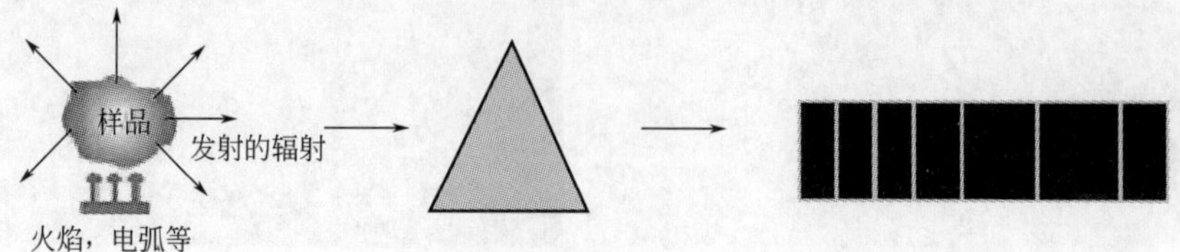

图 2-13 原子发射光谱仪基本部件示意图

（1）激发光源

激发光源的作用是提供能量使样品蒸发、解离并使之原子化、电子激发产生跃迁。理想光源的要求是：①激发能量强；②灵敏度高；③稳定性好；④结构简单，使用安全，操作方便。

目前常用的主要有直流电弧、交流电弧、电火花及电感耦合等离子体（ICP）等，近年来也有采用激光作为光源的。

① 电弧和电火花　直流电弧、低压交流电弧和高压电火花都利用特殊的电路设计，使之充电、放电产生高温电弧，使样品受激蒸发、原子化并产生发射光谱。这些装置的优点是设备简单，但也各有优缺点。如直流电弧电极头温度高，灵敏度高，但放电不稳定，精密度差，自吸严重，较适合应用于矿物和难挥发试样的定性分析；低压交流电弧虽然稳定性较好，电弧温度可达4000～7000K，但电极头温度较低，蒸发能力较弱，适合金属、合金、稀土的定性和微量定量；高压电火花电弧温度可达10000K，激发能力较强，光源稳定性好，但电极头温度低，蒸发能力差，适用于低熔点金属、合金、高含量组分的测定。电光源主要用于固体物质的分析。

② 电感耦合等离子体（ICP）　ICP光源是近年来应用广泛的优良光源，其是利用高频感应加热的原理，使流经石英炬管的工作气体（氢、氮、空气等）电离，产生类似火炬的激发光源——等离子体。所谓等离子体，又称为物质的第四态，指电离度大于0.1%的气体，等离子体是由离子、电子和不带电的粒子组成的电中性的、高度离子化的气体，它是与固体、液体和正常气体相区别的一种物质状态。

ICP仪器主要由高频发生器、等离子炬管、雾化器三部分组成，如图2-14所示。

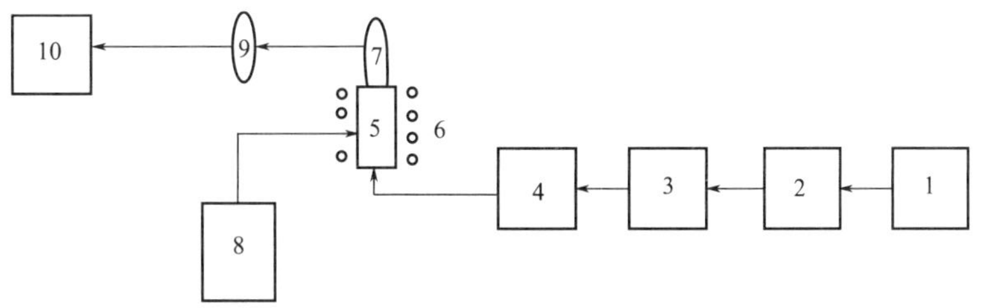

图2-14　ICP-AES仪器基本工作原理系统

1—待测样品溶液；2—喷雾器；3—加热室；4—冷凝室；5—等离子炬管；6—感应圈；7—等离子体焰炬；8—高频发生器；9—透镜；10—光谱仪

ICP光源的主体部分是等离子炬管，其是由置于高频线圈之内的三个石英同心管组成（三炬管），三股气流被引入其中。最外层的是Ar冷却气，以切线方向从下向上通入，起到使等离子体与石英外管的内壁隔开的绝热和稳定等离子体的作用。中间层通入辅助Ar气流，用以点燃等离子体。中心层通入Ar载气，将雾化器的试样溶液以气溶胶形式引入等离子体，使试样蒸发、原子化以产生电离。

ICP光源具有激发能力强、稳定性好、基体效应小、分析含量范围宽、检出限低（ng/mL）等优点。在多元素同时分析上表现出极大的优越性，广泛应用于液体试样（包括经化学处理能转变成溶液的固体试样）中金属元素和部分非金属元素（约73种）的定性和定量分析。所以ICP是较理想的光源，其缺点是仪器价格及维持费用较高，对于非金属测定灵敏度低。

ICP 光源的各部件如图 2-15 所示。

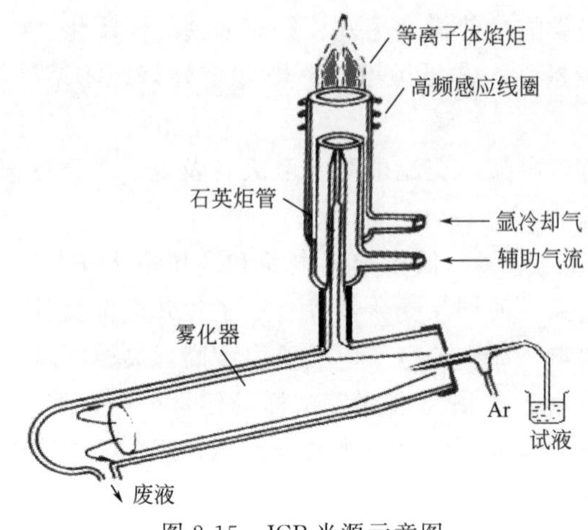

图 2-15　ICP 光源示意图

(2) 分光系统

分光系统的作用是接收发射出的光线，将复合光分为单色光，然后用检测系统记录下来进行分析。

原子发射光谱的分光系统目前采用棱镜和光栅两种分光系统。棱镜根据光的折射现象进行分光，即波长不同的光折射率不同，经棱镜色散后按波长顺序被分开。光栅的分光作用是多缝干涉和单缝衍射的总结果，光栅的分光效果和分光能力比棱镜要好。

(3) 检测系统

原子发射光谱法用的检测方法是摄谱法和光电法。

① 摄谱法　用感光板记录光谱。将感光板置于摄谱仪焦面上，感光板接受被分析试样的光谱作用而感光，使其按波长顺序呈现出有规则的线条记录下来，再经过显影、定影等过程后，制得光谱底片，在映谱仪下与标准谱图对照，观察谱线位置及大致强度，进行光谱定性及半定量分析。用测微光度计测量谱线的黑度，进行光谱定量分析。

② 光电法　光电转换器件是光电光谱仪接收系统的核心部分，主要是利用光电效应将不同波长的辐射能转化成光电流的信号。光电转换器件主要有两大类：一类是光电发射器件，例如光电管和光电倍增管，当辐射作用于器件中的光敏材料上，是发射的电子进入真空或气体中，并产生电流，这种效应称为光电效应；另一类是半导体光电器件，包括固体成像器件，当辐射能作用于器件中的光敏材料时，所产生的电子通常不脱离光敏材料，而是依靠吸收光子后所产生的电子-空穴对在半导体材料中自由运动的光电导（即吸收光子后半导体的电阻减小，而电导增加）产生电流，这种效应称内光电效应。

(4) 光谱仪的类型

光谱仪的作用是将激发光源发射的电磁辐射经色散分光后，得到按波长顺序排列的光谱，并对不同波长的辐射进行检测和记录。根据分光方式，可分为棱镜摄谱仪和光栅摄谱仪；按记录检测方式不同，可分为照相式摄谱仪和光电直读光谱仪。

① 照相式摄谱仪　照相式摄谱仪是用光栅或棱镜作为色散元件，用照相的方法记录光

谱的原子发射光谱仪器。主要由照明系统、准直系统、色散系统和投影记录系统四部分组成，如图 2-16 所示。

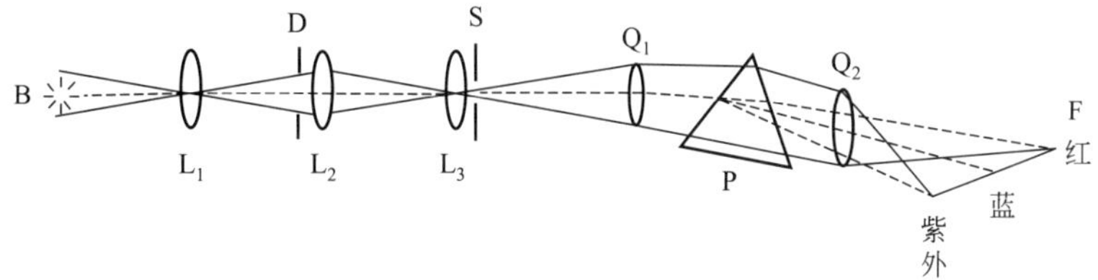

图 2-16 摄谱仪光路示意图

B—光源；L_1，D，L_2，L_3—照明系统；S—狭缝；Q_1—准直器；Q_2—成像物镜；P—色散棱镜；F—焦面（感光板位置）

a. 照明系统：使光源产生的光均匀有效地射入狭缝，并使相板所得谱线每一部分都很均匀。通常采用三透镜照明系统（含 L_1、D、L_2、L_3）。

b. 准光系统：把光源辐射通过狭缝的光变成平行光束进入棱镜（Q_1）。

c. 色散系统：把不同波长的复合光色散成单色光。

d. 投影记录系统：将经色散后的单色光聚焦按波长顺序排列，形成光谱。

利用摄谱仪进行定性分析十分方便，且该类仪器的价格较便宜，测试费用也较低。

② 光电直读光谱仪 利用光电测量方法直接测定光谱强度的方法，也是由光源、色散系统、检测系统组成。有多通直读光谱仪、单道扫描光谱仪、全谱直读光谱仪等，直读光谱仪分析速度快、准确度高，但利用波长谱线及测量元素范围受限，并且价格昂贵。

2.4.3 ICP-AES 操作过程

（1）开机（若仪器一直处于开机状态，应保持计算机同时处于开机状态）

① 检查：确认有足够的氩气用于连续工作（储量等同瓶装≥1 瓶），确认废液收集桶有足够的空间用于收集废液，确认已打开氩气分压在 0.5～0.8MPa 之间。

② 开氩气，合闸，开稳压电源，仪器预热。

③ 开主机，启动控制软件（如 iTEVA），检查联机通讯情况。

（2）点火

① 再次确认氩气储量和压力，并确保连续驱气时间大于 30min，以防止 CID 检测器结霜，造成 CID 检测器损坏。

② 检查并确认进样系统（矩管、雾化室、雾化器、泵管等）安装正确。

③ 开启循环水和排风。

④ 打开控制软件的等离子状态对话框，点击等离子开启点火。

（3）稳定

① 光室温度稳定在（38±0.2）℃，CID 温度小于－40℃。

② 等离子稳定 15min，状态稳定后方可进行分析操作。

（4）编辑分析方法

① 新建方法，选择所需元素及其谱线，根据需要设定相应的参数。

② 添加和删除标准，选择标准中所含的元素及其所需谱线，设置和修改元素含量。

(5) 样品测定

① 进样，先将系列标准样进行测试，浓度从低到高；再将待测样品进样测试。

② 分析完毕后，将进样管放入2%的稀硝酸中冲洗2min，再放入纯水中冲洗进样系统10min。

(6) 熄火

① 打开控制软件中的等离子状态对话框，点击等离子关闭按钮。

② 关闭循环水，松开泵夹及泵管，将进样管从纯水中取出。

③ 关闭排风（可常开）。

④ 待CID温度升至10℃以上时，驱气10min后关闭氩气。

⑤ 退出软件，关主开关。

(7) 注意事项

① 开氩气后和点火前注意检查并调节分压至0.5～0.8MPa之间，并确认两瓶氩气的储量。开机后要注意仪器的自检，如不能自检，需通知厂家维修。

② 点火前注意检查矩管等进样系统的安装是否正确。

③ 注意必须保证待测样品溶液清澈无杂质，以免堵塞进样毛细管。

2.4.4 ICP-AES仪器管理及维护

ICP-AES与其他大型精密仪器一样，需要在一定的环境下运行，失去这些条件，不仅仪器的使用效果不好，而且改变仪器的检测性能，甚至造成损坏，缩短寿命。正确使用和保养对保护仪器良好的性能和保证测试的准确度非常重要。

2.4.4.1 仪器的工作环境

① 仪器应安放在干燥的房间内，使用温度为15～28℃之间的一个固定温度，温度变化应小于±1℃。相对湿度不超过65%，最好控制在45%～60%之间，应有空气净化装置。

② 仪器应放在坚固平稳的工作台上，仪器中的光学元件及电气元件均怕振动，故仪器应避免强烈的震动或持续的震动。

③ 室内照明不宜太强，应避免阳光直射。

④ 仪器的供电线路要符合仪器的要求。

⑤ 尽量远离高强度的磁场、电场及发生高频波的电气设备，并必须装有良好的地线。

⑥ 要有相对稳定的电源，供电电压的变化一般不超过±5%。

2.4.4.2 仪器的维护和保养

① 实验室的温度应在15～30℃，相对湿度应在65%以下，所用电源应配备有稳压装置和接地线。室内要有除湿装置，一般要求实验室装配空调和除湿机。

② 实验室需要经常进行除尘。特别是计算机、电子控制电路、高频发生器、显示器、打印机、磁盘驱动器等，定期拆卸或打开，用小毛刷清扫，并同时使用吸尘器将各个部分的积尘吸除。对于仪器除尘，一般由专业维修人员完成，仪器使用或管理人员如不懂电子知

识、不了解仪器结构，不要轻易去动，以免发生意外，除尘应事先停机并关掉供电电源。

③ 对气体控制系统的维护保养。ICP 的气体控制系统是否稳定直接影响到仪器测定数据的好坏，气路中有水珠、机械碎屑等都会造成气流不稳定，因此，对气体控制系统要经常进行检查和维护。首先要做气体试验，打开气体控制系统的电源开关，使电磁阀处于工作状态，然后开启气瓶及减压阀，使气体压力指示在额定值上，然后关闭气瓶，观察减压阀上的压力表指针，应在几小时内没有下降或下降很少，否则气路中有漏气现象，需要检查和排除。第二，由于氩气中常夹杂有水分和其他杂质，管道和接头中也会有一些机械碎屑脱落，造成气路不畅通。因此，需要定期进行清理，拔下某些区段管道，然后打开气瓶，短促地放一段时间的气体，将管道中的水珠、尘粒等吹出。在安装气体管道，特别是将载气管路接在雾化器上时，要注意不要让管子弯曲太厉害，否则载气流量不稳而造成脉动，影响测定。

④ 对进样系统及炬管的维护保养。雾化器是进样系统中最精密、最关键的部分，需要很好地维护和使用。要定期清理，特别是测定高盐溶液后，雾化器的顶部、炬管喷嘴会积有盐分，造成气溶胶通道不畅，常常反映出来的是测定强度下降、仪器反射功率升高等。炬管上积尘或积炭都会影响点燃等离子体焰炬和保持稳定，也影响反射功率，因此，要定期用酸洗、水洗，最后用无水乙醇洗并吹干，经常保持进样系统及炬管的清洁。

⑤ 使用中尽量减少开停机的次数。开机测定前，必须做好各项准备工作，切忌在同一段时间里开开停停，仪器频繁开启容易造成损坏。因为仪器在每次开启时，瞬时电流大大高于运行正常时的电流，瞬时的脉冲冲击，容易造成功率管灯丝断丝、碰极短路及过早老化等，因此一旦开机就应把要做的事一气呵成做完，不要中途关停机。

⑥ 定期更换泵夹上的塑料管，一般一个月更换一次。

2.4.4.3 常见故障

① 当意外断电后，交流接触器处于断开状态。关闭所有开关，来电后重新开启交流接触器，再按开机程序重新开机。若在点火状态意外断电，除按上述操作外，不能关氩气并保持通氩气 30min 以上。

② 火焰发红发黄表明矩管可能被烧损，可采取关闭水循环、拉开等离子门、关闭光谱仪开关等紧急措施熄灭火焰。

③ 点不着火时依次进行加长通氩气时间、清洗矩管、重新安装进样系统、检查点火头位置、更换氩气、更换循环水等措施。

2.4.5 结果解读

2.4.5.1 样品的制备

如果采用摄谱法，试样可为固体或液体。若试样为金属或合金，可利用其导电性将其制成电极；如果是细粉末状导体的试样，可装在特制的碳电极顶端的小穴内；如果是液态试剂，通常使用平头碳电极，以封闭液聚苯乙烯先涂抹电极，干燥后滴加样液再以红外灯烘干后测试；如果是有机样品则先行消化提取或灼烧成灰后再按上述方法测试。

如果采用 ICP 光谱仪测定，试样一般需要经预处理，制备成溶液进样。以“真溶液”进样，即各元素以盐类形式存在，酸度、黏度等尽量做到标准溶液与样品一致。

2.4.5.2　特征谱线的选择

在激发光源的作用下，试样中各种元素都会发射出各自的特征光谱。每种元素的特征谱线相差极大，因此需先选择合适的分析用谱线。用于分析的谱线称为分析线。根据发射光谱中各元素的特征分析线的有无和强度可作光谱的定性分析和定量分析。

2.4.5.3　定性分析

定性分析主要用在元素的检出上。若采用摄谱法，将试样经激发、拍摄，再经过显影、定影等过程后，制得光谱底片，在映谱仪下与标准谱图对照，观察谱线位置及大致强度。在测定时并不需要全部检出某待测元素的所有谱线，只需根据几条灵敏线的出现与否即可判断该元素是否存在。所谓灵敏线指的是元素的谱线中激发电位最低、强度最大的谱线。定性分析时常用直流电弧为激发光源。

若采用ICP-AES法，也是根据特征谱线来分析。但是样品必须预处理成溶液状态才能进样分析。一般为打开ICP仪器分析软件，调出定性半定量分析谱线，要确认试样中是否存在某个元素，需要在待测试样的测定光谱中找出两条以上不受干扰的灵敏线，并且谱线之间的强度关系是合理的，只要某元素的最灵敏线不存在，就可以肯定试样中无该元素。

2.4.5.4　定量分析

目前常用ICP-AES进行定量分析。在ICP光源中，多数情况下自吸程度很小，$b \approx 1$，则 $I = kc$，即谱线强度和浓度成正比。

定量方法主要有外标法、标准加入法和内标法。

① 外标法　是利用外加已知浓度标准试样得到 $I \sim c$ 工作曲线，再测量试样的强度来确定其浓度。

② 标准加入法　又称添加法和增量法，此方法主要目的是减少或消除试样基体效应的影响。

③ 内标法　在试样和标准试样中分别加入固定量的纯物质即内标物，利用分析元素和内标元素谱线强度比与待测元素浓度绘制标准曲线，从而进行样品分析。

在实际测定中还应设法降低和扣除光谱背景，ICP-AES光谱仪中一般带有自动校正背景的功能。

2.4.6　小结

原子发射光谱法是光学分析法中产生和发展最早的一种。随着光谱仪器和光谱理论的发展，发射光谱分析进入了新的阶段。近几十年来，中阶梯光栅光谱仪、干涉光谱仪等仪器的出现，加之电子计算机的应用，使原子发射光谱分析进入了自动化阶段。

原子发射光谱法的优点非常明显，它既可以定性又可以定量；选择性好、检出限低、分析速度快；使用ICP光源，准确度高、标准曲线线性范围宽（可达4～6个数量级）；样品消耗少，适合大批量、多组分样品的分析；在定性分析方面更有其独特的优势。原子发射光谱法的缺点是影响谱线强度的因素比较多，尤其是试样基体组分的影响很难消除，故对标准参比的组分要求比较高；测定的组分含量（浓度）较高时，误差比较大；大多数非金属元素难以得到灵敏的光谱线；这种方法只能用于元素分析，不能用于结构、形态的测定。

原子发射光谱法过去曾在原子结构理论的建立及元素周期表中某些元素的发现过程中对科学的发展起到重要推动作用，今后将继续在各种材料的定性定量分析中占有重要地位。

2.5 原子吸收光谱法

2.5.1 主要用途

原子吸收光谱法（atomic absorption spectrometer，AAS）或称原子吸收分光光度法，是20世纪50年代中期以后出现并发展起来的一种元素分析方法，是根据物质的基态原子蒸气对其特征辐射的吸收作用来进行元素定量分析的方法。此项技术建立至今，已发展成对元素周期表中几乎所有的金属元素和部分非金属元素都能够分析测定。原子吸收光谱法具有如下优点：灵敏度高，检出限低；分析精度好，准确度高；由于原子吸收是特征性的，其他谱线干扰概率小，故选择性好；分析速度快，应用范围广；仪器简单，操作方便，仪器价格也相对低廉。原子吸收光谱法的缺点是：因为原子吸收光谱仪在测定不同元素时需要不同的光源，故不能对多种元素同时进行测定；对难熔元素的测定还不能令人满意；对多数非金属元素还不能测定。

近年来随着各种新技术的研究开发，各种高效分离技术的应用，使原子吸收在痕量、超痕量范围内的测定有了更大的应用空间。在食品、环境保护、生物、医学、农业、地质、冶金、材料科学等各个领域中得到极其广泛的应用。原子吸收光谱仪又称原子吸收分光光度计，见图2-17。

图2-17 原子吸收分光光度计

2.5.2 基本原理

2.5.2.1 原子吸收光谱的产生

正常情况下，原子处于基态，核外电子在各自能量最低的轨道上运动。如果将一定外界能量如光能提供给该基态原子，当外界光能量 E 恰好等于该基态原子中基态和某一较高能级之间的能级差 ΔE 时，该原子将吸收这一特征波长的光，外层电子由基态跃迁到相应的激发态，从而产生原子吸收光谱。

原子吸收光谱即是原子由基态向激发态跃迁而产生的原子线性光谱。

2.5.2.2 原子吸收光谱的几个概念

① 共振吸收线　原子中的核外电子吸收能量从基态跃迁至第一激发态所吸收的谱线称

为共振吸收谱线，简称共振线。

② 共振发射线　当原子中的核外电子从第一激发态跃迁回到基态时，发射出同样频率的光辐射，其对应的光谱线称为共振发射线，也简称共振线。

③ 分析线（特征谱线）　用于原子吸收分析测定的特征波长称为分析线。由于基态与第一激发态之间的能级差最小，电子跃迁概率最大，故共振吸收线最易产生。不同的元素由于原子结构不同，对辐射的吸收具有选择性，不同的元素有不同的共振吸收线，共振吸收线是元素的特征谱线。对多数元素来讲，它是所有吸收线中最灵敏的，所以原子吸收光谱分析中通常以共振线为测定线。

2.5.2.3　原子吸收线的形状（光谱的轮廓）

原子对光的吸收是一系列不连续的谱线，即原子吸收光谱。原子吸收光谱线不是几何意义上的线，而是具有一定的宽度。

（1）吸收定律

光强度为 I_0 的一束单色入射光通过吸收厚度为 l 的基态原子蒸气时，入射光的强度因基态原子吸收而减弱，透过光的强度 I_υ 服从光的吸收定律：

$$I_\upsilon = I_0 \exp(-K_\upsilon l) \text{或} A = \lg \frac{I_0}{I_\upsilon} = 0.434 K_\upsilon l \tag{2-11}$$

式中，K_υ 为基态原子对频率为 υ 的单色光的吸收系数，与入射光频率、基态原子密度及原子化温度等参数有关。

（2）吸收线轮廓

不同元素原子吸收不同频率的光，透过光强度 I_υ 对吸收光频率 υ 作图，见图 2-18。

由图 2-18 可知，在频率 υ_0 处透过光强度最小，即吸收最大。若将吸收系数 K_υ 对频率 υ 作图，所得曲线为吸收线轮廓，如图 2-19 所示。原子吸收线轮廓以原子吸收谱线的中心频率 υ_0（或中心波长 λ）和半宽度 $\Delta\upsilon$（或 $\Delta\lambda$）来表征。中心频率 υ_0 由原子能级决定。半宽度是中心频率位置，吸收系数极大值 K_0（峰值吸收系数）一半处，谱线轮廓上两点之间频率或波长的距离（$\Delta\upsilon$ 或 $\Delta\lambda$）。

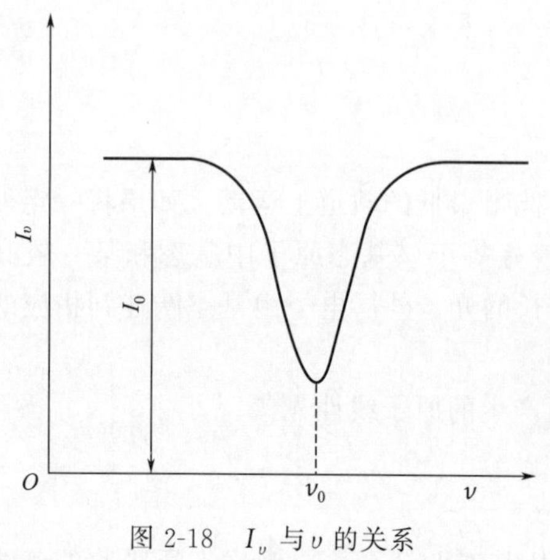

图 2-18　I_υ 与 υ 的关系

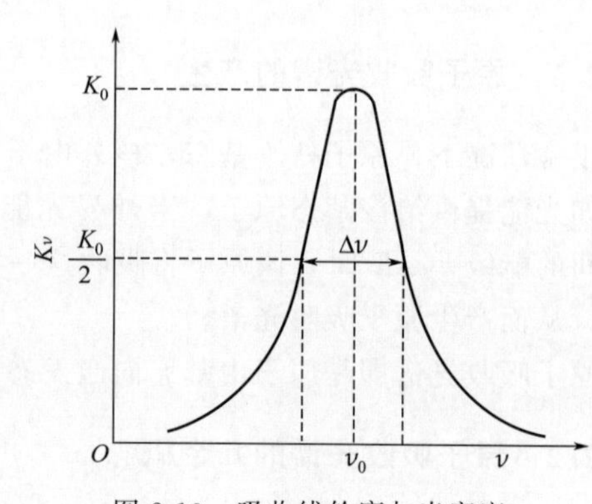

图 2-19　吸收线轮廓与半宽度

以上说明原子吸收光谱线不是严格几何意义的线，而是占据着很窄的频率或波长范围的吸收曲线，即有一定的宽度。

(3) 吸收线的变宽原因

半宽度受到诸多因素的影响，使得产生的谱线变宽。这些变宽因素主要有两方面：一类是由原子性质所决定的，例如自然宽度；另一类是外界影响所引起的，例如热变宽、碰撞变宽等。

① 自然宽度　没有外界影响，谱线仍有一定的宽度称为自然宽度。它与激发态原子的平均寿命有关，平均寿命越长，谱线宽度越窄。不同谱线有不同的自然宽度，多数情况下约为 $10^{-3}\sim10^{-2}$nm。

② 多普勒变宽　由于辐射原子处于无规则的热运动状态，因此，辐射原子可以看作运动的波源。这一不规则的热运动与观测器两者间形成相对位移运动，从而发生多普勒效应，使谱线变宽。这种由于辐射原子热运动产生的谱线变宽称为多普勒变宽，一般可达 10^{-3}nm，是谱线变宽的主要因素。

③ 压力变宽　由于辐射原子与其他粒子（分子、原子、离子和电子等）间的相互作用而产生的谱线变宽，统称为压力变宽。压力变宽通常随压力增大而增大。在压力变宽中，凡是同种粒子碰撞引起的变宽叫 Holtzmark（赫尔兹马克）变宽；凡是由异种粒子引起的变宽叫 Lorentz（劳伦茨）变宽。

④ 自吸变宽　由自吸现象而引起的谱线变宽称为自吸变宽。空心阴极灯发射的共振线被灯内同种基态原子所吸收产生自吸现象，从而使谱线变宽。灯电流越大，自吸变宽越严重。

2.5.2.4 基态原子数与原子化温度的关系

在处于一定条件下的热平衡状态下，激发态原子数 N_i 与基态原子数 N_0 之间的关系可以用玻耳兹曼方程表示，即：

$$\frac{N_i}{N_0}=\frac{g_i}{g_0}\exp\left(-\frac{E_i}{kT}\right) \tag{2-12}$$

式中，g_i、g_0 分别为激发态、基态的统计权重；E_i 为激发能；T 为绝对温度；k 为玻尔兹曼常数（$k=1.38\times10^{-23}$J/K）。

由式(2-12) 可知，温度 T 越高，N_i/N_0 值越大；相同温度下，激发能 E_i 越小的元素，N_i/N_0 值越大。在原子吸收光谱法中，原子化温度一般在 2000～3000K，大多数元素的 N_i/N_0 都小于 1%，即 N_i 与 N_0 相比可以忽略不计。故在实际测量中，可以用 N_0 代表原子化器中的原子总数 N_i。

2.5.2.5 原子吸收光谱法的定量测量

在实际测量中，原子吸收光谱仪采用的是空心阴极灯（元素灯）作为锐线光源，以获得半宽度很小的光源发射线，锐线光源的发射线强度在被吸收前后的变化遵循式(2-11)：

$$I_\upsilon=I_0\exp(-K_\upsilon l)\text{或}A=\lg\frac{I_0}{I_\upsilon}=0.434K_\upsilon l$$

当锐线光源的发射线与原子吸收线的中心频率 υ_0（或中心波长 λ）完全一致，而且锐线光源的发射线的半宽度比吸收线的半宽度更窄时，此条件下，$K_\upsilon=K_0$，由于：

$$A=\lg\frac{I_0}{I_\upsilon}=0.434K_0l$$

$$K_0=\frac{2}{\Delta\upsilon D}\sqrt{\frac{\ln 2}{\pi}}kNl$$

所以在原子吸收测量条件下，如前所述，原子蒸气中基态原子的浓度 N_0 基本上等于蒸气中原子的总浓度 N，而且在实验条件一定时，被测元素的浓度 c 与原子化器的原子蒸气中原子总浓度保持一定的比例关系 $N=\alpha c$，式中 α 为比例常数，所以：

$$A=0.434\frac{2}{\Delta\upsilon D}\sqrt{\frac{\ln 2}{\pi}}kl\alpha c$$

$$A=Kc \tag{2-13}$$

式中，K 为常数。

式(2-13) 为原子吸收光谱的定量测定依据。表明当吸收厚度 l 一定时，在一定条件下，峰值吸收测量的吸光度 A 与被测定元素的含量 c 呈线性关系。

2.5.3 基本构造

原子吸收分光光度计主要由锐线光源、原子化器、单色器（分光系统）和检测器与记录系统等四部分组成，单色器位于原子化器和检测器之间。根据光学系统，原子吸收光谱仪可以分为单光束和双光束两种。单光束结构简单，操作方便，体积较小，价格便宜，但受光源稳定性影响较大，易产生基线漂移，如图 2-20(a) 所示。双光束仪器中，光源（空心阴极灯）发出的光被切光器分成两束，一束通过火焰（原子蒸气），另一束绕过火焰为参比光束，两束光线交替进入单色器，如图 2-20(b) 所示。双光束仪器可以使光源的漂移通过参比光束的作用进行补偿，能获得稳定的输出信号，但仪器价格较高，信噪比较大。

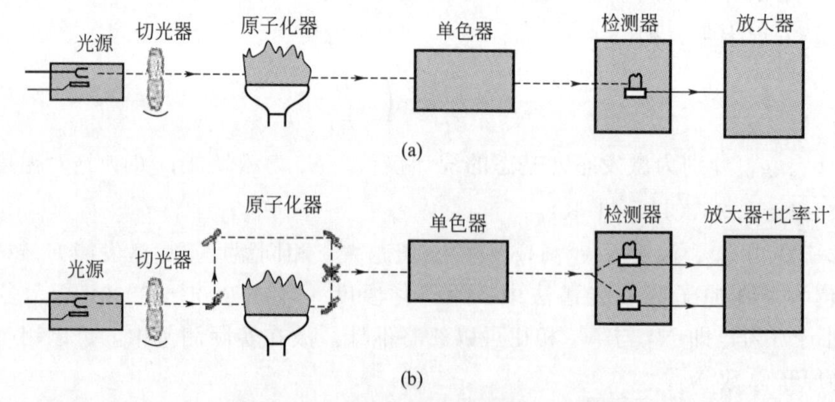

图 2-20　原子吸收分光光度计示意图

2.5.3.1 锐线光源

锐线光源是原子吸收光谱仪的重要组成部分，它的性能指标直接影响分析的检出限、精密度及稳定性等性能。锐线光源的作用是发射谱线宽度很窄的被测元素的特征共振辐射。对锐线光源的基本要求是：发射的共振辐射的半宽度要明显小于吸收线的半宽度；辐射的强度要大；辐射光强要稳定，使用寿命要长等。空心阴极灯是符合上述要求的理想锐线光源，在实际中应用最广（见图 2-21）。

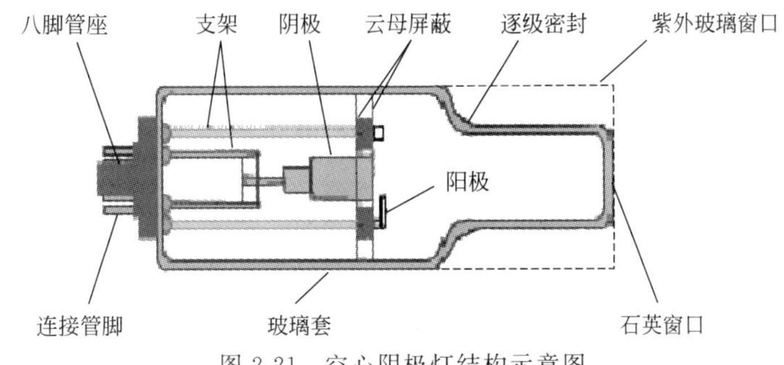

图 2-21 空心阴极灯结构示意图

2.5.3.2 原子化器

原子化器的功能是提供能量，使试样干燥、蒸发并使待测元素转化为基态原子蒸气。入射光束在这里被基态原子吸收，因此也可把它视为“吸收池”。对原子化器的基本要求是：必须具有足够高的原子化效率；必须具有良好的稳定性和重现形；操作简单及低的干扰水平等。原子化方法主要有火焰法和非火焰法（石墨炉原子化法和低温原子化法）。

（1）火焰原子化器

用火焰使试样原子化是目前广泛应用的一种方式。火焰原子化法中，常用的是预混合型原子化器，它是由雾化器、雾化室、供气系统和燃烧器四部分组成（见图 2-22）。

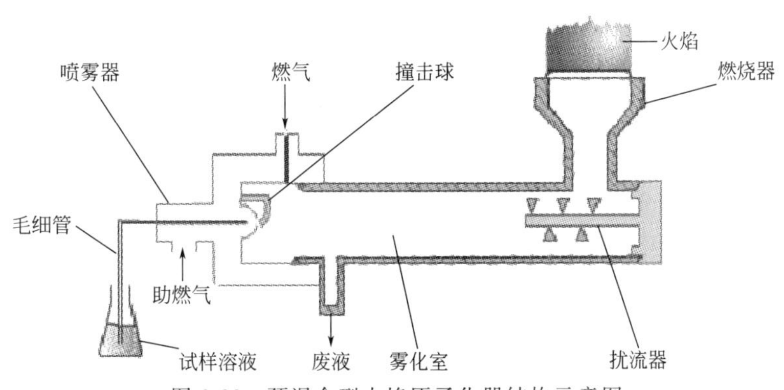

图 2-22 预混合型火焰原子化器结构示意图

（2）非火焰原子化器

非火焰原子化法包括电热高温石墨炉原子化法和低温原子化法，其中电热高温石墨炉原子化装置最为常用。

① 电热高温石墨炉原子化法　石墨炉原子化器是利用大电流通过石墨管产生高温而达到使试样原子化的目的。管式石墨炉原子化器的结构如图 2-23 所示。

石墨炉的原子化过程可分为干燥、灰化、原子化和净化四个阶段，通过计算机控制程序自动进行，具体过程如图 2-24 所示。

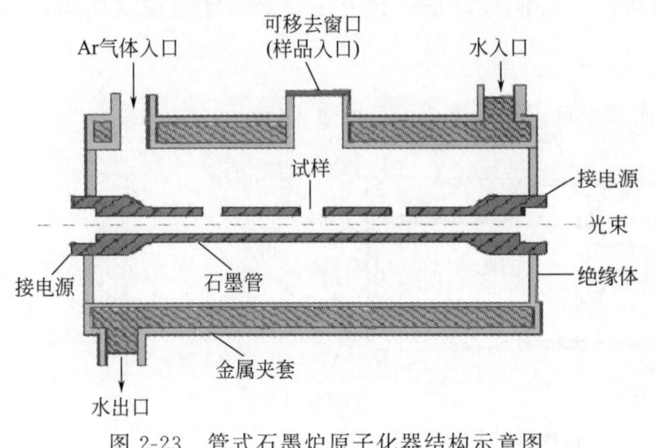

图 2-23 管式石墨炉原子化器结构示意图

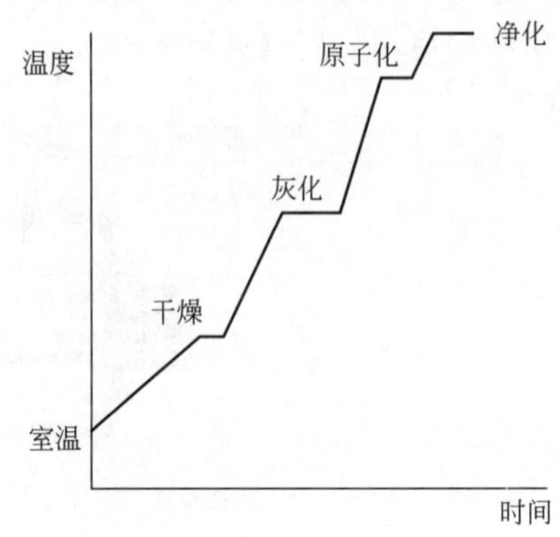

图 2-24 石墨炉升温程序示意图

这种原子化法的灵敏度要比火焰法高得多，并且原子化程度高，试样用量少（0.5～100μL），绝对检出限可达 10^{-14}g，固体、液体都可以直接进样。但背景较强，操作不够简便，装置复杂，重现性比火焰法要差一些，同时，大量使用 Ar 气体也增加了使用成本。

② 低温原子化法 低温原子化法又称化学原子化法，其原子化温度为室温至几百摄氏度。常用的有氢化物发生原子化方法和汞低温原子化法。

a. 氢化物发生原子化方法 测定 As、Sb、Bi、Sn、Ge、Se、Pb、Ti 等元素也普遍使用低温原子化方法，即氢化物发生原子化方法。其原理是在酸性介质中，将待测元素与强还原剂硼氢化钠（或硼氢化钾）发生还原反应生成极易挥发和分解的氢化物，如 AsH_3、SnH_4、BiH_3 等，例如：

$$AsCl_3 + 4NaBH_4 + HCl + 8H_2O = AsH_3 + 4NaCl + 4HBO_2 + 13H_2 \quad (2\text{-}14)$$

将这些氢化物用载气送入石英管加热，进行原子化及吸光度的测定。这种方法具有原子化温度低、灵敏度高（对砷、硒检出限可达 10^{-9}g）、基体干扰和化学干扰小等优点。

b. 汞低温原子化法 由于 Hg 在室温下就有较大的蒸气压，沸点仅为 375℃，故其测量可采用汞低温原子化法。即在室温下将试样中的汞离子用适当的化学预处理还原出汞原子后，用 Ar 或 N_2 载气将汞蒸气带入装有石英窗的气体测量管中进行吸光度测定。该方法灵敏度、准确度较高（检出限可达 10^{-8}g Hg）。由于在生命科学、环境科学等研究方面对痕量 Hg 测定的需求越来越多，现在已有专用的测汞仪可供使用。

2.5.3.3 单色器

单色器由入射和出射狭缝、色散元件、准直器和物镜组成。最常用的单色器色散元件是棱镜和光栅。由于棱镜在 540nm 以上色散率很低，目前商品仪器基本采用光栅。在原子吸收光谱法中，由于使用了锐线光源，对单色器的要求不高，多采用平面光栅，仅需要将共振线与邻近线分开即可。在实际分析操作中还必须注意选择合适的狭缝宽度以兼顾锐线特征和光强，一般原则是在不引起吸光度减小的前提下采用尽可能大的狭缝宽度。

2.5.3.4 检测器与记录系统

从单色器出来的原子吸收光信号经检测器检测、转换成电信号，再经放大处理，输出给显示和记录系统。检测器包括光电转换元件、光电倍增管（PMT）和放大器等部分。通过与计算机连接及控制，可以将经过处理的数据结果显示在计算机屏幕上，最后以存储或打印等方式表示出来。

2.5.4 原子吸收分光光度计通用操作规程与注意事项

2.5.4.1 原子吸收光谱分析中的干扰因素及其消除方法

原子吸收分光光度法与其他分析方法相比，干扰较小，是方法本身特点决定的。但在试样转化为基态原子过程中，不可避免地会受到各种干扰，也不可忽视。

（1）物理干扰

物理干扰是指试样在转移、蒸发和原子化过程中，由于试样的物理特性变化而引起的吸收强度变化的效应。主要表现在影响试样喷入火焰的速度、雾化效率、雾滴大小及分布、溶剂与固体微粒的蒸发等。这类干扰是非选择性的，对试样中各元素的测定影响基本相同。

消除物理干扰最有效且常用的方法是配制与待测溶液具有相似组成的标准样品。试样无法匹配时，可采用标准加入法或稀释法来消除和减少物理干扰。

（2）化学干扰

化学干扰是指液相中或气相中被测元素的原子与其他组分之间发生化学作用，从而影响被测元素化合物的解离及其原子化。化学干扰是原子吸收分析中的主要干扰因素。化学干扰是一种选择性干扰，过程比较复杂，应视具体情况采取相对应的办法消除。消除办法如下。

① 用化学方法将被测元素和干扰组分分开，例如萃取法、沉淀法、离子交换法等，一般萃取法应用得比较多。

② 通过改变火焰种类和组成来改变火焰的温度、氧化-还原性质、背景噪声等因素，也可以消除一些化学干扰。

③ 通过加入释放剂，与干扰离子形成更稳定的化合物或同待测元素形成更稳定的络合物来使待测元素不被干扰。

④ 加入缓冲剂来消除干扰。在标准溶液和试液中均加入超过缓冲量（即干扰不再发生变化的最低限量）的干扰元素，使干扰效应不再随干扰元素量的变化而变化。这种方法的缺点是显著降低测定的灵敏度。

⑤ 改良基体在石墨炉原子化器中的性质，硒在300～400℃开始挥发，但在干燥之前加入镍，可以使硒生成硒化镍，可将灰化温度提高到1200℃。加入基体改进剂后，可提高被测物质的稳定性或降低被测元素的原子化温度而消除干扰。

（3）电离干扰

火焰温度越高，电离干扰越严重。为了克服电离干扰，一方面可适当控制火焰温度，另一方面加入更易电离的元素（称为消电离剂），但加入消电离剂的量是有限制的，量太多会产生基体干扰，同时还会造成火焰狭缝堵塞。

（4）光谱干扰

光谱干扰有下列两种情况。

① 光谱通带内存在非吸收线　光谱通带内光源只产生一条参与吸收的发射线是理想情况，但当其他共振线或者非共振线及其他杂质元素的发射线也参与吸收时，就会干扰主吸收

线的吸收效果，降低测定灵敏度和引起校正曲线弯曲。这种干扰可以用减小狭缝宽度，使光谱通带小到能够将这些非吸收线除去，或者降低灯电流，甚至另选谱线。

② 谱线重叠　一般如遇到谱线重叠干扰时，应该另外选择其他的分析线。

(5) 背景干扰

背景干扰也是一种光谱干扰，主要是分子吸收和光散射引起的。

① 分子吸收　这种干扰是指在原子化过程中生成的气体分子、氧化物、盐类或氢氧化物等分子对辐射的吸收引起的干扰。这类干扰是选择性干扰，因为硝酸和盐酸的吸收很小，所以一般多用这两种酸来配制溶液。

② 光散射　在原子化过程中产生的微小的固体颗粒，通过光路时对光产生散射，造成透过光减少，使吸收值增加。

背景干扰中无论是分子吸收还是辐射的散射，结果都是产生了虚假吸收，使测得的吸光度值偏高。目前主要采用以下办法解决：邻近非共振线法，即利用测量邻近的非共振线的吸收来扣除背景；利用氘灯背景校正器扣除背景；利用塞曼效应扣除背景。

2.5.4.2　原子吸收光谱分析中测量条件的选择

原子吸收光谱法中，测量条件的选择对测定的准确度、灵敏度等都会有较大影响，须选择合适的测量条件，才能得到满意的分析结果。

(1) 分析线

一般选择元素的共振线作为测定时的分析线。如果试样中被测元素浓度较高时，也可选用灵敏度较低的非共振线作分析线。表 2-2 列出了原子吸收测定中部分常用的元素分析线。

表 2-2　原子吸收光谱法中部分常用元素分析线

元素	λ/nm	元素	λ/nm	元素	λ/nm
Ag	328.07,338.29	Cr	357.87,359.35	Na	589.00,330.30
Al	309.27,308.22	Cu	324.75,327.40	Ni	232.00,341.48
As	193.64,197.20	Fe	248.33,352.29	Pb	216.70,283.31
B	249.68,249.77	Hg	253.65	Se	196.09,703.99
Ba	553.55,455.40	K	766.49,769.90	Si	251.61,250.69
Ca	422.67,239.86	Mg	285.21,279.55	Sn	224.61,520.69
Cd	228.80,326.11	Mn	279.48,403.68	Sr	460.73,407.77
Co	240.71,242.49	Mo	313.26,317.04	Zn	213.86,307.59

(2) 狭缝宽度

在原子吸收分析中，谱线重叠的概率较小，因此可以使用较宽的狭缝来增加光强度和降低检出限。狭缝宽度的选择以能使吸收线与邻近干扰线分开即可。

(3) 灯电流

空心阴极灯的发射特性取决于工作电流。选择灯电流时，应在保证稳定和有合适的光强输出的情况下，尽量选用较低的工作电流。商品的空心阴极灯一般都标有最大电流和可使用的工作电流范围，通常选用最大电流的 1/2～2/3 为工作电流。

(4) 原子化器

理论上应根据元素特性选择原子化方法，但实际是受制于配置有什么类型的仪器。使用火焰法，主要是选择和调节火焰类型；而石墨炉原子化法，要合理选择干燥、灰化、原子化及净化四个阶段的温度和时间。一般应该通过实验来得到最佳升温程序。

(5) 进样量

进样量合适与否直接影响测量过程。过大会使火焰原子化法中的火焰受到冷却，会使石墨炉原子化法中的除残更加困难；过小则信号变弱。一般实际工作中要通过测定吸光度与进样量的变化关系来找出合适的进样量。

2.5.4.3 灵敏度和检出限

(1) 灵敏度

原子吸收光谱分析中，灵敏度用 S 表示，是标准曲线的斜率。以往是将能够产生 1%吸收或 0.0044 吸光度所需要的待测元素浓度（微克/毫升）或含量（克或毫克）定义为灵敏度。1975 年国际纯粹和应用化学联合会（IUPAC）对此作了建议规定或称推荐命名法，将能产生 1%吸收的待测元素浓度或含量定义为特征浓度和特征含量，它可以用来比较低浓度或含量区域内校正曲线的斜率，而将灵敏度定义为校正曲线 $A=f(c)$ 的斜率 $S=\frac{\mathrm{d}A}{\mathrm{d}c}$，它表示当待测元素浓度或含量改变一个单位时吸光度的变化量。当 c 很小时，S 通常是常数，当 S 越大时，表示灵敏度越高。由于在不同的浓度范围内校正曲线的斜率是有变化的，所以当说明灵敏度时，一定要指出是在什么浓度或含量范围内获得的该灵敏度。

(2) 检出限

检出限是指仪器以适当的置信度检出元素的最低浓度或最低质量，是评价分析方法与分析仪器灵敏度和检测能力的另一个重要指标。它的特点是与仪器的测量噪声联系起来，而上述的灵敏度定义中没有体现仪器测量噪声的任何信息。只有待测元素存在量达到或高于检出限，才能可靠地将有效分析信号与噪声信号区分开来，确定试样中被测元素具有统计意义的存在。表示为“未检出”就是说被测元素的量低于检出限。

在 IUPAC 的规定中，对各种光学分析方法，可测量的最小分析信号 $X_{\min}$ 以下式确定：

$$X_{\min}=\overline{X}_0+KS_0 \tag{2-15}$$

式中，$\overline{X}_0$ 是用空白溶液按同样测定分析方法多次测定的平均值；S_0 是空白溶液多次测定的标准偏差；K 是由置信水平决定的系数，过去采用 $K=2$，1975 年 IUPAC 推荐 $K=3$，在误差正态分布的条件下，其置信度为 99.7%。

由式(2-15) 可看出，可测量的最小分析信号为空白溶液多次测量平均值与 3 倍空白溶液测量的标准偏差之和，它所对应的被测元素浓度即为检出限 D. L. 。

$$\text{D. L.}=\frac{X_{\min}-\overline{X}_0}{S}=\frac{KS_0}{S} \tag{2-16}$$

$$\text{D. L.}=\frac{3S_0}{S} \tag{2-17}$$

式中，S 为灵敏度，即分析校正曲线的斜率。

检出限与灵敏度是互相有关的两个术语，灵敏度越高，检出限越好。但检出限不仅与灵敏度有关，还体现了背景的波动，即噪声。噪声大小决定了空白测量标准偏差的大小。因此，IUPAC 建议用检出限、精密度、准确度来作为评价分析方法的指标。

2.5.4.4 一般操作规程

(1) 开机

依次打开打印机、显示器、计算机电源开关，等计算机完全启动后，打开原子吸收主机电源。

(2) 仪器联机初始化

① 在计算机桌面上双击仪器快捷键图标，出现窗口，选择联机方式，点击确定，出现仪器初始化界面。等待 3～5min，等初始化各项出现确定后，将弹出选择元素灯和预热灯窗口。

② 依照用户需要选择工作灯和预热灯，点击下一步，出现设置元素测量参数窗口。

③ 可以根据需要更改光谱带宽，燃气流量，燃烧器高度等参数，设置完成后点击下一步。出现设置波长窗口。

④ 不要更改默认的波长值，直接点击寻峰。弹出寻峰窗口，等寻峰过程完成后，点击关闭。点击下一步，点击完成。

(3) 设置样品测定方法

点击样品，弹出样品设置向导窗口。

① 选择校正方法（一般为标准曲线法）、曲线方程（一般为一次方程）和浓度单位，输入样品名称和起始编号，点击下一步。

② 输入标准样品的浓度和个数，点击下一步。

③ 可以选择需要或不需要空白校正和灵敏度校正（一般为不需要），然后点击下一步。

④ 输入待测样品数量、名称、起始编号，以及相应的稀释倍数等信息，点击完成。

(4) 设置参数

点击参数，弹出测量参数窗口。

① 常规：输入标准样品、空白样品、未知样品等的测量次数，选择测量方式（手动），输入间隔时间和采样延时（一般均为 1s），石墨炉没有测量方式和间隔时间以及采样延时的设置。

② 显示：设置吸光度最小值和最大值（一般为 0～0.7）以及刷新时间（一般为 300s）。

③ 信号处理：设置计算方式（一般火焰吸收为连续，石墨炉多用峰高），以及积分时间和滤波系数。

④ 质量控制（适用于带自动进样的设备）：点击确定，退出参数设置窗口。

(5) 火焰吸收的光路调整

火焰吸收测量方法如下：点击仪器项下的燃烧器参数，弹出燃烧器参数设置窗口，输入燃气流量和高度，点击执行，看燃烧头是否在光路的正下方，如果有偏离，更改位置中相应的数字，点击执行，可以反复调节，直到燃烧头和光路平行并位于光路正下方。点击确定，退出燃烧器参数设置窗口。

（6）测量

① 火焰吸收的测量过程

a. 依次打开空气压缩机的风机开关、工作开关，调节压力调节阀，检查水封。点击点火（第一次点火时有点火提示窗口弹出，点击确定将开始点火），等火焰稳定后首先吸喷纯净水，以防止燃烧头结盐。点击能量，点击自动能量平衡，等能量平衡完毕后，点击关闭，退出能量调节窗口。

b. 点击测量项下的测量，开始吸喷空白溶液校零，依次吸喷标准溶液和未知样品，进行测量。测量完成后，点击终止，退出测量窗口。挡住火焰探头或者按熄火开关熄火。吸喷纯水 1min，清洗燃烧头，防止燃烧头结盐。

c. 点击视图项下的校正曲线，查看曲线的相关系数，决定测量数据的可靠性，进行保存。

② 石墨炉测量过程

a. 打开冷却水，打开氩气钢瓶主阀，调节出口压力在 0.6～0.8MPa。在软件中点击仪器→测量方法选择氢化物或无火焰。

b. 光路调整：点击仪器项下石墨管，装入石墨管，点击确定。点击仪器项下的原子化器位置，点击两边的箭头改变数字，点击执行，通过反复调节原子化器位置中的数字使吸光度值降到最低。点击确定，退出原子化器位置窗口。用手调节石墨炉炉体高低和角度，使得吸光度值最低。点击能量，点击自动能量平衡，等能量平衡完毕后，点击关闭，退出能量调节窗口。

c. 点击仪器项下的石墨炉加热程序，弹出石墨炉加热程序设置窗口，输入相应的温度和升温时间以及保持时间，一般为 4 步，分为干燥阶段、灰化阶段、原子化阶段和净化阶段。干燥阶段温度一般为 100℃，灰化阶段、原子化阶段温度设置随待测元素不同而异，净化阶段要求温度高于原子化阶段温度 50～100℃，升温 1s 保持 1s（具体数值可参考手册）。

遵循原则：ⅰ. 灰化阶段温度在允许范围内越高越好，原子化阶段温度在允许范围内越低越好。ⅱ. 冷却时间以冷却完毕后石墨炉体降温到室温为最好。

d. 点击测量项下的测量、开始，使用微量进样器进样，点击校零、开始，进行测量。完成测量后，点击终止，退出测量窗口。

e. 点击视图项下的校正曲线，查看曲线的相关系数，决定测量数据的可靠性，进行保存。

③ 氢化物测量过程

a. 打开氢化物的氩气钢瓶。

b. 在软件中点击仪器→测量方法选择氢化物或无火焰。

c. 把氢化物的石英管插到燃烧头的缝隙中，用目镜观看元素灯的光斑，点击仪器下的燃烧器参数，反复调节位置和高度，使光斑在管路的中间。

d. 点击能量，点击自动能量平衡，等能量平衡完毕后，点击关闭，退出能量调节窗口。

e. 点击参数→信号处理，设置计算方式为峰高，积分时间设置为从开始测量到出现峰，再到峰结束的全部时间。

f. 点击测量下的开始测量。

g. 测量氢化物的详细使用方法请参阅测量氢化物使用说明书。

(7) 关机过程

依次关闭操作程序软件、原子吸收仪器主机电源、乙炔钢瓶主阀（石墨炉注意关闭氩气钢瓶主阀、冷却水)、空压机工作开关，按放水阀，排空压缩机中的冷凝水，关闭风机开关，退出计算机 Window 操作程序，关闭打印机、显示器和计算机电源。盖上仪器罩，检查乙炔、氩气、冷却水是否已经关闭，清理实验室。

2.5.4.5 注意事项

① 测定前先检查雾化室的废液是否畅通无阻，如果有水封，一定要设法排除后再进行点火。

② 防止发生“回火”。点火的操作顺序为先开助燃气，后开燃气；熄灭顺序为先关燃气，待火熄灭后再关助燃气。一旦发生“回火”，应镇定地迅速关闭燃气，然后关闭助燃气，切断仪器的电源。若回火引燃了供气管道及附近物品，应采用 CO_2 灭火器灭火。

③ 采用石墨炉测定时，一定要注意冷却水的使用。首先接通冷却水源，待冷却水正常流通后方可开始执行下一步的操作。

④ 定期对供气管道进行检漏。当发现有漏气时，可采用简易的肥皂水检漏法或检漏仪检漏。

⑤ 当燃烧器的缝口处存积盐类时，火焰可能出现分叉，这时应当熄灭火焰，用滤纸插入缝口擦拭，或用刀片插入缝口轻轻刮除积盐，或用水冲洗。

⑥ 当雾化器的金属毛细管被堵塞时，可用软而细的金属丝疏通或用洗耳球从出样口吹出堵塞物。

2.5.5 管理及维护

2.5.5.1 仪器的使用环境

① 仪器应安放在干燥的房间，使用温度为 15～28℃之间的一个固定温度，温度变化应小于±1℃。相对湿度不超过 65%，需定期打扫实验室，避免各个镜子被灰尘覆盖影响光的透过而降低能量。试验后要将试验用品收拾干净，使酸性物品远离仪器，以免酸气将光学器件腐蚀、发霉。

② 仪器应放在坚固平稳的工作台上，并避免强烈或持续的震动。

③ 室内照明不宜太强，应避免阳光直射。

④ 仪器的供电线路要符合仪器的要求。

⑤ 尽量远离高强度的磁场、电场及发生高频波的电气设备，并必须装有良好的地线。

⑥ 要有相对稳定的电源，供电电压的变化一般不超过±5%。

2.5.5.2 仪器的管理与维护

(1) 仪器与空心阴极灯的保养

原子吸收主机在长时间不使用的情况下，请保持每 1～2 周将仪器打开并联机预热 1～2h，以延长使用寿命。空心阴极灯长时间不使用，将会因为漏气、零部件放气等原因不能使用，甚至不能点燃。所以应将不经常使用的空心阴极灯每隔 3～4 个月点燃 2～3h，以延长使用寿命，保障空心阴极灯的性能。

(2) 检查废液管并及时倾倒废液

废液管积液到达雾化桶下面后，会使测量时极其不稳定，所以要随时检查废液管是否畅通并定时倾倒废液。

(3) 定期检查乙炔气路，以免管路老化产生漏气现象，发生危险

定期检查气路，每次换乙炔气瓶后一定要全面试漏。用肥皂水等可检验漏气情况的液体在所有接口处试漏，观察是否有气泡产生，判断其是否漏气。注意定期检查空气管路是否存在漏气现象，检查方法参见乙炔检查方法。

(4) 保养和维护空压机及空气气路

仪器室内湿度高时，空压机极易积水，严重影响测量的稳定性，应经常放水，避免水进入气路管道。一般标配的空压机上都有放水按钮，放水时请在有压力的情况下按此按钮即可将积水排除。

(5) 火焰原子化器的保养和维护

① 每次样品测定工作结束后，在火焰点燃状态下，用去离子水喷雾 5～10min，清洗残留在雾化室中的样品溶液，停止清洗喷雾后，等水分烘干后再关闭乙炔气。

② 玻璃雾化器在测试含有氢氟酸的样品后，要注意及时清洗，清洗方法是在火焰点燃的状态下，吸喷去离子水 5～10min，以保证其使用寿命。

③ 燃烧器和雾化室应经常检查保持清洁。对沾在燃烧器缝口上的积炭，可用刀片刮除。雾化室清洗时，可取下燃烧器，用去离子水直接清洗即可。

(6) 石墨炉原子化器的保养

① 石墨锥内部因测试样品的复杂程度不同会产生不同程度的残留物，可以通过用洗耳球将杂质吹掉来清除，再使用酒精棉进行擦拭，将其清理干净，自然风干后加入石墨管空烧即可。

② 清理石英窗：石英窗上落入灰尘后会使透过率下降，产生能量的损失。清理方法为，将石英窗旋转拧下，用酒精棉擦拭干净后使用擦镜纸将污垢擦净，安装复位即可。

③ 夏天天气比较热时，冷却循环水水温不宜设置过低（18～19℃），因为水温过低会产生水雾凝结在石英窗上，影响光路的顺畅通过。

2.5.5.3 一般故障及排除（表 2-3）

表 2-3 原子吸收光谱仪的一般故障及排除

故障现象	故障原因	排除方法
总电源指示灯不亮	1. 仪器电源线断路或接触不良 2. 仪器保险丝熔断 3. 保险管接触不良	1. 将电源线接好，压紧插头 2. 更换保险丝 3. 卡紧保险管使接触良好
初始化中波长电机出现“X”	1. 空心阴极灯是否安装 2. 光路中有物体遮挡 3. 通信系统联系中断	1. 重新安装灯 2. 取出光路中的遮挡物 3. 重新启动仪器

续表

故障现象	故障原因	排除方法
元素灯不亮	1.电源线是否脱焊 2.灯电源插座是否松动 3.灯坏了	1.重新安装灯 2.更换灯位 3.换灯
寻峰时能量过低,能量超上限	1.元素灯不亮 2.元素灯位置不对 3.灯老化	1.重新安装空心阴极灯 2.重设灯位 3.更换新灯
点击"点火",无高压放电打火	1.空气无压力 2.乙炔未开启 3.废液液位低 4.乙炔泄漏,报警	1.检查空压机 2.检查乙炔出口压力 3.加入蒸馏水 4.关闭紧急灭火
测试基线不稳定、噪声大	1.仪器能量低,倍增管负压高 2.波长不准确 3.元素灯发射不稳定	1.检查灯电流 2.寻峰是否正常 3.更换已知灯
标准曲线弯曲	1.光源灯失气 2.工作电流过大 3.废液流动不畅 4.样品浓度高	1.更换灯或反接 2.减小电流 3.采取措施 4.减小试样浓度
分析结果偏高	1.溶液固体未溶解 2.背景吸收假象 3.空白未校正 4.标液变质	1.调高火焰温度 2.在共振线附近重测 3.使用空白 4.重配标液
分析结果偏低	1.试样挥发不完全 2.标液配制不当 3.试样浓度太高 4.试样被污染	1.调整撞击球和喷嘴相对位置 2.重配标液 3.降低试样浓度 4.消除污染

2.5.6 结果解读

原子吸收光谱分析中的分析方法如下。

(1) 校正曲线法

本法最为常用，主要适用于测定简单试样及组成大致已知的试样。

本方法最重要的是绘制一条校准曲线。配制一组含有不同浓度被测元素的标准溶液，在与试样测定完全一致的条件下，按照由低到高的浓度顺序测定吸光度，以吸光度 A 为纵坐标，以标准溶液中被测元素的浓度 c 为横坐标，绘制 A-c 校准曲线。测定试样的吸光度值，在校准曲线上即可查出试样含量。

利用校准曲线法时必须注意下面几点：

① 仪器操作条件（光源、喷雾、火焰、气压等）在整个分析检测过程中保持不变。

② 标准溶液的浓度必须在吸光度与原子浓度成直线关系的范围内。

③ 测定时要扣除本底空白，或者用空白溶液调零。

④ 校准曲线要经常校准。

(2) 标准加入法

当不能配制与试样组成一致的标准样品时，可以使用标准加入法。

分取几份相同量的待测溶液，除其中一份不加待测元素标准溶液外，其余分别加入不同量的待测元素标准溶液，然后都稀释到相同体积，使加入的标准溶液浓度为0、c_s、$2c_s$、$3c_s$…，然后分别测定它们的吸光度值，以加入的标准溶液浓度与吸光度值绘制校准曲线，曲线向x轴（浓度）外推至与x轴相交，则原点到相交点的距离c_x就是待测元素经稀释后的浓度。标准加入法作图如图2-25所示。此法适用于基体组成不明、共存元素复杂、样品量少的试样分析。这种方法可以消除试样中的某些物理及化学干扰，但不能消除背景干扰，还需要另外扣除。

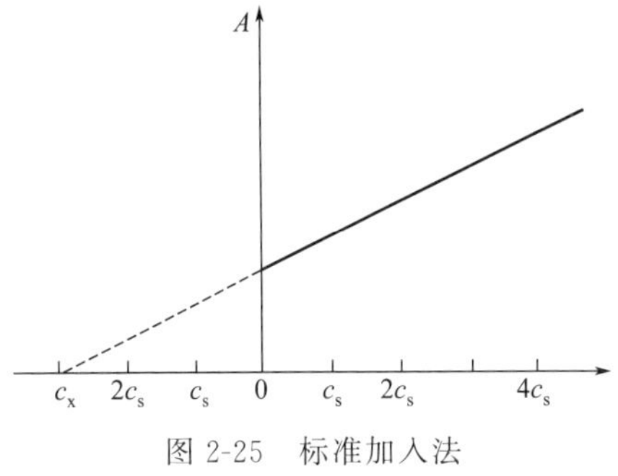

图2-25 标准加入法

2.5.7 小结

原子吸收光谱分析现已广泛用于各个分析领域。其可作为物理和物理化学的一种实验手段，对物质的一些基本性能进行测定和研究。电热原子化器容易做到控制蒸发过程和原子化过程，所以用它测定一些基本参数有很多优点。

在元素分析中，由于原子吸收光谱分析灵敏度高、干扰少、分析方法简单快速，现已广泛应用于工业、农业、生化、地质、冶金、食品、环保等各个领域，目前其已成为金属元素分析的强有力工具之一，在许多领域已作为标准分析方法。在地质和冶金分析中，原子吸收光谱分析不仅取代了许多湿法化学分析，而且还与X射线荧光分析，甚至与中子活化分析有着同等的重要地位。目前原子吸收法已用来测定地质样品中70多种元素，并且大部分能够达到足够的灵敏度和很好的精密度。钢铁、合金和高纯金属中多种痕量元素的分析现在也多用原子吸收法。在食品分析中原子吸收应用得越来越广泛，食品和饮料中的20多种元素已有满意的原子吸收分析方法。生化和临床样品中必需元素和有害元素的分析现也已采用原子吸收法。有关石油产品、陶瓷、农业样品、药物和涂料中金属元素的原子吸收分析的文献报道近些年来越来越多。水体和大气等环境样品的微量金属元素分析已成为原子吸收分析的重要领域之一。利用间接原子吸收法还可以测定某些非金属元素和多种有机物。例如8-羟基喹啉（Cu）、醇类（Cr）、有机酸酐（Fe）、苯甲基青霉素（Cu）、葡萄糖（Ca）等多种有机物，均可通过与相应的金属元素之间的化学计量反应而间接测定。

通过气相色谱和液相色谱分离然后再用原子吸收光谱来测定，可以分析同种金属元素的不同有机化合物。例如汽油中的5种烷基铅，大气中的5种烷基铅和烷基硒、烷基胂、烷基锡，水体中的烷基胂、烷基铅、烷基汞、有机铬和生物中的烷基铅、烷基汞、有机锌、有机铜等多种金属有机化合物，均可通过不同类型的光谱原子吸收联用方式加以鉴别和测定。

现在，原子吸收分光光度计采用最新的电子技术，使仪器显示数字化、进样自动化，计算机数据处理系统使整个分析实现自动化。随着科学技术的进一步发展，原子吸收光谱分析会有更广阔的应用前景。

2.6 核磁共振波谱仪

2.6.1 主要用途

1945 年 F. Bloch 和 E. Purcell 两个研究小组独立发现了核磁共振（nuclear magnetic resonance，NMR）现象，于 1952 年共同获得 Nobel 物理奖。由于 NMR 可反映分子结构的特性，因而成为化学结构和成分分析的一个强有力手段。1991 年瑞士科学家 Richard R. Ernst 教授由于发展了二维 NMR 谱方法获得 Nobel 化学奖。2002 年瑞士科学家 K. Wŭthrich 教授由于二维 NMR 测定生物大分子在溶液中的三维立体结构的贡献获得 Nobel 化学奖。

核磁共振是指核磁矩不为零的原子核在外加强磁场的作用下，吸收某一特定频率的电磁辐射，发生自旋能级分裂，产生不同共振谱的现象。它能够提供化学位移 δ、耦合常数 J、各种核的信号强度比和弛豫时间等结构信息。核磁共振已成为鉴定分子结构、进行分子动力学研究等的强有力的方法。自 1953 年第一台商品化核磁共振波谱仪上市以来，核磁共振在仪器、实验方法和理论及应用方面取得了可喜的发展，目前 1000MHz 的仪器已经商品化，低温微量探头日渐成为普通配置，快速 NMR 检测方法也突飞猛进。

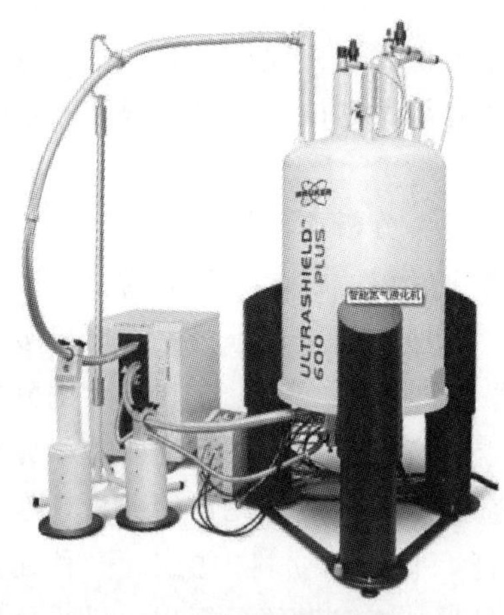

图 2-26　核磁共振波谱仪

目前，NMR 技术在生物学研究中发挥着越来越重要的作用，尤其是结构生物学研究中，如多维 NMR 技术和固体高分辨谱方法测量溶液中和生物膜的生物分子结构参数，从而建立这些分子的三维结构是当前 NMR 谱学技术的发展热点。自 20 世纪 80 年代 K. Wŭthrich 用二维 NMR 测定蛋白质完成三维结构研究获得成功以来，NMR 已与 X 射线晶体结构分析、电镜三维重构成为测定蛋白质和核酸分子结构的 3 种最重要的方法。

总之，NMR 技术已在化学、生物学、医学、药学、材料学中得到广泛的应用，成为现在仪器分析中的一个重要组成部分。核磁共振波谱仪见图 2-26。

2.6.2 原理及构造

2.6.2.1 核的自旋

核磁共振研究的是能够自旋运动的自由原子核。不同的原子核自旋的情况不同，它们可以用核的自旋量子数 I 来表示。自旋量子数、原子的质量数与原子序数的关系如表 2-4 所示。

表 2-4　自旋量子数、原子的质量数与原子序数的关系

核分类	质子数	中子数	自旋量子数 I	NMR 信号	原子核
1	偶数	偶数	$I=0$	无	$^{12}C,^{16}O,^{32}S$
2	奇数	奇数	$I=1$ $I=2$ $I=3$	有	$^{2}H,^{6}Li,^{14}N$ ^{58}Co ^{10}B

续表

核分类	质子数	中子数	自旋量子数 I	NMR 信号	原子核
3	奇数	偶数	$I=1/2$ $I=3/2$ $I=5/2,7/2,9/2$	有	$^{1}H,^{15}N,^{19}F,^{31}P$ $^{7}Li,^{11}B,^{23}Na$ ^{27}Al
4	偶数	奇数	$I=1/2$ $I=3/2$ $I=5/2,7/2,9/2$	有	^{13}C ^{33}S $^{17}O,^{25}Mg$

自旋量子数 $I\neq0$ 的原子核，如^{1}H、^{15}N、^{19}F 等，作为带电荷的粒子，原子核的自旋运动会产生磁矩 μ，磁矩与角动量 P 的关系可用下式表示：

$$\mu=\gamma P \tag{2-18}$$

式中，γ 为磁旋比，其单位是弧度·高斯$^{-1}$·秒$^{-1}$，不同的核有不同的值。

2.6.2.2 核的进动和能级分裂

将自旋量子数 $I\neq0$ 的原子核（以^{1}H 为例）置于外加磁场 B_0 中，在 B_0 的作用下，原子核像陀螺一样绕磁场方向发生回旋运动，如图 2-27 所示，称为 Larmor 进动，核的自旋轴与核磁矩矢量 μ 重合，与磁场强度 B_0 方向呈一定角度，核的 Larmor 进动频率 v_0 与 B_0 成正比：

$$v_0=\frac{\gamma}{2\pi}B_0 \tag{2-19}$$

根据量子力学规律，自旋量子数 $I\neq0$ 的核在静磁场 B_0 中，产生 Larmor 进动，使核磁矩出现 $2I+1$ 个取向，每一个取向由一个磁量子数 m 表示，如^{1}H 核的 $I=1/2$ 有两个取向，$m=+1/2$ 和 $m=-1/2$，如图 2-27 所示。核磁矩在磁场中出现的不同进动取向称为能级分裂，又称为 Zeeman 分裂。

质子^{1}H，$I=+1/2$，在静磁场 B_0 的作用下核磁矩产生两个能级分裂，低能级为核的自旋方向，与 B_0 一致，用 $m=+1/2$ 表示，高能级的取向与此相反，用 $m=-1/2$ 表示，如图 2-28 所示，两能级间的能量差 ΔE，由量子力学理论可得：

$$\Delta E=hv_0=\frac{\gamma}{2\pi}hB_0$$

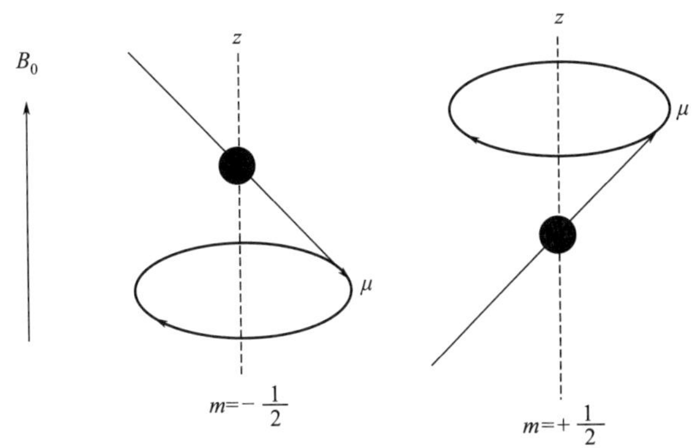

图 2-27 ^{1}H 核的 Larmor 进动

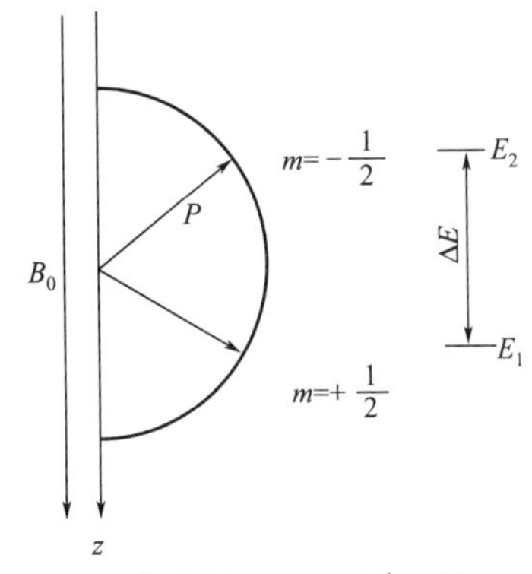

图 2-28 静磁场（B_0）中^{1}H 核磁矩的取向和能级

2.6.2.3 弛豫和弛豫机制

由于核磁共振的灵敏度较低，测量信号要不断累加，就要使处于高能态的自旋核把能量释放出来，回到低能态，使处于不同能级的核数目服从Boltzmann分布。核在射频交变磁场作用下，达到共振条件，产生NMR信号。由于相邻自旋核的能级相差不大，处于高能态的自旋核不能通过辐射的方式释放能量，但可以与周围介质相互作用，交换能量，主要有两种方式：核系统与周围环境交换能量和核系统内部各核之间交换能量。

在正常情况下，高能级的核可以不用辐射的方式回到能级低的过程称为弛豫。弛豫存在两种过程，即纵向弛豫和横向弛豫。

纵向弛豫又称为自旋-晶格弛豫，是指高能级的核将能量通过非辐射方式转移给周围分子变为热运动，而自旋核则回到低能态，使高能级核的数目变少。一个自旋体系通过纵向弛豫回到平衡状态所需要的时间称为纵向弛豫时间，以半衰期 T_1 表示，T_1 越小表示自旋-晶格弛豫过程越快。T_1 由核本性、化学环境和样品物理性质决定，并受温度影响。一般而言，固体样品 T_1 很长，有时达几个小时，而液体、气体样品 T_1 较短，在1s左右。T_1 与核磁共振的强度成反比，T_1 越短，峰信号越强，反之，峰信号越弱。

横向弛豫又称自旋-自旋弛豫，是指一自旋核与另一自旋核交换能量的过程。其机制是在一定距离内，当两个自旋核回旋频率相同、自旋态相反时，两个核相互作用，高能核把能量传给低能核，自身回到低能态，所以自旋核体系总能量没有变化，这种弛豫所需的时间称为横向弛豫时间，以半衰期 T_2 表示。与 T_1 相比，T_2 在固体中特别短，在液体、气体中相对较长，在1s左右。T_2 与峰宽成反比，T_2 越短，谱线越宽。固体及黏度较大的分子样品 T_2 很小，谱线较宽，所以一般样品要配成溶液之后再进行核磁共振测试。

2.6.2.4 化学位移

在分子的化学环境中，由于核外电子云的存在，在外加磁场的作用下，核外的电子云会产生磁场，对原子核产生一定的屏蔽作用，核外电子云在外加磁场 B_0 中产生的感应磁场（B'）为：

$$B'=-\sigma B_0 \tag{2-20}$$

式中，σ 为屏蔽系数。

而，原子核受到的实际磁感应强度（B）为：

$$B=B_0+B'=(1-\sigma)B_0 \tag{2-21}$$

因此，原子核的实际进动频率（v）为：

$$v=\frac{\gamma}{2\pi}(1-\sigma)B_0 \tag{2-22}$$

同一种核在分子中所处的化学环境不同，核外电子云密度不同，则原子核的屏蔽系数也不同，引起核磁共振吸收峰的位置不同，即为化学位移（δ）。

化学位移常以 δ 表示，为了确定 δ 的大小，选一个参比核，规定其化学位移为0。在 ^{1}H NMR和 ^{13}C NMR中常选用四甲基硅烷（TMS）作为参照标准，则化学位移为：

$$\delta=\frac{v_1-v_2}{v_0}\times 10^6 \tag{2-23}$$

式中，v_1 为样品的共振频率；v_2 为标准物的共振频率；v_0 为所用波谱仪器的频率。

在表 2-5 中列出了一些常见的基团中质子的化学位移。

表 2-5 不同类型质子的化学位移 单位：$\times 10^{-6}$

不同类型的质子	化学位移(δ)	不同类型的质子	化学位移(δ)
$(CH_3)_4Si$	0	$RCOCH_2R$	2.2～2.6
RCH_3	0.8～1.0	RCO_2CH_3	3.7～3.9
RCH_2R	1.2～1.4	RCO_2CH_2R	4.1～4.7
R_3CH	1.4～1.7	RCH_2I	3.1～3.3
$R_2C{=}CRCHR_2$	1.6～2.6	RCH_2Br	3.4～3.6
$RC{\equiv}CH$	2.0～3.0	RCH_2Cl	3.6～3.8
$ArCH_3$	2.2～2.5	RCH_2F	4.4～4.5
$ArCH_2R$	2.3～2.8	ArOH	4.5～4.7
ROH	0.5～6.0	$R_2C{=}CH_2$	4.6～5.0
RCH_2OH	3.4～4.0	$R_2C{=}CHR$	5.0～5.7
RCH_2OR	3.3～4.0	ArH	6.5～8.5
R_2NH	0.5～5.0	RCHO	9.5～10.1
$RCOCH_3$	2.1～2.3	RCO_2H	10.0～13.0

2.6.2.5 仪器构造

核磁共振波谱仪根据电磁波的来源可分为连续波和脉冲-傅立叶变换两类；按磁场产生方式，可分为永久磁铁、电磁铁和超导磁铁三种；而按磁场强度的不同，又可分为 60MHz、90MHz、100MHz、300MHz、500MHz、600MHz 等多种型号，目前基本上使用脉冲-傅立叶变换的波谱仪。

核磁共振波谱仪主要由磁铁、探头、示波器、记录仪等部分组成，图 2-29 为脉冲-傅立叶变换核磁共振波谱仪的结构示意图，图 2-26 为 Bruker 公司生产的 600MHz 核磁共振波谱仪。

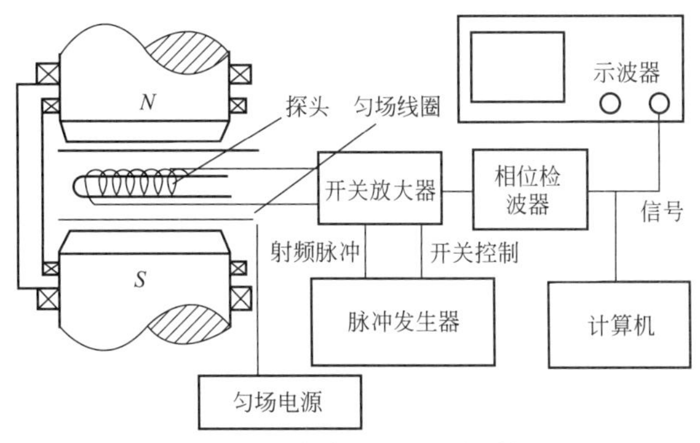

图 2-29 脉冲核磁共振波谱仪

连续波核磁共振波谱仪采用的是单频发射和接受方式，在某一时刻内，只能记录谱图中很窄的一部分信号，即单位时间内获得信息很少。在这种情况下，对那些核磁信号较弱的核如^{13}C、^{15}N 等，即使采用累加技术，也得不到好的效果。而傅立叶变换 NMR 波谱仪是以适当宽度的射频脉冲作为“多道发射机”，使所选的核同时激发，得到核的多条谱线混合的自由感应衰减（free induction decay，FID）信号的叠加信息，及时间域函数，然后以快速傅立叶变换作为“多道接收机”变换出各条谱线在频率中的位置及其强度，因此，基本上克服了连续波谱仪的这些缺点。

傅立叶变换核磁共振波谱仪测定速度快，除了可以进行核的动态过程、瞬变过程、反应动力学等方面的研究外，还易于实现累加技术，可以测定信号较弱的核。

2.6.3 操作过程（液体核磁共振）

(1) 开机前准备

① 根据实验要求，选择合适的氘代试剂，在核磁管中溶解样品。

② 确认气路连接正确无误，打开空气压缩机。

(2) 开机采样

① 打开控制柜开关，并运行执行软件。

② 调用相应的实验脉冲序列。

③ 设置实验参数，即可进样采集信号。

④ 进行数据处理，包括傅立叶变化、基线矫正和积分。

(3) 关机

关闭软件，关闭控制柜开关。

(4) 注意事项

① 不能将磁性物质带进磁场。

② 实验参数设置不能超出极限功率。

2.6.4 管理及维护

目前的核磁共振仪器一般是超导磁体，需要定期添加液氮、液氦，并监控液面，确保超导稳定，不能失超。定期检验标准样品的线宽，每周需要进行一次匀场；每月进行一次脉冲宽度的测定。

仪器在运行一段时间后，由于静电原因，仪器内部容易吸附较多的灰尘，对控制柜内部灰尘需要定期清洗和维护。

2.6.5 常见故障

2.6.5.1 进样后采集不到任何信号

需要利用标样进行测试，从仪器共振频率、脉冲宽度等方面进行分析，可以通过调谐，调用系统设定标准参数进行排查。若仍然不出峰，可能是硬件问题，可检查机柜各个电路板的指示灯。

2.6.5.2 线宽问题

一般线宽问题会降低谱图的分辨率。

① 检查磁场的稳定性，检查标样检测场指标。

② 样品浓度过浓。

③ 样品中可能残存顺磁物质。

2.6.6 结果解读

2.6.6.1 化合物鉴定

核磁共振谱图可以提供与分子结构有关的丰富信息，其中氢核磁共振谱是基础，且在结构鉴定中最常用，它根据每组峰的位移及自旋裂分的形状来推测产生吸收峰的氢核相连的官能团的类型和相邻氢的数目；而峰面积则可以计算出每种类型氢的相对数目。

在解析某种未知化合物的核磁共振谱图时，一般采用的步骤如下。

① 首先识别出溶剂峰以及杂质峰。

② 区别有几组峰，从而确定未知物中有几种不等性质子（即质子所处化学环境不同，产生的化学位移也就不同）。

③ 计算峰面积比值，确定各种不等性质子的相对数目。

④ 确定各组峰的化学位移值，再查阅相关数据，确定分子中间可能存在的官能团。

⑤ 识别各组峰的自旋裂分情况和耦合常数，从而确定各种质子所处的环境。

⑥ 综合上述几个方面，提出未知物的可能结构，再结合其他相关信息（如质谱、红外光谱、熔点、沸点等）最终确定未知物的结构。

以正丙醇为例，从^{1}H NMR谱（图 2-30）中可以看出谱图中有五组峰，化学位移由低到高的次序为 δ 0.79（三重峰）、δ1.44（六重峰）、δ3.41（三重峰）、δ3.91（单峰）、δ7.26（单峰，溶剂峰）。δ0.79 的甲基峰（$—CH_3$）受邻近的$—CH_2—$的自旋耦合，按照 $n+1$ 规律，使$—CH_3$ 裂分为三重峰；而与甲基相邻的亚甲基（$—CH_2—$）受到甲基（$—CH_3$）和相邻亚甲基（$—CH_2—$）的影响产生十二重峰，但由于耦合过程中发生重叠，实际为六重峰；与羟基相连的亚甲基（$—CH_2—$）受到相邻亚甲基（$—CH_2—$）的影响，裂分为三重峰；而醇羟基不受邻近质子的影响为单峰，并且图中四组峰的峰面积比为 3∶2∶2∶1，与结构中的氢原子数比相符合。

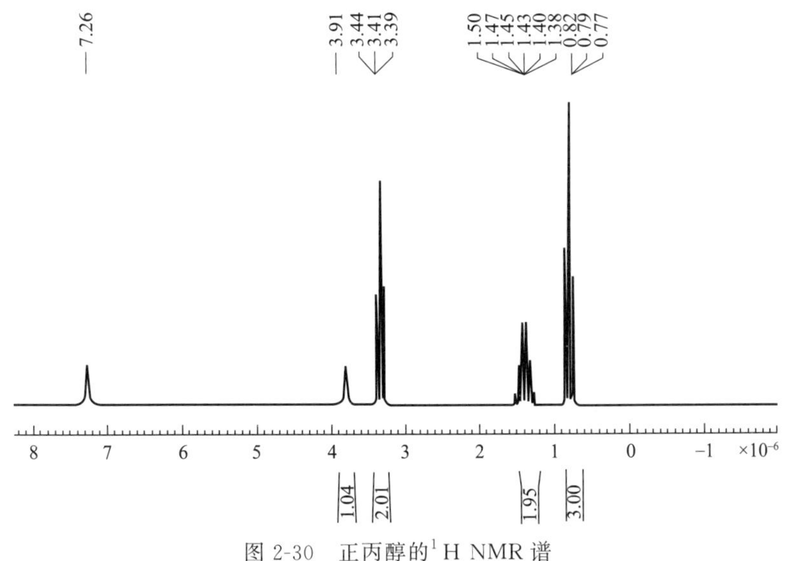

图 2-30 正丙醇的^{1}H NMR 谱

2.6.6.2 定量分析

核磁共振波谱中积分的面积与该峰的氢核数成正比，这点不仅可用于结构分析，而且可以用于定量分析。NMR 定量分析的最大优点是不需要引入任何校正因子。

为了确定仪器的积分面积与质子浓度关系，常常需要采用一种标准化合物来做参比。对标准化合物的基本要求是不会与所检测样品的峰相重叠。目前使用的标准化合物，主要为有机硅化合物，它们的质子峰都在高场区，在有机溶剂中，主要用四甲基硅烷（TMS），而在水溶液中常用 3-（三甲基硅基）-2，2，3，3-四氘代丙酸钠（TSP）。内标法测定准确性高，操作方便，使用较多。外标法只是在未知化合物成分复杂、难以选择合适内标时使用，一般使用较少。一般对多组分混合物做定量分析时，由于共振峰相互重叠，难以准确进行定量，但是近年来，结合多维度的化学计量学方法利用 NMR 定量体液，在尿液混合物成分测定中，特别是在代谢组学研究中广泛使用。常见氘代试剂溶剂峰及某些杂质峰的化学位移见表 2-6。

表 2-6 常见氘代试剂溶剂峰及某些杂质峰的化学位移 单位：$\times 10^{-6}$

溶剂残留峰	质子	峰型	$CDCl_3$	$(CD_3)_2CO$	$(CD_3)_2SO$	C_6D_6	CD_3CN	CD_3OD	D_2O
			7.26	2.05	2.50	7.16	1.94	3.31	4.79
H_2O		s	1.56	2.84	3.33	0.40	2.13	4.87	
丙酮	CH_3	s	2.17	2.09	2.09	1.55	2.08	2.15	2.22
苯	CH_3	s	7.36	7.36	7.37	7.15	7.37	7.33	
氯仿	CH	s	7.26	8.02	8.32	6.15	7.58	7.90	
环己烷	CH_2	s	1.43	1.43	1.40	1.40	1.44	1.45	
1,2-二氯环己烷	CH_2	s	3.73	3.87	3.90	2.90	3.81	3.78	
乙醚	CH_3 CH_2	t,7 q,7	1.21 3.48	1.11 3.41	1.09 3.38	1.11 3.26	1.12 3.42	1.18 3.49	1.17 3.56
乙醇	CH_3 CH_2 OH	t,7 q,7 s	1.25 3.72 1.32	1.12 3.57 3.39	1.06 3.44 4.63	0.96 3.34	1.12 3.54 2.47	1.19 3.60	1.17 3.65
乙酸乙酯	CH_3CO CH_2CH_3 CH_2CH_3	s q,7 t,7	2.05 4.12 1.26	1.97 4.05 1.20	1.99 4.03 1.17	1.65 3.89 0.92	1.97 4.06 1.20	2.01 4.069 1.24	2.07 4.14 1.24
甲苯	CH_3 CH(*o*/*p*) CH(*m*)	s m m	2.36 7.17 7.25	2.32 7.1～7.2 7.1～7.2	2.30 7.18 7.25	2.11 7.02 7.13	2.33 7.1～7.3 7.1～7.3	2.32 7.16 7.16	
吡啶	CH(2) CH(3) CH(4)	m m m	8.62 7.29 7.68	8.58 7.35 7.76	8.58 7.39 7.79	8.53 6.66 6.98	8.57 7.33 7.73	8.53 7.44 7.85	8.52 7.45 7.87
甲醇	CH_3 OH	s s	3.49 1.09	3.31 3.12	3.16 4.01	3.07	3.28 2.16	3.34	3.34

2.6.6.3 其他核的核磁共振波谱

（1）^{13}C 的核磁共振波谱（^{13}C NMR）

除了^{1}H 谱之外，^{13}C 谱、^{19}F 谱、^{31}P 谱也比较常用，其中使用最普遍的是^{13}C 谱。核磁共振^{13}C 谱与^{1}H 谱相比具有优越性，^{1}H 谱只能提供分子“外围”结构的信息，而^{13}C 谱可以获得有机分子骨架的结构信息，例如^{13}C谱可以直接得到羰基（C=O）、腈基（C≡N）和季碳原子等信息。另外，^{1}H谱化学位移范围在20×10^{-6}左右，而^{13}C谱则可达到200×10^{-6}以上，峰间的重叠可能性较小。

在有机化合物中，C—C及C—H都是直接相连的。由于^{13}C的天然丰度仅为1.1%，$^{13}C—^{13}C$自旋耦合通常可以忽略，而$^{13}C—^{1}H$间的耦合常数很大，对于结构复杂的化合物，耦合裂分峰太多，会导致谱图复杂难以解析，为了克服这一缺点，最大限度地得到^{13}C NMR谱的信息，一般选用三种质子去耦法：^{1}H宽带去耦法（broad band decoupling method）；偏共振去耦法（off-resonance decoupling method）；选择性质子去耦法（selective decoupling method）。

^{1}H宽带去耦法是在测定^{13}C核的同时，用在质子共振范围内的另一强频率照射质子，以除掉^{1}H对^{13}C的耦合。质子去耦法使每个磁性等价的^{13}C成为单峰，这样不仅谱图大为简化，而且容易对信号进行分别鉴定并确定其归属。但是该方法的缺点是不能完全去除与^{13}C核直接相连的^{1}H的耦合信息，因而也就失去了对结构解析有用的相关原子类型的信息。为此，又发展了偏共振去耦法，作为宽带去耦法的补充。

偏共振去耦法是使用弱射频照射^{1}H核，使与^{13}C核直接相连的^{1}H和^{13}C之间还留下部分自旋耦合作用。通常从偏共振去耦法测得的分裂峰数，可得到与碳原子直接相连的质子数。

选择性质子去耦法是用某一特定的质子共振频率的射频照射该质子，以去掉被照射质子对^{13}C的耦合，使^{13}C成为单峰，从而确定相应的^{13}C信号的归属。

在表2-7中列出了一些常见的基团碳的化学位移。常见氘代试剂及某些杂质的^{13}C NMR数据见表2-8。

表2-7　不同基团碳的化学位移　　单位：$\times10^{-6}$

基团	化学位移(δ)	基团	化学位移(δ)
$R—CH_3$	8～30	$CH_3—O$	40～60
R_2CH_2	15～55	$CH_2—O$	40～70
R_3CH	20～60	CH—O	60～75
C—I	0～40	C—O	70～80
C—Br	25～65	C≡C	65～90
C—Cl	35～80	C=C	100～150
$CH_3—N$	20～45	C≡N	110～140
$CH_2—N$	40～60	芳香化合物	110～175
CH—N	50～70	酸、酯、酰胺	155～185
C—N	65～75	醛、酮	185～220
$CH_3—S$	10～20	环丙烷	−5～5

表2-8　^{13}C NMR数据　　单位：$\times10^{-6}$

		$CDCl_3$	$(CD_3)_2CO$	$(CD_3)_2SO$	C_6D_6	CD_3CN	CD_3OD	D_2O
溶剂残留峰		77.16±0.06	29.84±0.01 206.26±0.13	39.52±0.06	128.06±0.02	1.32±0.02 118.26±0.02	49.00±0.01	
丙酮	CO CH_3	207.07 30.92	205.87 30.60	206.31 30.56	204.43 30.14	207.43 30.91	209.67 30.67	215.94 30.89
苯	CH	128.37	129.15	128.30	128.62	129.32	129.34	
氯仿	CH	77.36	79.19	79.16	77.79	79.17	79.44	

续表

		$CDCl_3$	$(CD_3)_2CO$	$(CD_3)_2SO$	C_6D_6	CD_3CN	CD_3OD	D_2O
溶剂残留峰		77.16±0.06	29.84±0.01 206.26±0.13	39.52±0.06	128.06±0.02	1.32±0.02 118.26±0.02	49.00±0.01	
环己烷	CH_2	26.94	27.51	26.33	27.23	27.63	27.96	
1,2-二氯环己烷	CH_2	43.50	45.25	45.02	43.59	45.54	45.11	
乙醚	CH_3 CH_2	15.20 65.91	15.78 66.12	15.12 62.05	15.46 65.94	15.63 66.32	15.46 66.88	14.77 66.42
乙醇	CH_3 CH_2	18.41 58.28	18.89 57.72	18.51 56.07	18.72 57.86	18.80 57.96	18.40 58.26	17.47 58.05
乙酸乙酯	CH_3CO CO CH_2 CH_3	21.04 171.36 60.49 14.19	20.83 170.96 60.56 14.50	20.68 170.31 59.74 14.40	20.56 170.44 60.21 14.19	21.16 171.68 60.98 14.54	20.88 172.89 61.50 14.49	21.15 175.26 62.32 13.92
吡啶	CH(2) CH(3) CH(4)	149.90 123.75 135.96	150.67 124.57 136.56	149.58 123.84 136.05	150.27 123.58 135.28	150.76 127.76 136.89	150.07 125.53 138.35	149.18 125.12 138.27
甲苯	CH_3 C(*i*) CH(*o*) CH(*m*) CH(*p*)	21.46 137.89 129.07 128.26 125.33	21.46 138.48 129.76 129.03 126.12	20.99 137.35 128.88 128.18 125.29	21.10 137.91 129.33 128.56 125.68	21.50 138.90 129.94 129.23 126.28	21.50 138.85 129.91 129.20 126.29	
甲醇	CH_3	50.41	49.77	48.59	49.97	49.90	49.86	49.50

图 2-31 为正丙醇的核磁共振碳谱（去耦）。

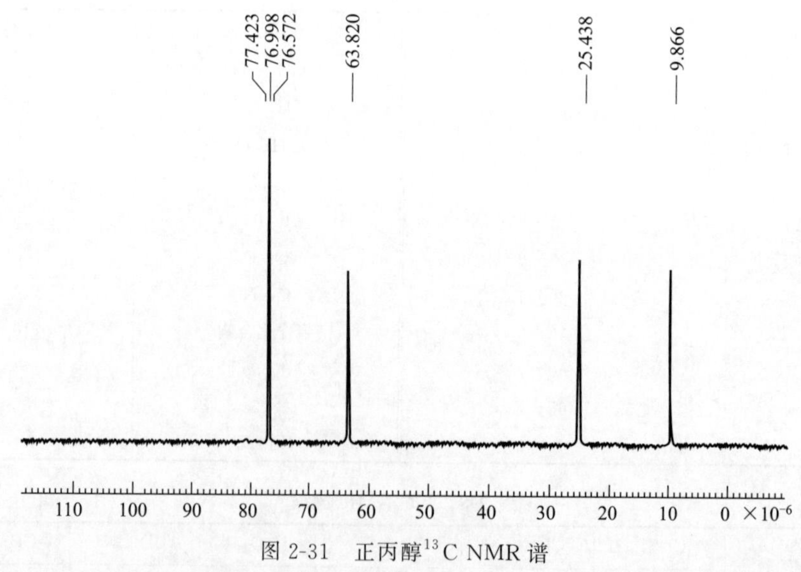

图 2-31　正丙醇 ^{13}C NMR 谱

(2) ^{31}P 的核磁共振波谱（^{31}P NMR）

^{31}P 的自旋 $I=1/2$，其 NMR 化学位移值可达 700×10^{-6}。^{31}P NMR 研究主要集中在生物化学领域，由于生物大分子 DNA、蛋白质中均普遍含有磷元素，因此可以通过 ^{31}P NMR 有效地研究生物分子体内的代谢过程。

(3)^{19}F 的核磁共振波谱（^{19}F NMR）

^{19}F 的自旋 $I=1/2$，磁旋比与质子相近，天然风度为 100%，非常灵敏，而且氟的化学位移与其所处的环境密切相关，可达 300×10^{-6}，目前广泛地使用以氟标记的氨基酸作为探针研究蛋白质的构象。

2.6.7 小结

核磁共振波谱的各种参数携带了丰富的分子结构信息，包括空间、动力学等信息。随着相应实验方法与技术的开发，测定这些信息越来越常规、便捷、简易。其在化学、生物、医学研究中将发挥越来越重要的作用。

2.7 质谱分析仪

2.7.1 主要用途

质谱法（mass spectrometry，MS）是 20 世纪产生、应用并不断发展的重要的物理分析方法。1898 年 Wien 发现正离子束在电场中发生偏转的现象，1913 年 Thomson 以放电方法获得氖的正离子，并用偏转仪证明氖存在两种同位素^{20}Ne 和^{22}Ne，1918 年 Dempster 用电子轰击离子化，1919 年 Aston 发现每一种同位素都有一个特定的“质量亏损”，因此同位素的质量并不是质量单位的整数倍，这些研究为近代质谱分析方法和高分辨质谱奠定了基础。20 世纪 40 年代随着机械工业、真空技术和电子学的发展，得以设计试制成能适应分析要求的质谱仪。

质谱是通过将试样分子裂解为分子碎片和各种离子碎片或带电原子的集合，按其质量或质荷比（m/e）大小顺序排列而成的图谱。质谱仪是利用电磁学原理，将待测样品在一定条件下处理成气态离子并通过质量分析器，通过按其质量或质荷比（m/e）大小顺序进行分离、记录的仪器（见图 2-32）。

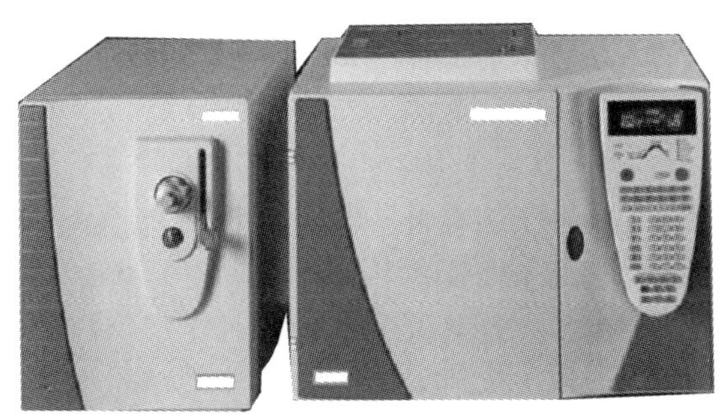

图 2-32 质谱分析仪

质谱法信息量大，应用范围广，分析速度快、灵敏度高，谱图解析相对简单，是研究有机化合物结构的有力工具。因为分子离子峰可以提供样品分子的分子量的信息，所以质谱法也是测定分子量的常用方法。根据质谱谱图，可以进行多种有机物、无机物的定性和定量分析，样品中各种同位素比的测定及固体表面结构和组成分析等。目前质谱法已经广泛应用于化学、石油、材料、生命、环境、能源、医药等各个领域。

质谱法是分析鉴定纯物质的最有效方法之一。质谱法主要应用于化合物分子量的测定、化学式的确定、结构分析、定量分析、同位素研究等。

2.7.1.1 分子量的确定

精密测定化合物的分子量，特别是挥发性化合物分子量的测定，质谱法是目前最好的方法。

分子离子峰所相当的质量数，就是被测化合物的分子量。但有时分子离子稳定性差而没有出现分子离子峰，或者同位素的存在使得 m/e 最高的峰并不是分子离子峰。因此，要测定化合物的分子量，准确地确认分子离子峰显得十分重要。理论上，纯物质的质谱中分子离子峰有下列特征性质。

① 质谱图上除了同位素离子峰外，分子离子峰是质谱图中 m/e 值最大的离子峰，处于质谱图的最右端。

② 分子离子峰断裂为质量较小的碎片离子时，应有合理的中性碎片质量丢失。即经电离后的有机物分子离子可能会失去 1～3 个氢，即质量数减少 1～3 个质量单位，也可以失去一个最小的中性碎片 CH_3，而质量减少 15 个质量单位，但不能失去 4～14 个氢。同样理由，也不能丢失 21～25 个质量单位。所以待定离子峰如果是分子离子峰的话，则在此峰邻近质量小于 4～14 及 21～25 等质量单位处不应有离子峰出现，否则该峰就不是分子离子峰。

③ 分子离子峰要符合“氮律”。在只有 C、H、O、N 的有机化合物分子中，不含或含有偶数个氮原子的分子离子峰，其分子量为偶数；若为含有奇数个氮原子的分子离子峰，则分子量也为奇数。

2.7.1.2 化学分子式确定

高分辨率质谱仪可以精确测量出分子离子或者碎片离子的 m/e（误差可小于 10^{-5}），故利用已知的元素同位素的确切质量可以算出其元素组成。这种确定分子式的方法要求同位素峰的测定十分精确且只适用于分子量较小、分子离子峰较强的化合物，而现代高分辨质谱仪器都具备用计算机采集质谱数据并精确计算各元素的个数，直接给出分子式的功能。这是目前最为方便、迅速、准确的方法，以前那种查表的方法已基本不再使用。

2.7.1.3 分子结构的确定

在一定的实验条件下，各种分子都有自己特征的裂解模式和途径，产生各具特征的离子峰，包括其分子离子峰、同位素离子峰及各种碎片离子峰。根据这些峰的质量及强度信息，可以推断化合物的结构。质谱图的一般解析步骤如下。

① 确定分子量。

② 确定分子式。分子式确定之后，就可以初步估计化合物的类型。

③ 计算化合物的不饱和度（Ω）：

$$\Omega=1+n_4+(n_3-n_1)/2$$

式中，n_4、n_3、n_1 分别表示化合物分子中四价、三价、一价元素的原子个数（通常 n_4 为 C 原子的数目，n_3 为 N 原子的数目，n_1 为 H 和卤素原子的数目）。

计算出 Ω 值后，可以进一步判断化合物的类型：$\Omega=0$ 时为饱和（及无环）化合物；$\Omega=1$ 时为带有一个双键或一个饱和环的化合物；$\Omega=2$ 时为带有二个双键或一个三键或一个双键加一个环的化合物（其他以此类推）；$\Omega=4$ 时常是带有苯环的化合物或多个双键或三键。例如，C_8H_{14} 的不饱和度 $\Omega=1+8+(0-14)/2=2$。

④ 研究高质量端的分子离子峰及其与碎片离子峰的质量差值，推断其断裂方式及可能脱去的碎片离子或中性分子。从分子离子失去的碎片可以确定化合物中含有哪些取代基。常见的离子失去碎片的情况有：

M-15(CH_3)	
M-17(OH,NH_3)	M-18(H_2O)
M-19(F)	M-26(C_2H_2)
M-27(HCN,C_2H_2)	M-28(CO,C_2H_4)
M-29(CHO,C_2H_5)	M-30(NO)
M-31(CH_2OH,OCH_3)	M-32(S,CH_3OH)
M-35(Cl)	M-42(CH_2CO,CH_2N_2)
M-43(CH_3CO,C_3H_7)	M-44(CO_2,CS_2)
M-45(OC_2H_5,COOH)	M-46(NO_2,C_2H_5OH)
M-79(Br)M-16(O,NH_2)	M-127(I)…

⑤ 研究低质量端的碎片离子，寻找不同化合物断裂后生成的特征离子或特征系列，如饱和烃往往产生 $m/e=15$、$15+14n$ 质量的系列峰；烷基苯往往产生 $m/e=91-13n$ 质量的系列峰。根据特征系列峰可以推测化合物的类型。

⑥ 根据上述解释，可以提出化合物的一些结构单元及可能的结合方式，再参考样品的来源、特征、某些物理化学性质，就可以提出一种或几种可能的结构式。

⑦ 验证：a. 由以上解释所得到的可能结构，依照质谱的断裂规律及可能的断裂方式分解，得到可能产生的离子，并与质谱图中的离子峰相对应，考察是否相符合；b. 与其他的分析手段，如 IR、NMR、UV-VIS 等的分析数据进行比较、分析、印证；c. 寻找标准样品，在与待定样品的同样实验条件下绘制质谱图，进行比较；d. 查找标准质谱图、表进行比较。

如果从单一的质谱信息还不足以确定化合物的结构或需进一步确证的话，可借助其他的手段，如红外光谱法、核磁共振波谱法、紫外-可见分光光度法等。

2.7.1.4 定量分析

定量分析的依据是，在一定的压强范围内，纯组分的离子流强度与组分的压强成正比，即：

$$I_m=i_m p \tag{2-24}$$

式中，I_m 为组分在质量 m 处的离子流强度；p 为组分的压强；i_m 为组分在质量 m 处的压强灵敏度——单位压强所产生的离子流强度，用标准纯样品可以测出待测组分在某一质量处的压强灵敏度 i_m。

对于单组分或混合物各组分有单独不受干扰的离子峰的测定，可以利用式(2-24) 直接进行定量分析，即只需测出待测组分测量峰的离子流强度及相应质量处的压强灵敏度，就可算出该组分的分压（p_n），将分压值除以分析时试样容器内的总压（$p_{总}$），就得到该组分的摩尔百分含量（X）：

$$X = p_n / p_{总} \times 100\% \qquad (2\text{-}25)$$

对于混合物各组分没有各自单独的峰的测定，则根据各组分相同 m/e 值峰的离子流强度具有加和性进行定量分析，即：

$$\sum_{j=1}^{n} i_{mj} p_j = I_m \qquad (m=1,\ 2,\ 3,\ \cdots n)$$

式中，i_{mj} 为第 j 组分在 m 质量处的压力灵敏度；p_j 为组分 j 的分压；I_m 为混合物 m 质量处测得的离子流强度。

i_{mj} 可以预先用各组分的标准物测得，则只需测得各个 I_m 值代入方程组解联立方程，就可求出 p_j，进而求出各组分的 X。对于多组分的混合物分析，解联立方程的计算极为烦琐，借助于计算机数据处理可以极大地提高速度。而如果采用色谱-质谱联用，色谱分离后质谱定量分析就简便多了。在无机物痕量分析方面，现代仪器多采用耦合等离子体光源，称为 ICP-MS。

2.7.2 原理与构造

分析样品的气态分子，在高真空中受到高速电子流或其他能量形式的作用，失去外层电子生成分子离子或进一步发生化学键的断裂或重排，生成多种碎片离子后，经加速电场的作用，形成离子束，进入质量分析器。在质量分析器中，利用离子在电场或磁场中的运动性质，使各种离子按不同质荷比（m/e）的大小次序分开，并对各种（m/e）的离子流进行检测、记录，得到质谱图。最后，鉴别谱图中的各种质荷比（m/e）的离子及其强度，从而实现对样品成分及结构的分析。

根据质谱仪器工作原理不同可分为静态质谱仪和动态质谱仪两大类。其中静态质谱仪可进一步分为单聚焦质谱仪和双聚焦质谱仪，其都是采用稳定的电磁场而按空间位置将不同质荷比（m/e）的离子分开；动态质谱仪可以分为四极杆质谱仪和飞行时间质谱仪等，它们采用变化的磁场而按时间不同将质荷比（m/e）不同的离子分开。质谱仪主要由真空系统、进样系统、离子源、质量分析器、检测器、数据处理系统六部分组成，见图 2-33。

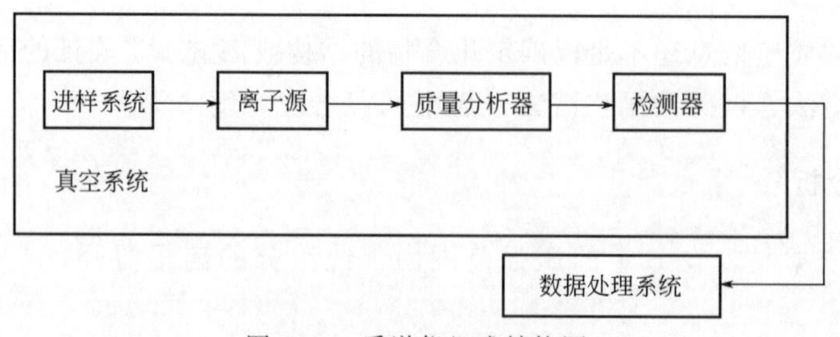

图 2-33　质谱仪组成结构图

2.7.3 操作过程

质谱仪的分析过程是：在真空状况下，由进样系统将样品通过推杆直接导入离子源的离子化室进行气化，或样品先在贮存器中气化，然后送入离子化室。在离子源中，分子电离和碎裂为不同质荷比（m/e）的离子，通过质量分析器聚焦，由电子倍增器接收检测，用紫外线感光仪记录，或经模-数转换输入电子计算机处理，即可给出数据表和棒图。

2.7.3.1 真空系统

在质谱分析中，离子产生及经过的地方必须处于高真空状态，否则大量氧会烧坏离子源灯丝，用于加速离子的几千伏电压会引起放电，引起额外离子-分子反应而使图谱复杂化。一般离子源的真空度应达到 $1.3\times10^{-5}\sim1.3\times10^{-4}$Pa，质量分析器中应达 1.3×10^{-6}Pa。一般质谱仪都采用机械泵预抽真空后，再用高效率扩散泵连续地运行以保持真空。现代质谱仪采用分子泵可以获得更高的真空度。

2.7.3.2 进样系统

质谱仪的进样系统要保证待测样品被高效重复地引入到离子源中并且不能造成真空度降低。目前常用的进样装置有间歇式进样系统、直接探针进样及色谱进样系统。一般质谱仪都配有间歇式和直接探针进样两种系统。色谱进样系统是在气相色谱仪与质谱仪联用时，将色谱柱分离后依次流出的组分与载气分开后直接导入质谱仪中离子化后进行测定。

（1）间歇进样

这种系统可用于气体、液体和中等蒸气压的固体样品进样。由于质谱分析的试样需先转化成气态才能导入离子化室，故通过可拆卸式的试样管将少量（10～100μg）固体和液体试样引入有低压强（1.3～0.13Pa）及加热装置（通常≤200℃）的试样贮存器中，使样品保持气态，然后通过微孔扩散进入离子源。

（2）直接进样

这种系统可用于具有一定挥发性的固体、热敏性固体及高沸点的液体试样。通常将试样放入坩埚中，再放入可加热的套圈内，通过真空闭锁装置将其插入离子源附近，可以对样品加热处理以保证试样挥发。这种进样技术使分析需要的样品量可以少至 1ng，故许多少量且复杂的有机化合物和有机金属化合物也可以进行质谱分析，对生物质谱测定更有应用意义。

2.7.3.3 离子源

离子源的功能是将进样系统引入的气态样品分子转化成由不同质荷比（m/e）离子组成的离子束。离子源的性能对质谱的灵敏度和分辨率影响很大，可以说离子源就是质谱仪的心脏。

当分子不同时离子化所需的能量也不一样，所以对不同分子应选择不同的电离方法。一般能给样品较大能量的电离方法称为硬电离方法，而给样品较小能量的电离方法为软电离方法，软电离技术是目前各类生物大分子样品质谱分析的最常用方法。质谱仪的离子源种类很多，下面介绍主要的几种离子源。

（1）电子轰击（EI）

EI 是最早使用且应用广泛的离子源。图 2-34 为 EI 离子源结构图，气化的样品送入电离盒，受到电子束轰击，分子受激失去电离电位较低的价电子形成分子离子（M^{+}），并部分裂解出各种碎片离子，负离子被吸收到推斥极而中和，随真空系统抽出；正离子则被推斥极推出离子盒，并经逐级加速电压加速，经离子聚集电极，将离子聚焦为散角较小的粒子束，飞出离子源，经出口狭缝进入质量分析器。

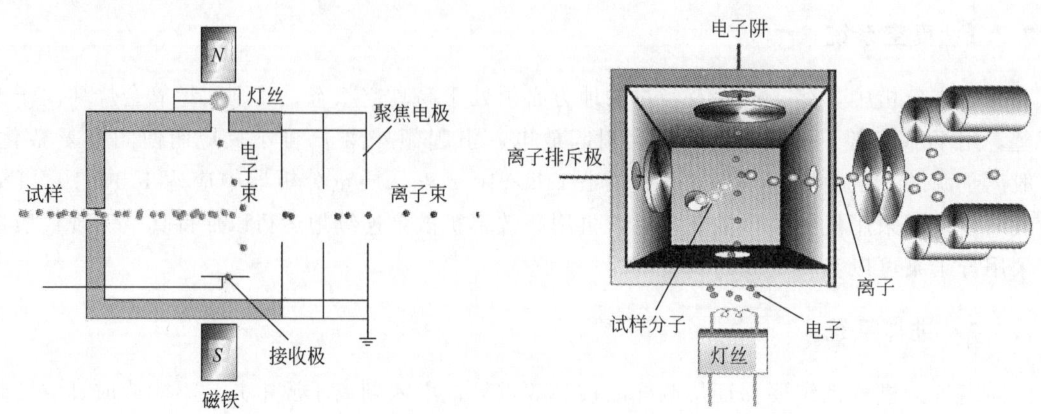

图 2-34　EI 离子源结构图

由于 EI 离子源形成奇电子分子离子（$\dot{M}^{+}$）内能较高，电离效率、灵敏度都很高，有利于继续断裂为众多的碎片离子，故可为分析有机分子的结构提供大量信息。标准质谱图基本是采用 EI 离子源获得的。但 EI 质谱通常只能应用于较低分子量（＜1000Da）的样品分析，且当样品分子稳定性不高时，分子离子峰强度很低，个别情况甚至得不到质谱图，不适合极性大、不稳定分子和生物分子的分析。

（2）化学电离（CI）

CI 是借助于离子-分子碰撞反应使样品分子离子化，为 1965 年开始使用的一种软离子化方式，其电离过程是将反应气体（常用甲烷、丙烷、异丁烷、氨、水蒸气等）导入离子化室，形成较高的蒸气压（约 1mmHg），样品直接送入离子源并在那里气化，同 EI 一样发射电子束，使部分反应气体分子电离，形成反应离子（初级离子）；反应离子与未电离的反应气体分子进行一系列离子-分子碰撞反应，形成较稳定的次级离子，这些次级离子再与样品分子发生碰撞反应而产生 $(M+R)^{+}$ 或 $(M-R)^{+}$ 的准分子离子（quasi-molecular ion，QM^{+}），QM^{+} 进一步断裂成碎片离子。

在许多质谱计中都将 EI 和 CI 组成组合离子源，交替使用。由 CI 容易得到分子量或分子式，而由 EI 可获得较多的断裂信息，有利于结构推断。

（3）场电离（FI）和场解吸（FD）

FI 是气态分子在强电场作用下发生的电离，在作为场离子发射体的金属刀片、尖端或细丝上施加正高压，由此形成 107～108V/cm 的场强，处于高静电发射体附近的样品气态分子失去价电子而电离为正离子。对液态或固态样品进行 FI 时，仍需要气化。

FD 则没有气化的要求，而是将样品吸附在作为离子发射体的金属细丝上送入离子源。只要在细丝上通以微弱电流，提供样品从发射体上解吸的能量，解吸出来的样品分子即扩散（不是气化）到高场强的场发射区域进行离子化。显然 FD 特别适合于难气化和热稳定性差的固体样品的分析，扩大了质谱分析的范围，尤其在天然产物的研究上得到广泛的应用。

FI 和 FD 的共同特点是形成的 $\cdot M^{+}$ 没有过多的剩余内能，减少了分子离子进一步裂解的概率，增加了分子离子峰的丰度，碎片离子峰相对减少。

（4）快原子轰击离子源（FAB）

FAB-MS 的原理如图 2-35 所示。将一束从氩离子枪产生的高能量的 Ar^{+} 进入充满氩气的电荷交换室（碰撞室），经共振电荷交换后，形成一束保持着原来能量的快速氩原子流，氩原子流进入电离室轰击样品探头上被“基质”（如甘油等）分散的样品分子，使之离子化，而后送入质谱分析器，得到 FAB-MS。

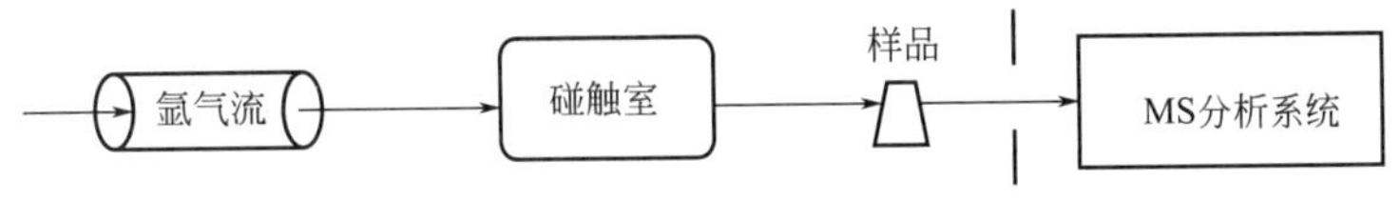

图 2-35 FAB-MS 原理示意图

在电离过程中没有加热，所以 FAB-MS 特别适用于分析一些热不稳定的、极性大的化合物，其广泛用于生物大分子（蛋白质、核酸等）、酸性染料和络合物的分析。检测上限为 104Da。而对非极性的普通有机化合物分析的灵敏度反而下降。FAB-MS 的不足之处是除检测上限还不够高外，在分析极性化合物时，为了获得较高的灵敏度，样品必须溶于低挥发度基质（如甘油、聚乙二醇、硫代甘油等）的溶液中，基质本身的质谱对样品有干扰，在低质量端尤为严重，所以对检测较高分子量的样品更有使用价值。

2.7.3.4 质量分析器

质量分析器是利用不同方式将离子源中产生的离子按不同质荷比（m/e）进行分离和聚焦的装置。下面介绍主要几种。

(1) 单聚焦质量分析器

单聚焦质量分析器是由单个扇形（90°或 60°）或半圆形（180°）的均匀磁场组成。当离子进入磁分析器后，受到与之垂直方向均匀磁场的作用，离子飞行的途径弯曲呈弧形，m/e 不同，曲率半径 r 亦不同。图 2-36 为第一台商品化的单聚焦质谱仪分析器原理图，此时离子运动的离心力 mv^2/r 与磁场作用力相等（H 为磁场强度）。

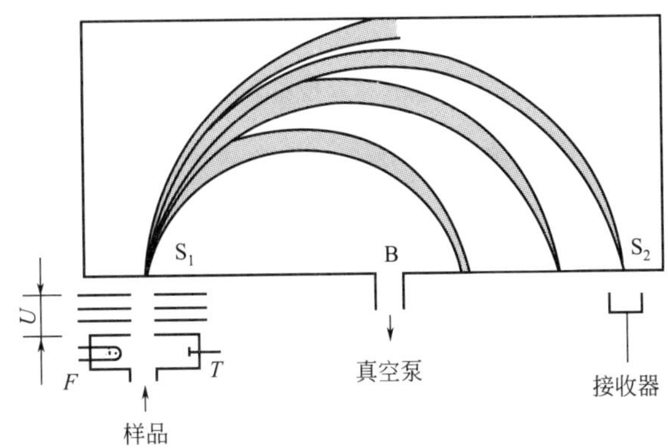

图 2-36 180°磁场分析原理图

U—高压电场的电压；F—电离室里的阴极；T—电离室里的阳极；S_1、S_2—狭缝；B—阴离子和分子

$$\frac{mv^2}{r}=Hzv \tag{2-26}$$

式中，z 为离子所带电荷；v 为离子加速后的速度。

由式(2-26) 消去 v 得：

$$\frac{m}{z}=\frac{H^2r^2}{2v} \tag{2-27}$$

根据式(2-27) 在 v 不变的情况下，逐渐加大磁场 H，进入狭缝被接收离子的 m/e 值也将逐渐增大，此为磁场扫描；或者 H 不变，逐渐加大电场 v，则进入狭缝被接收离子的 m/e 值将逐渐减少，即电场扫描。飞行离子通过磁场之后，使 m/e 不同的离子得到分离，称为质量色散，同时还可以把进入磁场时入射角不同而 m/e 相同的离子重新聚焦在接收器狭缝处，称为方向（角度）聚焦。

单聚焦质谱仪分辨率一般在 1 万以内，为低分辨仪器。所谓分辨率（resolution）是相邻两峰被分离程度的标志，规定为两个相邻的质谱峰之一的质量数与两者质量数之差的比值，国际上规定它们为两峰间峰谷的高度为峰高的 10%时的测量值。

(2) 双聚焦质量分析器

双聚焦质量分析器同时具有能量（或速度）聚焦和方向聚焦，图 2-37 为双聚焦质量分析器工作原理示意。它是将一个扇形静电场分析器置于离子源和扇形磁场分析器之间，在磁场分析器前，外加静电分析器。静电场的作用使能量分散，离子按能量大小得到分离后，经方向聚焦进入磁场，在磁场做动量分离，将速度相等而 m/e 不同的离子分开，实现离子束的方向和能量的双聚焦，达到高分辨的效果。

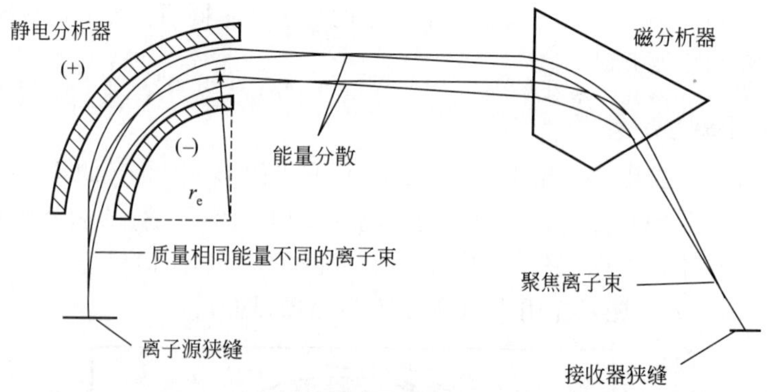

图 2-37　双聚焦质量分析器工作原理示意图

双聚焦质谱仪的分辨率可达 1 万至十几万，称为高分辨质谱。高分辨质谱可给出原子量单位至少四位小数的精确度，用以测定离子的元素组成。但是这种仪器装置复杂，需要处理的数据庞大，所以一般结构分析多用低分辨质谱完成，仅在个别问题需要时，再补做高分辨质谱数据。

(3) 四极杆质量分析器

四极杆质量分析器是由两对四根高度平行的金属电极杆组成的，精密地固定在正方形的四个角上，如图 2-38、图 2-39 所示。

其中一对电极加上直流电压 V_{dc}，另一对电极加上射频电压 $V_0\cos(\omega t)$（V_0 为射频电压的振幅，ω 为射频振荡频率，t 为时间），即加在两对极杆之间的总电压为 $[V_{dc}+V_0\cos(\omega t)]$。由于射频电压大于直流电压，所以在四极之间的空间处于射频调制的直流电压的两种力作用下的射频场中，离子进入此射频场时，只有 m/e 合适的离子才能通过稳定的振荡穿过电极间隙而进入检测器，其他 m/e 的离子则与极杆相撞而被滤去。只要保持 V_{dc}/V_0 值及射频频率不变，改变 V_{dc} 和 V_0 就可以进行对 m/e 的扫描。

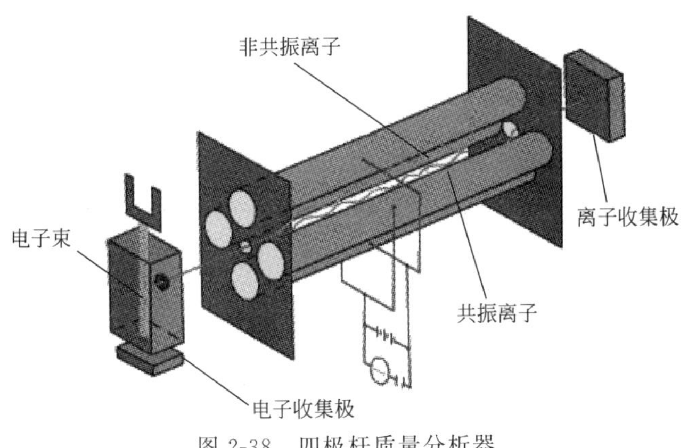

图 2-38 四极杆质量分析器

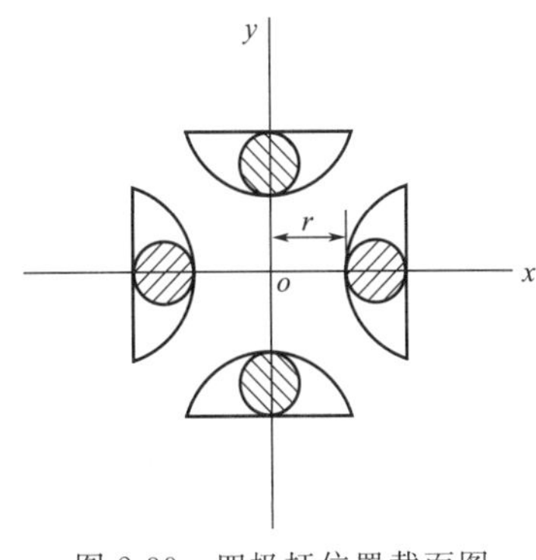

图 2-39 四极杆位置截面图

(4) 飞行时间质量分析器

这种分析器不是磁场或电场，而是长、直的飞行管。根据离子到达检测器的时间与其质荷比的平方根成正比进行检测，记录的是时间信号。质量上限无穷大，目前已高达982000Da（单克隆的人免疫球蛋白）。

2.7.3.5 检测器

质谱仪常用的检测器有法拉第杯（Faraday cup）、电子倍增管（PMT）及闪烁计数器、照相底片等。

现代质谱仪中常采用隧道电子倍增管，其工作原理与电子倍增管相似，应用中为了提高分析效率，常将多个隧道电子倍增器串联起来，就可以同时检测多个 m/e 不同的离子。

质谱信号非常丰富，记录信号可以通过一组具有不同灵敏度的检流计检出，也可以用紫外记录仪记录到光敏记录纸上。现代质谱仪一般采用高性能的计算机对仪器工作条件、运行状况等进行严格的监控，同时计算机对各种信号也进行快速自动接收与处理。

2.7.3.6 质谱仪的主要技术指标

(1) 分辨率

分辨率是指仪器对相邻两个最小质量差的质谱峰的区分能力。相邻等高的两个峰的质量（m_1 和 m_2），其峰谷不大于峰的10%时，就定义为可以区分。当两个峰的峰谷等于峰高的10%时，分辨率 R 等于两峰之一的某峰的质量与质量差的比值，即 $R=m_1/(m_2-m_1)=m_1/\Delta m$。分辨率在30000以上的称为高分辨仪器，10000～30000的称为中分辨仪器。低分辨仪器的分辨率在几百到几千。

(2) 灵敏度

灵敏度是表示仪器出峰或信号强度与样品用量的关系。如果样品量少而出的峰强度大就说明灵敏度高。灵敏度有绝对灵敏度、相对灵敏度和分析灵敏度等几种表示方法。绝对灵敏度是指仪器可以检测到的最小样品量；相对灵敏度是指仪器可以同时检测的大组分与小组分含量之比；分析灵敏度则是指输入仪器的样品量与仪器输出的信号之比。测定灵敏度的方法是多种多样的，常用的直接进样灵敏度的测定方法是：在固定分辨率的情况下，直接进入微克级的样品（胆固醇或硬脂酸甲酯），看其分子离子峰 m/e386 或 m/e298 的强度与噪声的比值，即信/噪比（S/N），噪声指基线的强度。质谱仪的最高灵敏度可达 fg(10^{-15}g) 级。

（3）质量范围

质量范围是指仪器能够进行分析的样品的原子量（或分子量）范围，通常采用以 ^{12}C 来定义的原子量单位来量度。在非精确测定质量的场合中，常采用原子核中所含质子和中子的总数即“质量数”来表示质量的大小，其数值等于相对质量数的整数。质谱的质量检测范围为：气体质谱仪为 2～100 质量单位，有机质谱仪一般可达几千质量单位，而现代质谱仪可测量几万到几十万质量单位的生物大分子样品。

2.7.4 管理及维护

2.7.4.1 仪器的使用环境及管理

① 仪器应放在坚固平稳的工作台上，房间周围无强烈震动源，尽量远离高强度的磁场、电场及发生高频波的电气设备。

② 仪器应安放在干燥的房间内，使用温度为 15～27℃之间的一个固定温度，相对湿度应该在 20%～80%。

③ 仪器周围及上、下要留有 0.5m 的空间距离，以利于散热和方便维修及打扫卫生。

④ 仪器供电线路要符合仪器的要求，电源要求单相交流电 220V、50～60Hz，要求专线供电。

⑤ 必须装有良好的地线，要求零线与地线之间电压不大于 0.5V，并严格按照国家标准安装地线。

⑥ 为了防止突然停电或者电压不稳定对质谱仪造成伤害，建议配置不间断电源。

2.7.4.2 仪器的维护

（1）真空系统的日常维护

高真空系统对于质谱仪来说至关重要，如果达不到高真空度，仪器将无法正常运作。日常维护时要对机械泵的滤网与泵油进行定期观察与更换，泵的油面宜在 2/3 处，泵长期运行时每周需拧开灰色振气旋钮（5～6 圈）进行 30min 振气，使油内的杂物排出，然后再拧紧该旋钮。泵油的更换通常是连续使用 3000h 更换一次，但如果发现油的颜色变深或液面下降至 1/2 以下，需及时更换。切忌将新泵油直接加入机械泵内，更换泵油时，首先要放空仪器，关闭电源，拔掉电源线，将废油排光后，再添加新泵油。另外，控制室温在 15～27℃对真空泵也十分重要，温度过高会造成泵油的外溢。

（2）离子源的清洗

要定期清洗离子源，至少半年做一次清洗工作，这样做可以保证信号的强度以及实验结果的准确程度。一般每天或者一个批次的样品运行结束后，可以用乙腈∶水＝9∶1 的流动相，流速 2mL/min，冲洗 3min。每天清洗电喷雾雾化室，建议使用异丙醇∶水＝1∶1 的混合溶剂。用无尘布擦拭雾化室的内部，特别是喷雾挡盖，请勿直接对着毛细管末端冲洗，这样会使真空系统中的压力大大增加。如果污染严重，可使用异丙醇∶水＝1∶1 的混合溶剂或高纯度的甲醇溶液进行清洗。卸下电喷雾雾化器，将离子源平放，将混合溶剂或高纯度的甲醇溶液倒入雾化室，使用干净的棉签仔细擦拭绝缘体和雾化室内部，然后浸泡，并用干净的无尘布擦拭干净后，将离子源重新安装到仪器上。

(3) 其他常见问题

① 质谱仪常见的问题是漏液，质谱中的传感器能够感知漏液，干燥气或雾化气无法维持设定要求时，应及时补充液氮。如果液氮用完 2h 内无法保证及时补充，建议最好放空质谱，避免由于质谱长时间没有氮气的保护而造成空气直接大量抽入质谱内部，污染真空腔，损坏仪器。建议准备一个普通的氮气钢瓶暂时代替液氮，以维持干燥气 10h 左右。

② 气体与质谱之间的连接绝对不要用塑料管，应使用气体专用的不锈钢管线。放置质谱仪的实验室建议配置空调，在质谱连续工作时，电路板及分子涡轮泵会产生大量的热量，保持室温在 27℃以下，否则会导致电路板损坏或降低分子涡轮泵的使用寿命。

③ 自增压式液氮储罐正常使用时，罐体外部会因吸热反应而结白霜，属正常现象。若长时间不使用需要关机时，首先要点击执行放空，观察分子涡轮泵的转速下降情况，下降到安全范围后，再点击关机。

④ 建议在关机时不要关闭碰撞气使用的高纯氮，以使整个管路保持正压，从而有效保护质谱不被环境空气污染。

⑤ 质谱仪在实验室中属于大型仪器，建议由专人管理，及时观察机械泵内泵油的位置和颜色，保证液氮和高纯氮的流量。按时清洗质谱仪相关易污染的配件，如离子源、雾化组件、毛细管等。

2.7.5 结果解读

2.7.5.1 质谱的表示方法

质谱仪的测定结果一般以质谱图和质谱表两种形式来表示。质谱图是以质荷比（m/e）为横坐标，以各 m/e 离子的相对强度（也称丰度）为纵坐标构成。一般把原始图上最强的离子峰定为基峰，并定其为相对强度 100%，其他离子峰以对基峰的相对百分值表示。因而，质谱图各离子峰为一些不同高度的直线条，每一条直线代表一个 m/e 离子的质谱峰。图 2-40 为正丁酸的质谱图。质谱表是以表格形式来表达质谱数据，表中两项为 m/e 及相对强度值，有助于进一步分析使用。

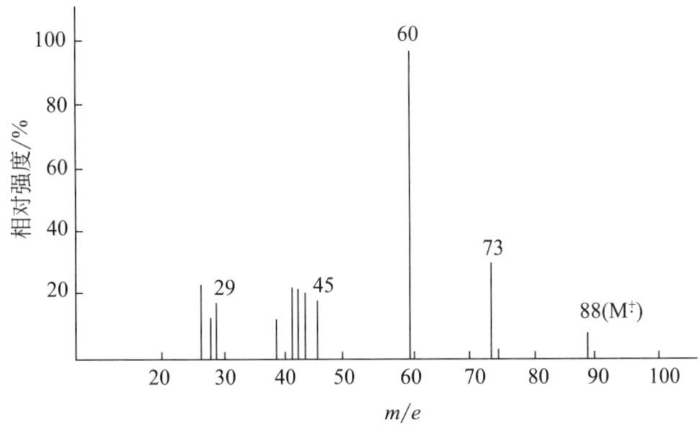

图 2-40 正丁酸的质谱图（最高峰质量＝60，最大 m/e＝88）

2.7.5.2 质谱中的离子

分子在离子源中产生的离子有分子离子、准分子离子、碎片离子、同位素离子、多电荷离子、负离子、簇离子、亚稳离子等，谱图中即以离子峰的形式表现出来。这里主要讨论分子离子、同位素离子、碎片离子和亚稳离子。

(1) 分子离子

在离子源中，样品分子在一定能量电子的轰击下失去一个电子，则生成带有一个正电荷的分子离子，称为“分子离子”或“母离子”。分子离子所产生的质谱峰，称为分子离子峰。

$$M+e^- \rightarrow \cdot M^+ + 2e^- \tag{2-28}$$

一般质谱图上质荷比最大的质谱峰就是分子离子峰。几乎所有的有机分子都会产生分子离子峰。而分子离子峰的强度与该有机物的分子结构及其稳定程度有关。一般共轭双键或环状分子，分子离子峰较强。一般规律是具有共轭体系的芳香族化合物及环状结构的分子，分子离子峰很强，而易断裂成碎片等原因使化合物链越长，分子离子峰越弱，酸类、醇类及高分支链的烃类分子，分子离子峰较弱甚至不出现。

(2) 同位素离子

所有元素几乎都有同位素存在，其天然丰度是已知的，表 2-9 即为一些常见元素的天然同位素丰度和原子量。质谱图中出现的 M+1、M+2 等波峰即称为同位素离子峰。同位素离子峰的强度与组成该离子的各同位素的丰度有关，可以通过各同位素的丰度估算分子离子峰和其他同位素离子峰的相对强度。分析同位素离子峰对推断分子的元素组成有重要作用。具有丰度较高的同位素的元素在分子中的存在与数量的确定比较方便，如氯、溴等；而对同位素丰度较低的元素只能大概地估计，不能得到精确的数值。

表 2-9 一些常见元素的天然同位素丰度和原子量

元素	同位素	原子量	天然丰度/%	元素	同位素	原子量	天然丰度/%
H	^{1}H	1.007825	99.985	P	^{31}P	30.971761	100.00
	$^{2}H(D)$	2.014102	0.015	S	^{32}S	31.972072	95.018
C	^{12}C	12.000000	98.89		^{33}S	32.971459	0.756
	^{13}C	13.003355	1.108		^{34}S	33.967868	4.215
N	^{14}N	14.003074	99.635	Cl	^{35}Cl	34.968853	75.70
	^{15}N	15.000109	0.365		^{37}Cl	36.965903	24.60
O	^{16}O	15.994915	99.759	Br	^{79}Br	78.918336	50.57
	^{17}O	16.999131	0.037		^{81}Br	80.916290	49.43
	^{18}O	17.999159	0.204	I	^{127}I	126.904477	100.00
F	^{19}F	18.998403	100.00				

(3) 碎片离子

分子离子在离子源中获得过剩的能量转变为分子内能而发生进一步断裂生成的离子称为碎片离子。质谱图中低于分子离子 m/e 的离子都是碎片离子，碎片离子峰的强度与化学键断裂及分子结构信息有关，通过对各种碎片离子峰的分析，对整个分子结构鉴定具有重要的意义。

(4) 亚稳离子

当样品分子在电离室中生成的离子在到达检测器之前不再发生进一步裂解的都是稳定离子，如果在电离室生成的一种离子被加速后，在飞行过程中又发生裂解，这样的离子称为亚稳离子。

一个亚稳离子 m_1（母离子）在飞行中裂解生成另一种离子 m_2（子离子）和一个中性碎片，这样，它是以质量 m_1 被加速，分解时动能的一部分被中性碎片夺去，因此 m_2 离子的动能要比在离子源中生成同样的 m_2 的动能小，结果在磁场中偏转则比来自离子源的 m_2 大，这样生成的离子流以一个低强度的宽峰在表观质量 m^* 处被记录下来，表观质量的数值 m^* 与 m_1 和 m_2 的关系为：

$$m^* = m_2^2/m_1 \tag{2-29}$$

相应于质量 m^* 处出现的宽峰称为亚稳峰。亚稳峰的 m/e 值通常不是整数，峰形也不规整，相对强度低，很容易在质谱图中被辨认出来。

利用亚稳峰的信息总结裂解规律，对质谱解析有着多方面的应用，最普遍的是用以阐明裂解途径：通过对亚稳峰的观察和测量找到相关的母离子 m_1 和子离子 m_2，即 $m_1 \xrightarrow{-中性碎片} m_2$，从而了解裂解途径，直接为质谱解析提供可靠的信息。

2.7.6 质谱联用技术

将两种或多种仪器分析方法结合起来的技术称为联用技术。质谱仪是很好的定性鉴定用仪器，但不能分析混合物；色谱仪是混合物质有效的分离用仪器，但定性鉴定能力很差。色谱-质谱如果联用，会使色谱对复杂化合物的高效分离能力与质谱很强的选择性、高灵敏度、获取的分子量与结构信息结合起来，使分离和鉴定能够同时完成，则这两种仪器的专长会得到发挥，从而有更广泛的应用领域。利用联用技术的主要有色谱-质谱联用（GC-MS、HPLC-MS）、毛细管电泳色谱-质谱联用（CE-MS）、质谱-质谱联用（MS-MS）等，其主要问题是如何解决与质谱相连的接口及相关信息的高速获取与贮存等问题。

2.7.6.1 气相色谱与质谱联用（GC-MS）

GC-MS 是将混合物样品注入气相色谱仪将其分离成若干单一组分，顺序通过“接口”，抽去载气，以质谱仪允许的压力进入质谱仪离子化室，从而获得各个组分的质谱，可同时测得各组分的相对含量和相应结构，短时间（1～2h）内可给出大量实验结果。图 2-41 为 GC-MS 分析测试基本原理图。

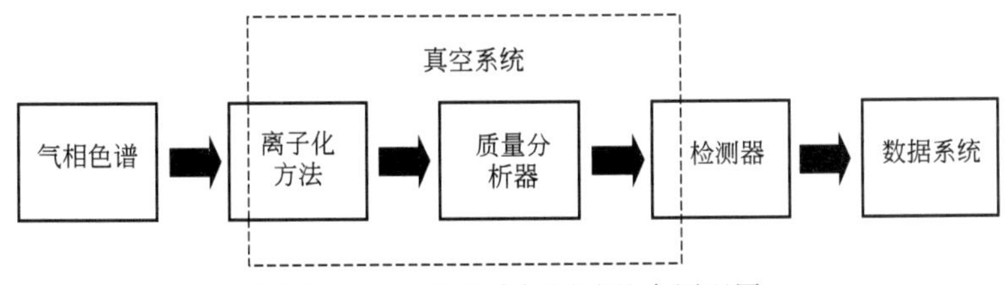

图 2-41　GC-MS 分析测试基本原理图

因为 GC 是在常压下工作，而 MS 是在高真空下工作，因此，必须有一个连接装置，将色谱柱流出的载气除去，使压强降低，样品分子进入离子室，这个连接装置叫作分子分离器。目前一般使用喷射式分子分离器，其示意图如图 2-42 所示。

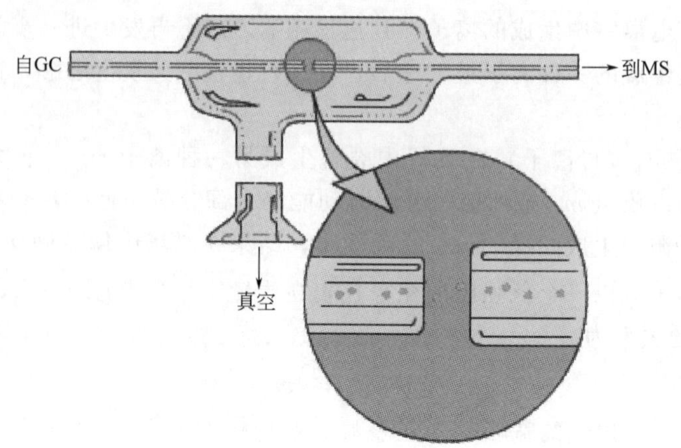

图 2-42　分子分离器

载气带着组分气体，一起从色谱柱流出，经过一小孔加速喷射进入分离器的喷射腔中，分离器进行抽气减压，由于载气分子量小，扩散速度快，经喷嘴后，很快扩散开来并被抽走。而组分气体分子的质量大，扩散速度慢，依靠其惯性运动，继续向前运动而进入捕捉器中。必要时使用多次喷射，经分子分离器后，50%以上的组分分子被浓缩并进入离子源中，而压力也降至约 1.3×10^{-2}Pa。GC-MS 联用可以得到混合物的色谱图、单一组分的质谱图和质谱的检索结果等，可以广泛应用于农药残留、环境污染、食品香料样品分析鉴定和医疗检验分析、药物代谢研究等各个领域。

2.7.6.2　液相色谱与质谱的联用（LC-MS）

对于热稳定性差、不易汽化的样品，GS-MS 联用测定有一定的困难，如果样品不能汽化也不能酯化，那就只能进行 LC-MS 分析了。LC-MS 是以液相色谱作为分离系统，质谱作为检测系统。样品在质谱部分和流动相分离，被离子化后，经质谱的质量分析器将离子碎片按质量数分开，经检测器得到质谱图。液质（LC-MS）联用仪结构如图 2-43 所示。LC 分离要使用大量的液态流动相，如何有效地除去流动相而不损失样品，是 LC-MS 联用的难题之一。目前应用较多的有两种接口装置：对于极性样品，一般采用电喷雾电离源（ESI）；对于非极性样品，采用大气压化学电离源（APCI），二者中电喷雾电离源应用最为广泛。

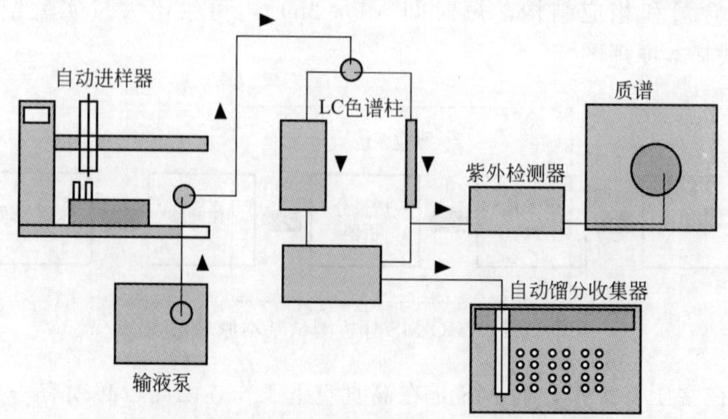

图 2-43　液质（LC-MS）联用仪结构示意图

2.7.6.3 质谱-质谱联用（MS-MS）

MS-MS 联用，也称串联质谱。质谱-质谱联用是依靠一级质谱分离出待定组分的分子离子，然后导入碰撞室活化产生碎片离子，再进入二级质谱进行扫描及定性分析，如图 2-44 所示。

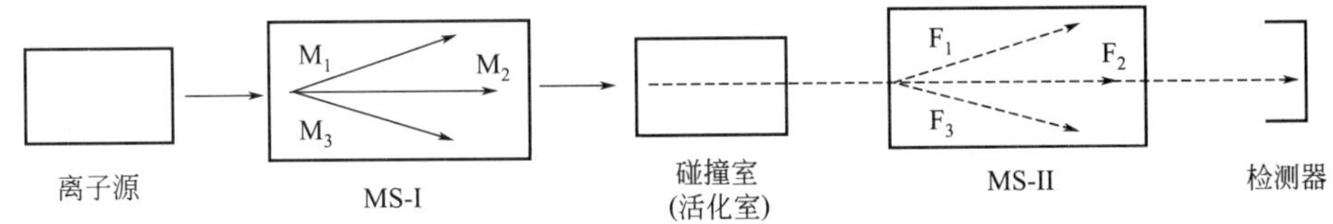

图 2-44 MS-MS 联用原理示意图

M_1, M_2, M_3——一级质谱分离出的待定组分的分子离子；F_1, F_2, F_3—二级质谱进一步分离出的待定组分的分子离子

MS-MS 联用的串联形式很多，有磁式 MS-MS 串联，也有四级 MS-MS 串联，也有混合式 MS-MS 串联，串联质谱的工作效率比 GC-MS、LC-MS 更高，GC-MS-MS、LC-MS-MS 等联用技术的进一步发展，会在生命科学、环境科学更具有应用前景。

2.7.7 小结

质谱法信息量大、应用范围广，分析速度快、灵敏度高，谱图解析相对简单，是研究有机化合物结构的有力工具。质谱与其他设备联用技术的发展和应用也已经越来越多，例如液相色谱-质谱-核磁共振（LC-MS-NMR）联用技术已经可以获得生物大分子药物的结构信息和大量有关特性的信息，不仅可用于生物大分子天然活性成分的分离、鉴定和认证，而且可用于高通量的筛选。随着科学技术在各领域的全面发展，质谱技术的应用范围将越来越广泛。

参考文献

[1] 徐金森. 现代生物科学仪器分析入门. 北京：化学工业出版社，2004.

[2] 赵藻潘等. 仪器分析. 北京：高等教育出版社，1990.

[3] 北京大学化学系仪器分析教程组编. 仪器分析教程. 北京：北京大学出版社，1997.

[4] 冯玉红等. 现代仪器分析实用教程. 北京：北京大学出版社，2008.

[5] 赵文宽等. 仪器分析. 北京：高等教育出版社，2001.

[6] 严凤霞等. 现代光学仪器分析选论. 上海：华东师范大学出版社，1992.

[7] 陈国珍等. 紫外—可见光光度法（上册）. 北京：原子能出版社，1983.

[8] 李昌厚. 紫外可见光光度计. 北京：化学工业出版社，2005.

[9] 罗庆晓等. 分光光度分析. 北京：科学出版社，1992.

[10] 冯计明等. 红外光谱在微量物证分析中的应用. 北京：化学工业出版社，2010.

[11] 董庆年. 红外光谱法. 北京：化学工业出版，1979 .

[12] 荆煦瑛. 红外光谱实用指南. 天津：天津科学技术出版社，1992.

[13] 谢晶曦等. 红外光谱法在有机化学和药物化学中的应用（修订版）. 北京：化学工业出版社，2001.

[14] 朱世盛. 仪器分析. 上海：复旦大学出版社，1983 .

[15] Skoog D A 等编. 仪器分析原理. 金钦汉译. 上海：上海科技出版社，1988.

[16] 陈国珍等. 荧光分析法. 北京：科学出版社，1975.

[17] 陆明刚. 化学发光分析. 合肥：安徽科学技术出版社，1986.

[18] Christiom D A 等编. 仪器分析. 王镇浦等译. 北京：北京大学出版社，1991.
[19] 方惠群等. 仪器分析原理. 南京：南京大学出版社，1994.
[20] 邓勃等. 仪器分析. 北京：清华大学出版社，1991 .
[21] 寿曼玉等. 发射光谱分析. 北京：地质出版社，1980 .
[22] 叶明德等. 综合化学实验. 杭州：浙江大学出版社，2011 .
[23] 武汉大学主编. 仪器分析（下册）. 第 5 版. 北京：高等教育出版社，2007.
[24] 李晓燕等. 现代仪器分析. 北京：化学工业出版社，2011.
[25] 陈培榕等. 现代仪器分析实验与技术. 第 2 版. 北京：清华大学出版社，2006 .
[26] 张悦等. 原子光谱分析. 合肥：中国科技大学出版社，1991.
[27] 北京第二光学仪器厂情报室编. 原子吸收光谱法. 北京：北京大学出版社，1981.
[28] 薛松. 有机结构分析. 合肥：中国科技大学出版社，2005.
[29] 赵瑶兴，孙祥玉. 有机分子结构光谱分析. 北京：科学出版社，2010.
[30] 王福来. 有机化学实验. 武汉：武汉大学出版社，2001.
[31] 毛希安. 现代核磁共振实用技术及应用. 北京：科学技术文献出版社，2000.
[32] Gareth A. Morris，James W. Emsley. Multidimensional NMR Methods for the Solution State . German：A John Wiley and Sons，Ltd，2010.
[33] Hugo E. Gottlieb，Vadim Kotlyar，Abraham Nudelman. NMR Chemical Shifts of Common Laboratory Solvents as Trace Impurities . J. Org. Chem. ，1997，62：7512－7515.
[34] 汪正范等. 色谱联用技术. 第 2 版. 北京：化学工业出版社，2007.
[35] 徐福生，王小红. 食品安全实验—检测技术与方法. 北京：化学工业出版社，2010.
[36] 曾泳淮，林树昌. 分析化学（仪器分析部分）. 第 2 版. 北京：高等教育出版社，2004.
[37] 宁永成. 有机化合物结构鉴定与有机波谱学. 北京：科学出版社，2011.
[38] 马礼敦. 高等结构分析. 上海：复旦大学出版社，2005.
[39] 冯玉红. 现代仪器分析实用教程. 北京：北京大学出版社，2008.
[40] 张吉祥，苏文斌. 仪器分析学习指导. 北京：科学出版社，2011.
[41] 刘一，白玉等. LC－MS 及 CE－MS 技术在中药分析中的应用. 中国科技论文在线.
[42] 吴英婷等. 三重四级杆质谱仪的安装应用和维护. 分析仪器，2012，5：81－83.
[43] Castro M E，Russell D H. Aanal. Chem. ，1984，56：578.
[44] Michael M，Bordeli R S ，et al. J. Chem. Soc. Chem. Commun. ，1981：325.
[45] Takeuchi T，Ishii D. J. Chromatogr. ，1981，25：213.
[46] Tanaka K，et al. Rapid Commun. Mass Spectrom. ，1988，2：151.
[47] Karas M，Hillenkramp F. Anal. Chem. ，1988，60：2209.
[48] Beynon J H，Williams A E. Mass andAbundance Tables for Use in Mass Specrometry. Amsterdam：Elsvier，1963.

3 功能研究仪器

3.1 有机体的功能研究

3.1.1 光合仪

光合作用是自然界生物圈的起始点，是突破作物高产最重要的阵地。光合仪则是突破这块阵地的利器。光合仪主要用于从事植物叶片光合作用、蒸腾作用、呼吸作用、叶绿素荧光等相关研究，配置土壤呼吸室，可用于进行土壤呼吸作用研究。

3.1.1.1 主要用途

主要用于植物以光合为主的多种生理指标和生态因子的测定，用于光合原初反应激发能的传递，研究光合作用原初反应机理、植物在逆境条件下的光合生理变化，广泛应用于植物生理学、生态学、农学、分子生物学、林学等领域的科学研究。

应用光合仪可以开展的实验包括荧光淬灭分析、光化学效率、电子传递速率分析、荧光诱导动力学分析、弛豫动力学分析等研究项目，可以测量的参数包括：CO_2 浓度、H_2O 浓度、空气温度、叶片温度、相对湿度、蒸气压亏缺、露点温度、大气压、内置光强、外置光强、净光合速率、蒸腾速率、胞间 CO_2 浓度、气孔导度、Ci/Ca 等；利用光合仪增加的叶绿素荧光附件，可以开展更多的研究，可测量更多的参数。

3.1.1.2 原理与构造

光合作用的整个过程可表示为：$CO_2+H_2O \rightarrow (CH_2O)+O_2$，测定公式中任一反应物的消耗速率或产物的生成速率（包括物质的交换和能量的贮藏）都可以用来计算。相应净光合速率（P_n）的测定大致可分为：①根据有机物的积累速率；②根据 CO_2 及 O_2 体积的变化；③根据 O_2 浓度的变化；④根据 CO_2 浓度的变化。目前，最常见的方法是红外气体分析法。通过测量流经叶室前后的 CO_2 浓度的变化和湿度变化来计算植物的净光合速率和蒸腾速率，并计算出气孔导度和胞间 CO_2 浓度，测定方式有开路和闭路两种。

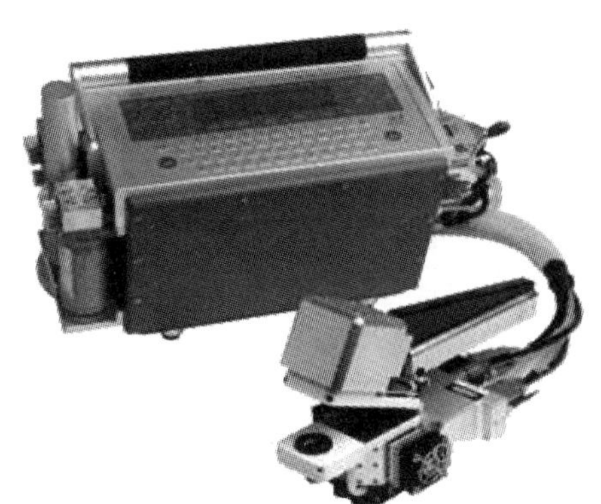

图 3-1　LI-6400 实机图

光合仪一般由以下几部分组成：①主机（含专业软件）；②荧光叶室；③红蓝光源；④CO_2 注入系统；⑤土壤呼吸测量室；⑥其他。参见图 3-1 和图 3-2。

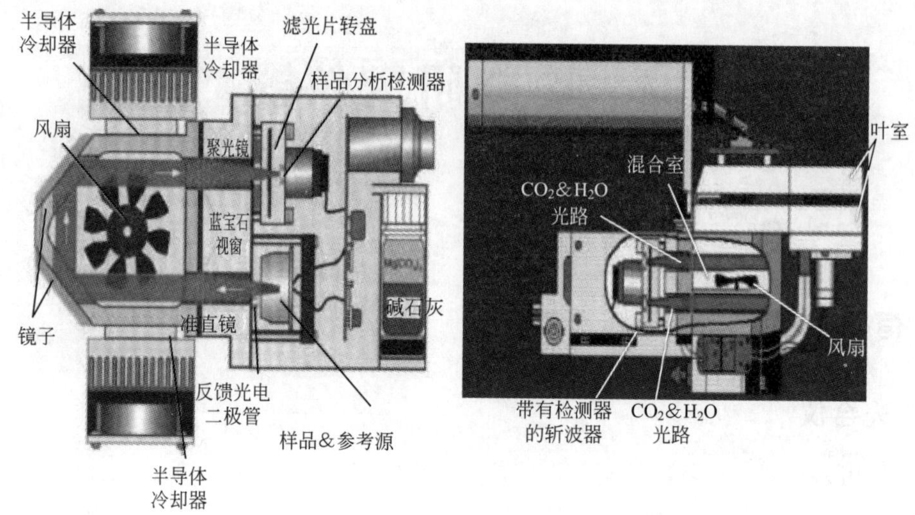

图 3-2　结构示意图

光合仪可通过附加叶室、温度、相对湿度、光照强度、CO_2 浓度控制系统，来调控环境因素。而且目前光合仪软件部分具有多个自动测量程序，如光响应曲线、CO_2 响应曲线、光诱导曲线、光呼吸曲线、荧光 CO_2 响应曲线、荧光光响应曲线、荧光动力学曲线、荧光循环曲线等，保证光合仪的方便性和高可靠性。

3.1.1.3　操作过程

光合仪一般是便携式的，平时收放都是各部分分开放入箱子里，所以第一步都是组装仪器，然后再开机，设置参数、归零、测量，最后在关机后拆开归置（LI-6400 光合仪详细操作见 3.1.1.7）。

① 仪器安装连接：连接好进气管缓冲瓶，检查好电池和各连接口，以及叶室夹子，然后完全连接。

② 打开电源开关，主机显示屏上显示主页面，然后提示叶室探头连接，并要求选择相应的叶室。

③ 调零：调零就是先关闭各阀门，然后进行调气流量为零和红外线气体分析仪探头调零；把相应的参数设置为 Zero，等数据稳定，保存并退出。

④ 测量：打开气路，用叶室夹夹上叶子，按记录按钮即可记录一组数据。一般测量前需要选择好的天气或者让植物达到好的测量状态，而且要求有生物学重复和技术性重复。

⑤ 环境控制：根据需要，光合仪可以模拟自然因素，测量理想状态下的光合作用。光合仪可以控制光合作用中的几个关键条件，包括温度、CO_2 浓度、光强。操作不同仪器中相应的按钮即可。

⑥ 关闭主机，取出电池充电，拆分归置于箱体中。

3.1.1.4　管理及维护

① 光合仪需要专人管理，又因其涉及大量的电子元件和探头，以及吸水的干燥剂，所以必须放在干燥的环境中。电池每半年充放电一次，保持其寿命的长久性。

② 光合仪测量的最佳条件一般为晴天，且时间为上午的 10：00～12：00。

③ 使用中或者储存中一旦部分干燥剂颜色发红需要立即更换。特殊情况下，干燥剂可在烘箱 210℃90min 或者 80℃干燥 1 天，观察颜色看恢复程度作为应急使用。

④ 使用 CO_2 钢瓶时，必须先调零再装钢瓶。

⑤ 阳光下需对荧光屏进行遮盖，否则会影响其寿命。

⑥ 注意仪器保养，轻拿轻放，信号线尽量保持伸展，勿扭曲，否则易使接口不牢，线头从接口处滑出。

3.1.1.5 常见故障

① 休眠后 CO_2 浓度无法控制，这是使用 CO_2 钢瓶引起的，故使用钢瓶时尽量不要休眠，干燥剂需要更换可直接拆卸，迅速换好安装回去。

② CO_2 校准不能达到 50μmol/(m^2 · s) 以下，需检查空气进口是否封严实，另外就是滤嘴是否需要更换。

③ 数据不稳。环境温度变化比较大时数据不稳定，同时阴天时数据也不稳定。叶室夹子有间隙也可导致数据不稳。

3.1.1.6 结果解读

光合作用是制约植物生长发育的最重要的生理过程，研究植物光合特性与环境因子的关系具有重要意义：①光合作用动态研究主要包括日变化、季节变化和年变化，目前研究的重点多集中在光合作用的日变化动态。②植物光合生理指标的比较。③光响应曲线。④光合诱导过程的测定。例如，通过对植物光合生理指标的比较研究，可以得到某一作物光合作用差异的个体，通过对个体的定向选择，最终培育出了高光效的品种，如大豆黑农 39、黑农 40、黑农 41。

3.1.1.7 LI-6400 光合仪使用流程

(1) 仪器安装连接，并连接好进气管缓冲瓶。

(2) 打开位于主机右侧的电源开关。

(3) 仪器在启动后将显示：

“Is the IRGA connected? (Y/N)” 选择 Y

(4) 叶室配置选择

选择目前安装的叶室配置，如已经安装了标准叶室，请选择 Factory Default，然后回车。

如果安装了荧光叶室，请选择 6400-40 Default Flurometer，然后回车。

如果安装了土壤叶室，请选择 6400-09 Soil Chamber，然后回车。

其他叶室方法相同，只需要选择不同的叶室就可以了。

(5) 调零

向“SCRUB”方向拧紧碱石灰管和干燥管上端的螺母。关闭叶室，压下黑色手柄，并旋紧固定螺丝即可。

在主菜单按 F3 按钮选“Calib Menu”项。

① 选“Flow Meter Zero”项（调气流量为零），回车。等待流速的电压读数基本稳定，

用 F_1、F_2 上下调节，至读数基本稳定，且在－0.5～0.5 范围内，按“EXIT”按钮退出。

② 选“IRGA Zero”（红外线气体分析仪探头调零），回车。等待 CO_2 浓度和 H_2O 浓度下降，至读数基本稳定（一般在 20min 左右），按 F3“Auto All”进行自动调节，结束后“Exit”退出。

③ 选“View Store Zeros Spans”，回车后按 F1“Store”保存，按“Y”确定后按 F5“Exit”退出。按“escape”，回到主菜单。

(6) 手动测量

按 F4“New Measurements”菜单进入测量菜单。

设定文件：按 F1“Open Logfile”建立新文件。回车后输入自己设定的文件名。当显示屏出现提示“Enter Remark”时，输入需要的标记（英文，用于标记样地、植物种类、样品号等），继续回车，文件设置结束。在夹入叶片之前如果光合值大于 0.5 或小于－0.5，那么应该按 F5“Match”进行匹配。

(7) 具体测量

选取需要测量的植物叶片（3～5 次重复）。测量时间请尽量选择晴朗的天气，上午 10:00～11:30 左右最好，如果您的植物叶片是处于温室内、室内或生长箱内，由于其叶片气孔没有完全开放，需要先用饱和光强来进行气孔诱导，方法可以是采用大瓦数的灯泡来照射（大致需要 20min），或者在室外有光条件下活化（时间小于 20min），也可采用 6400-02B 或 6400-40 荧光叶室来进行气孔的诱导开放（这种方法有其缺点，因为需要测量的样品数量很多，这样会多花很多时间）。

向“Bypass”方向拧紧碱石灰管和干燥管上端的螺母。夹上叶片（尽量让叶片充满整个叶室空间，此时测量的植物叶片面积为 $6cm^2$，如果无法充满，需要用叶面积仪来确定叶面积，并在测量菜单状态下按数字“3”并按 F1 来修改叶片面积），关闭叶室（即压下黑色手柄），并旋紧固定螺丝即可（切记不要拧得过紧）。

等待 C 行“PHOTO”读数稳定后即可记录（约 30～60s，判断标准是小数点后最后一位数字的波动在 0.2 左右。注意：如果是室内测量，波动会大一些）。记录方法是按 F1“LOG”按钮或者按分析仪手柄上的黑色按钮 2s 即可记录一组数据。

换叶片进行下一次测量，重复操作。

(8) 自动测量与环境条件控制

LI-6400 可以控制的环境条件包括温度、CO_2 浓度、光强等。一般而言，需要控制环境条件的实验有两种情况：一种是环境变化剧烈，无法准确进行同等环境条件的测量；另一种情况是进行光曲线和 ACI 曲线测量。

第一，简单环境控制。

只需要在手动测量时，按数字来切换菜单。具体各菜单情况如图 3-3 所示。

温度控制：按数字 2，按 F4 菜单控制温度（输入需要的温度回车即可，注意温度控制范围是环境温度的±6℃）。

光强控制：本功能在标准叶室配置下无法完成，此时需要连接 6400-02B 红蓝光源，并重新启动机器选择 6400-02B CHAMBER 配置。启动后其他同标准叶室。在测量菜单下按数字“2”，按 F5 按钮选择“Quantum Flux”回车，输入需要的光强值即可。

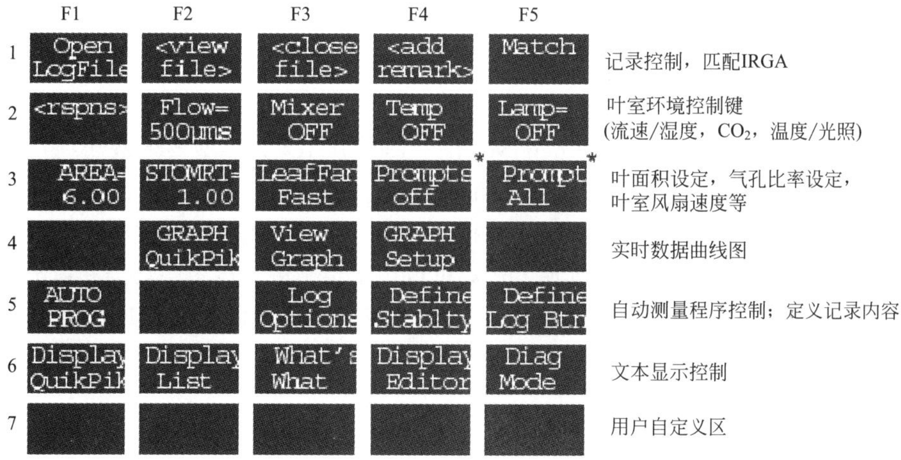

图 3-3　测量菜单下功能键分布图

CO_2 控制：需要连接上 CO_2 注入系统，并在主菜单下选择 F3“Calib”按钮进入校准菜单。此时应该把叶室关闭拧紧，把 CO_2 过滤管的螺丝拧到“SCRUB”状态。利用上下箭头选择“CO_2 Mixer Calibrate”，回车后，等待系统自动进行校准后，回到测量菜单，按数字 2，按 F3 设置 REF CO_2 浓度即可进行测量。测定完成后，关闭气流、温度、光强控制，退到主菜单。

第二，自动测量。

光曲线：夹上叶片气孔开放后的叶片，建立新文件后，匹配。测量菜单下按数字 5，按 F1，选择“LIGHT CURVE”，回车，并输入光强梯度（例如 2000，1500，1200，1000，800，600，400，200，100，50，20，0）。进一步输入最小等待时间（例如 120s）和最大等待时间（例如 240s）。输入匹配值（例如 20×10^{-6}），回车，机器即进入自动测量。测量后关闭文件，退出（注意：此测量要求 CO_2 浓度变化不大，否则应该控制其浓度）。

ACI 曲线：同于光曲线，不同点是选择“ACI CURVE”，设置浓度梯度（例如 800，600，400，380，300，200，100，50，0）。其他相同。

(9) 数据输出

将计算机与仪器连接，调整仪器状态（主菜单下按 F5“UTILITY”进入应用菜单，选择“FILE EXCHANGE”，回车即可。）

取出随机带的软件光盘，在计算机上安装 WINFX 软件。安装完毕后启动此软件，并选择“CONNECT”。然后把 LI-6400 内的“USER”文件夹下的数据文件拖到计算机中的某个文件夹下即可。使用此文件时只需要打开 EXCEL 软件，文件扩展名选择所有文件，选择分隔符为逗号，并打开文件，即可使用数据。

(10) 关闭仪器

按“ESCAPE”按钮退回到主菜单下，叶室留一点缝隙，关闭主机。取出电池充电（注意：如使用中电池电量不足，仪器会出现声音提示和文字提示，需更换电池。更换电池时，应先将一只电池换好，然后再换另一只电池）。

3.1.2 开放式氧气分析仪

3.1.2.1 主要用途

开放式氧气分析仪（TSE）的 PhenoMaster /LabMaster 为小型实验室动物自动代谢和行为学检测提供了一个高度灵活的模块化解决方案。此系统具有 PhenoMaster/LabMaster 软件，可以轻松地设计实验，记录并分析数据。测量的数据可以很容易地导出为各种格式，用于进一步统计分析程序或建立数据库。例如可以用于精确测量昆虫、鸟类和鼠类等动物多种活动状态的耗氧速率，从而进行基础代谢率（BMR）、静息代谢（RMR）、最大代谢（MMR）等的测定。

3.1.2.2 原理与构造

（1）原理

氧气具有顺磁性，氧气通道正是利用氧气的这一特性来进行氧气浓度的测量。在不均匀磁场中，氧分子由于其顺磁性，会朝着磁场力增强的方向移动。当氧气浓度不同的两种气体在同一磁场中相遇时，它们之间将会产生一个压力差。当参照气体与样气（待测）相遇时会产生一个气流，微流量传感器测得该气流并将它转变为一个电信号。

（2）结构

TSE 开放式氧代谢仪主要由吸气泵、呼吸室、氧分析传感器、电脑主机构成（见图 3-4）。

图 3-4 TSE 实物图

3.1.2.3 操作过程

① 开机前的准备工作：打开空调，保持室温 25℃；检查参照气体压力是否满足测定需要；检查“Cooling Machine”底部水瓶，清除冷凝水；打开培养箱，设定温度，连接气室，确保畅通且气室密闭良好。

② 打开插板上的两个主电源，打开电脑，并及时打开 Pheno Master 软件，使压力表指针接近但不超过 0.4MPa。

③ 开机后及仪器运行期间，检查所有控制单元的指示灯是否全部点亮（绿色）；“Cooling Machine”的灯为蓝色，显示温度为5℃左右。

④ 点击“Status”，打开“Calo”界面，检查气体流速（Sample flow）应在0.62L/min左右，二次抽样流速应在0.38L/min左右。

⑤ 维持系统运行3h左右（预热），然后在气室中一次放入动物。

⑥ 测定前设置：点击“File-New”，在弹出的对话框中输入文件存储路径、文件名称（见图3-5）；在随后弹出的“Setup”中点击打开“Experiment”界面，输入实验编号、实验名称、动物类别等信息，在“Sample Interval”输入9（确保显示“Calorimetry 1.00per Box”），“Runtime”输入240.00，勾选“Calorimetry”；点击“Boxes-Enale”，在相应通道前输入“YES-Animal NO”（输入动物编号）和“weight”（输入动物体重）（图3-6）。

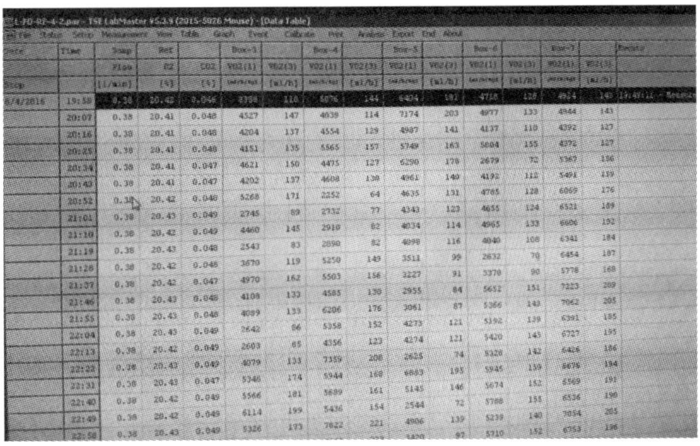

图3-5 新建文件示意图

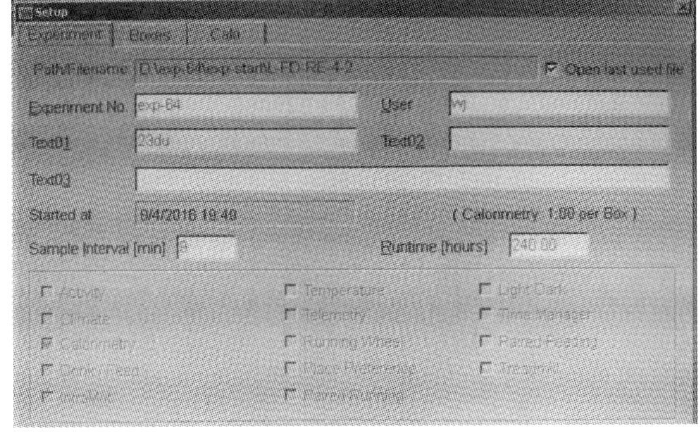

图3-6 设置示意图

⑦ 点击“Measurement-star”，开始测定。

⑧ 点击“View”，或双击测定界面的标题栏，选中需要显示/输出的参数，如VO2。

⑨ 测定结束：点击“Measurement-stop”，或点击“End”。取出动物，按上述步骤⑥～⑨进行下一组测定。

⑩ 数据拷贝。

⑪ 所有动物测定结束后，退出软件系统，关闭电源，关闭气瓶。

3.1.2.4 管理及维护

① 打开空调，保持室温25℃左右。

②“Cooling Machine”底部水瓶冷凝水达到1/3时，须及时清除。

③ 打开电脑，必须及时打开“Pheno Machine”软件；所有控制单元的指示灯要亮起；“Cooling Machine”的灯为蓝色（闪烁），显示温度为5℃左右。

④ 打开参照气体瓶，压力表指针接近但不超过0.4MPa。

⑤ 检查“Status-Calo”界面，气体流速应在0.62L/min，抽样流速在0.38L/min。

⑥“Setup（Initial file）-Experiment”确保显示“Calorimetry 1.00per Box”。

⑦ 使用专用U盘，先格式化，再进行拷贝。

⑧ 所有动物测定结束后，退出软件系统，关闭电源，注意关闭气瓶。

⑨ 测定系统所有控制单元的按钮不需要调节，不可随意按动和扭转。

⑩ 校准时Gas 1减压阀指针不可超过0.4 MPa，Gas 2不可超过0.2MPa。

⑪ 除操作中涉及的参数输入外，不得随意变更其他默认设置，勿擅自改变操作流程。

3.1.2.5 常见故障

① 测量结果偏低或为负值，可能是呼吸室漏气或滤网堵塞。

② 由于该系统对温度很敏感，不满足测定温度的情况下测定的值不准确。

③ 连接管积水，需要及时排放。

④ 进入探头前端的滤网要定期更换。

⑤ 气泵一定要加冰，长时间工作可能会导致烧坏。

3.1.2.6 结果解读

测定结果数据可以被Excel读取，根据不同的测定需求进行统计分析即可，比如BMR取连续两个最低值的平均值，系统默认的单位为mL/h或mL/(h·kg)（图3-7）。

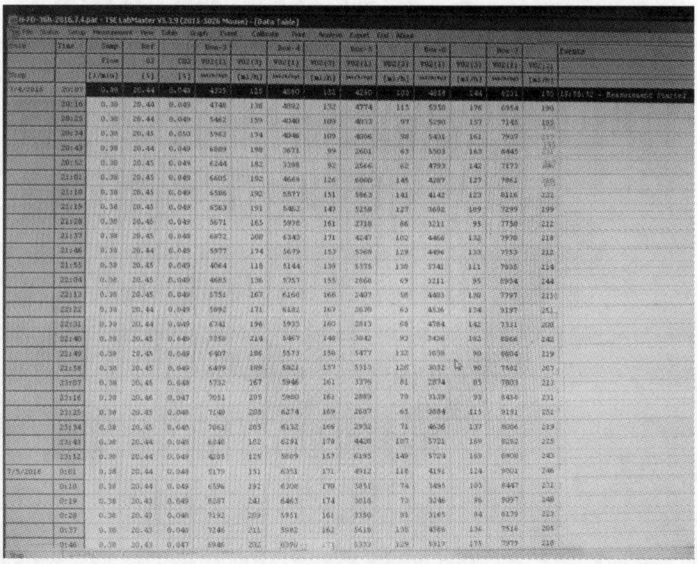

图3-7 测量结果界面

3.1.2.7 小结

动物代谢率作为能量支出的重要表现形式被很多学者广泛使用。TSE的PhenoMaster/LabMaster为小型实验室动物自动代谢和行为学检测提供了一个高度灵活的模块化解决方案。此系统具有PhenoMaster/LabMaster软件，可以轻松地设计实验，记录并分析数据。本文就开放式氧气分析仪的用途、原理构成、操作方法以及管理与维护方面作了简要说明，为该系统的使用者提供参考。

3.1.3 Mini Mitter-VitalView植入式生理信号无线遥测系统

3.1.3.1 主要用途

本系统主要用于长时间测量清醒无束缚的鼠、兔、猫、狗、猴、鱼等动物的心率、体温和活动量等生理参数。使用此系统可以保证动物在笼内自由活动，不需要麻醉或束缚，这样测量到的生理信号更能反映自然状态下的动物生理状况。

3.1.3.2 原理与构造

(1) 原理

包埋于动物皮下的植入式传感器（E-Mitter）将采集到的生理信号转换成相应的电信号后用无线电发射出来，由饲养笼下方的接收器接收到并传递给数据转换器，完成数据转换后送入中央处理器进行数据处理。E-Mitter植入感应器是植入在动物体内的微型设备，它集成了传感器、放大器、数字转换发射电路，具有无线发射功能，并解决了生物体的抗排异反应，而且E-Mitter工作不需要电池，它可以在激发/接收器（energizer receiver）产生的电场下获得能量。

(2) 结构

系统由植入传感器（E-Mitter）、激发/接收器（energizer receiver）、电缆、电源适配器和数据采集分析软件（VitalView）构成。电缆包括Y型线和I型线，其中1根Y型线的3端口用于连接电脑主机、电源适配器和第一台接收器；剩下的Y型线3端口用于连接电源适配器和两台接收器，因为一个电源适配器可负荷4台接收器，所以4台接收器构成一个单元。I型线的2端串联接收器。系统的结构示意见图3-8，实物图见图3-9。

3.1.3.3 操作过程

① 仪器的安装。首先将仪器放置于满足实验条件的实验室中，平稳放置，不同接收器之间保持一定距离（水平30cm，垂直20cm）。连接好n个接收器（ER-4000），并将接收器通过Y型线与电脑串口和电源适配器连接，一个电源适配器可负荷4台接收器，接收器间用灰色I型连接线连接；启动电脑，安装运行VitalView程序。

② 系统连接完成后，打开电脑桌面软件后主界面如图3-10所示。

③ 相应数据的设置。软件启动后，打开软件对“System Setup”（“Activity”和“Temperarure”量程、ER-4000数量和编号设置，输入传感器校对数据、取样间隔时间等）（图3-11）和“Animal & Group Setup”（动物信号通道的对应）进行设置（图3-12，图3-13）。如果

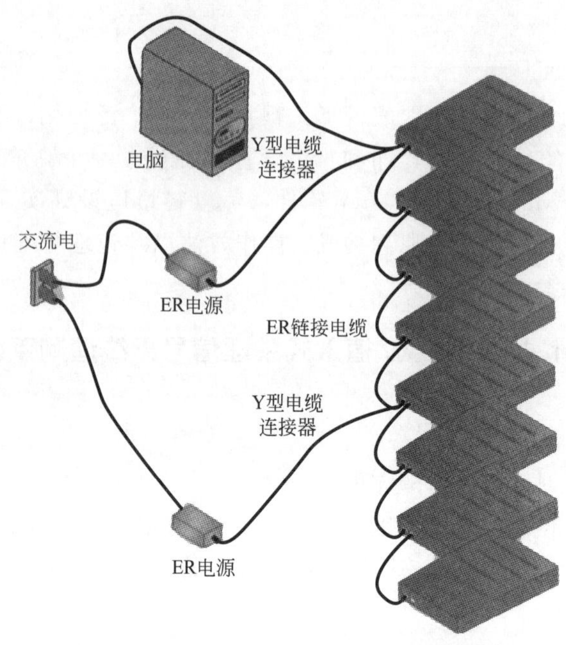

图 3-8　系统的结构示意图

注意：交流电源应包括一个供电系统

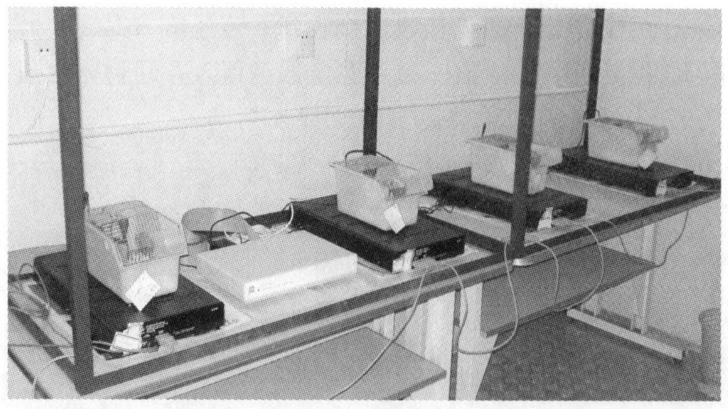

图 3-9　实物图

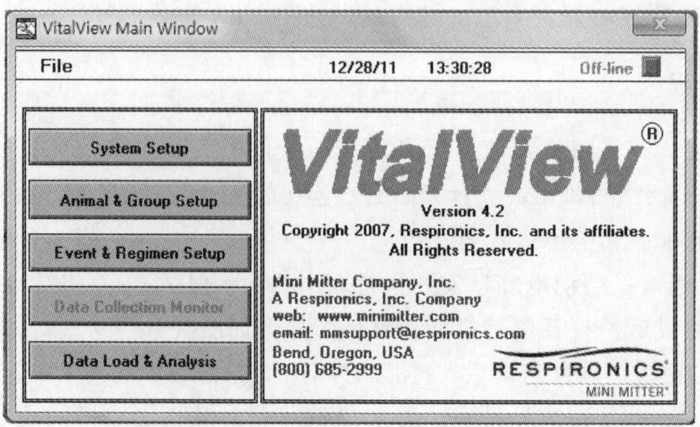

图 3-10　软件主界面

已有设置文件（文件名后缀为“. cfg”），只需要点击“File”，执行“Open Configuration File”操作，加载所需的后缀名为“. cfg”的文件即可（图 3-14）。

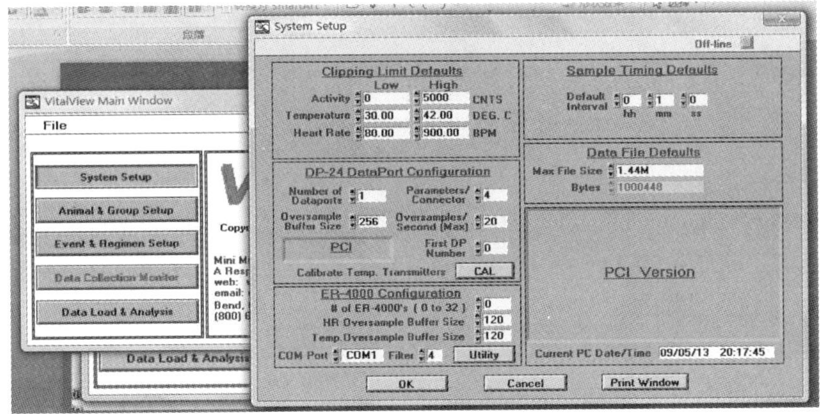

图 3-11　System Setup 界面

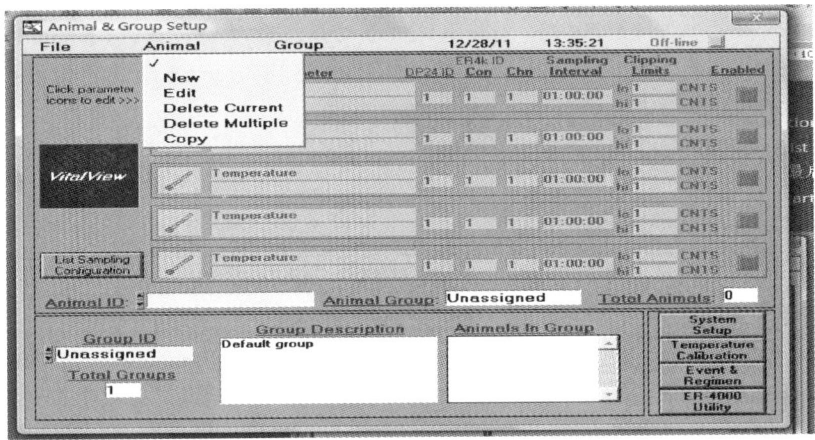

图 3-12　Animal & Group Setup 设置界面 1

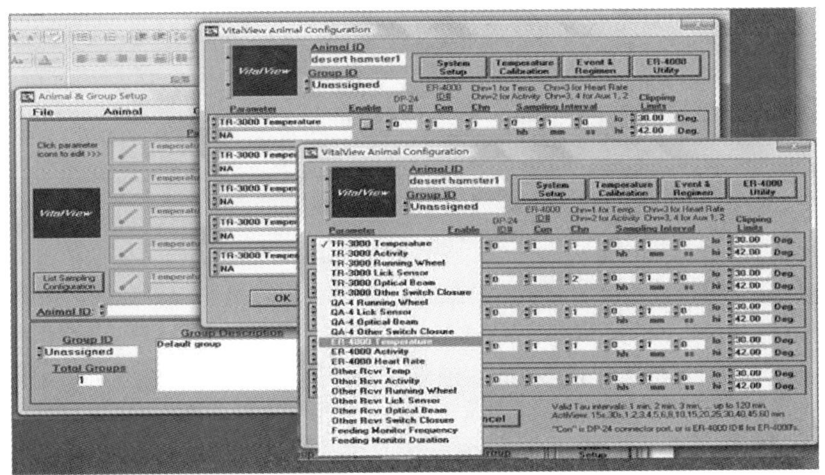

图 3-13　Animal & Group Setup 设置界面 2

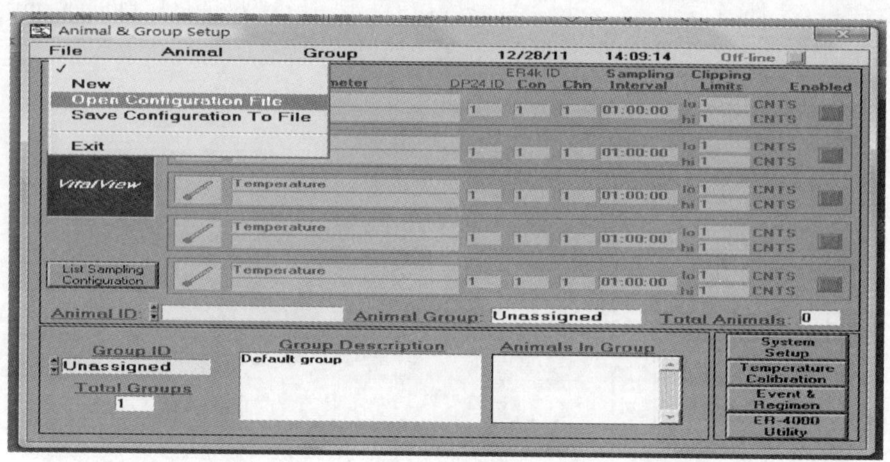

图 3-14　Open Configuration File 操作界面

④ 测定开始。首先点击“File”，在弹出菜单里点击“Start Data Collection”（图 3-15）；仪器即开始进行电脑和接收器之间的识别和通讯，此过程结束后，点击“list is ok”按钮；接下来根据提示建立新文件夹并命名文件以保存测定数据；最后，在弹出菜单里设置开始测定的时间（选择“Start Collection Now”或者“Start Collection at Pre-set Time”）。

数据收集过程监测：点击“Data Collection Monitor”（图 3-16）。

测定结束：点击“File”，在弹出菜单里执行“Stop Data Collection”（图 3-15）。

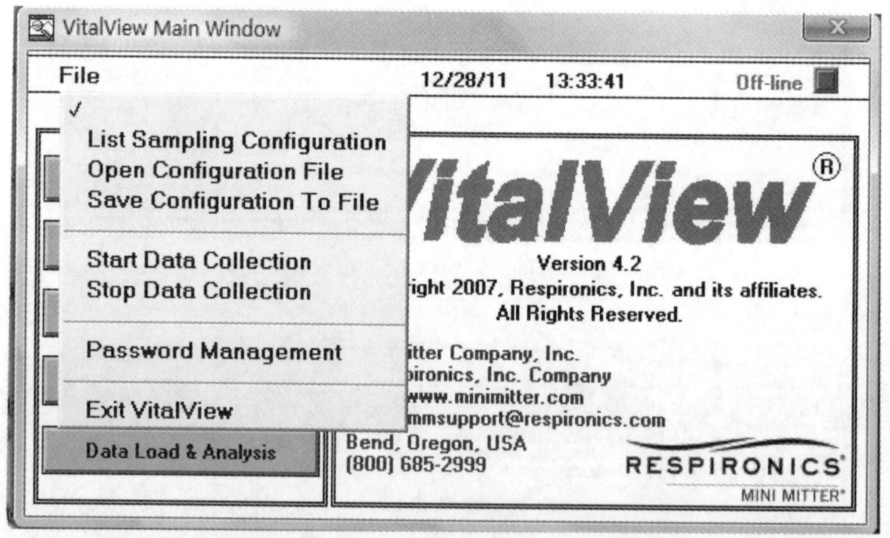

图 3-15　Start/Stop Data Collection 界面

⑤ 数据查看和格式转换。在数据记录停止的状态下，点击“Data Load & Analysis”（图 3-16），执行“Load From VitalView Data File”命令（图 3-17），从数据文件夹加载后缀名字为“. log”的文件即可（图 3-18）；加载数据文件后，执行“Save To ASCII File”命令（图 3-19），即可生成用于数据交换的 ASC 格式文件，此处建议“Old Format”和“New Format”都下载下来（图 3-20）。这种格式可被常见数据处理软件如 Excel 等读取。

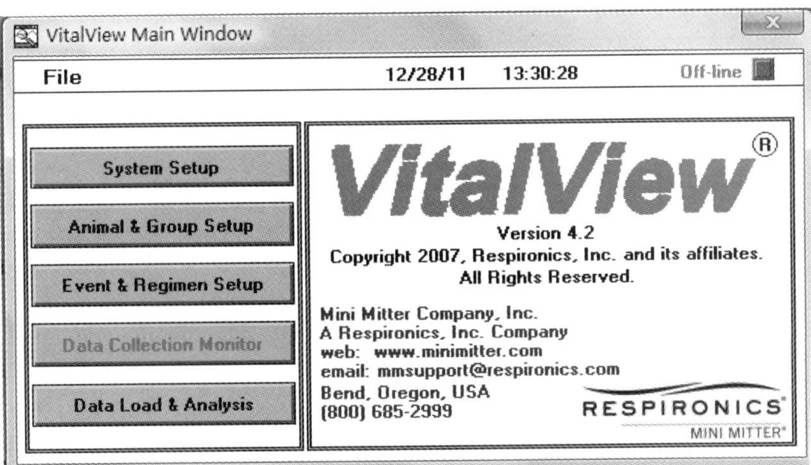

图 3-16 Data Collection Monitor 和 Data Load & Analysis 界面

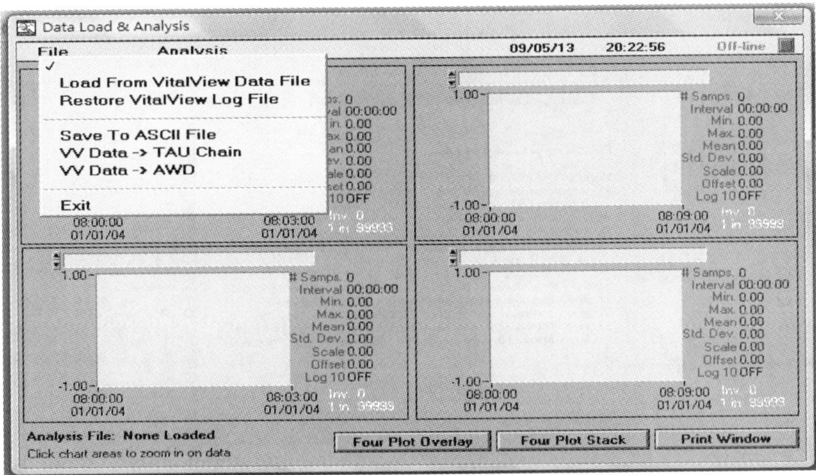

图 3-17 Load From VitalView Data File 界面

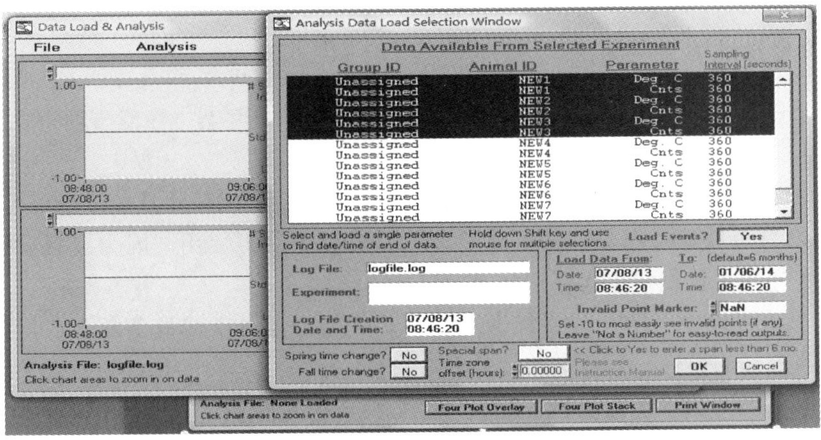

图 3-18 加载后缀名字为“. log”文件界面

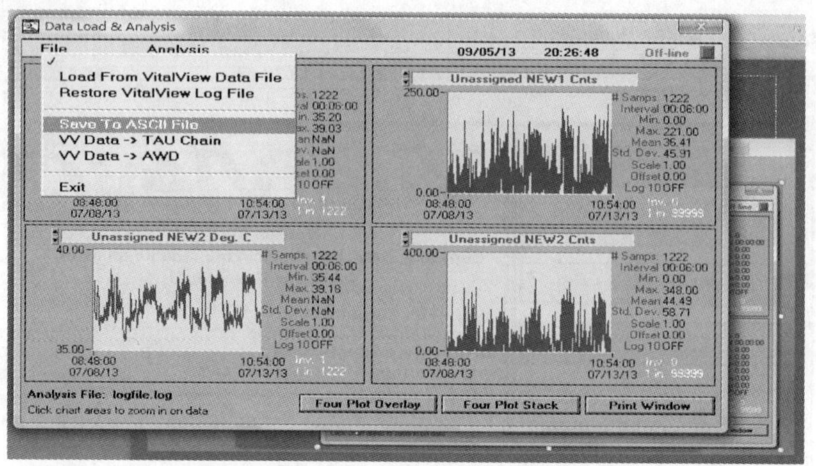

图 3-19 Save To ASCII File 界面

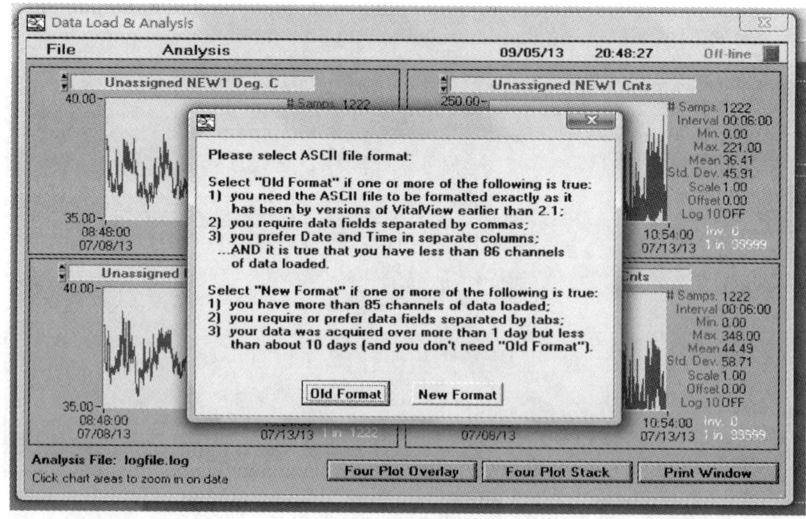

图 3-20 数据格式选择

3.1.3.4 管理及维护

本系统的设备属于贵重仪器，而且安装与操作过程稍显复杂，注意事项也比较多。主要注意事项如下。

① 仪器尤其接收器宜放在干燥的环境中，潮湿环境会影响使用性能或者缩短使用寿命。

② 传感器具有玻璃外壳，容易摔破裂，一旦破裂不可再使用，因为破裂后植入动物体内会内壁积水导致无法发送 1 接收信号。

③ 在连接或断开电缆时一定要首先断开电源，因为运行中的设备断开或增加连接可能会损坏接收器内部的原件。

④ 仪器安装过程中，1 个电源适配器只能负荷 4 个接收器。

⑤ 接收器之间的距离应为水平大于 30cm、垂直大于 20cm。

⑥ 传感器无线信号有效距离为 12cm 内，所以传感器与接收器的距离要小于 12cm。

⑦ 数据最小取值间隔为 15s，一般设置为 1min 或者 10min。

3.1.3.5 常见故障

① 接收器无法为传感器发送电力或者无法收到传感器信号。

② 传感器极其易摔毁。

3.1.3.6 结果解读

导出文件在 Excel 中打开即可用于统计分析与作图。

3.1.3.7 小结

数据采集系统的任务，就是采集传感器输出的模拟信号转换成计算机能识别的信号，并送入计算机，然后将计算得到的数据进行统计分析。用于长时间测量清醒无束缚的鼠、兔、猫、狗、猴、鱼等动物的心率、体温和活动量等生理参数。使用此系统可以保证动物在笼内自由活动，不需要麻醉或束缚，这样测量到的生理信号更能反映自然状态下的动物生理状况，满足《药物非临床研究质量管理规范》对实验室的要求。本文就 Mini Mitter-VitalView 植入式生理信号无线遥测系统应用、原理、使用以及维护方面作了简要说明，为 Mini Mitter-VitalView 植入式生理信号无线遥测系统的使用者提供参考。

3.1.4 IKA C2000 氧弹量热仪

3.1.4.1 主要用途

IKAC2000 氧弹量热仪用于测定固态和液态物质的总热值，广泛运用于煤矿、电力、冶金、化工、建材、质检、教学、科研等行业测试煤炭、石油等物质的热值，如化合物分解焓、生成焓以及诸如煤、污泥、生活垃圾、建筑材料、水泥配料、液体样品等复杂样品的热值测定数据分析。

3.1.4.2 原理与构造

(1) 原理

先用一种已知热值的物质（通常用标准物质苯甲酸）测得整个量热体系温度升高 1℃所需的热值，即测得该量热仪的热容量，然后求出 1g 样品的热值。如已知苯甲酸的热值为 26500J/g，燃烧 1g 的苯甲酸可使量热体系升高 2.65℃，则测得量热仪的热容量为 10000J/℃；若将 1g 未知热值的样品燃烧可使量热体系升高 2℃，则被测样品的热值为 20000J/g，若升高 2.5℃，则被测样品的热值为 25000J/g。

(2) 构造

IKAC2000 氧弹量热仪由控制面板、操作键盘、显示屏、电子单元、测量单元、温度传感器、充氧头、分解氧弹、测量单元上盖等构成（图 3-21，图 3-22）。操作面板包括以下部件（图 3-23）。

①显示屏：显示系统数据、实验数据、实验菜单和用于数据输入的对话窗口。②功能键：功能键的作用随系统操作状态不同而异，F 键提供与当前显示内容相关的帮助信息，显示屏注脚的内容说明当前功能键的作用。③Cancel（取消）键：取消功能在菜单和对话窗口

中有效，按下该键可以退出当前窗口而不接受任何已经输入的数据。④Del（删除）键：如果您已经在对话窗口中输入字符，如燃烧样品的重量，您可以用删除键删除光标左边的字符。删除键的第二个功能是，按 Del 键，可以在对话框之外打开显示屏顶部的菜单条。⑤Okay（确认）键：使用 Okay 键可以激活菜单，打开或者确认对话窗口。按下该键，系统将接受对话窗口中输入的数据。⑥Tab 键：Tab 键可以在对话窗口中使光标从一组输入框移动到另一组输入框。⑦上、下、左、右箭头键：可以在输入行、菜单窗口、表格和记录内移动光标。⑧数字键区：用于输入数字、小数点、空格。在对话窗之外，您可使用点键“·”打开和关闭用于维修的附加信息窗口，窗口中的内容可使用空格键打印。在没有测量运行时，您可使用按键 1 进入维护菜单；如果连接了打印机，就可通过按键 2 装入纸张。⑨对比度调节旋钮：用于调节显示屏的对比度。

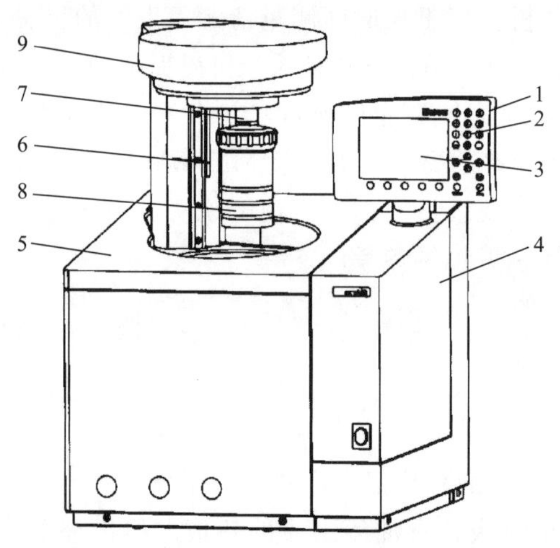

图 3-21 IKAC2000 氧弹量热仪结构示意图

1—控制面板；2—操作键盘；3—显示屏；4—电子单元；5—测量单元；6—温度传感器；7—充氧头；8—分解氧弹；9—测量单元上盖

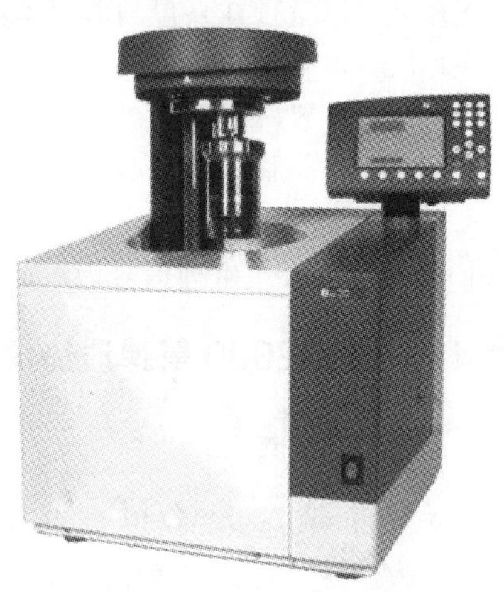

图 3-22 IKAC2000 氧弹量热仪实物图

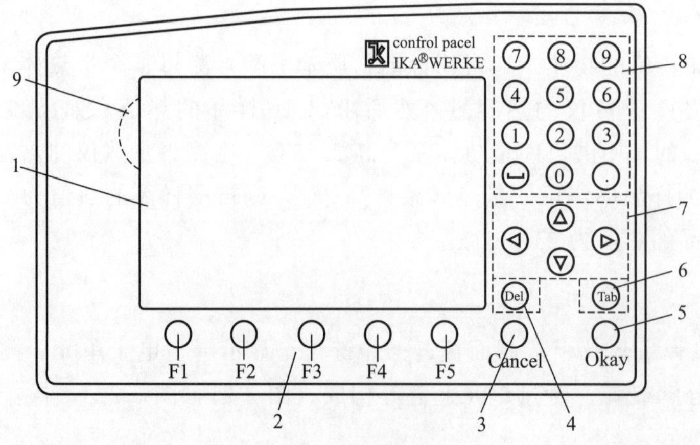

图 3-23 操作面板

1—显示屏；2—功能键；3—Cancel（取消）键；4—Del（删除）键；5—Okay（确认）键；6—Tab 键；7—上、下、左、右箭头键；8—数字键区；9—对比度调节旋钮

3.1.4.3 操作过程

（1）开启系统

开启仪器，首先出现初始画面（测量单元上盖自动升起，搅拌桨转动数秒）（图 3-24）。页脚显示当前功能键的作用，页眉显示当前系统信息。确保氧弹量热仪系统的冷却水已经打开，如果有冷却器，也应该打开。确认初始画面后（如果不按确认键，仪器将会在 10s 后自动确认），系统开始自检。系统将会检查冷却水是否已经进入氧弹量热仪（至少 30s）。

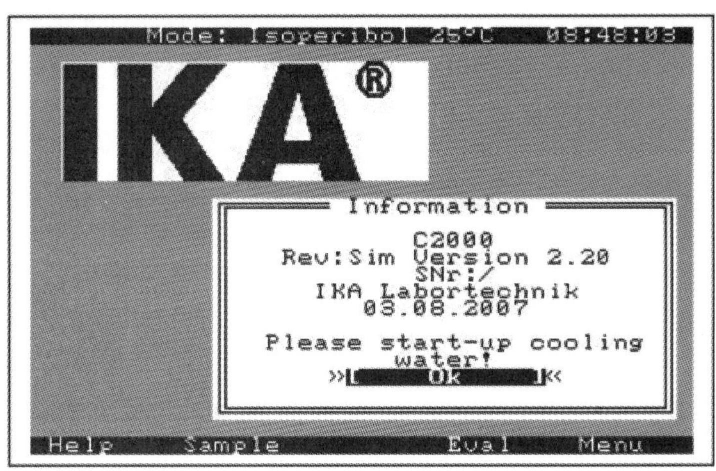

图 3-24 开机后显示屏界面

（2）确认水流量

系统将检查冷却水温度是否符合所选择的工作模式（至少 320s）。检测到的符合相应工作模式的水温显示在左边的单选表格里，右边的单选表格将指定最后的工作模式（图 3-25）。

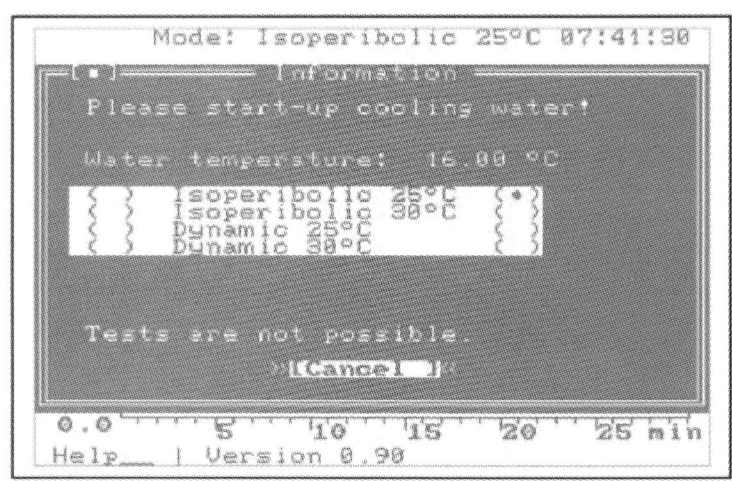

图 3-25 确认水流量自检界面

（3）确认冷却水温度

当系统开始投入使用时，氧弹量热仪系统的外桶和管路将注入冷却水，如果您使用冷却器，此时必须给冷却器水箱补充添加循环水，随后所损失的水量（例如经过压缩机）也必须补充。补充水量时，系统不能处于工作状态，内桶也不能充水。

（4）系统自检

系统自检完成时，选钮 OK 出现，确认后，氧弹量热仪就可以投入使用（图 3-26）。

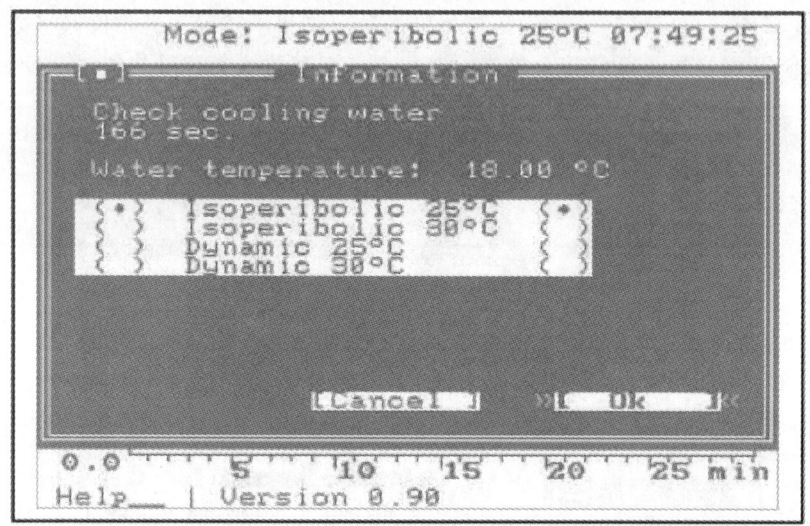

图 3-26　自检完成界面

（5）系统设置

从主屏幕您可以进入所有的菜单和对话框。可通过 Menu（菜单）或者 Del 按键进入菜单行。激活菜单临时主屏幕显示（图 3-27）。窗口显示氧弹量热仪系统的设置区域。用 Tab 可将光标移至下一个配置区域。设置时，用上/下箭头键把光标移至您所需要的行，然后按空格键确认。确认选项用“X”标示，再次按下空格键，标示“X”将被删除。设置对话框见图 3-28。

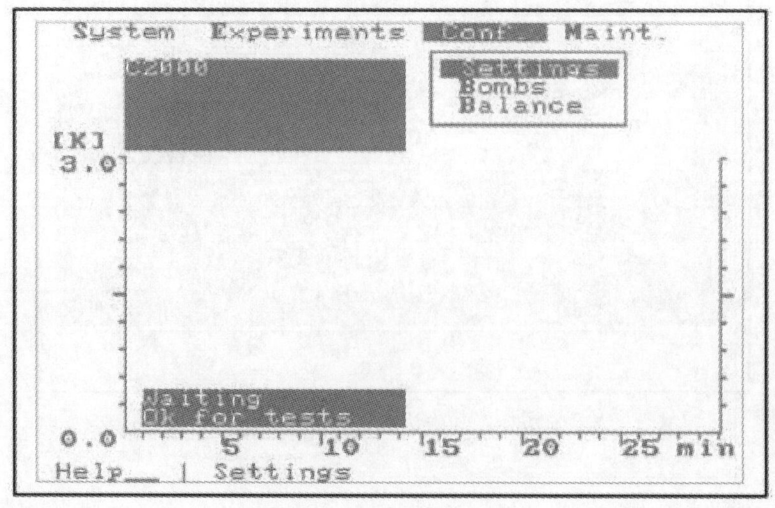

图 3-27　临时主屏幕界面

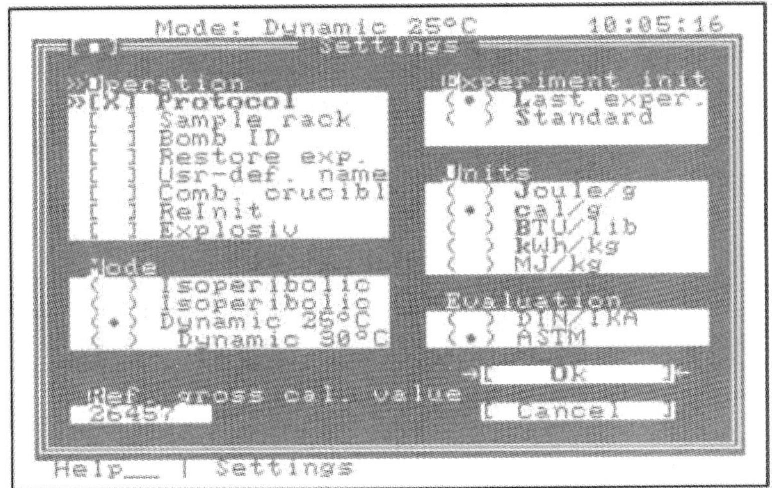

图 3-28　系统设置对话框

（6）氧弹准备

旋开螺帽，用手柄取出盖子（图 3-29，图 3-30）；把棉线系在点火线中部（图 3-31）。样品必须直接盛入坩埚中称重，精度为 0.1mg，同时向分解氧弹注入蒸馏水。显示屏注脚出现 Bomb↓信息，提示可以把分解氧弹挂到测量单元。安装坩埚，用镊子调整棉线，使其垂向坩埚，埋在样品下面，这样可以保证点火期间棉线能够点燃样品。盖上分解氧弹的盖子，旋紧螺帽。

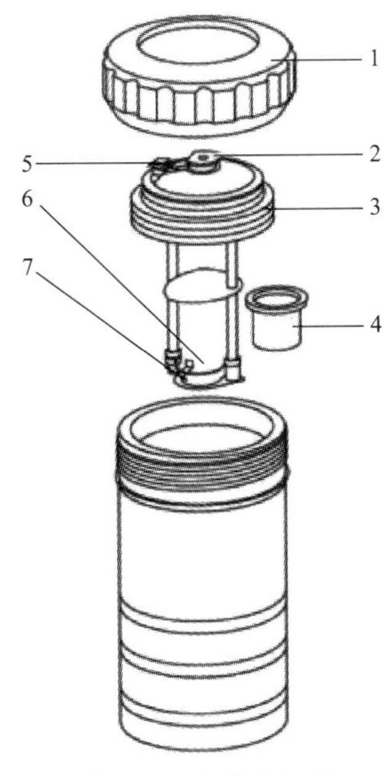

图 3-29　氧弹的组件

1—螺帽；2—氧气阀；3—盖子；4—坩埚；5—电子点火触头；6—点火线；7—坩埚托架

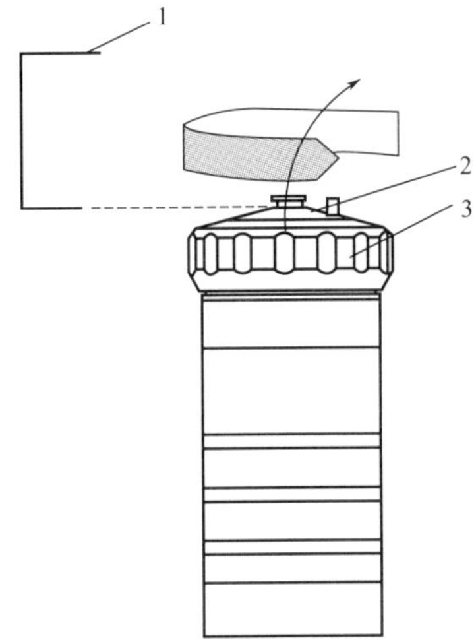

图 3-30　手柄开盖示意图

1—手柄；2—盖子；3—螺帽

(7) 开始测量或校准

将分解氧弹挂到开启的测量单元的测量头，并将其推到位（图 3-32）。系统自动提示：Bomb securely closed?（氧弹是否安装牢固）；确认请按 OK 键。分解氧弹的点火线接通点火回路，氧弹量热仪准备完毕。Bomb（氧弹）信息变为 Start（开始）功能按键，如果 Start（开始）功能按键没有出现，请检查氧弹的点火线。按 Start（开始）按键。

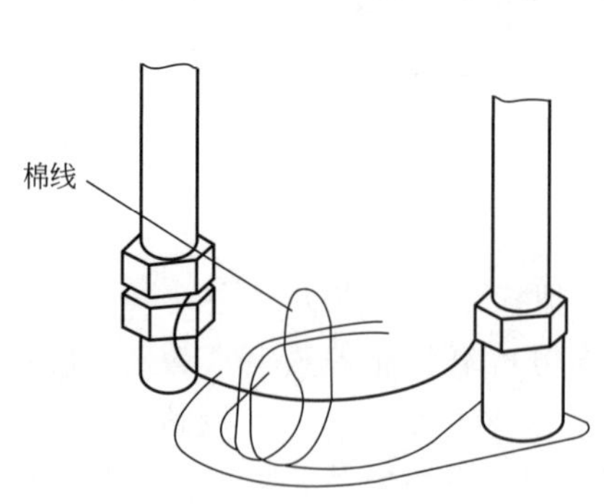

图 3-31　棉线安装示意图

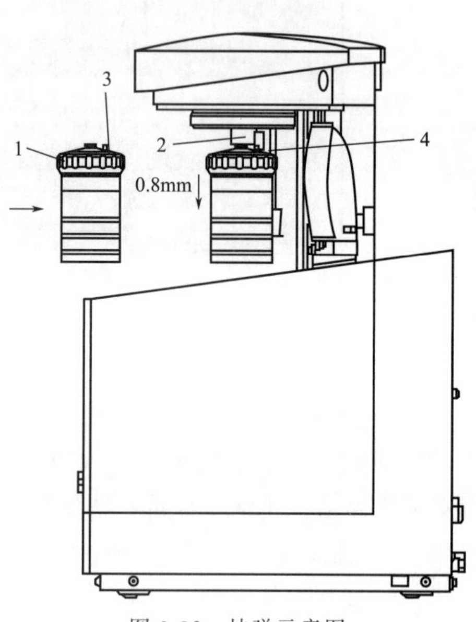

图 3-32　挂弹示意图

1—螺帽；2—充氧头；3—点火触头；4—弹片

3.1.4.4　管理及维护

① 测定时环境温度应在 20～25℃，水温在 18～25℃，温度不够时，仪器会有提示，必须符合以上温度才能进行测量，否则误差会很大。

② 样品称取原则是燃烧后温升小于 4K，仪器接受的最大外部能量在 40000J 内，如原料在 0.8g 左右、植物油低于 0.6g、粪样在 1.0～1.2g 即可。

③ 螺帽旋紧时要注意螺丝契合，通常先逆时针旋转几下，会听到螺帽落下的声音，然后顺时针旋紧即可，如果旋紧时螺帽倾斜一定要重新旋紧。

④ 如果测定开始后温度没有上升，表示点火失败，可能是没有安装点火适配器、忘记充氧或者棉线没有点火成功。

⑤ 每次打开氧弹可将氧弹上盖放在螺帽上，防止上盖滑落。

⑥ 仪器每隔一季需要检查内桶滤网和微型漏斗，清洗前须排空水；另外，仪器一段时间不用或者运输前必须将水完全排空：Standard out 排空内桶，Tank 排空储水筒，Inner Vessel 内桶紧急排水。

3.1.4.5　常见故障

① 注水时间超时。在 240s 内内桶注水未能完成，系统显示故障并中止测量。

② 无温升。电子点火后，无温升，系统显示故障并中止测量。

③ 水量传感器故障。氧弹量热仪系统内桶充水检测错误，系统显示故障并中止测量。

④ 点火线接触故障。实验时如果点火功能无法保证，系统显示故障信息，实验停止。

⑤ 氧弹量热仪系统工作状态不明，可能为电源故障。

⑥ 充氧过程中（60s），有咻咻的声音，可能为充氧故障。

⑦ 燃烧不完全。氧弹充氧不足样品可燃性差。

⑧ 实验无法进行。当分解氧弹挂到测量单元时，Bomb↓信号未变成 Start。

3.1.4.6 结果解读

数据为每克样品的热值。

3.1.4.7 小结

作为热分析方法，氧弹燃烧量热法的应用已不限于有机物的燃烧值测定，已扩展到其他反应热和能量的测定以及用于环境样品分析的前处理和无机材料的合成，应用非常广泛。本文就 IKAC2000 应用、原理、使用以及维护方面作了简要说明，为 IKAC2000 的使用者提供参考。

3.2 细胞生物学新型研究技术与设备

3.2.1 激光共聚焦扫描显微镜

3.2.1.1 主要用途

激光共聚焦扫描显微镜（laser scanning confocal microscope，LSCM），是细胞生物研究的重要工具，让细胞生物学领域的研究能够与现在火热的分子和基因定位功能推测验证等研究结合起来，成为现代生物学研究的重要利器之一。1957 年，Marvin Minsky 提出了共聚焦显微镜技术的某些基本原理；1967 年，Egger 和 Petran·成功地应用共聚焦显微镜产生了一个光学横断面；随着激光技术的长足发展，1984 年，Biorad 为公司推出了世界第一台商品化的共聚焦显微镜，型号为 SOM-100，扫描方式为台阶式扫描；1986 年 MRC-500 型改进为光束扫描，用作生物荧光显微镜的共聚焦系统；随后 Zeiss、Leica、Meridian、Olympus 等公司相继开发出不同型号的 LSCM，产品性能也不断改进和完善，应用范围越来越广。LSCM 是在荧光显微镜成像的基础上加装激光扫描装置，使用紫外线或可见光激发荧光探针，利用计算机进行图像处理。光学显微镜作为细胞生物学的研究工具，可以分辨出小于其照明光源波长一半的细胞结构。随着光学、视频、计算机等技术飞速发展而诞生的激光共聚焦扫描显微镜，不仅可以观察固定的细胞、组织切片，还可以对活细胞的结构、分子、离子进行实时动态观察和检测。用激光作扫描光源，逐点、逐行、逐面快速扫描成像，扫描的激光与荧光收集共用一个物镜，物镜的焦点即扫描激光的聚焦点，也是瞬时成像的物点。由于激光束的波长较短，光束很细，所以激光共聚焦扫描显微镜有较高的分辨力，大约是普通光学显微镜的 3 倍。系统经一次调焦，扫描限制在样品的一个平面内。调焦深度不一样时，就可以获得样品不同深度层次的图像，这些图像信息都储于计算机内，通过计算机分析和模拟，就能显示细胞样品的立体结构。这是传统的光学和电子显微镜所不能达到的。

激光共聚焦扫描显微镜既可以用于观察细胞形态，做细胞形态定位，也可以用于细胞内生化成分的定量分析、立体结构重组，光密度统计以及细胞内的动态过程的分析，并提供定量荧光测定、定量图像分析等实用研究。再具体点说，其可以进行细胞及生物荧光样品观察分析，如绿荧光蛋白分析、荧光原位杂交分析、光切片扫描、3D 图像处理、时间序列拍摄成像。目前 LSCM 已结合其他相关生物技术，在形态学、生理学、免疫学、遗传学等分子细胞生物学领域得到广泛应用。

3.2.1.2　原理与构造

LSCM 采用激光束作光源，激光束经照明针孔，经由分光镜反射至物镜，并聚焦于样品上，对标本内焦平面上的每一点进行扫描。然后，激发出的荧光经原来入射光路直接反向回到分光镜，通过探测针孔时先聚焦，聚焦后的光被光电倍增管（PMT）探测收集，并将信号输送到计算机，在彩色显示器上显示图像。在此光路中，只有在焦平面上的光才能穿过探测针孔，焦平面以外区域射来的光线在检测小孔平面是离焦的，不能通过小孔。因此，非观察点的背景呈黑色，反差增加成像清晰度。照明针孔与探测针孔相对于物镜焦平面是共轭的，焦平面上的点同时聚焦于照明针孔和发射针孔，焦平面以外的点不会在探测针孔处成像，即共聚焦。以激光作光源并对样品进行扫描，在此过程中两次聚焦故称为激光共聚焦扫描显微镜。激光共聚焦扫描显微镜系统是在荧光显微镜成像的基础上加装激光扫描装置，把得到的图像用配套的计算机软件加以保存和处理，主要由电动荧光显微镜、扫描检测单元、CO_2 培养系统控制器、激光器、电脑工作站及各相关附件组成，包括数据采集、处理、转换及相应应用软件。图 3-33 为原理示意、图 3-34 为实机图。LSCM 参数性能的优越与否，由各个部分的参数所决定，比如激光器的光源、波长、扫描头的通道数等，但最主要的还是整体结合性能及其配套软件的功能。

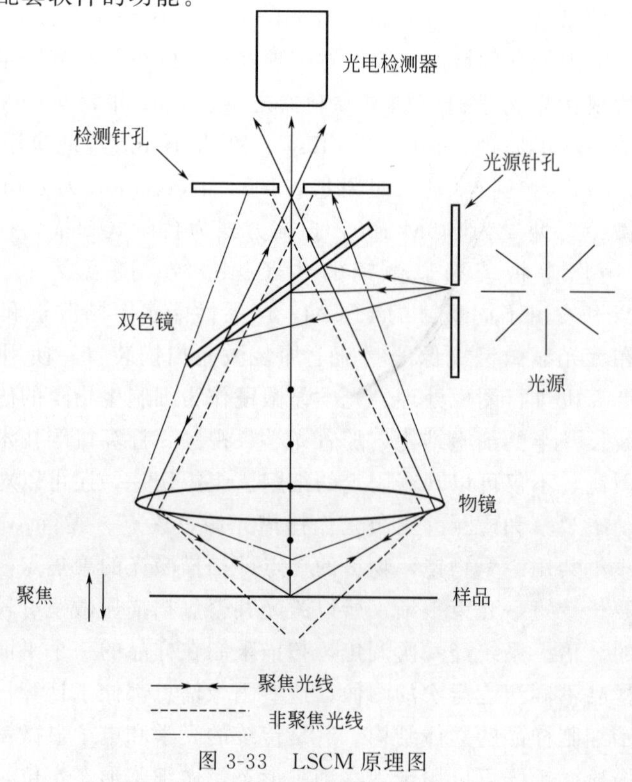

图 3-33　LSCM 原理图

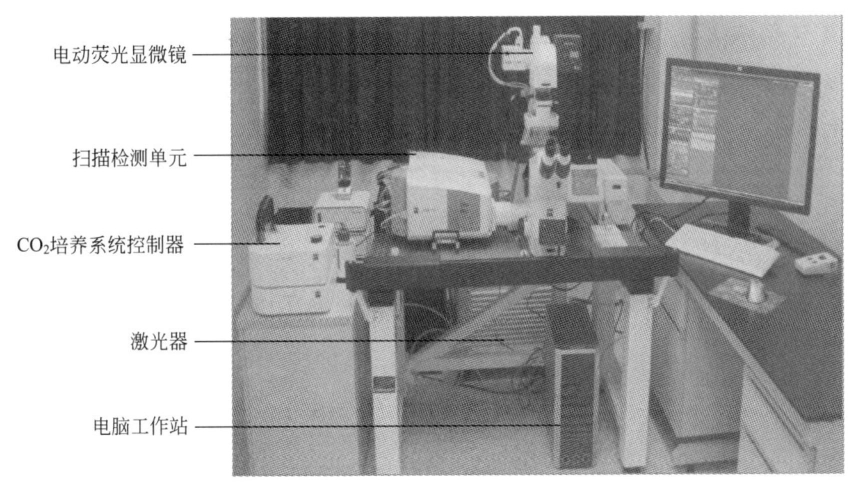

图 3-34 LSCM 实机图

3.2.1.3 操作过程

LSCM 操作整体过程：打开稳压电源，打开各个部分的控制开关，打开软件，就可以操作。注意一点，离子激光器开机需要预热，关机需要冷却。具体如下。

① 打开稳压电源。

② 依次打开主机电源开关，电脑系统开关，扫描硬件系统开关。

③ 打开扫描载物台开关，打开电动显微镜开关，打开荧光灯开关。

④ Ar 离子激光器 “ON”，顺时针旋转钥匙至 “—”，预热等待约 15min，将激光器扳钮由 “Standby” 扳至 “Laser run” 状态，即可正常使用。

⑤ 打开电脑开关，进入操作系统。

⑥ 双击共聚焦软件图标，进入软件界面，出现各种直观的功能块。例如扫描取图（Acquisition）、图像处理（Processing）、维护（Maintain）；动作按钮；工具组（多维扫描控制）；工具详细界面；状态栏；视窗切换按钮；图像切换按钮；图像浏览/预扫描窗口；文档浏览/处理区域；视窗中图像处理模块等。

⑦ 用软件操作共聚焦显微镜，根据要求先设置各个部分的参数。先在软件中找到并进行激光连接状况检查，然后根据需求设置光路切换（眼睛观察/相机/共聚焦），之后进行显微镜设置（透射光控制，反射光光闸控制，荧光激发块选择）：点击物镜图标，选择物镜→样品聚焦。点击软件中的共聚焦扫描（“LSM”），系统切换至共聚焦扫描光路。最后可进行图像的保存。共聚焦扫描前，各个通道都有精细的参数可供设置，也有快捷键方便操作：Fastest 为最快速扫描，多条激光谱线同时扫描；Best signal 为最佳信号扫描，多条激光谱线顺序扫描。

⑧ 关闭系统。先关软件：主菜单 “File” → “Exit”，退出共聚焦软件。软件关后，电脑就没有控制功能了，即可关闭主电脑操作系统、显示器电源。再关闭显微镜上的荧光灯电源，关闭扫描载物台电源、显微镜系统电源。最后关闭 Ar 激光器（具体是先将扳钮从 “Laser run” 扳到 “Standby” 状态；再将钥匙逆时针从 “—” 旋转到 “ON” 状态；切记等待约 10min，等激光器风扇停止转动后，再关主开关）。

3.2.1.4 管理及维护

激光共聚焦扫描仪价格昂贵，属于贵重仪器，且操作过程稍显复杂，注意事项也比较多。一般应注意：仪器周围环境要清洁，远离电磁辐射源；环境无震动，无强烈的空气扰动；室内具有遮光系统，保证荧光样品不会被外源光漂白；激光器的操作，要有专人管理和维护。

主要注意事项如下。

① 配置稳压器，防止瞬间电流损坏激光器，打开稳压电源后，应等待几分钟，待电压稳定后再开其他开关。

② 激光器是最重要的部件，比较精密且价格昂贵，要严格遵守其开、关流程。

③ 如果使用过油镜，或者物镜表面较脏，则需用擦镜纸擦拭干净（清洁液使用无水乙醇和无水乙醚的混合液，混合比例为无水乙醇 30%、无水乙醚 70%）。

④ 不使用荧光时，不要打开荧光灯。避免频繁开、关荧光灯。

⑤ 必须等灯箱充分冷却后，再小心地盖上防尘罩。

⑥ 显微镜可由［TFT 触摸屏］控制，使用触摸屏时要小心，注意防脏、防划痕。

⑦ 刻录图像数据资料：应使用刻录光驱刻录，实验前应准备好刻录光盘。

⑧ 避免空调直接对着显微镜吹风。

⑨ 整个实验过程应注意保持显微镜周围环境清洁。

3.2.1.5 结果解读

LSCM 的结果比较直观，可直接对图片进行观察，见图 3-35～图 3-37。

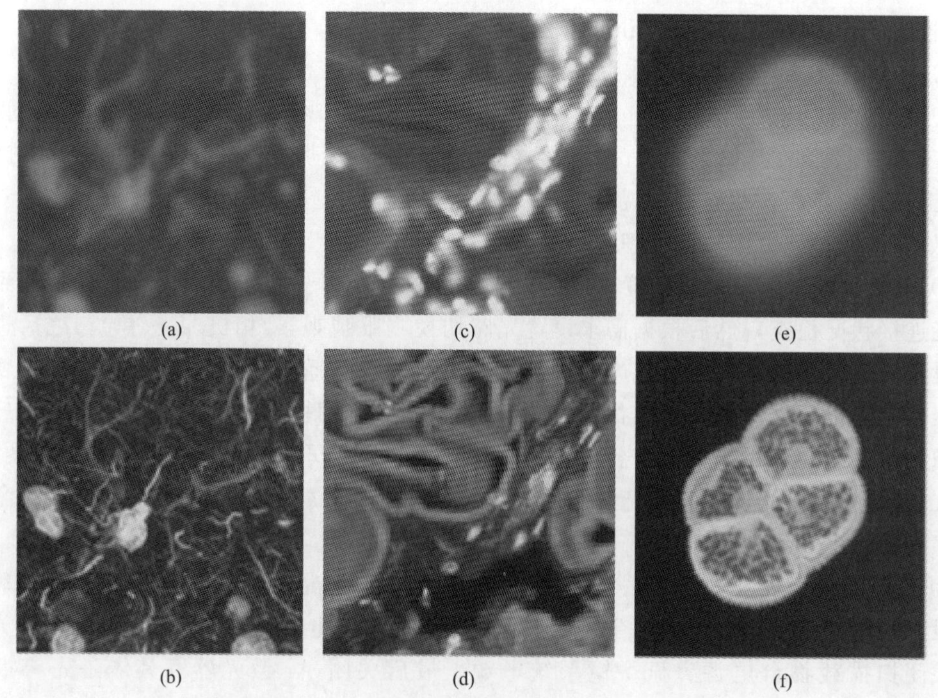

图 3-35 传统显微镜和激光共聚焦扫描显微镜所拍摄图片

（a）和（b）同一标本：小鼠脑海马区；（c）和（d）同一标本：大鼠平滑肌；（e）和（f）同一标本：向日葵花粉

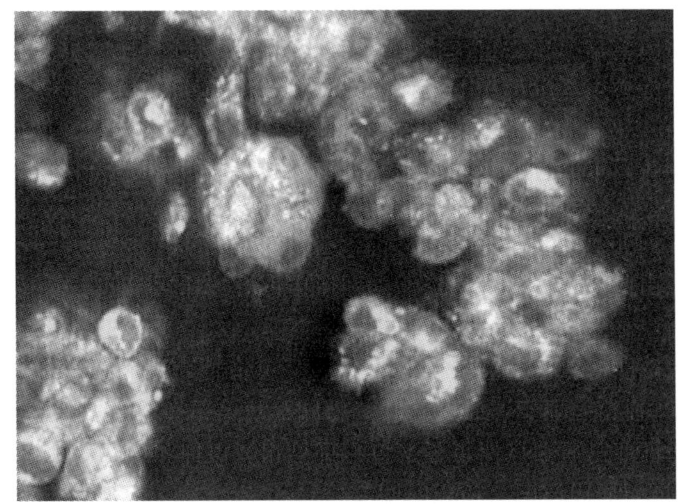

图 3-36 细胞的三维立体图

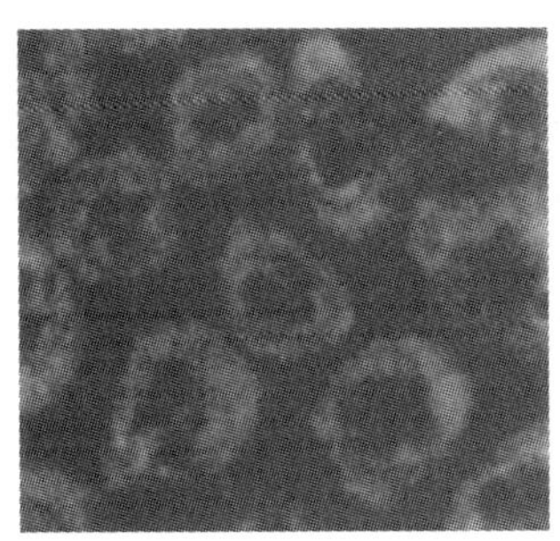

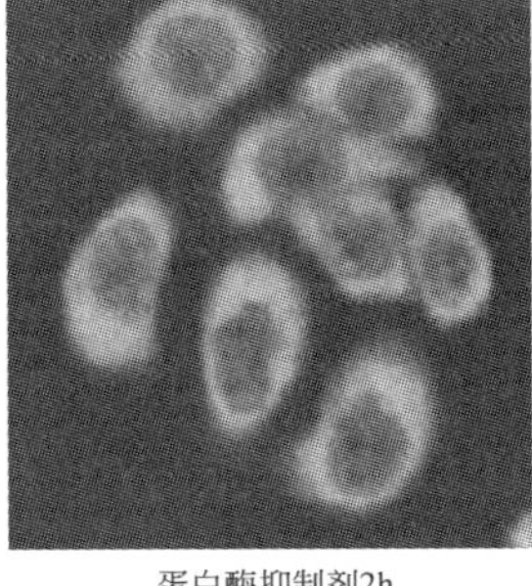

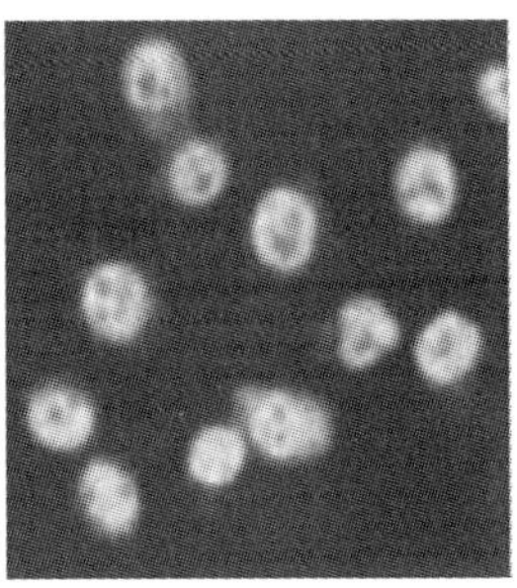

对照　　蛋白酶抑制剂2h　　蛋白酶抑制剂4h

图 3-37 激光共聚焦扫描显微镜分析细胞凋亡过程

3.2.1.6 小结

激光共聚焦扫描显微镜是分子生物学领域的重要研究工具之一，不仅可以用于细胞形态的观察，也可以用于细胞内生化成分的定量分析，目前在多个行业得到应用，应用范围非常广。本文就 LSCM 应用、原理、使用以及维护方面作了简要说明，为使用者对 LSCM 的了解和学习提供参考。

3.2.2 流式细胞仪

3.2.2.1 主要用途

流式细胞仪（flow cytometer，FCM）是 1934 年 Moldavan 提出让悬浮的单个血红细胞流过玻璃毛细管时，在亮视野下用显微镜进行计数，并用光电记录装置测量的设想。后由 Caspersson、Coons、Guclcer、Coulter、Caspersson 等人不断地补充和发展，1953 年 Crosland Taylor 根据牛顿流体在圆形管中流动规律即分层鞘流原理，成功地设计出红细胞光学自动计数器；后又由 Parker 和 Hutcheon 描述一种全血细胞计数器装置，成为流式细胞仪的雏形；1954 年，Beirne 和 Hutchcon 发明光电粒子计数器；1959 年，B 型 Coulter 计数器问世；1965 年，Kamemtsky 等提出两个设想：①用分光光度计定量细胞成分，②结合测量值对细胞进行分类；1967 年，Kamemtsky 和 Melamed 在 Moldavan 的方法基础上提出细胞分选的方法；1969 年，Van Dilla Fulwyler 及其同事们发明了第一台荧光检测细胞计；1972 年，Herzenberg 研制出一个细胞分选器的改进型，能够检测出经荧光标记抗体染色的细胞的较弱的荧光信号；1975 年，Kochler 和 Milstein 提出单克隆抗体技术，为细胞研究中大量的特异性免疫试剂的应用奠定基础。现今随着光电技术的进一步发展，流式细胞仪已开始向模块化发展，即它的光学系统、检测器单元和电子系统都可以按照实验要求随意更换，而且功能也开始细化，出现各种专用型流式细胞仪，且自动化程度更高。例如，BD 公司的 FACS Count 为精确计数淋巴细胞 CD_3、CD_4、CD_8 绝对数而设计；BD 公司的 FACS CAlibur 为帮助临床医生快速实现常规免疫表型、CD_4 T 细胞计数、DNA、网织红细胞、血小板等临床分析而设计，兼具分选功能；BD 公司的 FACSV antage SETM 是在 FACSV antage 的细胞分选功能基础上推出的分选增强型流式细胞仪，而且全自动化。Beckman- Coulter 公司的 ALTRA 具有分选功能，适用于免疫学、细胞生理、分子生物学、遗传学、微生物学、水质分析和植物细胞分析。此外还有 Beckman- Coulter 公司的适用于免疫学检测的 Cytomics FC500，Partec 公司的 CCA 家族的细胞计数分析仪 CCA 和倍性分析仪 PA-I，等等。

流式细胞仪应用非常广，是测量液相中悬浮细胞或微粒的现代技术，凡是被荧光分子标记的细胞或微粒，都可以被检测到，可被应用到临床诊断、临床免疫、微生物学、食品学、过程控制、生态学等研究。如细胞增殖状态检测，白血病、淋巴瘤微小残留病灶检测，肿瘤耐药分析、免疫标记细胞计数，食品处理过程中的微生物计数，以及细胞凋亡等植物生理、程序性死亡、倍性鉴定等。

3.2.2.2 原理与构造

将悬浮分散的单细胞悬液，经特异荧光染料染色后，放入样品管。在气体压力的作用下，悬浮在样品管中的单细胞悬液形成样品流垂直进入其流动室，沿流动室的轴心向下流动，轴心至外壁的鞘液也向下流动，形成包绕细胞悬液的鞘液流，鞘液流和样品流在喷嘴附近组成一个圆形流束，自喷嘴的圆形孔喷出，与水平方向的激光束垂直相交，相交点称为测量区。染色的细胞受激光照射后发出荧光，同时产生光散射。这些信号分别被呈 90°角方向放置的光电倍增管荧光检测器和前向角放置的光电二极管散射光检测器接收，经过转换器转换为电子信号后，输入电子信号接收器。计算机通过相应的软件分析这些数字化信息，就可得到细胞的大小和活性、核酸含量、酶和抗原的性质等物理和生化指标。

流式细胞仪由光源、液流系统、信号接收、信号处理和细胞分选五部分组成，见图 3-38 和图 3-39，实机图见图 3-40。

(1) 光源

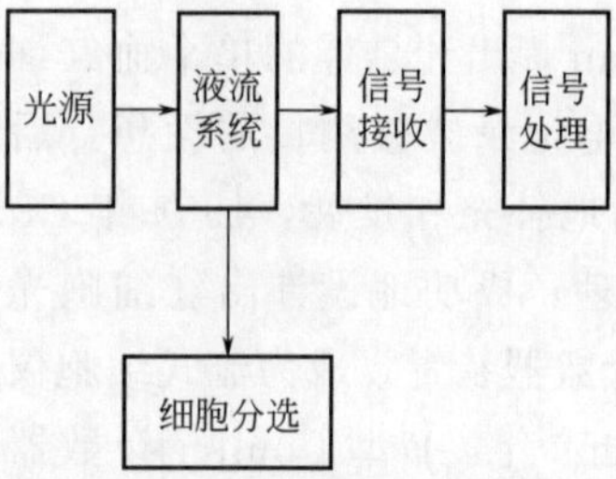

光源 → 液流系统 → 信号接收 → 信号处理
液流系统 → 细胞分选

图 3-38 流式细胞仪组成示意

光源有汞灯和激光。汞灯结构简单、价格便宜、维修容易，但在单一谱线上的功率较弱。激光单色性较好，功率强大、不易散焦，但结构复杂、价格昂贵、维修困难。依据被激发的生物颗粒自身荧光物质或荧光染料的激发光谱而决定选择哪种光源的哪条谱线作为激发光源。光谱的谱线越接近被激发物质的激发光谱的峰值，所产生的荧光信号越强。

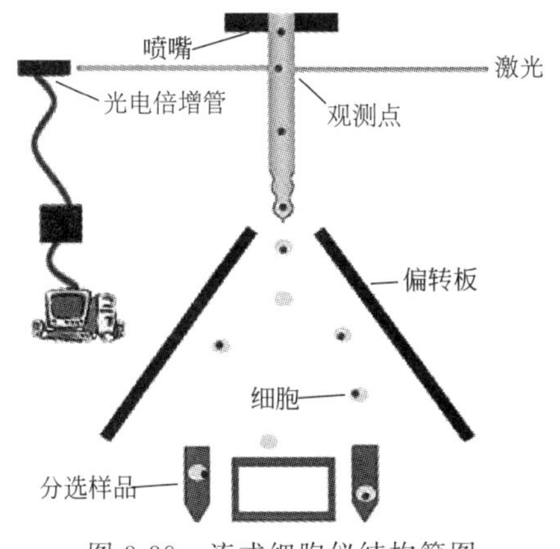

图 3-39 流式细胞仪结构简图

图 3-40 流式细胞仪实机图

（2）液流系统

液流系统包括喷嘴和流动室，是样品和鞘液进入、流动、排出的通道。同轴流动设计使液体的流动以样品流居中、鞘液流包绕样品流形成流束到达喷孔，使其以稳流的形式喷出。

（3）信号接收系统

细胞通过激光束时发出散射光和荧光，检测系统接收这些散射光和荧光，并将其转换成与散射光和荧光量大小成正比的电压脉冲，通过它可以区分不同的细胞。

（4）细胞信号的处理

检测器以每秒 1000～2000 细胞的速度探测细胞的散射光和荧光信息，经过 A/D 转换器变成二进制信号，存储于计算机中。计算机通过综合处理分析这些信息，可直接计算出所需的各种结果。

（5）细胞分选器

细胞分选器由水滴形成、分选逻辑电路、水滴充电及偏转三部分组成，通过压电晶体的振动使自喷孔喷出的流束形成水滴。

3.2.2.3 操作过程

先开仪器、后开计算机，以确保仪器和计算机之间的正常通讯。在苹果菜单下点击 CellQuest 和 CellQuest Pro 软件，从 Aquire 菜单下选择 connet to cytometer。

（1）荧光微细胞校正光路

① 将 Flow-check 在室温下放置 10min。

② 选择检测 Flow-check 的 PROTOCOL。

③ 取 0.5mL（15～20 滴）Flow-check 放入 12mm×75mm 流式细胞仪专用的试管中。

④ 将试管放在样品台上进行检测，5000（FS）。

⑤ 记录 FS 及荧光 FL1～FL4 的 HPCV 值，HPCV 的值应＜2%。

⑥ 若 HPCV 值不达标，应采取以下方法校正：a. 观察仪器预热时间是否大于 20min；b. 按主机上 PRIME 键，排除气泡干扰后重测；c. 选择 Cleaning Panel 清洗机器后重测；

d. 若以上处理均未达标，请工程师进行光路调整。

⑦ 若长期不开机，开机后先清洗机器，再测 Flow-check。

（2）免疫荧光分析

细胞表面的抗原（或细胞膜受体）与相应的荧光标记抗体结合，形成带有荧光的抗原抗体复合物。通过流式细胞仪检测其荧光量，即得到细胞表面相应抗原的表达情况。

① 取 100μL 全血加入到 12mm×75mm 流式细胞仪专用试管中。

② 加入适量荧光标记单抗，如抗 CD_3-PEcy 10μL、抗 CD_4-FITC 10μL 和抗 CD_8-PE 10μL，加在同一标本管内，置室温暗处标记 30min。

③ 溶解红细胞：a. 在标记试管内加入 500μL Optolyse C，室温避光 10min；b. 加 500μL PBS，室温避光 10min；c. 1500r/min 离心 5min，弃上清液，加入 1mL PBS 悬浮细胞，待检测。

④ 同型对照管：加入 IgG_1-FITC/IgG_1-PE/IgG_1-PC5 10μL，其余步骤同测定管。

⑤ 上机检测：仪器进入正常工作状态后，建立并选择 CD_4/CD_8/CD_3 三色检测方案，用同型对照管调电压。电压调节达到要求后对测定管进行检测。

3.2.2.4 管理及维护

（1）流式细胞仪的管理

① 流式细胞仪属于大型贵重仪器，实行主管负责制。一般使用前需向主管提出申请，填写使用申请书，说明使用原因、使用时间。

② 主管审核并批准后通知仪器负责人员，进行相关培训和说明（可定期进行），由于本仪器属于专人专管，所以只能由管理者操作，检测者在旁边协助完成。

③ 要做相关实验前提前一周预约，仪器负责人员根据申请人及仪器使用具体情况安排开机时间。

④ 仪器每次使用后应按要求填写仪器详细使用记录，使用者和负责人签字。

（2）鞘液压力故障及排除

① 鞘液压力故障产生的原因：a. 未拧紧鞘液箱盖，使压力减小；b. 压力调节阀漂移，导致 Sheath pressure 小于 4psi；c. 鞘液过滤器阻塞。

② 鞘液压力故障显示“Sheath pressure error”或“Sheath pressure warning”。

③ 鞘液压力故障表现为：主机上的信号指示二极管闪烁，样品液快速减少，样品台抬起又自动降下。

④ 鞘液压力故障排除方法：a. 拧紧鞘液箱盖，使压力增加；b. 调节压力调节阀，使 Sheath pressure 为 4psi；c. 清除鞘液过滤器阻塞，或者更换过滤器。

⑤ 预防鞘液压力故障的措施：a. 补充鞘液和清洁液时，要拧紧盖子；b. 每次开机前检查压力表是否在正常范围内；c. 鞘液盒和清洁盒的连接头应注意定期更换或清洗。

（3）系统压力故障及排除

① 系统压力故障产生的原因：a. 由于系统内部压力小，使压力表和气泵压力表显示值低；b. 气水隔离瓶漏气；c. 交流电磁阀不密封；d. 电源箱接头松动；e. 主机管道可能漏气。

② 系统压力故障显示“System pressure error”或“System pressure warning”。

③ 系统压力故障的表现：系统进入自校状态，显示压力低，并停止检测。

④ 系统压力故障的排除：调节压力表使其等于或略大于 30psi。

⑤ 减少系统压力故障的措施：a. 每次使用前检查压力表和气泵压力表是否正常；b. 检查气水隔离瓶、交流电磁阀和主机管道是否漏气；c. 检查电源箱面板快速接头是否插紧。

(4) 样品流路阻塞及排除

① 样品流路阻塞产生的原因：任何使样品流路发生阻塞的故障。

② 样品流路阻塞的显示：进样时，FS/SS 直方图中无点信号出现。

③ 样品流路阻塞的表现："Clean panel" 失灵，使用高浓度的漂白液和 Prime 均无改善。单独使用 "Clean panel " 程序时能吸样，但实际检测时无法吸样。

④ 样品流路阻塞的排除：将堵塞或弯折的进样管恢复正常。

⑤ 防止样品流路阻塞的措施：上机前，所有要经过样品管的溶液（包括样品）均使用 200 目的滤网过滤，避免溶液中的杂质、细胞团或沉淀物阻塞样品流路。

3.2.2.5 结果解读

流式细胞仪将实验结果的光信号转换成电压脉冲后，再通过模数转换器转换成计算机能够储存处理的数字信号，数据采集一般使用软件 CellQuest 和 CellQuest Pro。软件的数据流分为两个部分：方案和数据包。方案是指用户可以建立采集或分析所需的直方图或散点图，设门并定义门与门、门与图之间的逻辑关系。可以使用方案进行数据采集或分析以往已有的数据。每个采集方案分析样本后会生成数据包，该数据包中包括了样本中每个颗粒在各个检测参数上的数值，格式为 FCS2.0 或 FCS3.0。结果可以很方便地在计算机上显示，数据包必须由方案文件打开，无法单独显示，或者可由第三方软件进行分析，如 WinMDI。也可以打印出来。根据使用者的目的，实验结果有多种表现方式，例如直方图、散点图或三维图，见图 3-41。

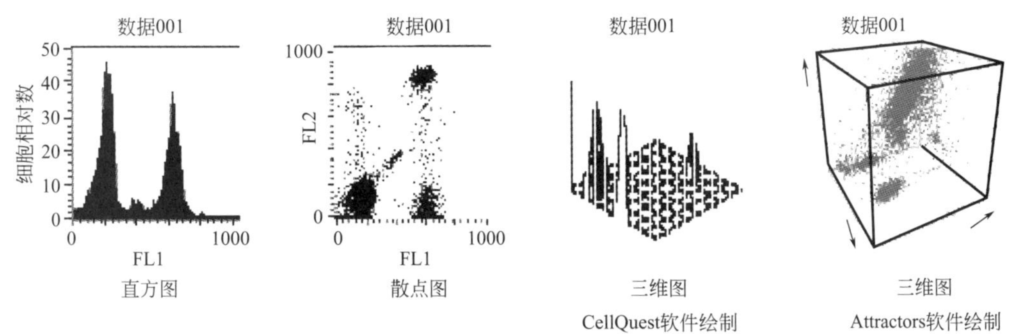

图 3-41 流式细胞仪数据结果的几种图形呈现

直方图一般是单参数的表示方法，横轴表示荧光通道，纵轴表示在该通道内收集到的细胞数量，处在同一通道的每一细胞均符合该通道的信号值，而且具有相同的信号密度。通道右侧信号的荧光强度明显高于左侧，越靠右侧荧光亮度越强。每个峰代表性质一致的一群细胞。使用者可以利用"标尺"设置，将各峰细分成各区间来统计某一感兴趣的区间的细胞数，占总数的比例、均峰值和变异系数等。

二维散点图可同时显示双参数，*X* 轴显示通道 1（FL1），*Y* 轴显示通道 2（FL2）。二维图上每个点代表一个细胞，不同性质的细胞会在图上形成各小区，称为亚细胞群。二维散点图可设置象限标志。如果需要，还可以建立数据统计表以输出结果。

三维图通过 X、Y、Z 三个轴分别显示每个通道的细胞量。每个凸起的峰，都是一个亚细胞群，可以更直观形象地区分各细胞群，以及全部细胞的分布。

通过设门的方法可以定义细胞亚群的区域。如血样本是混合细胞群，如果想单独分析淋巴细胞，可根据 FSC 或细胞大小，在 FSC、SSC 的散点图中设门，其数据结果只反映淋巴细胞亚群的荧光特性。

3.2.2.6 小结

流式细胞仪应用非常广，是测量液相中悬浮细胞或微粒的现代技术。它综合了荧光标记技术和显微镜技术，凡是被荧光分子标记的细胞或微粒，都可以被检测到，可被应用到临床诊断、临床免疫、微生物学、食品学、过程控制、生态学等多个领域，FCM 不仅可以对细胞进行计数分类，还可以对细胞内的 DNA 等内容物进行测定，同时能够与激光共聚焦显微镜做很好的配合使用，共同研究细胞凋亡过程，是现代细胞生物学研究的重要工具。

3.3 生化分子生物学技术常用仪器设备

3.3.1 酶标仪和洗板机

3.3.1.1 主要用途

自 20 世纪 70 年代酶标法提出以来，经过不断地发展现已成为检验某些指标的主要方法，与此同时，作为专用于微孔板比色的酶标仪也获得了很大的发展，主要应用于酶联免疫吸附检测（ELISA）反应中检测吸光度值，进行定性或定量分析，广泛用于各类实验室，包括医疗、农业、食品等行业。

酶标仪一般有内置洗板机，既可洗涤又可检测，体积较大；体积小的只是一台酶标比色检测计，还有专门配套的洗板机。

3.3.1.2 原理与构造

根据朗伯-比尔定律，在特定波长下，检测被测物的吸光度值。但是每一种物质对光能量还存在一定的非特异性吸收，为了消除这种非特异性吸收，可再选取一个参照波长，以消除这个不准确性。在参照波长下，检测物光的吸收最小。检测波长和参照波长的吸光度值之差可以消除非特异性吸收。

酶标仪使用中一般是根据 ELISA 原理，使抗原或抗体结合到某种固相载体表面，并保持其免疫活性。使抗原或抗体与某种酶连接成酶标抗原或抗体，这种酶标抗原或抗体既保留其免疫活性，又保留酶的活性。用洗涤的方法使固相载体上形成的抗原抗体复合物与其他物质分开，最后结合在固相载体上的酶量与标本中受检物质的量成一定的比例。加入酶反应的底物后，底物被酶催化变为有色产物，产物的量与标本中受检物质的量直接相关，故可根据颜色反应的深浅进行定性或定量分析。由于酶的催化频率很高，故可极大地放大反应效果，从而使测定方法达到很高的敏感度。

酶标仪是一台变相的光电比色计或分光光度计，其工作原理与主要结构跟光电比色计几乎完全相同。其主要由光源系统、单色器系统、样品室、探测器和微处理器控制系统等组成，见图 3-42、图 3-43。

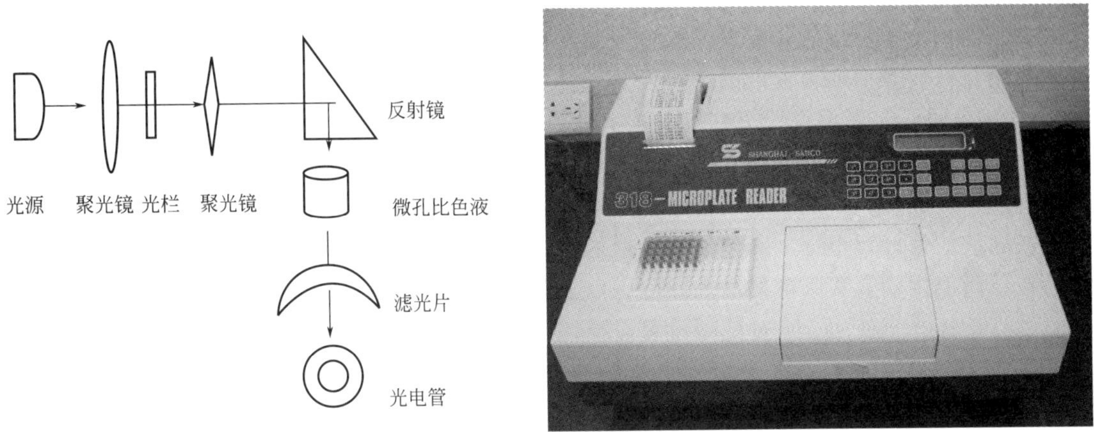

图 3-42 原理示意图和仪器实物

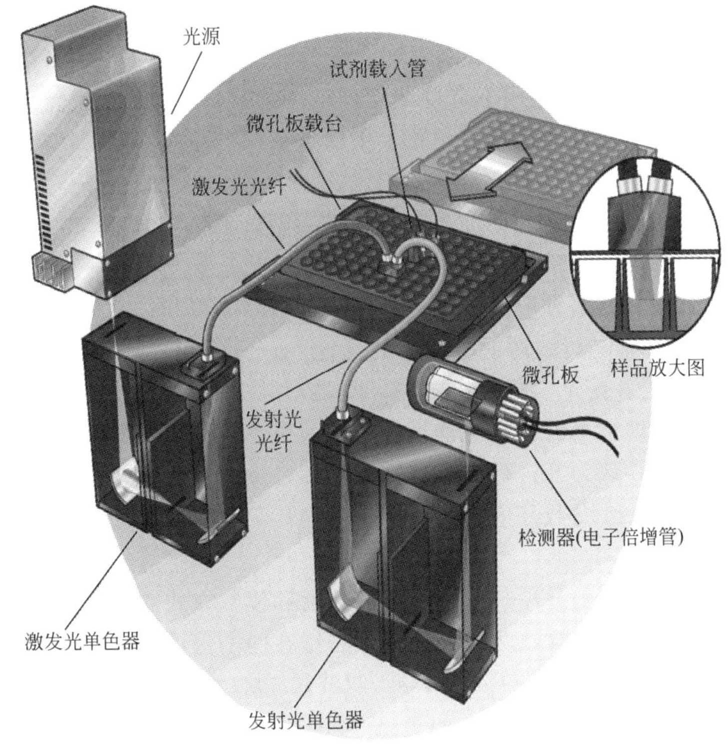

图 3-43 酶标仪结构图

3.3.1.3 操作过程

① 接上电源，打开机器后面开关，机器开启后，自检后，根据机器上的提示操作进入机器的操作界面。

② 如果试验程序已编好，可直接调出出现在检索菜单里的程序，直接读板。如果试验程序需要重新编辑，则按编辑菜单里面的程序设置，进行新的试验程序的编辑。

③ 编辑新程序。按编辑菜单，首先进入程序设置，里面需要进行编辑的分菜单有以下几个：阈值设置，报告种类设置，标准品设置，试验模式设置，酶标板布局设置。定性试验一般要求对阈值进行设置，定量试验一般则不做要求；定性试验一般不需要对标准品进行设置，而定量试验则需要对标准品进行设置。

④ 阈值设置。阈值设置里有以下几个分项：不使用，常数，质控，公式，比值等。

公式阈值：将光标移到公式阈值处，机器里面存有五个公式可供选择，根据试剂盒上的说明选择相应的公式，然后连续按输入键进入公式修改里面的 K 值参数和灰区值（K 值参数和灰区值的修改，根据试剂盒说明所给的数据进行），修改完后按输入键。质控：此设置只需在单阈值内输入灰区值按输入即可。以上两项是试验最常见到需修改的地方，若为定量试验则直接选择不使用，跳过此项设置。

⑤ 选择选项中有以下几个分项：原始数据，吸光度，限值，矩阵值，阈值，曲线，浓度，差异。定性试验一般选择原始数据报告、吸光度报告、阈值报告；而定量试验一般选择原始数据报告、吸光度报告、浓度报告、曲线报告。

选择方法：将光标移到所要选择的报告上，按选择键即选定了所要选择的报告种类，再按选择键，则解除刚才所选择的报告种类。曲线报告只能在内置打印机或和电脑联合使用时，方可打印此报告。

⑥ 标准品设置。此项设置适用于定量试验，定性试验可不做此项设置。

标准品设置包括：a. 标准品信息的设置，里面包括标准品的数量、浓度、单位；b. 标准曲线设置，包括曲线、种类的设置和坐标轴的设置。

标准品数量：可设置 0～12 个标准品数量，在浓度选项里填入已给定浓度的大小；在单位选项里备有几十个单位可供选择，根据已知浓度的单位选择与之相一致的单位。

曲线设置：机器里备有多种曲线可供选择用于标准品的拟和；坐标轴的设置：在此选项里可对坐标的 X 轴、Y 轴进行线性或非线性的设置。

⑦ 试验模式的设定。在光学测定模式中，机器默认是单波长，可选择双波长。将光标移到波长处，按右箭头即选择键可在机器设置好的波长参数里来回选择。

振动的设置：机器默认为开，将光标移到开位置，按右箭头即变成关闭，再按则又恢复开启状态。时间设置：利用数字键键入所需时间。振动强度：用右箭头来回选择中、强、弱。

读数：读数设定里有两个分项，分别是读数速度和读数方式。将光标移到读数速度这个选项，里面有快速读数和逐步读数两个分项，用右键在两个选项中来回选择。快速读数，单波长 6s，双波长 15s；逐步读数，单波长 15s，双波长 30s；将光标移到读数方式选项，里面有普通读数和评估读数两种，用右键在两个选项中来回选择。以上参数选择完成后按输入键，使修改的内容得以保存。读数速度里的快速读数适用于试验量较大的试验；读数方式里的普通读数，读一次数就出试验结果，评估读数则是读四次取平均值，这样使读出的数据更加准确。

⑧ 酶标板布局的设定。按输入键进入此菜单，选择手工排板，再按输入键。

机器默认的酶标板布局是第一竖排为空白孔，以 B 表示；第二竖排是标准品，以 S 表示；后面均为加入的样品，以 X 表示。

如果多次试验均用一种排板布局，则可以把该模板保存下来，用时调出即可直接使用，排版设置标准品的必须和前面标准品信息里的标准品个数相符合否则无法保存。保存方法后酶标板布局设置完成，按输入键即可。

⑨ 滤光片设置。根据实验要求，输入所需波长，仪器即可自动跳转。

⑩ 试验名称的设置。机器里面有默认的名字，如果想对其进行修改，便于记忆，可利用光标上键（A～Z）、下键（Z～A）来选择便于记忆的字母，转换键可改变其大小写。按输入键，将修改后的名称得以保存。经以上步骤试验就基本设置完毕了，按标盘上的开始键即可读板，读完后自动打印。

3.3.1.4 洗板机的主要用途

洗板机主要是辅助酶标仪使用，用于微孔板的清洗、消毒，使酶标仪的结果更准确、实验更方便。酶标洗板机洗涤的目的是将固相载体上形成的抗原抗体复合物与液体中的其他多余的游离反应物质分开，即洗涤除去未结合的抗原及杂质，经洗涤后，固相载体上只留下特异性抗体，其他免疫球蛋白及血清中的杂质由于不能与固相抗原结合，在洗涤过程中被洗去。因此，酶标洗板机的功能只是洗涤作用，无检测功能，而酶标仪实际上是一台比色检测计。

3.3.1.5 原理与结构

洗板机是利用泵把蒸馏水和清洗液分别打入微孔板中，根据提前设置的清洗程序，自动控制完成。一般清洗程序设置选择广泛、灵活、简便，并兼容平底、U 形底、C 形底和 V 形底的 96 孔板。程序化的针位控制，在水平和垂直方向可控制在 0.1mm，以进行板底清洗、交叉换气及冲洗。分配速度可控，板的振动参数可选，以减少气泡或液体粘在孔壁上。洗板机有的镶嵌在酶标仪里面，与酶标仪融为一体机；有的分开为独立机。

3.3.1.6 操作过程

① 观察洗液瓶中液体的体积，及时补充，并及时清理废液瓶。

② 打开电源，根据需要替换 8 道或 12 道清洗头，根据要求设置清洗程序。

③ 根据要求选择合适的洗板方法、设置参数，具体参数和说明如下。6 个单循环洗板参数：Wash（清洗），Aspiration（吸液），Dispensing（注液），Bottom Washing（洗孔底），Bottom Aspiration（吸孔底），Shaking（振荡）；4 个双循环洗板参数：Wash＋Aspiration（清洗和吸液），Wash＋Bottom Aspiration（清洗和吸孔底），Bottom Washing＋Aspiration（洗孔底和吸液），Bottom Washing＋Bottom Aspirati（洗孔底和吸孔底），每个洗板方法可以重复 1～9 次。

④ 选择合适的洗板模式：单条洗或整板洗模式。

⑤ 设置针位。吸液针的深度：可调节范围为 0.1～15mm，每调节档次为 0.1mm；吸液针的深入速度：有 9 档可调，每档一步；注液针注液速度：0～9 档可调。程序化的针位控制，在水平和垂直方向可控制在 0.1mm，以进行板底清洗、交叉换气及冲洗。

⑥ 设置清洗速度：10 档可调范围，一般选择默认即可。微孔板的振荡时间：0～59.9s，每档 0.1s；微孔板的振幅：0～9 档，分步增减；微孔板的振速：0～9 档，分步增减。

⑦ 设置浸泡时间：单条洗模式下为 0～9.9s，整板洗模式下为 0～9min。

⑧ 仪器本身有内置的消毒程序，载板架可移动自如，也可被消毒。

3.3.1.7 管理及维护

酶标仪和洗板机的维护比较简单，主要为：保持周围环境清洁卫生；酶标仪类似分光光度计，试验前需要预热一阵，保持光源稳定，结果才会更稳定准确；注意尽量避免移动；酶标仪读板结果就是个吸光度值，ELISA 实验过程非常关键，同时各类对照设置及标准建立和分类管理，属于酶标仪操作的重要的维护部分；注意擦拭清洗残液；洗板机的洗液要及时填充，废液瓶废液及时清理。

3.3.1.8 结果解读

酶标仪读板结果就是个吸光度值，根据标准曲线或者标准值，便可进行定性定量的判读。仪器既可直接给出结果，也可以借助内置软件对 ELISA 定性和定量测定及其他测定方式如酶动力学、紫外、凝集等的数据进行统计分析并报告结果。如血站在对献血员进行抗 HCV、HBSAG、抗 HIV 筛选测定时，利用阳性判断值（Cutoff）及测定灰区的统计计算功能，设定灰区，以灰区下限作为判断标准，可以准确判断血液这几个指标的情况。ELISA 的关键是要注意阳性对照和空白对照的设置。由于有相当多的因素会影响检测结果，如不同的酶标板、不同的检测试剂体积，都会造成 A 值的不同，因此，只有使用同一酶标板反应的试剂检测结果才能进行比较和分析，对结果的临床解释请依照试剂盒的说明书进行。

3.3.2 生化分析仪

3.3.2.1 主要用途

生化分析仪自 20 世纪五六十年代发明以来至八九十年代已在国内医院开始大量普及，目前市面上常见的主要是分立式全自动生化分析仪和干式全自动生化分析仪两种。与手工操作的分光光度计相比，其优点是批量测试速度快，减轻检验人员的劳动强度，精密度高，消耗试剂量小节约样品和试剂，并且有利于临床检验标准化的实现；其缺点是与单纯分光光度计相比，因结构复杂导致其光学测量范围、频谱宽度及光学精密程度等多有所减弱。干式生化分析仪因结果报告速度快的特点在临床急诊多有使用。本文仅以分立式液体试剂样本盘式全自动生化分析仪为例做一简介。

3.3.2.2 原理与构造

生化分析仪是根据 Lamber-Beer 定律光电比色或比浊原理来测量体液中某种特定化学成分的仪器，全自动生化分析仪是由电脑控制，将生化分析中的取样（sampling）、加试剂、混匀、保温反应、检测（detect）、结果计算、可靠性判断、显示和打印，以及清洗（cleaning）等步骤组合在一起自动进行操作的分析仪器。根据结构特点可以分为连续流动式（管道式）、分立式和干片式等，根据进样系统可分为盘式和轨道式进样等，根据集成及自动化程度可分为半自动式、全自动式及生化分析仪与发光免疫分析仪、血细胞分析仪等通过样本轨道联机的全血工作站系统等。全自动生化分析仪操作面板主要包括试剂仓（冷藏），试剂及标本加样系统，控温孵育反应盘，反应杯清洗系统，加样针及搅拌杆清洗，光度计比色装置，以及标本盘（标本盘或轨道）等几个部分。因为常见的以辅酶（NAD-NADH 或

NADP-NADPH）为色源和以双氧水偶联作为指示系统的试剂储存温度多为4～8℃，所以通常要求试剂盘应具有控制温度在4～8℃的制冷功能，因为大多数定标液通常也要求冷藏保存，所以好一些的盘式进样的生化仪也会将定标位置做成具有冷藏功能的仓室。反应杯与分光光度计的比色皿相似，多为塑料及石英玻璃材质制成，一为要求透光率高、适于比色，二为材质惰性不易发生化学反应。反应杯大多设计为具有37℃孵育功能的圆形盘，恒温方式分为用空气浴恒温、恒温液恒温和固体恒温直热技术，其中恒温液恒温快速稳定，温度稳定性明显优于空气浴等，是一种比较优良的恒温方式。对于一些酶法试剂，反应盘温控的稳定及准确与否对结果的影响非常大，试剂与标本加样多采用注射器吸吐完成，通常加样体积以微升计，加样精度是结果确定与否的重要贡献源，加样针通常都会具有随量跟踪及防撞技术以避免携带污染及机械阻挡故障。反应杯清洗系统通常设计为多阶清洗以避免产生携带污染。光度计通常使用卤素钨灯，可选325～800nm波长不等；另可选氙灯，其为最接近自然太阳光的光源，更优于卤素钨灯。分光通常采用滤光片或光栅，光路设计可分为前分光和后分光，后分光较前分光有较明显优势，见图3-44。光度计是影响结果精密度及准确度的重要因素，所以要求光源要稳定且单色性好。

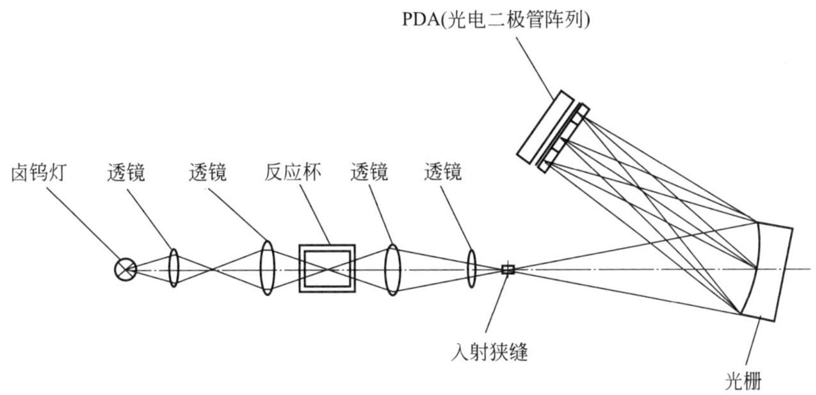

图3-44 后分光光路设计示意图

不同厂家的产品时序会有不同，国产机器多按试剂1→标本→试剂2的顺序进行，试剂2通常为启动反应的物质，试剂1及加入标本阶段通常为孵育及裂解释放待测物等启动反应前处理的过程，见图3-45。

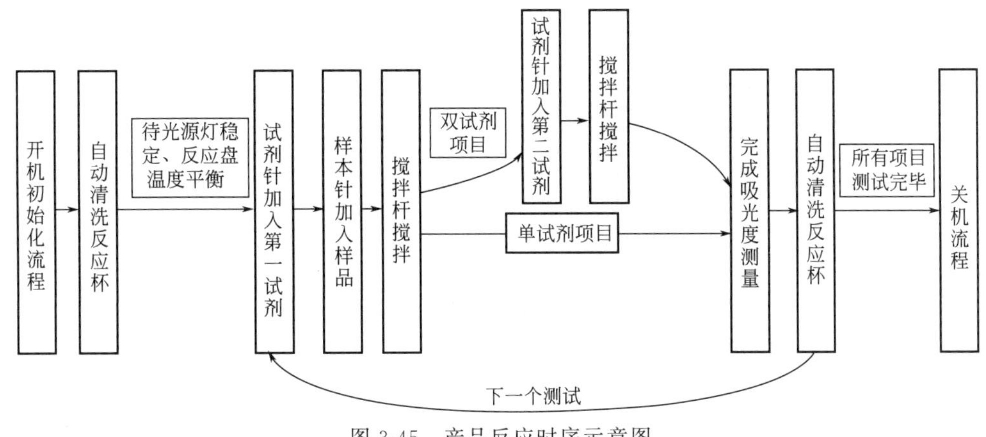

图3-45 产品反应时序示意图

下面以国产迈瑞 BS-800 全自动生化分析仪为例对生化分析仪主要构成做一个简单介绍，详细见图 3-46。

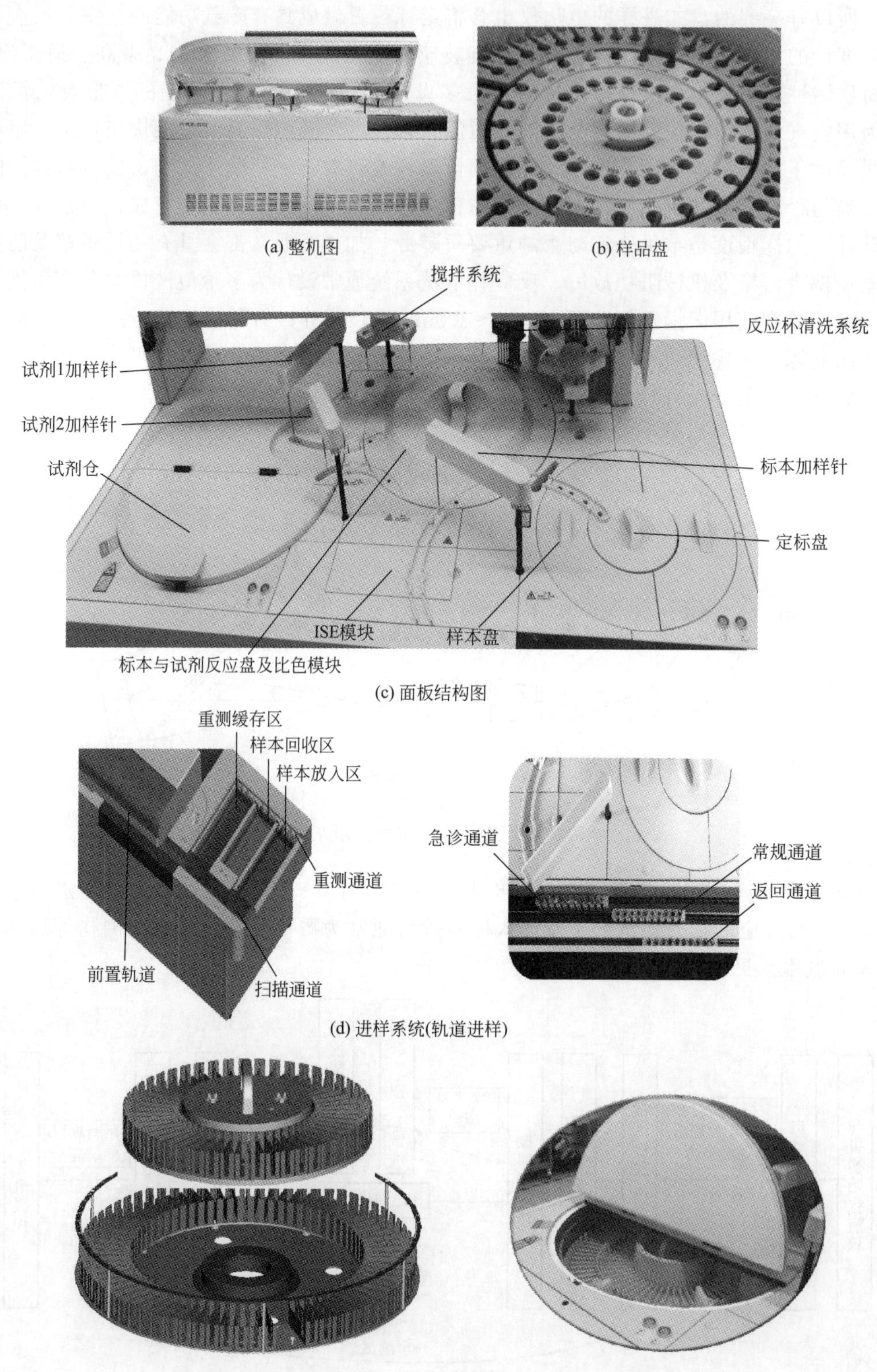

(a) 整机图　(b) 样品盘

(c) 面板结构图

(d) 进样系统(轨道进样)

(e) 试剂盘

(f) 反应盘

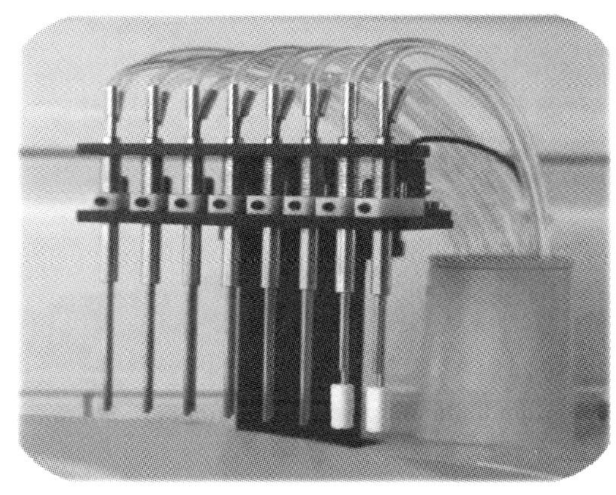

(g) 反应杯清洗机构

图 3-46 迈瑞 BS-800 全自动生化分析仪主要构成部件详细图

3.3.2.3 操作过程

不同厂家产品多有不同，依照说明书进行，通常要求：开机孵育→设定反应参数、校准参数及通道位置→装载试剂→校准定标→质控测试→标本测试→报告结果。

反应参数主要包括标本加样量、试剂加样量、检测波长的选择、测定方法的选择（速率法或终点法）、孵育时间及反应监测时间等；定标方式主要可分为线性定标（主要适用于比色项目）和非线性定标，非线性定标主要包括 Logistic-Log 4P、Logistic-Log 5P、Exponential 5P、Polynomial 5P 和 Spline 等，主要适用于透射比浊项目的测定，这其中涉及非常专业的数学知识，非只言片语即可讲清，按照说明书操作即可，在此不再一一赘述。

3.3.2.4 管理及维护

（1）实时维护

① 清洗样本针内壁。

② 清洗第一、第二试剂针内壁。

③ 更换样本针，更换第一、第二试剂针。

④ 去除注射器内气泡。

⑤ 冲洗反应杯（见手册中描述）。

⑥ 更换反应杯针、搅拌杆。

⑦ 强化清洗电解质稀释杯。

⑧ 清洗电解质废液排放口。

⑨ 更换电解质电极。

⑩ 注水操作。

⑪ 电极离机保存。

⑫ 参比电极检查。

(2) 间隔维护

Ⅰ. 半年维护

① 稀释液注射器维护。

② 清洁试剂盘。

③ 更换自动清洗连接套管。

④ 更换光源灯。

⑤ 更换反应杯。

Ⅱ. 一年维护

① 整机防尘网清洗。

② 散热器风扇以及散热片除尘。

③ 添加试剂制冷循环管路中冷媒。

④ 反馈温控参数、温度等信息。

⑤ 更换在线过滤器。

⑥ 气泵组件维护。

⑦ 光度计透镜维护。

3.3.2.5 结果解读

定量测定血清、血浆、尿液、脑脊液、胸腹水及其他体液的各种生化及免疫指标，常见生化项目有肝功能、肾功能、血脂血糖等，常见免疫项目有甲状腺功能五项、性激素六项、心肌标志物、骨代谢和肿瘤标志物等。

3.3.2.6 小结

全自动生化分析仪现在越来越多地应用在医学检验中，各个厂家的生化仪型号越来越多，但原理大同小异，高度自动化多功能高通量联合组件可极大提高临床批量检验的速度，减轻实验人员劳动强度，节约样品和试剂，所以将是今后重要的发展方向。

3.3.3 电泳仪

3.3.3.1 主要用途

1937 年瑞典物理化学家 Tiselius 教授研制出第一台移动界面电泳系统，并在 1948 年获得诺贝尔奖。在半个多世纪的时间里，电泳分析所用仪器发展极迅速，电泳仪主要用途是分离、鉴定、纯化核酸和蛋白质。电泳仪一般包括电泳仪电源和电泳槽。电泳仪种类很多，按形式可分为垂直型、水平型、毛细管电泳仪；按分析对象可分为蛋白质分析用、核酸分析用和细胞分析用；按功能可分为制备型、分析型、转移型、浓缩型等。电泳仪属于生化和分子生物学实验室必备的实验仪器和设备。目前电泳仪广泛应用于分子生物学、医学、药学、材料学以及与化学有关的化工、环保、食品、饮料等各个领域，从无机小分子到生物大分子，从带电物质到中性物质都可以用电泳仪进行浓缩、分离、纯化和分析。实验人员通常把电泳仪电源狭义地简称为电泳仪（以下文中电泳仪是指电泳仪电源），另外部分叫作电泳槽，而毛细管电泳则更多地和分析化学中的液相色谱联系在一起。通常生命科学领域的实验室一般有低压电泳仪和高压电泳仪，低压电泳仪支持水平电泳槽，高压电泳仪支持垂直电泳槽，然后分析实验用毛细管电泳仪。

3.3.3.2 电泳仪电源的原理与构造

电泳仪电源为电泳槽等电泳设备提供电源，一般要求高电压、低电流，类似于变压装置，见图 3-47、图 3-48。电泳仪是根据不同物质，其所带电荷及分子量不同，因此在电场中运动速度不同，在一定电场中可以对不同的物质进行分离分析，例如生物学中常见的 DNA、RNA、蛋白质等。电泳仪电源基本构造包括电压或电流设置部分和时间设置部分。

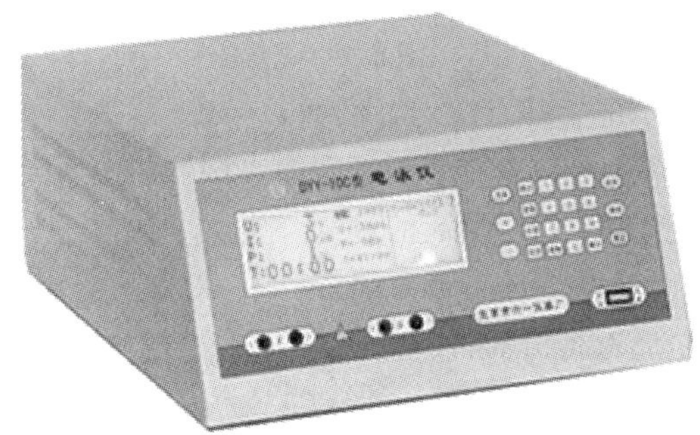

图 3-47 北京六一 仪器厂 DYY-10C

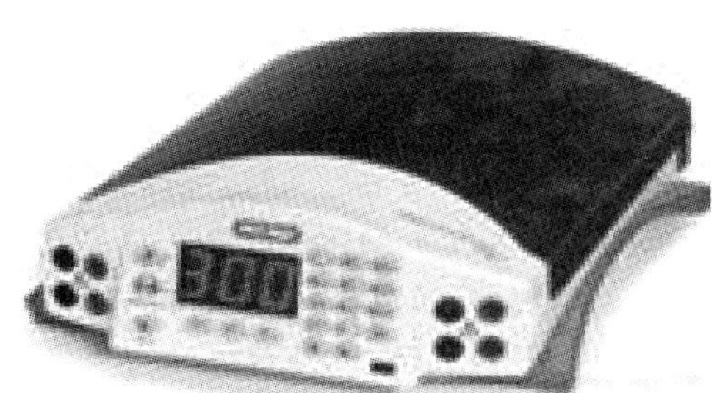

图 3-48 BIO-RAD PowerpacHV

3.3.3.3 电泳仪电源操作过程

① 打开电泳仪电源上的开关，开关上的“-”为接通，“o”为断开。

② 按下电源开关后，显示屏出现仪器型号或厂家等信息，仪器会蜂鸣几声提醒，随后系统会自动转为参数设置屏幕。一般屏幕上会显示电压（U）、电流（I）、功率（P）、时间（T）默认值。

③ 按相应的键调整为设置电压或功率或电流的状态，根据实验要求，修改设置参数。

④ 设置完相应的参数后，可以储存，下次调用。也可以直接运行，下次又还原为默认值，重新设置。

⑤ 运行开始后，观察 1min，看各参数状态。因为根据 $P=UI$ 的原理，参数间是相互关联的，在设置恒定一个参数的情况下，剩余 2 个参数至少其中一个要做相应的调整，才能达到要求的恒定参数不变。一般是将另两个参数设定在安全的高限。

现以北京六一仪器厂生产的 DYY-10C 电泳仪电源为例，说明操作过程。实验要求稳压状态 $U=1000$V，电流 I 限制在 100mA 以内，功率 P 限制在 100W 以内，时间 T 为 1.5h，操作步骤如下。

U: 0V	U=100V	Mode: STD
I: 0mA	I=50mA	M.V
P: 0W	P=50W	
T: 00:00	T=01:00	

图 3-49　开机后显示屏幕

开机后显示屏幕如图 3-49 所示。

① 按［选择］键用于选择设置 U、I、P、T 参数。按［选择］键，将 U 反显提示设置电压，按数字键 1000，则电压 U 即设置完成。

② 设置电流 I，按［选择］键，先使 I 反显，然后输入数字 100。

③ 设置功率 P，按［选择］键，先使 P 反显，然后输入数字 100。

④ 设置时间 T，按［选择］键，先使 T 反显，然后输入数字 130。如果输入错误，可以按［清除］键，再重新输入。［清除］键可以清除有反显提示的参数数值。

⑤ 确认各参数无误后，按［启动］键，启动电泳仪输出程序。在显示屏状态栏中显示"Start!"。仪器输出端电压开始缓慢由 0 增加至 1000V 左右，显示屏左端显示实际输出值（U、I、P、T），且定时开始计时。

3.3.3.4　电泳仪电源的管理与维护

① 电泳仪电源属于高压带电仪器，所以特别要求操作规范，注意安全，放在固定的位置。

② 注意电极不要插反，一般电极线头和插孔都有颜色标识，相同颜色则插在一起。

③ 电泳仪电源一般出现任何问题，仪器本身显示屏上都有提示，例如 U、I、P 设置稳定哪个，哪个闪烁。如果是其他参数闪烁，则说明其他参数中有达到预置值，限制了要求稳定的那个参数，应适当调整。而其他提示，如电泳槽方面原因引起的过载、空载、超限、短路等都会有提示，例如电泳槽漏液、缓冲液短缺或电极线未插造成开路等。

④ 电泳仪常见可以处理的问题是保险丝熔断，更换相应规格的保险丝即可。

⑤ 使用过程中发现异常现象，如较大噪声、放电或异常气味，须立即切断电源，进行检修，以免发生意外事故。

3.3.3.5　电泳槽原理与构造

电泳槽是电泳实验所用的承载设备。电泳槽在加载电泳仪的情况下，形成一个电场，带电物质即可以在放入其中的凝胶中进行分离。等电聚焦电泳槽电泳时凝胶为 pH 梯度凝胶，每种蛋白质迁移到其等电点（pI）处（此时该蛋白质呈电中性），形成一个很窄的区带。电泳槽其构造是一个槽形物，两边布置铂金丝（导电性好，散热少），槽中承载缓冲液，加载电压后，两个电极在缓冲液中形成通路，即有微弱的电流在缓冲液中通过。电泳槽通常分为水平电泳槽、垂直电泳槽、等电聚焦电泳槽，见图 3-50～图 3-52。

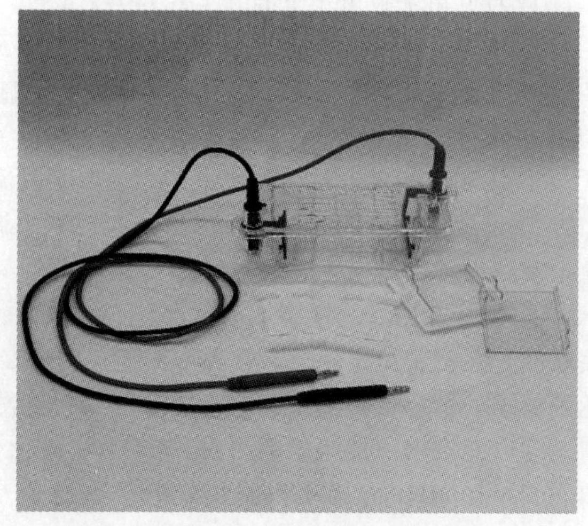

图 3-50　水平电泳槽

图 3-51 垂直电泳槽

图 3-52 等电聚焦电泳槽

3.3.3.6 电泳槽操作过程

① 根据实验，选择合适的电泳类别和电泳槽。电泳通常分为琼脂糖凝胶电泳和聚丙烯酰胺凝胶电泳，琼脂糖凝胶电泳通常用 1%～2%的琼脂糖凝胶，供检测用。聚丙烯酰胺凝胶电泳通常用 6%～10%的聚丙烯酰胺凝胶，电泳分离效果比琼脂糖好，条带比较集中。

② 向电泳槽里填上缓冲液［Tris-乙酸缓冲液（TAE）或 Tris-硼酸缓冲液（TBE）］，缓冲液以高于胶面 1～2mm 为宜。若是等电聚焦电泳槽，则凝胶和两性电解质提前相互融合，最终形成 pH 梯度凝胶，其余相同。

③ 插上电源正负极，红色为正极，黑色为负极，注意不要插反。

④ 根据指示剂的位置，及时关掉电泳仪电源，拔出电极。

3.3.3.7 电泳槽的管理及维护

① 电泳槽电泳的 DNA 或蛋白质等，都对实验环境有一定要求，所以一般都放在固定的位置进行实验。

② 用导线将电泳槽的两个电极与电泳仪电源连接时，注意极性不要接反。

③ 垂直电泳槽和水平电泳槽的电压要求不一样，注意根据实验要求选择合适的电泳程序。

④ 电泳槽一般要注意缓冲液的量以及更换次数，TBE 一般 1 周更换 1 次，TAE 2 天更换 1 次。

⑤ 若电泳仪输出端接有多个电泳槽，则仪器显示的电流数值为各槽电流之合（并联），功率也是各槽之和，电压则是同一电压。

⑥ 电泳槽的铂金丝在电泳时有大量的小气泡产生，属于正常的电水解反应。但若异常多并有泡沫，则可能是缓冲液缓冲能力下降，会导致缓冲液高温，进而影响凝胶与实验条带效果。

⑦ 电泳槽铂金丝容易被刮断，观察电泳时是否有大量的小气泡冒出就可以看出。

⑧ 一般在琼脂糖凝胶电泳中，凝胶中加有溴化乙啶（EB），所以要注意防止操作中缓

冲液对电泳槽和电泳仪的污染。

3.3.3.8 电泳结果解读

正常电泳结果，条带一般清晰规则。若出现 DNA 未出点样孔，应检查电极线是否插实；电泳 DNA 或蛋白质中若出现“微笑”现象，可能是胶不均匀或者电流过大；若出现拖尾或模糊现象，可能是缓冲液陈旧或 pH 有问题，或者胶中有杂质。

等电聚焦电泳后，一般还要进行普通的十二烷基硫酸钠聚丙烯酰胺凝胶电泳，让按照等电点聚集的蛋白质再按分子量大小进行分开，称为双向电泳。若最终染色后发现蛋白质点有横的和竖的脱尾，则可能是：蛋白质纯度不够，含有大量的核酸、盐、去垢剂等；或者一向等电聚焦不完全；或者蛋白质的丰度太高，蛋白质的溶解度不好。

3.3.3.9 小结

电泳仪由电泳仪电源和电泳槽两部分组成，共同完成电泳。它们根据用途，分为很多种类，但都是根据待分离物质的种类特性，通过电流和凝胶形成的筛孔共同作用来进行分离，其操作和原理都非常简单，各个厂家或者品牌的电泳仪只需根据实验要求，调整电压（或电流、功率）和时间即可。电泳仪的完整电泳还涉及很多辅助设备，例如电泳的制胶架、染胶洗胶装置、干胶装置、恒温控制设备等，都是非常简单的辅助设备，这里就不一一赘述了。

3.3.4 PCR 仪

3.3.4.1 主要用途

聚合酶链式反应（polymerase chain reaction），简称 PCR。PCR 是美国生物化学家 Kary Mullis 在 1983 年发明的，他也因此获得了 1993 年的诺贝尔化学奖。尽管现在看来 PCR 技术原理十分简单，但却是众多科学家的研究和努力才使这门技术得到应用，成为现代分子生物学的利器。例如加拿大生物化学家 Michael Smith 创立了寡核苷酸导向的定位，与 Kary Mullis 分享了 1993 年的诺贝尔化学奖；美国黄石公园发现的热泉嗜热菌（*Thermus aquaticus*），该菌中的 Taq DNA 聚合酶的分离才使得 PCR 技术得到广泛应用。PCR 是分子生物领域最伟大的发明之一，它推动了整个生命科学领域的蓬勃发展。PCR 仪器专利主要集中在美国 ABI 公司，PCR 技术专利主要集中在瑞士 Roche 公司，这也是目前世界上最赢利的两家生物技术公司。PCR 仪除了是生命科学领域科学研究的必备仪器之外，还是众多医学检测、食品检测、进出境检疫、疾控、刑侦、考古等领域的国家标准、行业标准或权威的技术方法中必需的技术设备，例如一些疾病的诊断、病毒的确诊、亲子鉴定、种子真假的鉴定、刑侦中犯罪嫌疑人的认定、进出口转基因产品的检验等。

PCR 仪一般分为两种：普通 PCR 仪和实时荧光定量 PCR 仪。从生物学角度讲，普通 PCR 仪主要用于目的 DNA 片段或基因的扩增，用于 mRNA 反转录，用于 DNA 的变性等。定量 PCR 主要用于：①目的基因（DNA 或 RNA）的绝对或相对定量分析，包括病原微生物或病毒含量的检测、转基因动植物转基因拷贝数的检测；②基因表达差异分析，例如比较经过不同处理（如药物处理、物理处理、化学处理等）样本之间特定基因的表达差异、特定基因在不同时相的表达差异以及 cDNA 芯片或差显结果的确证；③基因分型，例如单核苷酸多态性（SNP）检测、甲基化检测等。

3.3.4.2 普通 PCR 仪

（1）普通 PCR 仪原理与构造

普通 PCR 仪，又称基因扩增仪或热循环仪。PCR 仪为 DNA 复制的变性—退火—延伸三步骤提供条件，其作用就是提供温度、时间控制和循环。

PCR 仪主要由 6 部分构成，包括热盖、模块、电源、显示部分、风机、控制部分，见图 3-53。通常前两个合在一起称为样品基座，后四部分整合为一体称为仪器基座，见图 3-54。

图 3-53 PCR 仪的构成

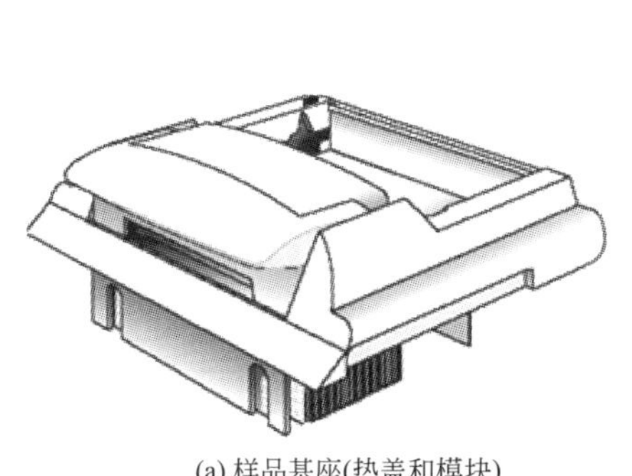

(a) 样品基座(热盖和模块)

(b) 仪器基座(电源、显示部分、风机、控制部分)

图 3-54 样品基座和仪器基座

（2）操作过程

普通 PCR 仪的操作设置都是围绕温度、温度的持续时间以及循环数进行设定。各厂家的 PCR 仪出厂时就预装有多种常用和典型的 PCR 程序，若程序符合实验者的实验要求，可以直接运行。实验者也可以根据实验需求，在此基础上进行修改，另存为自己的程序，以后可以直接调出来应用，也可以创建新程序。各类普通 PCR 仪的设置操作过程都大同小异。

普通 PCR 仪操作界面一般分为图形和文字两种，分别见图 3-55、图 3-56。

图 3-55 属于图形操作界面，显示的是一个普通的 PCR 程序，PCR 程序基本上都是由变性—退火—延伸三步骤为主体，加上一般实验中都通用的前后部分（预变性和保温）构成。

图中显示的温度、温度持续的时间和循环数都可以修改，根据自己实验要求修改后，可以保存，也可以不保存。若保存，则每次都可以调用；若不保存，则仅本次实验生效，下一次还原为默认值。

图 3-56 属于文字操作界面，但其程序设置也类似于图形，只是按照文字显示从预变性（第 1 步）、变性（第 2 步）、复性（第 3 步）、延伸（第 4 步）、保温（第 5 步）一步一步来设置。每步设置温度和时间，确认后就开始设置下一步。循环设置是在设置完每步、确认之前按文字提示（GOTO 或其他，不同厂家可能循环设置的提示词不一样，但都有，参照说明书即可）来进行循环设置，一般是在设置完延伸（即第 4 步）后，用循环设置（GOTO 或类似）循环到变性（即第 2 步）。可以在编辑项下修改原来存在的程序，可以保存，也可以不保存。同样，不保存，直接运行（RUN），则本次生效，下次又还原为默认值。

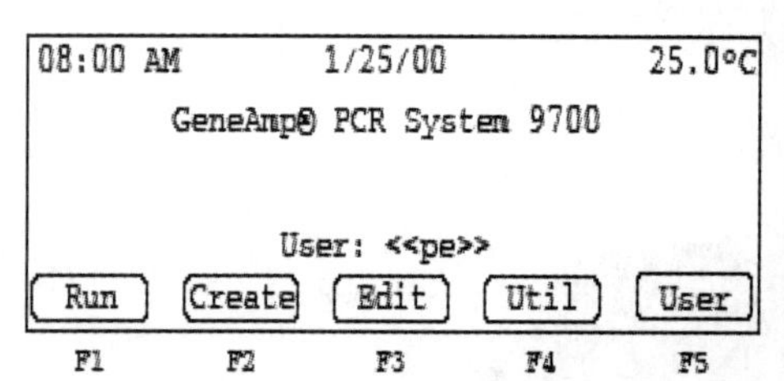

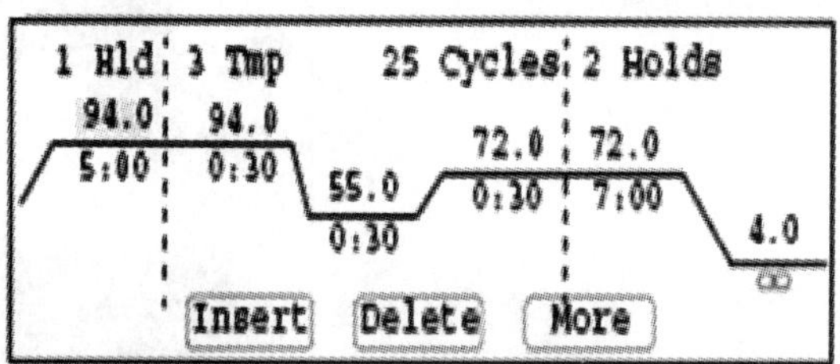

图 3-55　图形操作界面

F1（Run）—运行一个 PCR 方法；F2（Create）—建立一个方法文件；F3（Edit）—编辑一个方法文件；F4（Util）—机器内置功能菜单；F5（User）—用户名菜单；Insert—插入一个温度和时间平台；Delete—删除光标所在的数据；More—更多操作命令；3Tmp—3 个温度时间平台；25Cycles—25 个循环

```
_RUN      Enter
 List     Edit
 Files    Setup
```

```
RUN: 2-STEP
 1=  92.0°  for 0:05
Block: 62.1
Calc:  68.0°
```

图 3-56　文字操作界面

Run—运行一个程序；Enter—输入新的程序；List—显示或打印程序的步骤；Edit—修改和储存程序；Files—文件的删除及拷贝；Setup—仪器的内部参数设置

普通 PCR 仪有许多品牌，但无论哪个厂家的 PCR 仪，都可以按照使用者的要求编辑新程序，然后保存为自己的程序。设置完程序后，在正式开始运行之前，所有的 PCR 仪都会要求设置实验反应液的体积，一般默认为 50μL，修改为实验实际体积即可。有的还有更多设置，例如 TUBE（PCR 管）或 PLATE（PCR 板），是实验反应液体温度还是实验 PCR 管的温度（因为加热 PCR 管里的反应液，必然会因为热量传递梯度而导致出现温度迟滞现象，选择不同的模式，会采用不同的修正模式，让显示温度更接近实际真值）。这些对于一般实验，产生的影响不太大，可以根据实验实际设置或者选择默认。

普通 PCR 仪还带有梯度功能，即它可以同时设置 8 个或者 12 个不同的退火温度。这种梯度温度一般只能设置最低温度和最高温度，然后中间的各个温度是按某种线性关系由小到大自动随机给出，而不能分别设置或者设置等差的温度。因为一般 PCR 仪中加热模块是整体的，其温度只能呈连续变化，而不能呈断裂式的阶梯变化。随着技术的进步，相信将来会有温度梯度可随意设置的梯度 PCR 仪。

（3）普通 PCR 仪管理及维护

① 普通 PCR 仪日常管理

a. 程序设置的管理。建议实验室常用的通用程序，程序的文件名可以用实验名字命名，例如 SSR、RAPD、RT-PCR 等。若是个人 PCR 实验程序，则可用自己名字的首字母为文件名。若是偶尔用一次的 PCR 程序，建议在原有给定程序基础上修改，现用现改，不作保存。

b. 普通 PCR 仪的清洁管理。PCR 仪使用一段时间后（一般为 1 个月左右），用酒精棉蘸取 70%酒精，擦拭模块，打开盖，通风晾干。

c. 普通 PCR 仪的温度校正。PCR 仪用于提供温度和时间的控制，所以其温度的准确性非常关键，建议 1 年左右做一次温度准确性检测（有专用工具）。

d. PCR 仪运行每天至少要停机休息 1h 以上，但完全可以一天超过 20h 运行，使用者做好预约排序，可提高利用率。

② 普通 PCR 仪使用中注意事项

a. PCR 仪摆放问题，PCR 仪应摆放在清洁、稳定的桌子上，一般 PCR 仪左边、右边和底部有通风口，为保持通风口的通畅，左、右及后三面必须离开墙壁 10～15cm，不要在仪器的周围堆放杂物，否则会出现升降温速率故障等问题。

b. 所有 PCR 仪都有热盖，有的是旋钮式的，有的是下压式的，是 PCR 仪最容易出现问题的部件，注意不要拧得太紧，不要压得太过。同时，注意放 PCR 管或者 PCR 板时，不要让其上留有杂物。热盖在程序运行中是高温，小心烫手。

c. PCR 仪满负荷运行不要过久，否则会减少仪器使用寿命。例如 PCR 仪运行程序结束后，应在 2h 内取出，若长时间保存（比如过夜），则建议温度设置为 10℃（因为一般 PCR 仪是 4℃满负荷运行）。

d. PCR 仪运行结束后，要先退出程序，让模块升到室温再关机。否则模块过冷，遇到空气会凝成水雾，影响仪器寿命。

e. PCR 仪的温度准确性、均一性（孔间）、升降温速率都是其关键性能的体现。一般一次 PCR 数量较少时，把 PCR 管放在模块中间，这样可以保证 PCR 各管的温度均一性。同时四角放上空的 PCR 管，可防止因为实验 PCR 管少、压力集中而挤压变形。PCR 仪升降温速率一般不要设置最大值，使用默认值就可以，否则仪器会因为超负荷而易出现故障，除非实验对升降温速率有特殊要求。

（4）普通 PCR 仪结果解读

日常实验中 PCR 扩增 DNA 结果的重复性和重现性，一般与 PCR 仪本身相关性不大。PCR 扩增结果若 DNA 条带不清楚或者没有产物出现，首先应考虑引物设计的合理性，其次可能是模板 DNA 质量问题，然后是 Taq 酶和 dNTP 的质量问题，最后才怀疑 PCR 仪。普通 PCR 仪其本质就是一台温度控制装置，所以 PCR 仪仪器本身问题多是温度的准确性和均一性产生问题，即样品基座部分出现问题。

3.3.4.3 荧光定量 PCR 仪

(1) 荧光定量 PCR 仪原理与构造

荧光定量 PCR 仪，又称 real-time qPCR 仪，是利用荧光信号的变化实时检测 PCR 反应中每一个循环扩增产物量的变化，是在普通 PCR 仪的基础上增加一套光学检测系统构成的。定量 PCR 仪是通过 c_t 值和标准曲线实现对起始模板浓度的定量分析，因为 c_t 值与起始模板浓度的对数成反比（c_t 值即 PCR 扩增产物达到阈值时所需要的循环数）。理想的 PCR 扩增是：$X= X_0\times 2^n$。实际 PCR 扩增是：$X=X_0\times(1+E_X)^n$。达到阈值时，荧光强度是个固定值，即 $X_{c_t}=X_0\times(1+E_X)c_t=N$，方程两边取对数，整理后得 $\lg X_0=-\lg(1+E_X)\times c_t+\lg N$，可以看出，PCR 产物浓度取对数后与循环数呈线性关系，根据样品扩增到阈值时的循环数就可以计算出样品原始 DNA 的量。利用已知起始浓度的标准样品做出标准曲线，利用未知样品的 c_t 值，就可以从标准曲线上计算出检测样品的浓度。

定量 PCR 仪主要由 3 部分构成：PCR 扩增部分、光路检测部分和软件部分，见图 3-57。PCR 扩增部分，如同普通 PCR，但根据其加热方式分为半导体接触式加热的 96 孔板式和空气浴加热的离心式两大类。光学检测部分，根据激发光源的不同，又分为 LED 灯、卤素灯、激光；根据检测光源又分为 CCD（电荷耦合元件）、PMT（光电倍增管）、PD（光电二极管）。软件部分，软件可观察到扩增曲线、溶解曲线、标准曲线，以及相对定量图等。同时部分品牌软件含有 HRM（高分辨率溶解曲线）功能，可进行 SNP（单核酸多态性）分析。实机图见图 3-58 为 ABI 公司的 ABI7900。

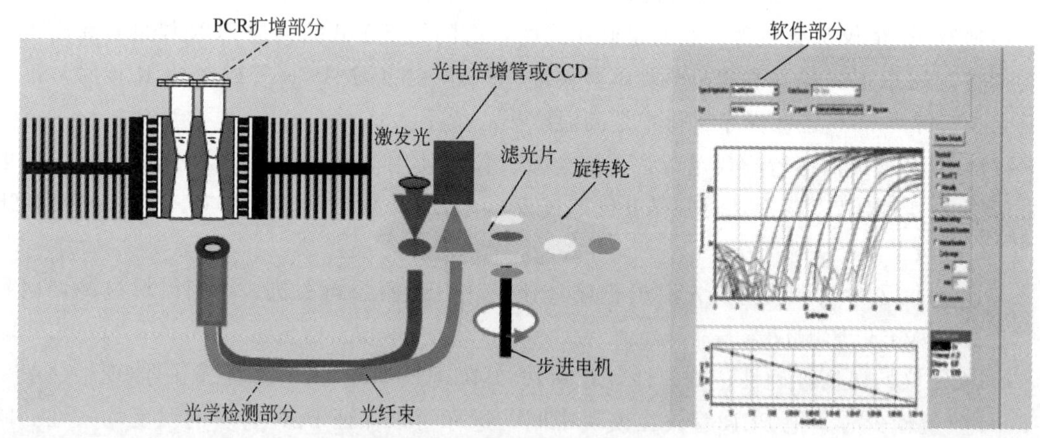

图 3-57 定量 PCR 仪原理示意图

图 3-58 ABI7900 定量 PCR 仪实机图

(2) 荧光定量 PCR 仪操作过程

定量 PCR 仪一般都有三个界面或者三个部分：PCR 板各孔信息设置、热循环程序设定和结果分析，如图 3-59、图 3-60 所示，做相应的修改，设置好样品、对照和标准样。一般标准样要标出浓度及稀释倍数。同时根据检测样品采用荧光染料的种类，选择相应的通道，以便仪器运行中进行荧光信号的检测。对于不同厂家的定量 PCR，有的需要纠正染料 ROX，有的则不需要。对于需要的应注意 ROX 荧光信号的检测设置。其次，进行热循环程序设置，按照实验要求或者试剂盒的要求进行相应的设置。一般多是 2 步法，即预变性（94℃,15min）、变性（94℃,15s），复性和延伸为同一步（60℃,1min），循环数设置 40 cycles（循环）。同时注意设置每一循环要求的荧光信号的检测。最后是检测结果分析，结果分析的方法一般在定量 PCR 孔板设置之前也会有所决定，打开软件设置时都会最先要求实验者选择相应的实验要求（如相对定量、绝对定量、基因分型等）。一般对于基因表达差异研究，多使用相对定量分析结果，分析方法有△△c_t 法和标准曲线法。对于病毒表达研究，多使用绝对定量，需要标准样品（一般试剂盒中会提供），可以做出标准曲线，用以进行病毒拷贝数的绝对定量分析。对于转基因检测，选择绝对定量或相对定量应根据具体实验的要求决定。这样实验结果自然也就有相对定量、绝对定量和基因分型等，软件中都有相应的方法。

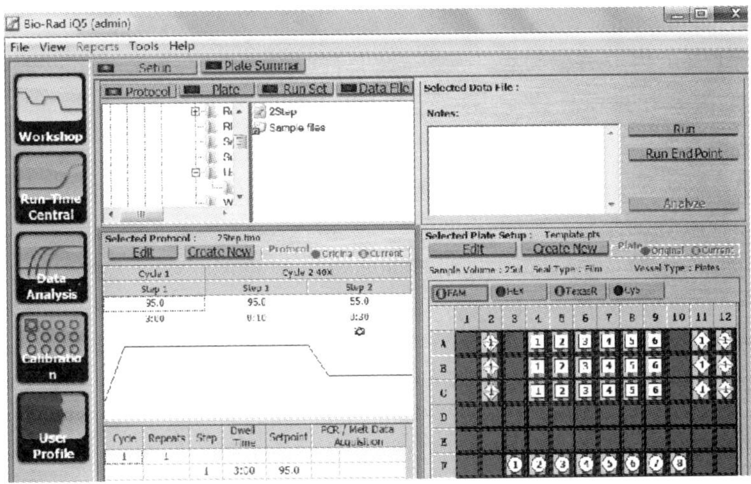

图 3-59　BIO-RAD IQ5 的软件界面

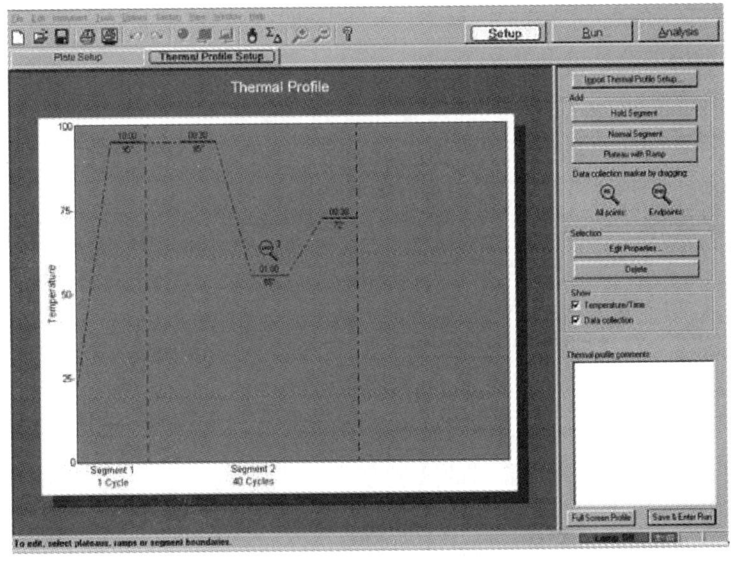

图 3-60　Stratagene Mx3000P 的软件界面

(3) 荧光定量PCR仪的管理及维护

① 定量PCR仪属于精密实验仪器，对于实验技术要求较高。

a. 不同人员操作之间差异较大，所以仪器一般需要专人管理和维护。

b. 定量PCR仪光学系统涉及众多信号放大过程，仪器的微小变化，都可能导致实验结果的不稳定。一般要求定量PCR仪固定在某个位置，不要挪动。每隔3个月或每次挪动后，都需要进行光学系统的校正。不同厂家的仪器校正方法不一样，有的需要专用的试剂染料进行校正，有的需要进行滤光片的检测校正，具体根据仪器说明而定。

c. 定量PCR仪扩增部分的管理和维护同普通PCR仪。实验样品数少时采用集中于PCR模块中间位置等方法以排除严重的边缘效应。

d. 定量PCR仪软件部分功能比较完善和强大，操作人员应该熟悉软件的各功能，例如自动进行△△c_t 计算、标准曲线绘制、用实验效率校正参数等，使得实验结果更准确、高效。

② 定量PCR属于精量检测实验，应注意细节问题。

a. 定量PCR配置和操作过程用中，应戴PE手套，因为手上的汗渍会留在PCR管上，直接影响荧光的吸收。

b. 荧光定量PCR不同通道的荧光信号间会有重叠而彼此干扰，所以选择荧光染料时，应注意选择荧光吸收峰值差别比较大的染料。

c. PCR扩增部分的边缘效应会在光学检测系统得到放大，所以PCR扩增管或板应尽可能使用中间集中部分。用膜封PCR板时应确保其四周贴合，否则PCR板四周会因为蒸发而存在明显的边缘效应。

d. 实验至少设置重复3次，最好为5次。同时，对于待检测的DNA样品，最好根据紫外-可见分光光度法进行样品浓度均一化处理，这样可以保证实验的准确性和重复性更高。

e. 定量PCR不是通道数越多越好，而应依据其适用性而定。

(4) 结果解读

定量PCR最常用的是SYBR Green I™ 荧光染料，这种方法的结果会受到引物二聚体的干扰。其可以用溶解曲线来判断，引物二聚体一般溶解曲线在70～75℃处会出现峰值，而且峰值不会太尖锐，因为引物二聚体本身不是等长的DNA片段。另外可以把定量PCR的产物进行琼脂糖电泳，观察结果，看是否有引物二聚体。TaqMan®探针引物设计稍复杂些，费用相对稍高，但结果会更准确。同时许多生物技术试剂公司会有TaqMan®探针设计与合成业务。c_t 值一般不能太大，否则会影响结果准确性。所以阈值的选择也很关键，一般选择PCR扩增曲线刚抬头处（即指数扩增起始处），通常选择仪器给出的默认值即可。对于太大的 c_t 值，应检查是否PCR扩增效率有问题，或者起始模板浓度太低，根据具体问题给予调整。

3.3.4.4 小结

PCR仪是目前分子实验室最常用的实验仪器，主要包括普通PCR仪和定量PCR仪。普通PCR仪就是控温定时的热循环仪，其性能如温度的准确性、孔间温度的均一性以及升降温速率，主要取决于材料和对温度修正的算法。目前普通PCR仪厂家非常多，各品牌PCR仪就实验结果来说，几乎没有太大差别，都能达到实验要求。

荧光定量 PCR 仪就是在普通 PCR 的基础上增加光学检测系统，各品牌定量 PCR 仪的检测原理都一样，但 PCR 仪扩增部分，ROCHE 和 Corbett 等品牌的属于离心式空气加热，其温度的均一性更好、升降温的速率更高。荧光定量 PCR 仪属于精量检测，其稳定性和重复性要求非常高，故实验本身重复性等设计比仪器本身更重要。目前进口的多家品牌都能达到实验要求，其应用都有大量的文献报道，可根据需要进行参考阅读。

3.3.5 转基因仪

3.3.5.1 主要用途

转基因是将人工分离和修饰过的基因导入到生物体基因组中，由于导入基因的表达，引起生物体性状的可遗传的修饰，这一过程称为转基因。转基因技术自问世以来，就备受争议，但目前世界上转基因动植物有很多，所带的经济效应也是有目共睹的，转基因作物所具有的多重优势能够有效地促进农业可持续性发展。中国目前批准的转基因作物有耐贮藏番茄、抗虫棉花、改变花色矮牵牛、抗病辣椒（甜椒、线辣椒）、转基因抗病番木瓜、转基因抗虫水稻和转植酸酶玉米 7 种。农业部在 2009 年首次给粮食作物水稻品种“华恢 1 号”、“Bt 汕优 63”、转植酸酶基因玉米 BVLA430101 颁发安全证书时引起转基因大讨论，2012 年湖南省衡阳市儿童对“黄金大米中的 β-胡萝卜素”的消化吸收率的研究实验，再次引起转基因大讨论。作物转基因技术通常有农杆菌介导法和基因枪法，转基因仪又称基因枪，是康奈尔大学 Sanford 等人于 1987 年设计发明，它不受宿主限制，先后将外源基因导入小麦、水稻、玉米等谷类作物，弥补了起初农杆菌介导法在单子叶植物中效果不好的缺陷。基因枪法不仅可以轰击悬浮细胞系、细胞胚、花粉和单个细胞，现在还从植物扩展到动物，目前已应用于基因免疫领域，将 DNA 疫苗导入人的表皮细胞。目前转基因技术日趋成熟，在植物领域，农杆菌介导法和基因枪法都得到广泛应用，在 GOOGLE 学术里，可以查询到的基因枪（Gene Gun）文献超过 10 万篇，该方法可以对广泛的生物样品进行转染，如细菌、真菌、昆虫、植物以及各种动物细胞等。

3.3.5.2 基因枪原理与构造

基因枪利用真空环境压力，采用高压氦气或氮气等作为动力（早期有火药作为动力装置的），将含有 DNA 等外源基因包埋的微载体（钨粉或金粉）加速，微载体以很高的速度穿透细胞从而达到将外源分子导入细胞内部的目的。

基因枪构造比较简单，一般包括动力源和枪体两部分。动力源一般是由真空泵和氦气瓶组成，而枪体部分则由参数操控部分和实验材料放置部分组成，如图 3-61、图 3-62 所示。

3.3.5.3 操作过程

① 所有基因枪操作的步骤都大致相似，首先为实验前清洗与灭菌。实验涉及的可拆卸的部件（破裂盘固定帽、微载体组件、载体膜及载体膜支架、终止屏等），应进行清洗和高压蒸汽灭菌；对于不宜高温灭菌的部分，进行 70%酒精处理（金粉和钨粉载体、摆放实验材料的腔体等）。

② 实验材料的准备和外源 DNA 在载体上的包埋。此步最为关键，实验材料准备，即让实验材料处于最佳接受外来基因状态（例如单细胞、球形胚等）摆放，最好是密集摆放，呈

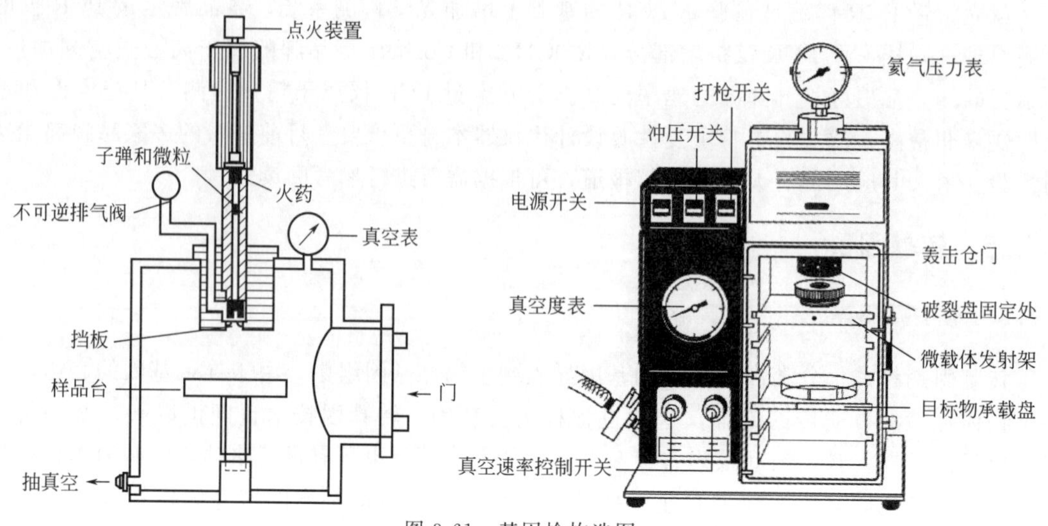

图 3-61　基因枪构造图

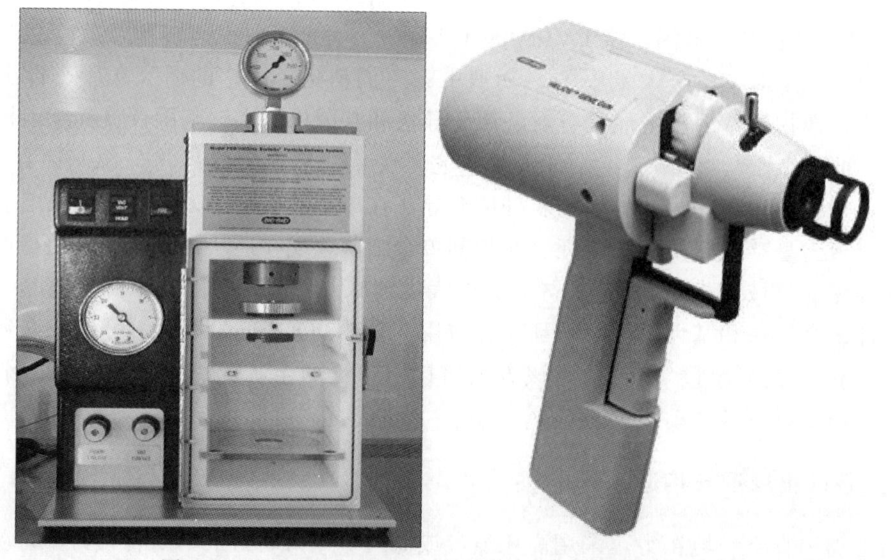

图 3-62　BIO-RAD 的 PDS-1000 和 Helios 基因枪实体图

空心圆的环形。外源 DNA 包埋，根据基因枪对载体体积的要求，取相应的量。微载体包埋时需加入外源 DNA、2.5mol/L $CaCl_2$、0.1mol/L 亚精胺，混合震荡，瞬时离心，弃上清，然后先后用 70% 乙醇和无水乙醇清洗即可。将包埋得到的微载体放置于承载的位置（例如载体膜及载体膜支架），放置几分钟使乙醇挥发。

③ 根据具体的实验条件，检查和设置各个参数（真空度、压力表等），把待转染的组织或靶细胞放在合适的位置（载体与实验材料的距离）。

④ 根据仪器具体操作说明，进行轰击。

3.3.5.4　管理及维护

基因枪操作时的实验参数的摸索，是通过枪体上参数操控（真空度、压力数）和材料摆放位置（距离、材料在表面皿上的密度，以及摆放形状）的具体实验来摸索的。其实验条件要求比较严格。①基因枪应摆放在超净工作台上，保证其无菌环境。同时，其各个部件的灭菌，可采用高压蒸汽，或70%乙醇，或紫外照射，一定要根据具体部件，正确操作，否则会对仪器本身造成损伤。同时注意操作过程是无菌操作，保证轰击过程中不受污染，以保证后续培养顺利进行。②因为涉及到真空度和气压，所以一定要注意真空表和气压参数设置或者轰击值。同时，各部件连接处，注意漏气与否，不要将连接处拧得过紧以免裂开或擦伤导致漏气。③轰击结束后，一定要对基因枪的真空度和气压进行检查，调节压力使仪器恢复正常。同时对各部件及时进行保养处理，防止生锈等损伤。④微载体的保存应注意防止氧化，钨粉在－20℃保存；金粉最好在4℃保存，室温亦可。⑤操作中，注意微载体的聚集，所以应该在包埋后及时进行轰击，一般超过2h，需要重新包埋。同时，微载体包埋的外源DNA浓度不宜过大，一般以500ng/mL以下为宜，否则转染的拷贝数会过大。⑥一般气流冲击，垂直对应载体轰击孔中央部位，微载体少而效果不好，故待轰击时最好空出中间以同心圆环形摆放。

3.3.5.5 结果解读

基因枪就是利用机械力把外源基因转化到细胞或组织中。其结果是靠基因表达来确定实验效果。一般组织或细胞轰击结束后，还需要进行一段时间的培养，才能得到转基因结果。通常对于实验条件的摸索是用带GUS基因载体，轰击烟草或洋葱皮，观察GUS染色后的实验结果。可以很方便地确定基因枪操作的一些实验参数，例如实验材料摆放的形状，与微载体的距离，气压和真空度等。

基因枪轰击实验材料后，都需要进行后续培养，进行观察检测和筛选，所以对于无菌要求非常严格。

用基因枪法得到的转基因植株中嵌合体比较多，在T_0代检测时假阳性较高，所以需要得到更多的个体植株，以便在后代中筛选转基因植株。

基因枪转基因多拷贝的现象是个非常重要的问题，后发现是包埋为载体时DNA浓度大造成的，所以降低DNA浓度或者进行浓度梯度摸索是十分必要的。同时，也可以利用多拷贝这种现象，把转基因T_0作母本，进行杂交，以便后代分离中寻找更多合适的植株。

3.3.5.6 小结

转基因仪目前是最重要的转基因手段之一。它的易操作性与准确性，让其在转基因的研究中所占比例越来越高。但其嵌合体高仍是其重要的缺点之一，不过目前各种作物的再生体系越来越完善，因而得到的转基因再生植株非常多，即使嵌合体比例高，也不影响得到更多的转基因植株。

3.3.6 凝胶成像系统

3.3.6.1 主要用途

核酸与溴化乙啶（EB）结合，核酸会吸收254nm处的紫外线并传递给染料，而被结合的染料本身吸收302nm和366nm的光辐射。故最初DNA或RNA的观察是用带有这几个波段紫外线光源的紫外分析仪照射，可以看到DNA结合的溴化乙啶激发的橙色的光。看到的结果可以用照相机拍照。后来把这两者结合起来，再加上软件控制，便是凝胶成像系统。继续发展，则是把这种组合更集成化，提升各部分的性能。例如增加多种光源，把照相机换成CCD，改进软件的操控性，就有了现在的凝胶成像系统；后又发展冷CCD，可以对化学发光成像。凝胶成像系统可用于蛋白质、核酸、多肽、氨基酸、多聚氨基酸等其他生物分子的分离纯化结果作定性分析，可用于质粒、载体构建的完整性和正确性鉴定，可以应用于分子量计算、密度扫描、密度定量、PCR定量等生物学的常规研究。

3.3.6.2 原理与构造

凝胶成像系统一般采集琼脂糖或聚丙烯酰胺凝胶照片、纸张、杂交膜、荧光样品，例如EB染色的DNA凝胶、Radiant Red荧光染色的RNA凝胶、考染或银染的蛋白质凝胶等，把此图像采集下来，即是凝胶成像。评价凝胶成像系统性能优越与否的关键之一是其相应软件对图像的处理功能。可以通过软件对蛋白质电泳凝胶、DNA凝胶、96孔细胞板、平皿等样品进行图像采集并进行定性和定量分析。

凝胶成像一般由CCD、滤光镜、暗箱、紫外透射台（光源）、控制面板和软件几部分构成，见图3-63、图3-64。

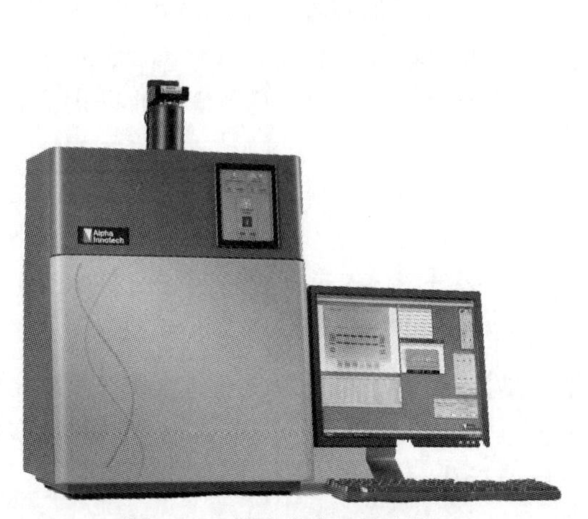

图3-63　凝胶成像系统实景图

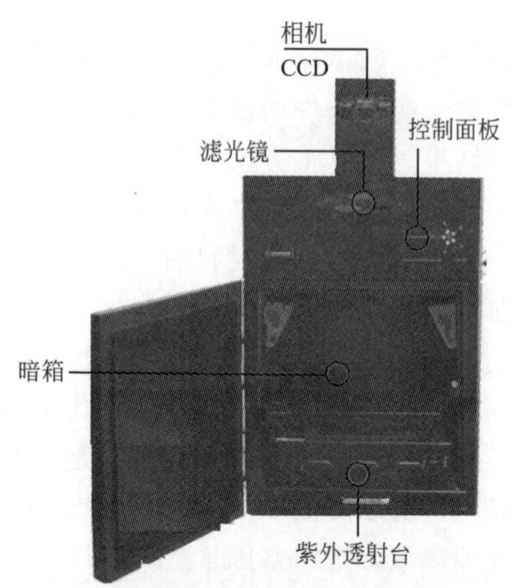

图3-64　凝胶成像仪器结构组成图

3.3.6.3 操作过程

凝胶成像系统因为相对比较简单，所以目前品牌非常多，但其操作都非常相似，大致如下。

① 打开凝胶成像系统开关。

② 打开电脑，系统自动打开并进入成像软件。

③ 打开凝胶成像系统前面板，选择使用紫外透射光源或者白光透射光源，将相应光源安放到位。

④ 将样品放置在透射光源的样品台上。

⑤ 在成像操作界面中选择使用Upper white光源，点击绿色（即时成像）按钮，有多种光源可选：312nmUV、254nmUV、365nmUV及白光，扩展了应用范围。

⑥ 图像处理：仪器配置的专业软件可对成像系统进行自动控制，并采集、优化、定量、

分析图像。仪器配置的软件具有众多功能：可控制成像曝光时间，可显示像素饱和度，添加各种格式的文字注释；软件还可以自动检测识别 DNA 条带；进行 DNA 分子量、等电点、迁移率计算；可进行类比分析、相对含量百分数分析；可进行绝对浓度、密度计算；还可以进行遗传树分析、差异显示分析、微卫星 DNA 分析、RFLP 和 DNA 指纹分析、96 孔/384 孔等细胞板定量分析、3D 图像观察、多通道图像观察、多幅图像电影播放显示；软件还兼容 TIFF、JPEG 文件格式；同时仪器还配有其余几个方便操作的附件，例如 UV 防护板（方便直接用紫外平台进行样品肉眼观察）、切胶尺（切割凝胶）、荧光尺（系统检测并用于测量长度）。

3.3.6.4 管理及维护

仪器应采用专人管理，熟悉软硬件的功能，使成像软件的功能发挥到最大。①采用冷光源的 CCD，散热少，信号稳定，对呈像的目标物体影响更小。遵循一般 CCD 的维护方法，电压要稳，及时处理灰尘。②CCD 下方的滤光片，每隔半年或者模糊时要用 10%的醋酸清洗。③注意检查 CCD 的光圈，要调整到合适的位置，否则曝光成像会影响质量。④因为 DNA/RNA 会使用到 EB 等有害物质，所以切忌污染。⑤凝胶成像的专业软件一般是一台仪器对应一个密码狗，所以更换电脑、软件重新安装时要注意。⑥回收凝胶时注意使用防护板，防止紫外线对眼睛的伤害，同时切胶时注意紫外线波长的选择（254nm/312nm）。

3.3.6.5 结果解读

凝胶成像一般是对 DNA/RNA、蛋白质的分析，借助 Marker 可以分析其大小，分析其完整性。借助专业软件，还可以进行定量、统计。

一般 DNA 若没有条带，或者条带很淡，借助 Marker 可以判断是 PCR 结果的问题，还是电泳过程出现了问题。

DNA 条带出现“弥散”现象，PCR 扩增时出现非特异扩增，具体解决须对 PCR 条件进行进一步分析。

DNA 条带出现“微笑”，可能是电泳功率过大、温度过高。

完整的 RNA 应该为 3 条带，但只出现 2 条带，5S 带不清楚。对此，应注意观察前面条带是否有弥散，以判断是降解严重，还是成像调整未到最佳。

一般切胶回收后，可根据凝胶上残留条带的成像来判断回收的效果。

3.3.6.6 小结

凝胶成像系统属于凝胶电泳后续观察的必备仪器，其清晰的成像和软件方面的图像处理的方便等特点，使 DNA、RNA、蛋白质等成像结果得到很方便的展示，同时参照对照样品或 Marker，可以对实验的核酸或蛋白质条带的大小和数量进行测量分析和标注。

3.3.7 基因差示系统

3.3.7.1 主要用途

基因差示系统又叫荧光差异显示分析系统，是在差异显示技术基础上形成的差异基因显示分析的仪器平台。1992 年，Liang 和 Pardee 首次提出差异显示技术（DD-PCR），是利用一系列的 oligo（dT）引物，逆转录真核生物细胞中全部表达的 mRNA，通过 PCR 扩增的方法，转换成 cDNA 双链，再利用变性聚丙烯酰胺凝胶电泳，将有差异的片段分开，筛选出的片段回收测序和鉴定，找到目的基因。

Liang 和 Pardee 利用这一技术克隆了几个基因，在测序技术不成熟、各种基因数据库极度匮乏的情况下，让该方法比以杂交为基础的各种消减技术方法得到更广泛应用，很快成为克隆新基因和研究植物基因表达的有力工具，为研究高等植物的发育、抗病机制、抗逆机制、生理代谢、基因表达、基因鉴定和克隆提供了一种重要的技术手段。

差异显示技术的原理相对简单，不需要特别的仪器，就能在一般分子生物学实验室完成。目前只有德国 BECKMAN COULTER 公司生产的 Genomyx LRS，其是根据基因差示原理把电泳、成像和测序技术集成系统化，用仪器一次性完成差异显示的各个过程。在国内少数科研单位拥有此设备，并从事着动植物基因差异、突变检测及分离测序等的研究工作。

3.3.7.2 基因差示系统原理与构造

基因差示系统是根据差异显示技术，应用简并锚式 oligo（dT）引物（一般为 T12MN）进行逆转录反应（即 cDNA 链的合成），随后根据 PCR 反应原理，应用随机多聚核苷酸（一般为 10 个多聚核苷酸）和简并锚式 oligo（dT）为上、下游引物进行 PCR 扩增。用 PAGE 电泳技术将所获条带分开并显示目的组（tester）和对照组（driver）的差异条带，然后切割，再扩增，鉴定（Northern 印迹或 RT-PCR 法）和测序，最终获得目的组（tester）和对照组（driver）所特异表达的基因。

系统由 Genomyx LR DNA 测序/差异显示系统、Genomyx SC 荧光成像系统以及软件控制 3 部分组成（见图 3-65）。该系统具有 DNA 测序和差异显示双重功能。LR DNA 测序：Genomyx LR 使用大型规格的胶，并采用专利的“鼓气式”温控技术，一次可进行 48 个泳道、24 个模板的测序，测序长度达 1kb；SC 系统的波长范围为 400～700nm，适用于多种荧光标记染料，采用激光扫描和 CCD 镜头可进行凝胶扫描成像。利用配置的相应软件收集原始数据，并进行 DNA 碱基数据分析，还可以进行分子量测量和片段分析。

图 3-65 德国 BECKMAN 公司的 Genomyx LRS 实机图

因为这种仪器只有 Genomyx LRS，价格比较昂贵，拥有的用户非常少，一般都有专人负责和操作，所以具体操作过程可参照厂家说明书，具体内容这里不再赘述。

3.3.7.3 小结

基因差示系统依据的差异显示技术，在基因发现和克隆的过程中发挥着重要的作用，而基因差示系统是差异显示技术所需的电泳、成像和测序技术的整合，类似美国 LI-COR 公司的 LI-COR4300 DNA 遗传分析仪，是把标记技术和测序进行整合，所以其价格相对比较昂贵。对于一般实验室而言，类似实验可以用分子生物学实验各常规仪器完成，测序部分交给专业的测序公司。

3.3.8 半干转印仪、杂交炉与紫外交联仪

3.3.8.1 主要用途

半干转印仪、杂交炉与紫外交联仪皆用于分子生物学中 Southern、Northern 和 Westhern 等杂交中的转膜和杂交过程，是在之前手工操作的基础上发展而来的，可提高这些杂交过程的杂交效率。通常这几个仪器配合使用，排除实验过程中人为因素造成的实验误差；也能单独使用，用以提高某一过程的效率。

半干转印仪将蛋白质、DNA、RNA 从聚丙烯酰胺凝胶或琼脂糖凝胶转移到杂交膜上代替人工搭桥转移。分子杂交炉主要用于核酸杂交、噬菌斑杂交和点杂交、蛋白质杂交；也可作酶联反应孵育器，用于提高温度和时间控制。紫外交联仪主要用于将核酸交联至膜上，还可用于琼脂糖凝胶中 DNA 的切割、RecA 突变筛迁、嘧啶二聚体产生的部分限制性内切酶消化、UA 消除 PCR 污染等。但通常是把杂交炉和紫外交联仪配合使用，以提高转膜的效率。

3.3.8.2 半干转印仪

(1) 半干转印仪原理与构造

半干转印仪利用电场作用，同时借助滤纸的虹吸作用，使蛋白质或核酸分子转移到膜上。分子杂交炉提供一个控温的恒温环境，并能提供一个均匀的小的转速，使杂交膜和杂交液能够在恒定温度下充分接触杂交。其结构都极其简单，与手工搭桥的结构极其相似。半干转印仪实机图和结构示意分别见图 3-66、图 3-67。

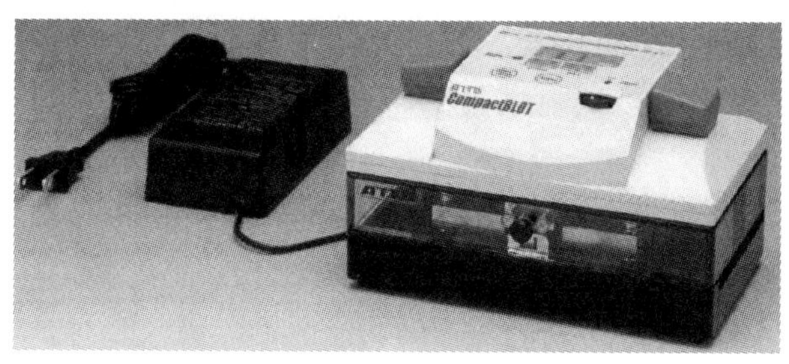

图 3-66 半干转印仪实机图

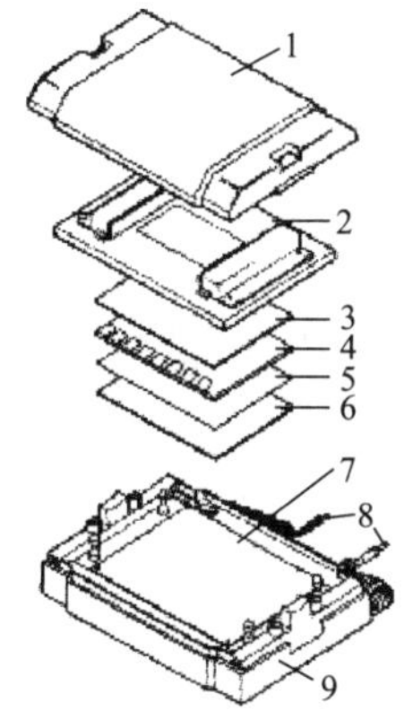

图 3-67 半干转印仪结构示意图

1—安全盖；2—带锁的阴极板组件；3,6—滤纸；4—凝胶；5—膜；7—阳极平台；8—电源线；9—底座

(2) 操作过程

① 打开开关，拿下半干转印仪上面的阳极电极板。

② 取出事先在电泳槽上电泳好的凝胶，在缓冲液中漂洗数秒。

③ 将 NC 膜（或核酸用尼龙膜）切成与凝胶一样大小，置于转移缓冲液中湿润 5～10min。

④ 顺序放置滤纸、凝胶和 NC 膜到半干槽中。

⑤ 每层之间的气泡要全部去除，可以用 10mL 吸管轻轻在上层滚动去除气泡，然后把一绝缘的塑料片中间挖空与凝胶一样大小或略小一点，以防电流直接从没有凝胶处通过造成短路，然后盖上阳极电极板。

⑥ 摁下“SET”键，设置转印时间和电压，确定仪器开始运转。

⑦ 转膜结束后，将膜取下封闭，关掉电源，并将半干转印仪清理干净。

(3) 半干转印仪管理及维护

半干转印仪属于分子杂交实验的仪器之一，其日常操作和维护应由专人负责。

(4) 结果解读

半干转印仪属于分子杂交的部分过程，一般由结果来判断。主要注意事项如下。

① 半干转印和搭桥技术原理一样，谨防短路。

② 注意正负极不要插反。

③ 杂交条带模糊、背景杂乱，可能是凝胶操作过程中有过颠倒。可在凝胶与杂交膜的远离孔端减去一个角，作为方向标记，防止操作过程中凝胶的颠倒。

④ 注意阳性对照和阴性对照的设立，这样分辨是杂交操作过程出现问题、还是 DNA 本身就没有目的片段。

3.3.8.3 分子杂交炉和紫外交联仪

(1) 分子杂交炉和紫外交联仪原理与构造

分子杂交炉和紫外交联仪在分子杂交实验中，配合使用，一般摆放时都是将它们叠放在一起，也有厂家将这两个仪器上下整合在一起作为一个仪器整体。分子杂交炉包括时间控制和转动控制（电机）两部分，紫外交联仪包括紫外发射装置（紫外灯）和时间控制装置，分别见图 3-68、图 3-69。

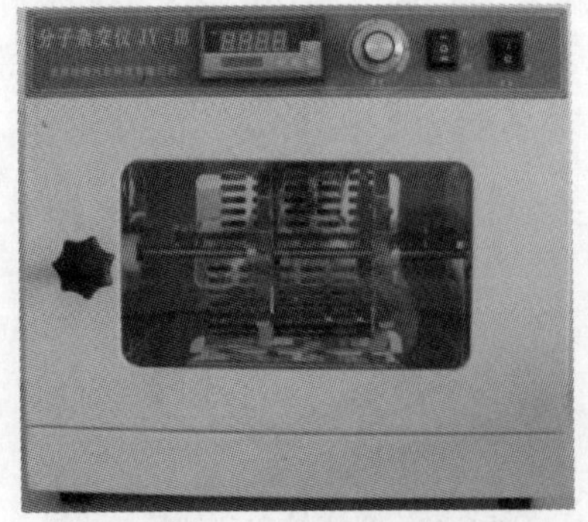

图 3-68 分子杂交炉实机图

图 3-69 紫外交联仪实机图

（2）操作过程

① 杂交炉根据实验要求设置转速和温度。

② 根据实验要求设置紫外照射时间，同时可预设或手动调节紫外照射强度。

（3）管理及维护

这两个仪器都是非常简单的常用仪器，一般不会决定性地影响实验结果。紫外交联仪是用紫外线照射，提高核酸和膜的杂交率。有些仪器其紫外线波长可调，可根据要求选择紫外波长。分子杂交炉使用时要注意炉内杂交管卡子的调节，以及杂交管的平衡，以使转动平稳。紫外交联仪则应注意选择合适的紫外波长和照射时间。

3.3.8.4 小结

半干转印仪、杂交炉与紫外交联仪这三种仪器是核酸转移和分子杂交过程中常用的 3 种简单仪器，对于 Southern 杂交和 Northern 杂交来说非常必要，能够明显提高杂交的效率，其操作简单，实用性强。

3.3.9 电转化仪

3.3.9.1 主要用途

电转化是利用电脉冲瞬间穿透原核或真核细胞膜，使细胞吸收各种生物分子的物理过程。它是分子生物学中转染技术的一种，用来将外来的 DNA 片段、质粒、蛋白质、多糖、染料、病毒颗粒等生物大分子导入到宿主细胞中。

电穿孔法已广泛应用于原核生物、酵母和哺乳动物细胞转化，可满足活体细胞，贴壁细胞、悬浮细胞以及难转染细胞的基因的高效导入。目前已经广泛应用于生物制药工程菌或细胞的转化；应用于转基因植物农杆菌介导法中携带外源基因的质粒对农杆菌的转化，哺乳动物组织细胞的定向定位转化，对肿瘤细胞的转化。

市面上生产电转化仪的厂家有很多，其脉冲强度、波形、电流的稳度和持续时间等各有特点，如 BIO-RAD 公司的 Gene Pulser Xcell、BTX 公司的 ECM 系列型号，以及 Eppendorf 公司的 Eporator 等，可根据不同的转化对象和异同，设置不同的脉冲电压和时间，有的还可以控制微小电流的恒定，同时还可以配置不同电击杯。

3.3.9.2 原理与构造

电转化仪又叫电穿孔仪，电转化仪的原理就是利用电脉冲瞬间穿透原核或真核细胞膜，使细胞吸收各种生物分子。其主要由电脉冲发生装置、控制系统和电击槽 3 部分构成。图 3-70 为电转化仪的工作原理，图 3-71 为电转化仪的构成和实机图。其控制系统里储存有常见微生物和动物细胞的优化的转化程序，可根据不同的转化对象进行调用；也可以自行选择波形，设置脉冲电压和时间。通常，高等真核细胞使用 0.4cm 的电击杯，场强小于 6.25kV/cm；真菌用 0.2cm 电击杯，场强小于 12.5kV/cm；细菌则用 0.1cm 的电击杯，场强小于 25kV/cm；通常允许脉冲长度为 20～100ms 的脉冲和单个脉冲通过细胞。

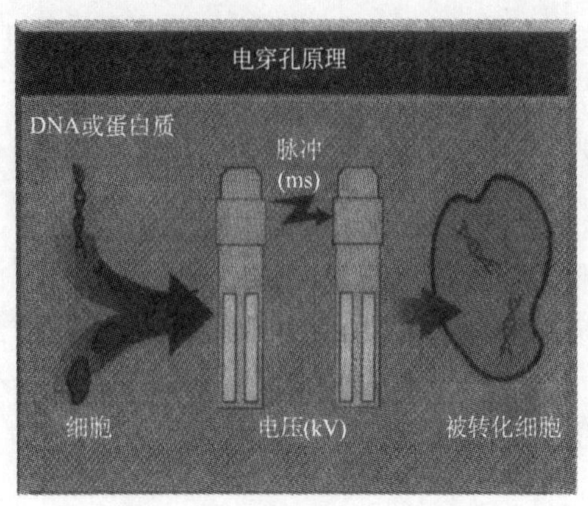

图 3-70　电转化仪的工作原理

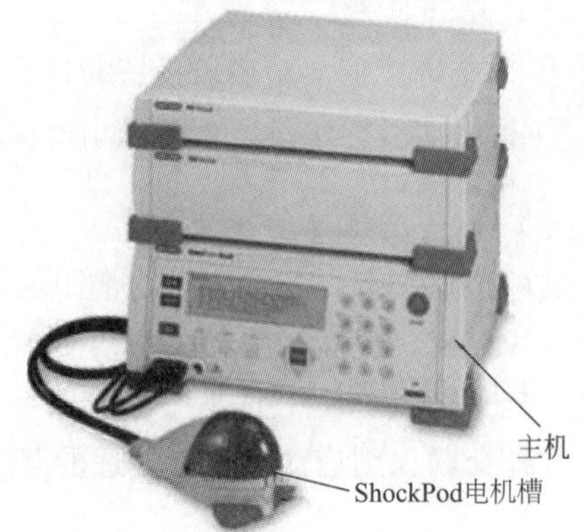

图 3-71　电转化仪的构成和实机图

3.3.9.3　操作过程

① 从－80℃冰箱中取出制备好的感受态细胞，置于冰上解冻。

② 取 1μL 纯化后的质粒于 1.5mL 离心管中，将其和电极杯一起置于冰上预冷。

③ 将适量的解冻的感受态细胞转移至此 1.5mL 离心管中，小心混匀，冰上放置 10min。

④ 打开电转化仪，根据实际细胞选择合适的程序调用。例如 BIO-RAD Gene Pulser Xcell 调至 Manual，调节电压为 2.1kV。

⑤ 将此混合物转移至已预冷的电极杯中，轻轻敲击电极杯使混合物均匀进入电极杯的底部。

⑥ 将电极杯推入电转化仪，按一下 Pulse 键，听到蜂鸣声后，向电击杯中迅速加入 1000μL 的 SOC 液体培养基，重悬细胞后，转移到 1.5mL 离心管中。

⑦ 在空气浴摇床上，37℃ 220～250r/min 复苏 1h。

⑧ 取 20μL 转化产物加 160μL SOC 涂板，放于 37℃温室，过夜培养，次日查看转化结果。根据蓝白斑来估计转化效果和效率。其余菌液加 1∶1 的 30%甘油后混匀于－80℃保存。

3.3.9.4　电转化仪的管理及维护

电转化仪为常用仪器，操作非常简单，通常需要注意以下几点。

① 注意周围环境干燥、洁净、卫生。

② 电击槽要保持干净，不用时合上盖。

③ 电击杯要保持绝对清洁，用超纯水和酒精反复清洗，洗好的电击杯放入－20℃冰箱内待用。

④ 不同样品使用的电机杯应分开，而且应该每周用 1%酒精浸泡 30min。

⑤ 感受态细胞要清洗干净，尤其不能有盐分残留，否则极易短路进而导致电极杯被击穿。

3.3.9.5　结果解读

电转化的成功，就是把外源生物分子导入感受态细胞，并在细胞中有表达。常用微生物可通过蓝白斑的筛选进行鉴定。若电转化程序有问题，会导致转化效率很低，只有极个别的白斑出现。若根本没有白斑出现，即没有转化子生长出来，其原因有很多，首先应考虑感受态细胞的制备是否有问题，其次应考虑电转化载体浓度和感受态缓冲液是否有问题，最后应考虑转化程序是否有问题。

3.3.9.6 小结

电转化仪广泛应用在转化实验中，其型号越来越多，但都是利用电脉冲瞬间穿透细胞膜来完成实验，所以都是对脉冲电压的控制，通过对波形的改进、对微小电流控制等方面的改进，可让转化试验过程对细胞的伤害更小，使实验的精确控制性和重复性控制更高。

3.3.10 测序仪

3.3.10.1 主要用途

1977 年 Sanger 等发明的终止法和 Gilbert 等发明的化学降解法，标志着第一代测序技术的诞生。Sanger 和 Coulson 发现的双脱氧核苷酸末端终止法，大大减少了化学毒性物质以及放射性同位素的处理，取代同年早期 Maxam 和 Gilbert 发明的化学降解法成为近 30 年来唯一的 DNA 测序法。虽然这两种测序方法的原理不同，但它们都是根据核苷酸在某一固定的点起始，随机在某一特定碱基处终止，形成一系列以某一特定脱氧核糖核苷酸（A、T、C、G）为末端的长度各异的寡聚脱氧核糖核苷酸混合物，然后通过高分辨率的变性聚丙烯酰胺凝胶电泳，经放射自显影后，直接从胶片上读出 DNA 的顺序。后来荧光标记取代同位素标记，四色荧光标记的应用使测序反应物的分离能在一个泳道完成，由此 ABI 公司的 ABI370 半自动测序仪诞生。在 20 世纪 90 年代，用毛细管列阵电泳取代聚丙烯酰胺凝胶平板电泳用于 DNA 测序，诞生了第一台全自动测序仪——ABI3730 测序仪。第一代测序技术促使基因组学诞生，使人们开始进入基因组学的研究，人类基因组计划（human genome project，HGP）就是在 20 世纪 90 年代开始，历时 10 余年完成人类基因组草图，中国也是 6 个参与国之一，完成了 1%的测序任务。

第一代测序仪帮助人们完成了众多克隆文库、特定克隆基因的测序，以及噬菌体基因组、拟南芥基因组、人类基因组草图、水稻基因组等大量测序工作。

21 世纪初，众多物种基因组完成测序，这些已有的基因组序列可作为参考序列进一步促进测序技术的发展。随着基因组学的发展需求，更高效率、高通量的第二代测序技术诞生。Roche 公司的 454 技术、Illumina 公司的 Solexa 技术和 ABI 公司的 SOLiD 技术为第二代测序技术的标志。第二代测序技术的出现，让多种生物个体的测序变得非常简单，目前测一个普通生物的全基因组序列，仅需 1 天。

在遗传学中，成千上万的基因组等待测出及分析，高通量的二代技术已经开始发挥重要作用。现在也有第三代测序技术的探索，例如单分子测序等。

测序技术引发生命科学领域研究的“大爆炸”，各种数据和相关论文成几何级增长，让基因组功能学研究得以进一步发展。例如以测序为基础的全基因组的 SNP 关联分析为医疗领域找到许多从前未曾发现的基因以及染色体区域，为研究复杂疾病的发病机制提供了更多的线索；解析了植物多个性状的基因基础，为分子设计育种找到突破。

测序技术同时让相关和相近领域得到迅猛发展，例如基因组研究与制药、生物技术、农业、食品、化学、化妆品、环境、能源和计算机等领域密切相关，更重要的是基因组的研究可以转化为巨大的生产力，国际上一批大型制药公司和化学工业公司纷纷投巨资进军基因组研究领域，形成了生命科学工业。

测序仪可以进行PCR片段大小分析和定量分析，基于DNA测序基础，可进行杂合子分析、单链构象多态性分析（SSCP）、微卫星序列分析（SSR）及长片段PCR、RT-PCR（定量PCR）等分析，临床上还可进行单核苷酸多态性（SNP）分析、基因突变检测、HLA配型、法医学上的亲子和个体鉴定、微生物与病毒的分型与鉴定等。目前已变为基因组学一种常用的科研方法和手段。

3.3.10.2 第一代测序仪

（1）第一代测序仪原理与构造

第一代测序仪以DNA单链为模板，在特定条件下，用特异的引物在测序级DNA聚合酶的作用下，根据碱基互补配对原则，不断将4种脱氧核糖核苷酸（dNTP）加到引物的3′-羟基末端并使引物链得到延伸。链的延伸通过引物的3′-羟基和脱氧核糖核苷酸底物的5′-磷酸基团形成磷酸二酯键来完成。如果该反应体系中加入双脱氧核糖核苷酸（ddNTP），这种2′,3′-ddNTP的5′-磷酸基团是正常的，而3′位置缺少羟基，在DNA聚合酶作用下，仍然可以通过5′-磷酸基团与引物链的3′-羟基反应掺入到引物链中，但是由于ddNTP没有3′-羟基，不能继续与下一个5′-磷酸基团形成磷酸二酯键而导致引物链延伸的终止。这样，在测序反应体系中，DNA引物链不断合成与偶然终止，产生一系列长短不等的核苷酸链。然后将这些测序反应产物进行毛细管列阵电泳，根据检测装置对四种不同荧光标记的吸收情况，便可以知道DNA序列的碱基组成。仪器主要包括电泳系统、激光器和荧光检测系统，大致分为自动进样区、凝胶区和检测区。另外还有电脑和电脑中的分析软件和仪器运行软件等，见图3-72、图3-73。

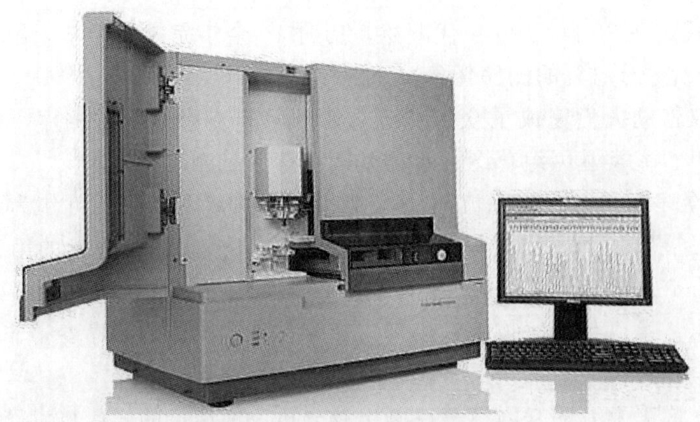

图3-72 ABI3730测序仪实机图

（2）操作过程

第一代测序仪基本操作都相似，现以ABI公司的3730为例加以介绍。

① 启动软件和主机

a.先开电脑，等待启动完毕。

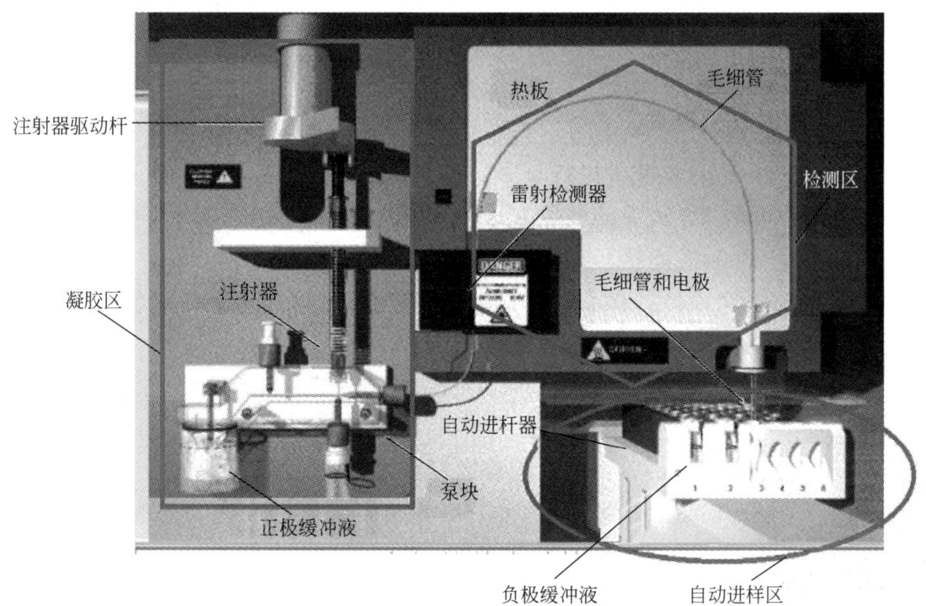

图 3-73 测序仪基本结构

b. 启动 3730 测序仪，等待机器显示绿灯。

c. 启动 3730Data Collection Software，启动之后会自动打开“Service Console”视窗，待所有的指示灯均由红变为绿才可进行下一步操作，将此视窗最小化（数据收集软件运行过程中不可关闭此窗口）。

② 气泡的检查与排出

检查以下五个地方有无气泡（直径小于 0.2mm 的气泡可忽略），如果有则要使用“Bubble Remove Wizard（气泡消除程序）”排除气泡。

a. the pump chamber（泵室）。

b. the pump block channel（泵通道）。

c. polymer supply（聚合物供应）。

d. interconnect tubing（互连管）。

e. the lower polymer block channel（降低聚合物通道）。

③ 准备样品

a. 稀释好的 PCR 产物、Hi-Di 及 ROX 的混合物充分混合离心后 95℃变性 5min，迅速置于冰上 5～10min 等待上机。

b. 按下测序仪的“TRAY”键，取出 96 孔样品盘，顺序在反应板的每孔中加样 10μL。压平胶垫，安装好样品盘并确保平整（否则会损坏毛细管束），放回仪器，关闭仪器门。

④ 设定“Instrument protocol”及“Analysis protocol”仪器默认值已经设好，一般不需要重新设置。

⑤ 利用“Plate Manager”设定“Plate”

a. 点选“Plate Manager”，点选“New”以设定新的“Plate”。

b. 当出现“New Plate Dialog”后，将所有资料填上（进行片段分析时，“Application”选择“GeneMapper-Generic”）。

c. 点选“OK”之后即出现“Plate Editor”窗口，键入“Sample Name”，选择适当的“Result Group”及“Analysis Protocol”（例如，进行五色荧光组合的片段分析时“Analysis Protocol”选择“GeneMapper _ 36 _ pop7 _ G5”）。

⑥ 开始进行电泳分析

a. 进入“Run Scheduler”准备进行电泳。

b. 输入“Plate Name”，或是点选“Fine All”进行“Search”后，须选择所要分析的“Plate Name”并与“Plate”连接。

c. 在“Run View”页面检查样品的位置，然后点击“Run”左上角绿色三角图标，即开始进行信号收集以及分析。

d. 在手动控制选项中设置炉温为60℃，提交要求（此步旨在节省测序时间，因此可省略）。

e. 打开“Instrument Status”页面：查看运行步骤及仪器运行状态。

f. 通过“EPT Chart”观察电泳过程中电压、电流及温度的变化，若电流突然升高可能是电泳通路中有气泡存在。

⑦ 片段测定结果分析（GeneMapper 软件）

a. 打开“GeneMapper”软件。

b. 点“Add sample to project”键，把已保存的原始数据添加到右边一栏。

c. 在“Analysis”下拉菜单中选择“Analysis Method Editor”一项，进入“Allele”页面，选择“Binset”；“Size calling method”要选择“3rd Order least squares”。

d. 选择内标的型号和自己已设定的“Panel”[五色荧光组合内标最大长度为500的应选择：GS500(－250)LIZ]。

e. 运行并保存“Project”。

f. 在“Sample”页面：利用“Size match editor”检查内标有无错误；点选“Samples-plot”“Sizing table”，浏览表中接近250bp的内标长度值，如果最大值与最小值的差值小于1bp，说明仪器性能比较稳定。

g. 在“Genotype”页面：选择分析的位点（“Marker”），修改“Genotypes plot”中错误的等位基因大小。

h. 保存文件。

（3）第一代测序仪的管理及维护

① 测序仪属于高端仪器，需要专人维护和操作，其结果解读需要经验积累。对于常见问题，做好排查。

② 电泳时，仪器显示无电，其可能的原因为：

a. 电泳缓冲液蒸发而使液面降低，未能接触到毛细管。

b. 电极弯曲而无法浸入缓冲液。

c. 毛细管未浸入缓冲液。

d. 毛细管中有气泡。

③ 电极弯曲，其可能的原因为：

a. 安装、调整或清洗电极后未进行电极定标操作就直接执行电泳命令，电极不能准确插入各管中。

b. 运行前未将样品盘归位，或虽然进行归位操作，但 X/Y 轴归位尚未结束就进行 Z 轴归位操作。

④ 电泳时产生电弧。主要是电极、加热板或自动进样器上沾有异物或灰尘所致。

⑤ 测序结束后应将毛细管负极浸泡在蒸馏水中，避免凝胶干燥而阻塞毛细管。

⑥ 定期清洗泵块。

⑦ 定期更换电极缓冲液、洗涤液和废液管。

（4）第一代测序仪结果解读

① 测序一般由测序公司完成，作为测序用户，只需提供纯化好的 DNA 样品和引物。测序 PCR 反应使用的模板不同，需要的 DNA 量也就不同，PCR 测序所需模板的量较少，一般 PCR 产物需 30～90ng，单链 DNA 需 50～100ng，双链 DNA 需 200～500ng，DNA 的纯度一般是 A_{260nm}/A_{280nm} 为 1.6～2.0，最好用去离子水或三蒸水溶解 DNA，不用 TE 缓冲液溶解，引物用去离子水配成 3.2pmol/μL 较好。

② 测序长短，取决于试剂盒，一般可测 DNA 长度为 650bp 左右。仪器 DNA 测序精确度为（98.5±0.5)%，仪器不能辨读的碱基 $n<2\%$，若所需测定的长度超过了 650bp，则需设计另外的引物。为保证测序更为准确，可设计反向引物对同一模板进行测序，相互印证。对于 n 碱基可进行人工核对，有时可以辨读出来。为提高测序的精确度，根据星号提示位置，可人工分析该处彩色图谱，对该处碱基作进一步核对。

3.3.10.3 第二代测序仪

（1）第二代测序仪概述

第二代测序技术（next-generation sequencing）是对传统 Sanger 法测序的一次革命性的改变，是一次可对几十万到几百万条 DNA 分子进行序列测定的高通量的测序技术，同时高通量测序使得对一个物种的转录组和基因组进行细致全貌的分析成为可能，所以又被称为深度测序。第二代测序技术属于循环阵列合成测序，采用大规模矩阵结构的微阵列分析技术，利用 DNA 聚合酶或连接酶及引物对模板进行一系列的延伸，通过显微技术观察记录连续测序循环中的光学信号来实现测序，可以同时并行分析阵列上的 DNA 样本。第二代测序技术以 Roche 公司的 454 技术、Illumina 公司的 Solexa 技术和 ABI 公司的 SOLiD 技术为标志。Roche 公司的 454 技术是基于焦磷酸测序法的超高通量基因组测序，其系统为 GS FLX；Illumina 公司的 Solexa 技术是基于“DNA 簇”和“可逆性末端终结”，属于边合成边测序，可实现自动化样本制备及基因组数百万个碱基大规模平行测序，其系统为 Genome Analyzer；ABI 公司的 SOLiD 技术以四色荧光标记寡核苷酸的连续连接合成为基础，取代了传统的聚合酶连接反应，可对单拷贝 DNA 片段进行大规模扩增和高通量并行测序，其系统为 SOLiD（supported oligo ligation detection)，见图 3-74～图 3-79。

（2）操作过程

无论是 Roche 公司的 454 技术、Illumina 公司的 Solexa 技术还是 ABI 公司的 SOLiD 技术，都属于克隆扩增型测序技术，都包含模板文库制备、DNA 片段扩增、并行测序、信号采集、序列拼接、组装等步骤，只是它们从模板文库制备，到片段扩增和测序采用的方法不一样。下面以 Roche 公司的 454 GS FLX 系统为例来说明具体操作过程，其余系统简略说明。

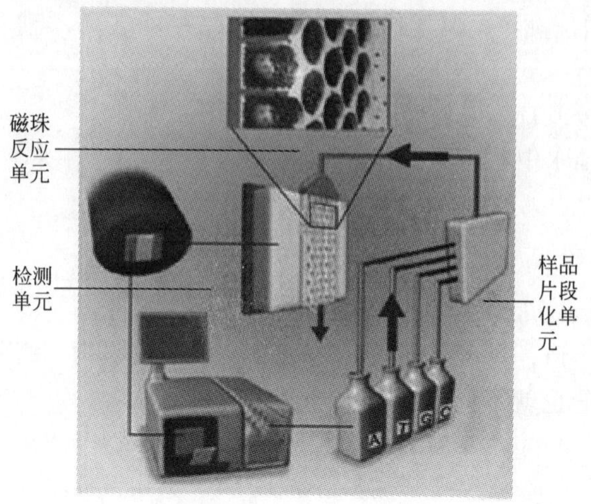

图 3-74 Roche 公司的 454 测序仪内部工作原理图

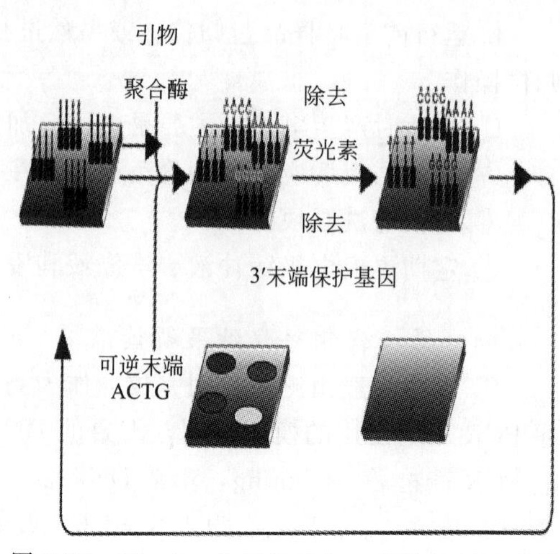

图 3-75 Illumina 公司的 Solexa 测序原理示意图

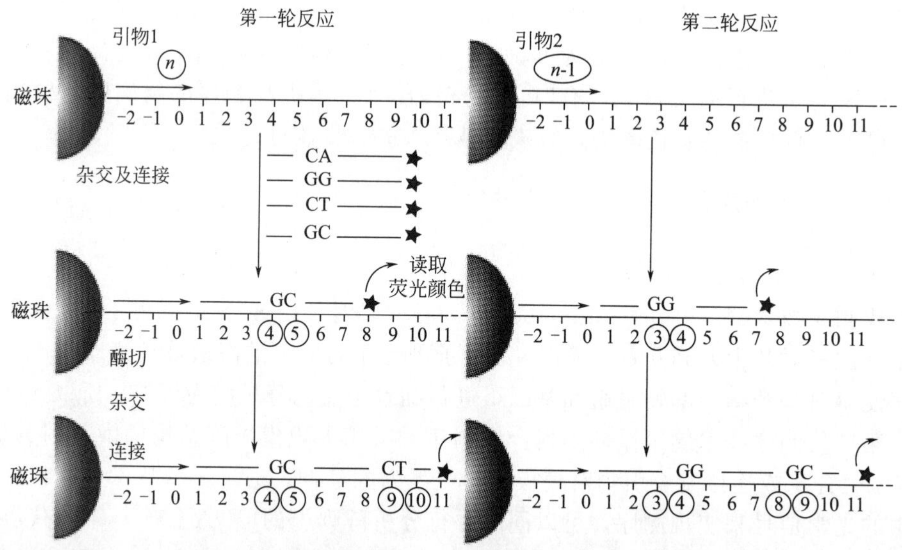

图 3-76 ABI 公司的 SOLiD 连接法测序示意图

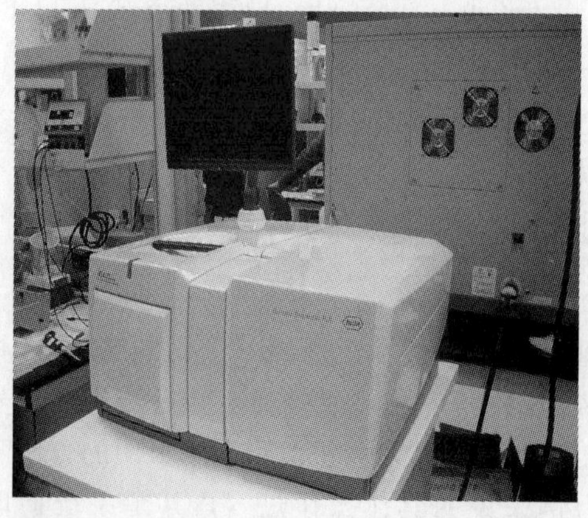

图 3-77 Roche 公司的 454 GS FLX 实机图

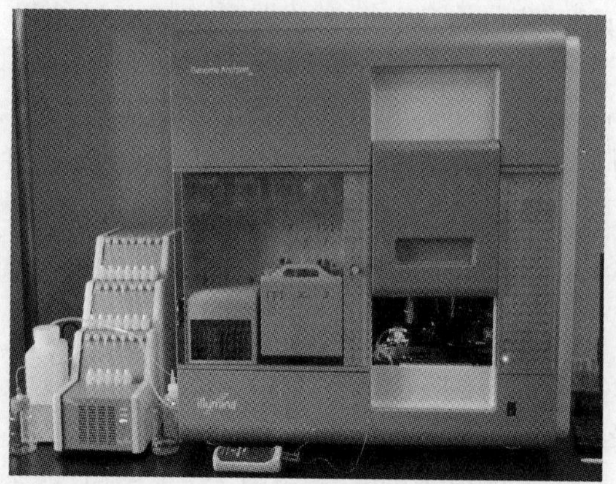

图 3-78 Illumina 公司 Solexa Genome Analyzer 实机图

图 3-79 ABI 公司的 SOLiD 实机图

① GS FLX 系统具体操作流程

a. 样品输入并片段化：GS FLX 系统支持各种不同来源的样品，包括基因组 DNA、PCR 产物、BAC、cDNA、小分子 RNA 等。大的样品例如基因组 DNA 或者 BAC 等被打断成 300～800bp 的片段；对于小分子的非编码 RNA 或者 PCR 扩增产物，这一步则不需要（短的 PCR 产物则可以直接跳到步骤③）。

b. 文库制备：借助一系列标准的分子生物学技术，将 A 和 B 接头（3′和 5′端具有特异性）连接到 DNA 片段上。接头也将用于后续的纯化、扩增和测序步骤。具有 A、B 接头的单链 DNA 片段组成了样品文库。

c. 一个 DNA 片段等于一个磁珠：单链 DNA 文库被固定在特别设计的 DNA 捕获磁珠上。每一个磁珠携带一个独特的单链 DNA 片段。磁珠结合的文库被扩增试剂乳化，形成油包水的混合物，这样就形成了只包含一个磁珠和一个独特片段的微反应器。

d. 乳液 PCR 扩增：每个独特的片段在自己的微反应器里进行独立的扩增，而没有其他竞争性或者污染性序列的影响。整个片段文库的扩增平行进行。对于每一个片段而言，扩增后产生了几百万个相同的拷贝。随后，乳液混合物被打破，扩增的片段仍然结合在磁珠上。

e. 一个磁珠等于一条读长：携带 DNA 的捕获磁珠随后放入 PTP 板中进行后继的测序。PTP 孔的直径（29μm）只能容纳一个磁珠（20μm）。然后将 PTP 板放置在 GS FLX 中，测序开始。放置在四个单独的试剂瓶里的四种碱基，依照 T、A、C、G 顺序依次循环进入 PTP 板，每次只进入一个碱基。如果发生碱基配对，就会释放一个焦磷酸。这个焦磷酸在 ATP 硫酸化酶和荧光素酶的作用下，经过一个合成反应和一个化学发光反应，最终将荧光素氧化成氧化荧光素，同时释放出光信号。此反应释放出的光信号实时被仪器配置的高灵敏度 CCD 捕获到。有一个碱基和测序模板进行配对，就会捕获到一分子的光信号，由此一一对应，就可以准确、快速地确定待测模板的碱基序列，这就是焦磷酸测序。

f. 数据分析：GS FLX 系统在 10h 的运行过程中可获得 100 多万个读长，读取超过 4 亿～6 亿个碱基信息。GS FLX 系统提供两种不同的生物信息学工具对测序数据进行分析，适用于不同的应用：达 400Mb 的从头拼接和任何大小基因组的重测序。

② Solexa Genome Analyzer 工作流程

a. 文库制备。

b. 产生 DNA 簇。

c. 测序。

d. 数据分析。

③ SOLiD 工作流程

a. 文库制备。

b. 乳液 PCR/微珠富集。

c. 微珠沉积。

d. 连接测序。

e. 数据分析。

（3）第二代测序仪的管理及维护

第二代测序仪中国目前只有少数高校和研究所拥有，属于贵重仪器，其运行成本和维护成本非常高，测序一般由专业人士操作，维护需要厂家配合来完成。大部分用户其实验生物个体的测序或者重测序的完成，都是与专业测序公司合作进行的，例如华大基因。

（4）第二代测序仪结果解读

① 第二代测序仪的测序过程，一般由专业公司完成，测出的结果属于海量的 DNA 序列。所以对实验结果的分类与分析以及解读，对于结果给予生物意义上的解释和注释分析才是二代测序的真正目的。对于拥有参考序列的生物个体重测序研究，可分析其单核苷酸多态性（SNP）、基因组插入或删除（indel）、结构变异（转座、倒置）、拷贝数变化、进化分析研究等。对于转录组重测序有 microRNA，以及表观遗传方面的如甲基化、组蛋白修饰等。对于表达谱研究，需要用荧光定量 PCR 仪来验证。

② GS FLX 系统的准确率在 99%以上。其主要限制来自同聚物，也就是相同碱基的连续掺入，如 AAA 或 GGG。由于没有终止元件来阻止单个循环的连续掺入，因此同聚物的长度就需要从信号强度中推断出来，这个过程就可能产生误差。因此，454 测序平台的主要错误类型是插入-缺失，而不是替换。

③ SOLiD 为避免“连锁解码错误”的发生，其数据分析软件不直接将 SOLiD 原始颜色序列解码成碱基序列，而是依靠 Reference 序列进行后续数据分析。SOLiD 序列分析软件首先根据“双碱基编码矩阵”把 Reference 碱基序列转换成颜色编码序列，然后与 SOLiD 原始颜色序列进行比较，来获得 SOLiD 原始颜色序列在 Reference 的位置，及两者的匹配性信息。Reference 转换而成的颜色编码序列和 SOLiD 原始序列的不完全匹配主要有两种情况：“单颜色不匹配”和“连续两颜色不匹配”。由于每个碱基都被独立地检测两次，且 SNP 位点将改变连续的两个颜色编码，所以一般情况下 SOLiD 将单颜色不匹配处理成测序错误，这样一来，SOLiD 分析软件就完成了该测序错误的自动校正；而连续两颜色不匹配也可能是连续的两次测序错误，SOLiD 分析软件将综合考虑该位置颜色序列的一致性及质量值来判断该位点是否为 SNP。

3.3.10.4 小结

第一代测序仪给基因组学的发展提供了很大的促进作用，包括人类基因组测序计划的完成；第二代测序仪更是让基因组学研究变得赤手可热，让众多科学家寄希望于在全基因组 SNP 方面给众多疾病或作物数量性状等的分子机制等众多基因组学研究上的瓶颈找到突破口。

3.4 生物反应器与发酵工程设备

3.4.1 主要用途

生物反应器（bioreactor）是利用酶或生物体（如微生物）所具有的生物功能，在体外进行生化反应的装置系统，它是一种生物功能模拟机，如发酵罐、固定化酶或固定化细胞反应器等，在酒类、医药生产、有机污染物降解方面有重要应用。

生物反应器听起来有些陌生，基本原理却相当简单。胃是人体内部加工食物的一个复杂生物反应器。食物在胃里经过各种酶的消化，变成人们能吸收的营养成分。生物工程上的生物反应器是在体外模拟生物体的功能，是设计出来用于生产或检测各种化学品的反应装置。

在固定化酶广泛应用的基础上，人们发现天然细胞本身就具有多功能的系列化反应系统。采用物理或化学方法将细胞固定化，是利用酶或酶系的一条捷径。一个固定化细胞反应器犹如一台“生命活动功能推动机”。固定化细胞技术开始于 20 世纪 70 年代，其实际应用程度已超过固定化酶。如美国、欧洲、日本均采用固定化菌体柱床工艺大规模生产高果糖浆。

新一代成熟的、具有独特性能的生物反应器将在天然或者经改良的微生物、哺乳动物或植物来源的生物技术产品的生产过程中扮演越来越重要的角色。生物反应器像一条纽带连接生物技术产业和各式各样的生物制品，它是生物化工行业中的关键设备，在生物工程中起着核心作用。高效率地利用生物反应器，可提高生产率，减少配套设备，削减生产成本，最大限度地提高整体利润。葡萄酒、醋的酿造和制革业具有悠久的历史，龙山遗址发现的酒陶器证明了酒早在公元前 4200～公元前 4000 年就已经出现在古代中国人的生活中。在埃及金字塔中留下的面包痕迹将其历史推前到了公元前 4600 年。1857 年，法国科学家路易斯・巴斯德首次证实，活酵母细胞会产生酒精。此后的 19 世纪 80 年代到 20 世纪 30 年代发酵工业开始生产大量发酵产品，如乳酸、面包酵母、乙醇、甘油、丙酮、正丁醇、柠檬酸等，上述这些产品都属于第一代生物化工产品。此阶段只是将实验室的发酵过程简单扩大，人们更加注重技术本身的研究，并没有形成系统的工程学科。伴随着抗生素工业的发展出现了第二代生物化工产品，1943 年，工业上首次采用带有通风和搅拌装置的生物反应器用于青霉素产生菌的培养，由此取代了数万个摇瓶。紧接着到了 1944 年和 1946 年，链霉素、氯霉素分别成功实现了工业化生产。此时，随着工业技术的进步，工程师们已经成功解决了工业生产中的关键问题，例如氧气的供应、空气消毒和培养基中最终产品的获得等。此后，生物反应器在氨基酸和酶制剂的生产、类固醇的生物转化和酶的工业应用中发挥了重要作用。1974 年后，重组 DNA 技术和细胞融合技术的新成果催生了第三代生化产业，如用基因重组细菌生产胰岛素、干扰素和疫苗，利用杂交瘤技术生产单克隆抗体等，这些产品的产生主要依赖于生物反应器和单元操作的新进展。

生物反应器的应用领域如下。

（1）食品领域

近来，固定化酶或微生物系统被越来越多地应用在了食品工业中，如利用固定化酶反应器生产阿洛糖、酶解牛奶产生乳糖等。此外，如利用固定化酵母反应器可生产啤酒，这种反应器主要是把啤酒酵母固定在海藻酸钙凝胶上，采用 2.5L 固定化反应器，发酵液流速可设至 120mL/h，较之传统方法，这种方法生产的啤酒口味更加独特并且效率更高。

(2) 环保领域

膜生物沉积反应器广泛应用于市政和工业废水的处理，是目前去除废水中废物最有效的途径之一。这种反应器主要是对膜的渗透性起到一定的限制作用，并对整个膜过程和使废物在膜生物反应器上沉积的所有因素产生影响。自 30 多年前首次商用后，如何有效控制膜生物沉淀过程成为了研究重点，并相应采取了一系列改进措施。随后此领域相关研究获得突破，包括工厂装置的实际操作和膜生物沉淀过程的关键因素。此外，实践表明，沉积过程的稳定性和悬浮颗粒物对沉积的作用，很大程度上也受到实际操作的控制。

(3) 医药领域

采用固定化酶或者微生物的生物反应器可用于抗生素或其他一些生物医药的生产，例如前者可用于生产青霉素和头霉素。而中空纤维管矩阵生物反应器可用于四环素的生产，这种反应器可以将氧气和细胞从培养基中分离开，从而使得固定化的链霉菌能连续生产四环素。而微胶囊技术的出现使得抗生素的大量生产成为可能，该方法结合微胶囊中杂种细胞增殖的优势产生大量抗生素。此外，陶瓷材料也可用来培养动物细胞，并且同样具有很高的效率。

3.4.2 原理与构造

3.4.2.1 生物反应器的类型

(1) 搅拌式生物反应器

搅拌式生物反应器通过搅拌翼的搅拌混合反应器中的物质，实现浓度和温度的均匀分布，是目前工业上应用最为广泛的生物反应器。这种类型的生物反应器有 3 种操作方式：间歇操作、半连续操作和连续操作。生物反应器的容积通常为 30～50L，氨基酸发酵使用的大型罐可达到 $100m^3$，而用来生产面包酵母时，反应体积甚至可达到 $300m^3$。

(2) 膜生物反应器

膜生物反应器已经不再被作为一种新技术，这种可靠、高效的技术已广泛应用于环境领域，替代传统的活性污泥法，成为许多市政和工业废水处理的最佳选项。然而，膜污染及其在设备维护和运营成本方面的缺点限制了膜生物反应器的更广泛应用。尽管对膜界面上活性污泥过滤的本质还有争论，但普遍认为细胞外聚合物发挥了重要作用。更准确来讲，可溶性微生物产物中的碳水化合物组分（也称为可溶性细胞外聚合物或生物质上清液）已被经常引用作为影响膜生物反应器（MBR）效率的主要因素。

(3) 气升式生物反应器

气升式生物反应器是流行的现代生物过程研究和开发的生物反应器，从生产非常昂贵的生化产品到污水处理，其应用较为广泛，而之所以选择气升式生物反应器是由于其流体动力学特性。

3.4.2.2 发酵罐

生物反应器是利用生物催化剂为微生物发酵或酶反应提供良好的反应环境的设备，通常称为发酵罐或酶反应器。现代发酵工业常用的发酵罐有以下几种。

① 带有机械搅拌的发酵罐　这类发酵罐使用最为普遍，其操作弹性大，易于控制，所以常称为通用型发酵罐。它是一种高径比为 2～3 的不锈钢或碳钢立式圆筒，顶和底呈蝶形，以适应罐内灭菌时的蒸汽压力，筒内装有机械搅拌和空气分布器。其工作原理是利用机械搅拌器的作用，借搅拌涡轮输入混合以及相际传质所需要的功率，使空气和发酵液充分混合，促进氧的溶解以保证供给微生物生长繁殖和代谢所需的溶解氧。见图 3-80。

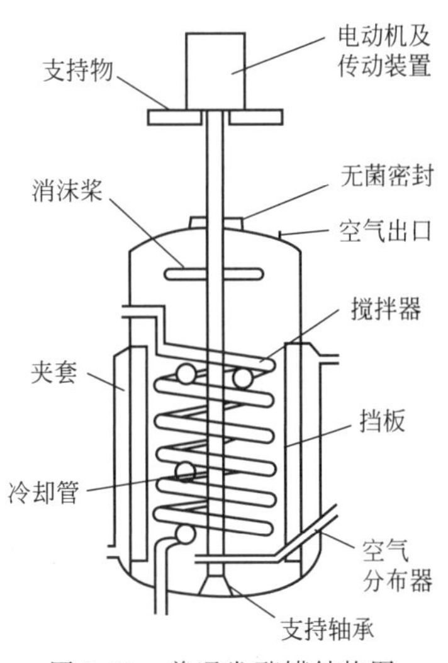

图 3-80　普通发酵罐结构图

② 气升式发酵罐　这是利用压缩空气为动力的发酵罐，罐的高径比一般较大，是在简单的鼓泡式发酵罐基础上发展起来的设备。其工作原理是利用空气喷嘴喷出高速的空气，以气泡式分散于液体中，在通气的一侧，液体平均密度下降，在不通气的一侧，液体密度较大，因而与通气侧的液体产生密度差，从而形成发酵罐内液体的环流。

③ 喷射自吸式发酵罐　这是利用泵为动力，通过液体喷嘴将外界空气吸入罐内的一种发酵罐。

3.4.3 操作过程

图 3-81 为美国 Winpact 公司生产的 5L 发酵罐，此类小型发酵罐通常为实验使用，一般为单批发酵，而中试或者工业生产通常会使用更大尺寸的发酵罐，可采用单批发酵，也可采用连续发酵模式。下面以常规发酵罐为例详细介绍具体的操作流程。

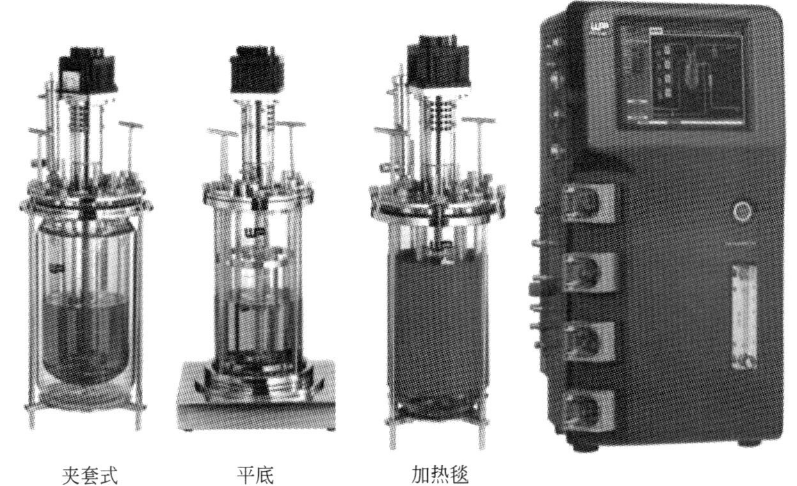

图 3-81　美国 Winpact 公司生产的 5L 发酵罐

3.4.3.1 前期准备工作

① 检查蒸汽发生器，确保已开启，并且工作正常。

② 检查空气源，保证供气压力在 0.4～0.7MPa 之间，相对湿度应小于 60%；再调节空

气减压阀，使其出口压力在0.2～0.25MPa之间。

③ 检查各管道、阀门是否有泄漏，进料口、补料口的硅胶垫是否需要更换，如有请及时修整。

④ 检查各压力表是否归零，不能归零的予以更换。

⑤ 检查罐内是否清洗干净。

⑥ 查看控制系统、传动系统是否良好。

⑦ 检查完毕进行打压试漏，压力0.15MPa保持30min，如果出现压力下降，请用肥皂水查找泄漏点，并进行修复。

⑧ 安装已标定的pH电极、溶氧电极等其他检测设备，确保已安装到位、螺母旋紧。

3.4.3.2 空气过滤器消毒

① 首先关闭空气过滤器前的进蒸汽阀，缓慢卸掉空气过滤器内压力。

② 打开蒸汽过滤器下端的排污阀（排净冷凝水后微开），缓缓开启蒸汽阀，排净管道内冷凝水后调整蒸汽阀大小，保证蒸汽压力在0.2MPa以上。

③ 打开空气过滤器下端的排污阀，慢慢打开过滤器前的蒸汽阀，待排尽冷凝水后排污阀微开。

④ 开启过滤器后的排气阀门，通过调整其与蒸汽阀的大小，维持压力0.12～0.14MPa消毒30min。

⑤ 消毒结束后调小排气阀与排污阀的开度，迅速关闭蒸汽阀同时打开进空气阀（换气过程中保证压力不掉零），调整空气阀大小保持压力在0.08～0.1MPa，以便吹干空气过滤器。

⑥ 约20～30min过滤器吹干后（过滤器外壁温度降至常温，手试吹出的空气干燥、细腻、滑润），关闭过滤器下端的排污阀及排气阀，保持正压。

3.4.3.3 罐空消

① 首先打开夹套下端的排水阀，排尽夹套中的水。

② 依次打开取样阀、蒸汽阀，排尽管道内冷凝水后将取样阀转为微开；稍开罐排气阀，再缓慢开启罐底隔膜阀使蒸汽徐徐进入发酵罐。

③ 在灭菌过程中时刻注意并控制罐压在0.11～0.12MPa内，罐压的控制通过蒸汽阀和排气阀来实现。

④ 空消30～50min后，关闭蒸汽阀和罐底隔膜阀，关闭后压力会迅速下降，为防止罐内产生负压，需将进空气阀打开，维持罐压0.03～0.05MPa或者压力下降至零时将排气阀打开自然冷却；待温度降至80℃以下时排尽罐内冷凝水。

⑤ 此外，对于5L这类小发酵罐，可直接将罐体放入高压灭菌锅内高压灭菌。

3.4.3.4 实消

① 将标定好的pH电极、溶氧电极等检测设备安装好，检查确保安装到位，旋紧螺母。

② 关闭罐底隔膜阀，微通风、开低转速，按工艺要求将配制好的培养基加入罐内，检查无漏加原料后将加料口螺母适度拧紧。

③ 打开夹套排水阀，排尽夹层水；关闭夹套进出水阀门；缓慢打开夹套进蒸汽阀（打

开过快夹层容易产生异响）进行预热，保证夹层压力小于 0.1MPa。

④ 待罐内温度达到 90℃以上（某些培养基在 70～90℃时容易起泡沫，注意观察）时关闭夹套蒸汽阀。

⑤ 关闭搅拌、通风，排气阀微开；依次打开取样阀、蒸汽阀，排尽管道内冷凝水后将取样阀转为微开，打开罐底隔膜阀，将蒸汽缓缓通入罐内（注意料液翻滚）；再打开进风管道上的蒸汽阀门，通过控制罐底隔膜阀、风管蒸汽阀、排气阀调节罐压至 0.11～0.12MPa，维持 121℃灭菌 30min（加料口、补料口等均稍微排气，以彻底消除死角，时刻注意罐压）。

⑥ 灭菌过程中校正溶氧电极零点，30min 灭菌完毕后，依次关闭加料口、补料口、罐底隔膜阀、风管蒸汽阀；关闭夹套排水阀，打开循环进出水阀（变换要迅速，时刻注意罐压变化，防止掉零）；此时在控制柜中找到对应罐，开启“冷却手动”和“转速”按键，开始冷却降温。

⑦ 降温时罐压将迅速下降，当降至 0.05MPa 时开启风管进气阀，随时保持压力在 0.05MPa。

3.4.3.5 无菌接种

① 当料液温度降至工艺要求时，按照工艺要求将转速、通风量调至最大，并维持罐压稳定几分钟后，标定溶氧电极满度。

② 用酒精棉擦拭接种口和接种者双手，火圈加入酒精套在接种口上，关闭搅拌转速，降低通风量，维持罐压在 0.01～0.02MPa（不能掉零，否则容易引起污染），点燃火圈，用工具扳手缓慢拧下接种口螺母（快速开启，容易出现危险），螺母不能离开火焰。

③ 接种者将菌种瓶口在火焰上稍微烧一会儿，然后拔下瓶塞迅速将菌种倒入罐内。

④ 拧紧接种口螺母，熄灭火焰，并用酒精棉将接种口擦拭干净；按工艺要求调好转速、通风量、罐压，并点击“开始发酵”按键开始计时培养。

⑤ 除上述无菌接种方式外，也可将罐体放入超净工作台进行接种。

3.4.3.6 取样操作

关闭蒸汽阀、全开取样阀，开启罐底隔膜阀进行取样；取样完毕后微开取样阀和蒸汽阀，用少量蒸汽进行封口，保持无菌状态。

3.4.3.7 罐的清洗

① 发酵罐在使用前后要及时清洗干净；打开两边清洗口，用水管清洗余料，若不能清洗干净则需拆开罐盖。

② 拆洗前首先关闭电源，拧开周边螺丝，两人小心地同时将罐盖垂直向上取出（注意：请不要抓传动轴，以免影响机械密封和轴的传动稳定性），水平放置于平整的地面上，并防止滚动。

③ 彻底清洗干净后，将罐盖按原位轻轻放入发酵罐内，拧上周边螺丝（注意：对角拧螺丝，松紧基本一致）。

④ 安装完毕后通入空气（0.15MPa），检查管道和罐的密封性，如有泄漏则需修复。

⑤ 如不接着进入下一批发酵，请将溶氧电极拆下清洗干净，放回安全处保存；pH 电极清洗干净后浸泡在 3mol/L 的 KCl 溶液中保存。

3.4.4 管理及维护

① 与发酵相配套设备按要求定期维护与保养。

② 空气精过滤滤芯根据实际使用效果定期更换，一般使用期限为一年。

③ 发酵罐清洗时，请使用软毛刷，避免硬器刮擦。

④ 压力表、减压阀时常检查，若不归零请及时更换。

⑤ 定期检查垫圈、密封圈等，若损坏请及时更换，以免影响罐的密封性。

⑥ 电器、仪表、传感器等电器设备严禁直接接触水、汽。

⑦ pH 电极在使用前必须通电稳定 2～3h，否则电极不稳定，会造成测量数据不准。

⑧ 溶氧电极在使用前必须通极化 4～6h，否则电极不稳定，会造成测量数据不准。

⑨ 设备长时间停止使用时，应清洗干净，排尽罐内及各管道中的余水；松开罐盖螺丝，防止密封圈产生永久变形。

3.4.5 小结

现代生物反应器的出现，使人们实现了生物制品的低成本、高质量和连续自动化生产，同时其也在食品和能源领域发挥越来越重要的作用。

参考文献

[1] 刘永庆. 量热仪的技术发展探析. 应用技术，2007，4 (4)：35-36.

[2] 周群，王慎敏，许琦. 低位泥煤燃烧热测定新方法及热化学校正. 哈尔滨理工大学学报，1997，2 (1)：122-125.

[3] 李仲玉，徐良梅，王洪亮. PARR6300 氧弹量热仪故障排除及使用中应注意的问题. 饲料博览（技术版），2009，(9)：28-30.

[4] 粟智. 通用氧弹量热数据处理系统的开发与应用. 计算机与应用化学，2006，23 (1)：77-82.

[5] 霍霞，吕建勋，扬仁东等. 激光共聚焦显微镜与光学显微镜之比较. 激光生物学报，2001，10 (1)：76-79.

[6] 袁兰，陈英玉，张立. 用激光共聚焦扫描显微镜原位检测细胞凋亡. 现代仪器，2003，9 (1)：47-49.

[7] 郗昕，姜泗长，方耀云. 激光共聚焦扫描显微镜原理与生物学应用. 中国体式学与图像分析，1996，1 (3，4)：74-79.

[8] 韩卓，陈晓燕，马道荣等. 激光扫描共聚焦显微镜实验技术与应用. 科技信息，2009，(19)：27-28.

[9] 张旭，徐维奇. 激光扫描共聚焦显微镜技术的发展及应用. 现代科学仪器，2001，(2)：21-22.

[10] 李楠等. 激光扫描共聚焦显微术. 北京：人民军医出版社，1997.

[11] 徐金森编著. 现代生物科学仪器分析入门. 北京：化学工业出版社，2004.

[12] 周丽，周振英. 流式细胞仪研制的技术进展. 现代医学仪器与应用，2003，15 (1)：11-15.

[13] 赵泓，刘凡. 流式细胞仪. 安徽农学通报，2006，12 (12)：39.

[14] 张琰，温浩，张朝霞. 流式细胞仪在医学中的应用. 新疆医科大学学报，2005，28 (1)：92-93.

[15] 李嘉彦，车绪春. 流式细胞仪在医学研究与检验工作中的应用. 广东医学，2004，25 (1)：96-98.

[16] 张向阳，李爱英. 流式细胞仪的原理及其在医学研究中的应用. 邯郸医学高等专科学校学报，2002，15 (4)：470-471.

[17] 张艺. 流式细胞仪构成与工作原理. 医疗设备信息，2005，20 (8)：25-26.

[18] 魏熙胤，牛瑞芳. 流式细胞仪的发展历史及其原理和应用进展. 现代仪器，2006，(4)：8-11.

[19] 成军，孙关忠，郑怀竟. 酶标仪性能评价与鉴定方法的理论基础及其解释. 陕西医学检验，1998，13 (4)：12-13.

[20] 桑胜云，胡荣芬. 酶标仪微量酸碱法测定献血员血红蛋白. 临床输血与检验，2000，2 (3)：49-50.

[21] 刘超英. 酶联免疫吸附实验原理和酶标仪原理及维修. 医疗卫生装备，2009，30 (2)：110-111.

[22] 胡志刚，谢国强，盛裕芬. ALISEI 全自动酶免仪应用评价. 江西医学检验，2004，22 (1)：75-76.

[23] 李顺君. 临床生化实验室对仪器性能评价探讨. 现代检验医学杂志，2004，19（5）：63.

[24] 李立和. 自动生化分析仪应用中的几个问题. 现代检验医学杂志，2004，19（2）：61.

[25] 何艳嫦，彭敏颜，卢孝旋等. 日立 7080 型全自动生化分析仪临床应用评价. 国际医药卫生导报，2004，10（12）：144.

[26] 赵振军，郭玉芬. 迈瑞 BS-400 全自动生化分析仪临床应用评价. 中国医药导报，2008，5（35）：77.

[27] 莫其农，周小梅，何进才. 深圳迈瑞 BS-300 全自动生化分析仪性能评价. 检验医学，2004，19（4）：330-333.

[28] 鞠熀先，邱宗荫，丁世家等著. 生物分析化学. 北京：科学出版社，2007：201.

[29] 郭尧君著. 蛋白质电泳实验技术. 北京：科学出版社，2005.

[30] 刘玉欣. 盐溶蛋白电泳技术鉴定玉米种子纯度常见问题的处理. 种子科技，2005，23（5）：291-292.

[31] 黄永莲. 琼脂糖凝胶电泳实验技术研究. 湛江师范学院院报，2009，30（6）：83-85.

[32] 李金明等著. 实时荧光 PCR 技术. 北京：人民军医出版社，2007.

[33] 王磊，任东明. 荧光定量 PCR 应用常见问题. 生物学通报，2006，41（9）：54-55.

[34] 洪云，李津等. 实时荧光定量 PCR 技术进展. 国际流行病学传染病学杂志，2006，33（3）161-166.

[35] Julie Logan，Kirstin Edwards，Nick Saunders. Real-Time PCR：Current Technology and Applications. Caister Academic Press，2009.

[36] Dieter Klein. Quantification using real-time PCR technology：applications and limitations. Trends in Molecular Medicine，2002，8（6）：257-260.

[37] Michael W. Pfaffl. A new mathematical model for relative quantification in real-time RT-PCR. Nucleic Acids Research，2001，29（9）：e45.

[38] 卢萍，王宝兰. 基因枪法转基因技术的研究综述. 内蒙古师范大学，2006，35（4）：106-110.

[39] 王旭静，贾士荣. 转基因作物技术国内外优劣势比较. 生物工程学报，2008，24（4）：541-546.

[40] 熊燕，陈大明，王斌等. 转基因农作物商业化种植情况与挑战. 生物产业技术，2009，2：10-16.

[41] 李越，严明，尹光琳. 计算机凝胶成像系统在生物工程研究中的应用. 现代科学仪器，2000，74（6）：29-30.

[42] 潘洪超，唐丹阳. FluorChem Q 凝胶成像分析系统在科研实验及教学中的应用. 中国现代教育装备，2012，（9）：87-89.

[43] 凝胶成像系统 Gel-Imaging44 在科研实验中的应用与介绍. 现代科学仪器，2005，（4）：83-84.

[44] 王夏. 快速、有效筛选新的功能基因——差异显示技术. 微生物学通报，2003，30（4）：123-124.

[45] 吴敏生，王守才，戴景瑞. 差异显示技术（DD-PCR）及其应用. 植物生理学通讯，1999，（4）.

[46] Liang Peng，Pardee AB. Differential display of eukaryotic messenger RMA by means of the polymerase chain reaction. Science，1992，257：967-970.

[47] 赵大中，陈民，种康. 运用差异显示法分离冬小麦春化作用相关 cRMA 克隆. 科学通报，1998，43（9）：965-968.

[48] 向正华，刘厚奇编著. 核酸探针与原位杂交技术. 上海：第二军医大学出版社，2001：102.

[49] 赵恒康. 分子杂交箱的维修. 现代科学仪器，2008，（2）：116.

[50] 王永兴，尉明皎，徐敬龙等. ECM830 电穿孔仪在毕赤酵母电转化中的应用. 动物医学进展，2006，（S1）.

[51] 刘岩，吴秉权. 第三代测序技术：单分子即时测序. 中华病理学杂志，2011，40（10）：718-720.

[52] 占爱瑶，罗培高. DNA 测序技术概述. 生物技术通讯，2011，22（4）：584-588.

[53] 聂志扬，肖飞，郭健. DNA 测序技术与仪器的发展. 中国医疗器械信息，2009，15（10）：12-15.

[54] 周晓光，任鲁风，李运涛等. 下一代测序技术：技术回顾与展望. 中国科学：生命科学，2010，40（1）：23-37.

[55] Harris T D，Buzby P R，Babcock H，et al. Single-molecule DNA sequencing of a viral genome. Science，2008，320（5872）：106-109.

[56] Andreas Futschik，Christian Schlötterer. The Next Generation of Molecular Markers From Mas-sively Parallel Sequencing of Pooled DNA Samples. DOI：10. 1534/genetics. 110. 114397.

[57] Mardis E R. Next-Generation DNA sequencing methods. Annu Rev Genomics Hum Genet，2008，9：387-402.

[58] 生物膜反应器设计与运行手册. 美国水环境联合会.

4 环境监测常用仪器

4.1 陆地环境监测常用仪器

4.1.1 红外线一氧化碳分析仪

4.1.1.1 主要用途

红外线气体分析仪器用于连续分析 CO、CO_2、SO_2、CH_4、NH_3 等多种气体在混合物中的含量，用于大气及污染源排放检测。其应用领域广泛，如化工、石油、冶金、电站、钢铁、焦炭、水泥等工业，也可应用于环保、农业、医疗卫生等部门，还可用于科研、学校、实验室分析。

4.1.1.2 原理与构造

本仪器是根据比尔定律和气体对红外线有选择性吸收的原理设计而成的。光学结构采用气体滤波相关方式和高灵敏度电导探测器。

红外光源发出的初始红外线能量为 I_0，其通过一个多次反射气室之后，能量变为 I，当气室中有吸收红外线能量的气体时，如一氧化碳（CO），则能量吸收特性满足下式：

$$I=I_0 e^{-KcL} \tag{4-1}$$

式中，K 为气体的红外线特征吸收系数；c 为被测气体的浓度；L 为气体的吸收光程；I 为衰减后的红外线能量。

K 值是气体的红外线特征吸收系数，它取决于气体的种类，当气体一定时，K 值就是一个固定的常数。从式(4-1) 中可以看出，当气体的吸收光程 L 确定后，I 的大小仅与 c 有关系，测量出能量 I 的变化就等于测量出气体浓度的变化。

由图 4-1 可以看出，红外线一氧化碳分析仪是由光学部件、气路系统、前置放大器、供电部件、信号处理单元、显示控制单元这六大部分组成的。

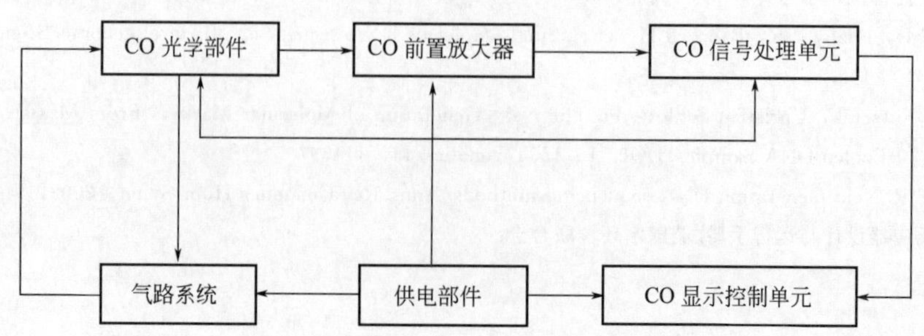

图 4-1 红外线一氧化碳分析仪结构图

当仪器工作时光学部件与气路系统连接产生光学信号，该信号经前置放大器检测放大，通过信号处理单元做进一步放大处理后，由显示控制单元控制并显示数据，各部件的电源由电源供电部件提供。

4.1.1.3 操作过程

(1) 启动

仪器的面板、侧面板示意图分别见图 4-2、图 4-3 所示

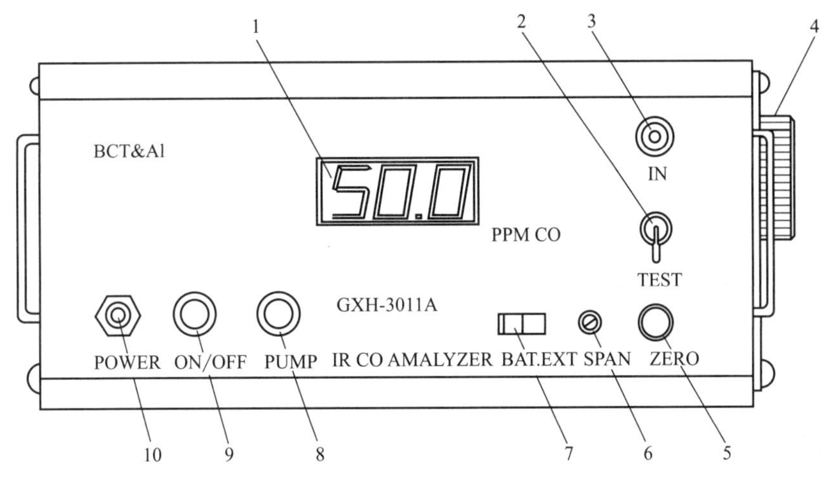

图 4-2 仪器面板示意图

1—显示器；2—检查/测量转换开关；3—进气口；4—切换阀；5—零点电位器；6—终点电位器；7—电池/外接转换开关；8—泵开关；9—电源开关；10—外接电源插座

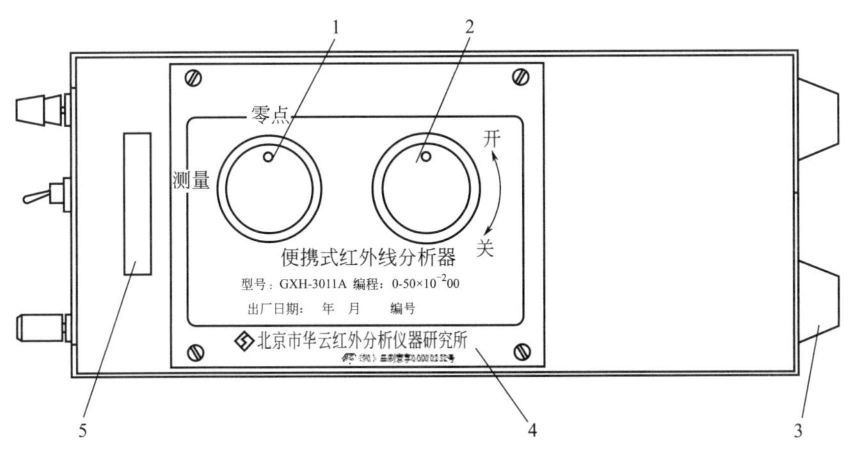

图 4-3 仪器侧面板示意图

1—切换阀；2—过滤器盖；3—垫脚；4—铭牌；5—背带环

交流供电时将稳压电源 ϕ4.5mm 插头插在仪器面板的“POWER”(电源) 插座上，将“BAT. EXT”(电池/外接) 转换开关拨到“EXT”(外接) 处；直流供电时将“BAT. EXT”(电池/外接) 开关拨到“BAT”(电池) 处。按下“ON/OFF”(电源开关) 键，红色指示灯亮，将“TEST”(检查) 开关向上扳动，仪器表头指示为电源电压。外接供电时电压要

大于5.8V，如太低应加交流调压器或稳压器；电池供电时电压应大于5.6V，否则需要充电。应该多用直流供电，这样既使用方便而且反复充放电对机内电池也有好处。如仪器电压指示正常，将“TEST”（检查）开关扳下，预热5min（冬季可适当延长预热时间）。

（2）校零点

将仪器侧面板上的圆形切换阀旋钮拧到“零点”位置（红点对准“零点”，要拧到底）。打开“PUMP”（泵）开关，黄色指示灯亮，并可听到泵的声音，说明泵在工作。约2min后表头指示稳定在“0”附近，如不是“0”，缓慢旋动面板上“ZERO”（零点）电位器，将指示调为“0”（如在“0.5”以下、“0”以上可不必调）。

（3）校终点

调好仪器零点后，关上泵开关，将仪器侧面板上的圆形切换阀旋钮拧到“测量”位置（注：本仪器不附带标准气和减压阀，用户若有需要请在购买时提出要求）。将减压阀装在标准气瓶上旋紧，气嘴接橡皮管。打开标准气总阀，再缓慢旋动减压阀旋杆，将皮管另一端放在耳边，能听到轻微的“咝咝”声，或将皮管放入清水中见有均匀连续的气泡出现，这时气体流量大约为0.5L/min（有条件的可在入口串接流量计指示流量）。将皮管插到仪器入口“IN”处，使表头显示值上升约1min后稳定，调终点电位器使显示值与标准气值相等，约45～50μL/L CO（见气瓶标签）。关上减压器阀再关上气瓶总阀。打开泵开关将标气排出，当指示小于5μL/L时再将切换阀拧到“零点”处，指示回到“0”附近，终点就校正好了（注：新出厂的仪器已经校正好终点，且仪器终点很稳定，所以用户半年内可不必再校正终点）。

（4）测量

启动后校正好“零点”“终点”就可以开始测量了。将取样探头拉出，用皮管将取样器与入口相接，便可将被测环境中的气体抽入仪器内，从显示器上能直接读出被测气体CO的浓度值。测量第二个数时，不需要再回零，将探头指向被测处，直接测量第二个数据。1h后，可回零检查。零点变化较大时，可以旋动零点电位器调零，要将CO的μL/L值转换成mg/m^3需根据气压、温度进行修正，但在城市气压、温度变化不大的情况下，一般可取经验公式：

$$mg/m^3 = \mu L/L \times 1.25 \qquad (4\text{-}2)$$

（5）充电

仪器内部设有充电线路，所以只要将稳压电源插在“POWER”处，另一端接220V，将“BAT.EXT”开关拨在“BAT”（电池）处，“ON/OFF”开关与“PUMP”开关均处于“关”，此时仪器便在充电状态，充电电流约200mA。完全放电后的电池（5.5V以下）经6～16h即可充满。

由于选用的是高容量免维护电池，无记忆特性，因此不必放光电再充电，可随时充电。如电池电压显示5.8V时，只需要充电4h即可充到6V以上。

（6）过滤剂的更换

仪器的过滤剂选用的是霍加拉特（黑色），它是一种室温CO催化剂，能在常温下将CO催化成CO_2，长期使用后，效力会降低，表现在仪器上就是回零缓慢或指示偏低。由于本仪器是使用双三通阀来切换“调零”或“测量”方式的，所以无论“调零”还是“测量”状态，过滤器在气路中都处在闭环状态，而不与大气相通。这样就可以使过滤器的寿命延长，一年之内不必更换。

更换过滤剂时，将过滤器盖（如图 4-3 所示）逆时针方向拧开，使过滤器口朝下方，并将仪器前后、左右摇晃，使过滤剂倒干净。将倒出的过滤剂放在瓷盘中加热到 100℃左右，恒温 4h，冷却致室温后再倒入过滤器中。须注意：装上过滤器盖之前要用酒精棉球将过滤器口的密封棉擦拭干净然后慢慢地顺时针方向将过滤器盖拧紧。

4.1.1.4 管理及维护

① 不使用时，将切换阀置于“零点”位置，这样可将仪器内部气路封闭以保护气路和过滤剂不失效。

注：到终点时，一定要关上泵，将切换阀旋钮拧到“测量”位置，否则标准气进不了仪器且在流量太大时容易将仪器内部气管冲开。

② 仪器放入箱内时，请将“BAT. EXT”（电池/外接）开关拨到“EXT”（外接）处，以防“POWER”（电源）开关受挤压误打开而将电池的电放光。

③ 仪器运输时要防雨防强烈冲击。

④ 仪器应储存在相对湿度小于 90%的干燥室内。存放仪器的室内空气中应无腐蚀性气体。

4.1.1.5 常见故障（表 4-1）

表 4-1 红外线一氧化碳分析仪常见故障一览表

现象	原因、处理办法
仪器无指示	①交流供电时，电源插头接触不好； ②直流供电时，“BAT. EXT”开关没有拨到“BAT”（电池）处，或电池中的电已放光；开关未拨到位； ③检查插头、电池电压、开关，消除故障
充不上电	①电源插头插好后，检查拨段开关是否在“BAT”位置； ②检查“ON/OFF”“PUMP”的开关是否处于“关”的位置
泵不工作	①检查泵开关是否接触不良； ②电池电压低于 5.5V，需充电
回零缓慢	过滤剂失效，应更换过滤剂

4.1.1.6 结果解读

一氧化碳（CO）是一类无色、无臭、无刺激性的气体，凡是含碳物质在燃烧不全时，都可产生一氧化碳。根据测定分析，空气中的一氧化碳极微少，本底含量约为 0.08μL/L。而城市局部受污染地区的空气中的一氧化碳含量可达 50μL/L。当空气中的一氧化碳达 0.06%时，1h 便能引起人的中毒；如果达 0.32%，只需 30min，人就可陷入昏迷而死亡。除了与血红蛋白结合，引起机体组织出现缺氧，导致动物窒息死亡外，CO 在植物生理方面有促进种子萌发、缓解盐胁迫对植物的过氧化损伤等功效。

4.1.2 土壤养分测试仪

4.1.2.1 主要用途

本仪器可以测试土壤、肥料、植株中的全量和速效的氮、磷、钾，及有机质和酸碱度，可溶性盐以及腐殖酸含量。

4.1.2.2 原理与构造

使用特定的浸提剂浸提土壤、肥料或作物植株时，有效养分进入溶液中，溶液中的养分可与特定的显色剂反应，生成有色物质使溶液呈现出颜色，溶液颜色的深浅与养分的含量呈正相关，并服从朗伯-比尔定律。即：

$$E=KcL \tag{4-3}$$

式中，E 为消光度；K 为消光系数；c 为溶液浓度；L 为液层厚度。

由式(4-3) 得：

$$c=E/(KL) \tag{4-4}$$

设待测液浓度为 c_2，则当 K、L 相同时：

$$c_2=E_2/E_1\times c_1 \tag{4-5}$$

式中，E_2/E_1 可由仪器内部测知；c_1 为标准溶液浓度。

当输入 c_1 数据后，仪器可自动计算并显示出 c_2 值。仪器面板示意见图 4-4。

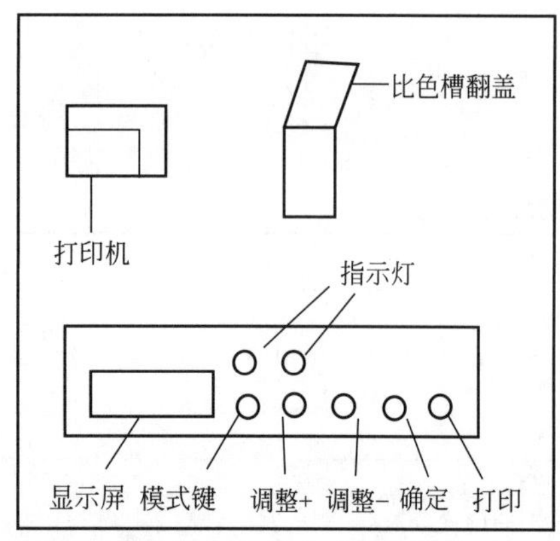

图 4-4 仪器面板示意图

本仪器采用单片机大规模集成电路，精度高、测试速度快，读数直观、使用方便。共有 5 个操作键和 2 个指示灯，其名称及功能如下。

①“模式”键：用于在透光度测量（模式 1)、吸光度测量（模式 2)、浓度测量（模式 3)、光源选择（模式 4)、查询（模式 5）之间循环切换。

②“调整＋”键：浓度模式主要用于数字递增调整（如果按下一直不松开，数字连续递增，查询模式例外）。透光度模式主要用于透光度调整到 100%。

③“调整－”键：功能同“调整＋”，浓度模式主要用于数字递减调整（如果按下一直不松开，数字连续递减，查询模式例外）。透光度模式主要用于透光度调整到 100%。

④“确定”键：主要用于执行或确认操作。

⑤“打印”键：主要将储存数据打印出来。

本仪器显示器有 6 位数字或符号。

例如显示：3□0.283

第一位：仪器显示模式号。

第二位：查询模式下与第一位数字共同组成存储自动编号，从 01 到 99；其他模式不显示。

后四位：仪器显示测试数据。

模式 4“HS”表示使用红光源，“LS”表示使用蓝光源。

蓝灯亮表示仪器使用蓝光，红灯亮表示仪器使用红光，仪器默认光源为蓝光。

4.1.2.3 操作过程

2000 型多功能土壤养分测试仪操作步骤如下。

(1) 光源选择

按“模式”键，使模式号切换到“4”，按“调整+”键或“调整−”键，光源在红光与蓝光之间切换。根据测试项目选择所需的光源。

注：实际测试土样时，建议先在红色光源下预热 20min，先测速效钾和有效磷，再转换到蓝光源，10min 后测铵态氮或碱解氮。

(2) 预热

仪器开机后自动进入默认的透光度测量模式（模式号为 1），预热 20min 后即可测量。

(3) 空白液校准

① 置空白液于光路中，合上遮光盖，按“模式”键，使功能号切换至 1。

② 按“调整+”键，液晶显示≤100%。

③ 按“调整−”键，液晶显示 100%，如果不是，重新按此键，直到显示 100%为止。

(4) 标准液校准

按“模式”键，使功能号切换至 3，将标准液置于光路中，合上遮光盖，若显示数值大于说明书给出的标准值，按动“调整−”键；若显示值小于标准值，按动“调整+”键，直到显示值与标准值相符为止。

(5) 待测液测试

将待测液置于光路中，合上遮光盖，此时所显数值即为待测液浓度（mg/kg）（测定时，显示位为 6 位，除记录查询模式外，通常在测试模式状态下只显示 5 位，显示左起第一位为模式位，左起第三位到第六位显示为测试数据，显示范围为 0.000～9999）。

(6) 透光度测试（当需进行透光度测量时可进行本项操作）

空白液校准完成后，使功能号保持为 1，将待测液置于光路中，合上遮光盖，仪器显示稳定后的数值即为待测液的透光度（×100%）。

(7) 吸光度测试（当需进行吸光度测量时可进行本项操作）

空白液校准完成后，按“模式”键，使功能号切换至 2，将待测液置于光路中，合上遮光盖，待显示稳定后的数值即为待测液的吸光度（A）。

上述测试过程中允许检查空白液（功能号切换至 1）100%，及标准液是否变化，若变化可重新进行调整［测试透光度、吸光度可不经第（4）、第（5）步浓度校准及测量］。

(8) 存储、打印功能

在模式号 3，浓度档时，按“确定”键，显示存储项目，此时按“调整+”或“调整−”来选择存储项目，再次按下“确定”键存储测试数据完成。此时按下“打印”键两次即可打印存储的全部测试项目数据，如果没有新的存储操作，可重复多次打印。

存储时显示：“XX:”，第一、第二位表示存储数据的编号。例如显示：“07：n3”，07 表示机内编号，n3 表示存储项目。

(9) 查询

按“模式”键，使模式号切换到“5”，即显示最新已存数据，按“调整+”键或“调整

—”键，分别查询后一数据或前一数据，按下“打印”键，则打印当前查询数据（机内最多可存储28组项目数据，若继续存储，则原数据将被新数据覆盖）。

查询时显示：“16：56.68”，第一、第二位表示存储数据的编号，第三位及其以后各位表示测试数据本身。

注意事项：

ⅰ.每两次按键之间的时间间隔需大于0.5s，否则不予响应。浓度调整时单击“调整+”或“调整—”，步进为1，即每按一次“调整+”或“调整—”就增加或减少一个单位，按住“调整+”或“调整—”时间大于0.5s，步进将变为10、100、1000。

ⅱ.每次切换光源后，必须首先预热20min，然后再进行空白液校准和标准液校准。

ⅲ.测试透光度和吸光度可不必进行标准液校准。

4.1.2.4 管理及维护

① 比色前，比色皿要清洗干净，比色皿的干净与否直接影响比色结果，注意切勿用手触及比色皿上的光学面，也不要用硬纸或布擦拭其光学面。若比色皿透光面有污物、欠明澈，应用洗涤液浸泡洗净。

② 本仪器所带4支比色皿为经过选配配套的比色皿，装入相同溶液后其读数误差不大于0.5，如用户自行购置比色皿，须检查其配套性，不要使用不配套的比色皿比色。

③ 用滴头向小玻璃瓶滴加药液时，滴瓶应处于垂直位置，每一种药品均应逐滴轮流向空白液、标准液、待测液的小玻璃瓶中加入，例如滴加土壤铵态氮显色剂时，第1滴、第4滴、第7滴加入空白液，第2滴、第5滴、第8滴加入标准液，第3滴、第6滴、第9滴加入待测液中，以防止滴头有固体残留物带来测试误差。

④ 滴加完一种药液后，要振荡，使之充分混合均匀后，再加第二种药液。

⑤ 当滴瓶久置未用时，使用前应将滴头取下，将滴头内结晶的固体附着物洗净，然后用蒸馏水冲洗晾干后装回滴瓶再用，也可以将滴瓶倒置半小时，并将前几滴药液弃去不用，然后再正常使用。

⑥ 比色皿外如溅有药液，必须用擦镜纸擦干再测，否则会造成光线散射，导致较大测试误差。

⑦ 停止使用时，请拔掉适配器电源。

⑧ 测定中注意药液不要溅洒在衣服上，防止某些酸、碱药液烧伤衣物及皮肤，测定工作结束后应洗手，防止某些毒性药液入口。药品放置应使儿童不能触及。

4.1.2.5 常见故障（表4-2）

表4-2 土壤养分测试仪常见故障一览表

现　　象	原　　因	排除办法
开启电源后指示灯不亮	电源插头接触不良	活动电源插头
显示值跳动或在测试中漂移不停	电路元器件损坏或布线变动或光源闪烁	送厂检查维修
	比色皿外壁有水	擦干比色皿外壁
	比色皿中药液反应尚未完成	反应完成后再测

续表

现　　象	原　　因	排除办法
平行测试重现性差	土样混合不均匀	重新采土重新混合
	称量土样的天平精度降低	换用更精确的天平称样
	手工浸提振荡力及频率不一致	采用推荐的振荡器浸提
	药液超过保存期	更新药液
	操作环境温度差异较大	在20～25℃环境下操作
	分析操作欠规范	对操作人员进行再培训

4.1.2.6 结果解读

用待测元素的标准液校正仪器，可以直接读出相应元素的浓度值，通过测试土壤、肥料、植株中的全量和速效的氮、磷、钾，有机质和酸碱度，可溶性盐以及腐殖酸含量，可以及时了解土壤质量状况，制定合理的施肥方案和微量元素补充方案，全面指导施肥。

4.1.3 便携式农药残留检测仪

4.1.3.1 主要用途

主要用于果、蔬、茶、粮食、水及土壤中有机磷和氨基甲酸酯类农药的快速检测，特别适用于农业执法、工商质检、酒店宾馆食堂、农业示范基地、绿色食品基地、蔬菜市场等单位对蔬菜、水果的农药残留进行快速检测。

4.1.3.2 原理与构造

速测卡中的胆碱酯酶（白色药片）可催化靛酚乙酸酯（红色药片）水解为乙酸和靛酚，由于有机磷和氨基甲酸酯类农药对胆碱酯酶的活性有强烈的抑制作用，使催化水解后的显色发生改变。因此，根据显色的不同，即可判断样品中有机磷或氨基甲酸酯类农药的残留情况。

4.1.3.3 操作过程

① 开机　按住面板上的“开/关”键约2s，仪器开机（开机后，再次按此键可关机）：此时仪器进行预热，提示亮点闪烁；按“模式”键切换至“温度”，当温度达到40℃时，仪器发出一声提示音，预热完成，可以开始测试。

② 装片　将速测卡沿中线对折一下撕去上盖膜对折后再展开，插入压纸条下的各通道加热板上（注意红色药片一端在上方，白色药片一端在下方），检查速测卡放置位置是否正确，速测卡中间的虚线应与压条对齐，不要歪斜。

③ 取样

方法A　选择有代表性的蔬菜或瓜果皮，擦去表面泥土，剪成1cm^2左右碎片，取5g放入带盖瓶中，加入10mL纯净水或缓冲溶液震荡50次（有条件用户可配备超声波清洗器搅拌），静置2min以上，每批最好做9个检样，同时做一个纯净水或缓冲液的空白对照。每剪完一个样品，剪刀要洗净后方可处理另一个样品，以免交叉污染。用移液枪取80μL样品液加到白色药片上。

方法 B　取 5g 左右的蔬菜或水果样品，用剪刀剪成指甲盖大小，放入塑料或玻璃小烧杯中，按 1∶1 比例加水（叶菜按 1∶2 比例加水），用玻璃棒搅拌，10min 后取一滴滴在白色药片上。

④ 检测步骤　取一片速测卡，按中间线对折，放置于加热到指定温度的便携式农药残留检测仪的检测槽中，提取待测样品液滴加入白色药片上后，按一下“启动”键，仪器显示 10：00，并进行倒计时，开始测试，注意此阶段不可盖上盖子；10min 后，（“反应”指示灯亮）仪器发出急促的蜂鸣提示音，此时请关闭上盖，液晶显示加热倒计时，显色时间（3min）结束（“显色”指示灯亮），仪器发出和缓的三声蜂鸣提示音，这时打开仪器上盖进行结果判断。

4.1.3.4　管理及维护

① 存放仪器的地方必须保持干燥、无尘、无振动。

② 仪器内部通道应保持干净，无灰尘，若有污物，应及时用棉质物擦拭干净。

③ 禁止在仪器 DC 输入孔插入非本公司配套的其他电源。

④ 使用仪器前必须先仔细阅读仪器使用说明书，根据说明书上的操作步骤进行操作。

⑤ 用户不得自行拆卸维修，否则将影响公司按照仪器维修条款提供的优质服务。

⑥ 白色药片与红色药片接触反应需要有足够的水分作介质，每一批最好将样品处理好后一起加样，以免时间过长蒸干。

⑦ 农药速测卡在常温条件下有效期为 1 年，贮存时要求放在阴凉、干燥和避光处，有条件者放于 4℃冰箱中最佳。

⑧ 农药速测卡开封后最好在三天内用完，如一次用不完可存放在干燥器中。

⑨ 速测卡对农药非常敏感，测定时如果附近喷洒农药或使用卫生杀虫剂，以及操作者和器具沾有微量农药，都会造成对照和测定药片不变蓝。

⑩ 红色药片与白色药片叠合反应的时间以 3min 为准，3min 后蓝色会逐渐加深，24h 后颜色会逐渐退去。

4.1.3.5　常见故障

① 本方法为生物化学反应，一些物理和化学因素会对酶活性产生影响，造成酶失活，应尽量避免接触这些因素。

② 葱、蒜、萝卜、芹菜、香菜、茭白、蘑菇及番茄汁液中，含有对酶活性有影响的植物次生物质，容易产生假阳性，处理这类样品时，不宜剪切过碎，浸提时间不宜过长，以免液体过多释放影响检测结果。必要时可采取整株（体）蔬菜浸提的方法进行测定。

4.1.3.6　结果解读

将速测卡上白色药片的颜色与空白对照卡比较，若显示明显的蓝色或与空白对照卡相同为阴性，表示无农药残留或浓度很低；若显示浅蓝色为弱阳性，表示有农药残留，浓度相对较低；若显示白色为强阳性，表示有农药残留，且浓度很高。农药残留毒性较高，建议复检两次以上或通过气相色谱等仪器分析法做进一步确认。

空白对照色：在一速测卡白色药片上滴一滴洗脱液，按上述步骤反应后呈现的蓝色即为无农药的标准对照颜色。

4.1.4 土壤电导率、温度、水分速测仪

4.1.4.1 主要用途

土壤温度、水分速测仪能快速测试土壤电导率（含盐量）、土壤温度、土壤水分、经纬度、海拔等参数，可以对各种类型的土壤进行野外流动测试，也可以作为无人值守土壤电导率（含盐量）数据自动监控系统使用。该仪器能够满足农业、林业、环境保护、水利、气象等部门对土壤监测、节水灌溉、温室控制、精准农业的工作需求，还可用于室内模拟试验、野外水盐动态监测、盐渍土壤检测及地下输油、输气管道防腐检测。

4.1.4.2 原理与构造

水分测量采用标准的频域反射原理，仪器发射特定频率的电磁波，电磁波沿传感器探针传输到达土壤底部后返回，检测探头输出的电压，由输出电压和水分的曲线模型关系自动计算出土壤的含水量；温度测量采用接触式硅半导体传感方式。仪器主视图见图 4-5。

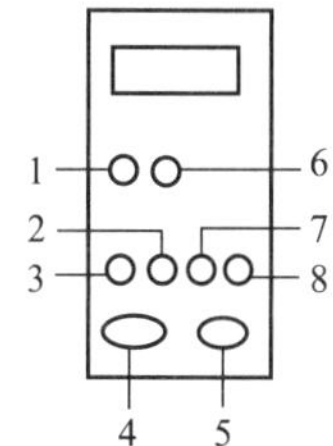

图 4-5 仪器主视图

1—电源开关；2—测试键；3—确定键；4—数据口；5—水分接口；6—电源接口；7—自动；8—背光

4.1.4.3 操作过程

(1) 手动测试

将各种传感器牢固地连接在仪器相应插座上，确认连接部位接触紧密。然后打开电源开关，仪器显示如下：

xxxx-xx-xx

显示当前时间，5s 后显示如下界面：

W＝00.0％　　T＝000.0℃ EC＝00.00mS/cm

W 为土壤水分含量，T 为温度数据，EC 为电导率数据。

按一下测试键，则翻页显示如下页面，如仪器没有 GPS 功能或者没有 GPS 卫星信号，则不显示该页面内容：

N/S：0000.0000 E/W：00000.0000 H：0000M

GPS 数据，N/S 表示北纬或南纬，E/W 表示东经或西经，H 为海拔（单位为米）。

按一下确定键，则显示：

OK

表示上述两个页面的测试结果已经保存在仪器中。

2s 后回到测试状态：

W=00.0% T=000.0℃
EC=00.00mS/cm

（2）自动测试

用数据线将仪器与计算机连接，打开电源，用随机的《数据管理软件》设置测试时间间隔。仪器开机准备测试时，按下“自动”键，仪器进入自动测试状态。

测量每项指标时，将相应的传感器连接在仪器上，每个传感器的使用要领如下。

① 水分传感器　将传感器垂直插入土壤中，避开石头和石子，要确保四根探针与土壤接触紧密，并且四根探针完全插入土壤中，如果接触不紧密，可以将其周边土壤压紧密；也可以将传感器长期埋在土壤中进行监测。

② 温度传感器　测试时要将探针部分全部插入土壤中并保持接触紧密，才能确保测试数据的精准度。

③ 电导率传感器　在野外测试时，需要测量的土壤，要求不得有石子、草根、树叶等杂物。取一干净烧杯，将土壤与蒸馏水按照一定比例混合，如果土壤含盐量较高，就按照液土比 5∶1 的关系充分混合（如果土壤含盐量较低，则降低液土比例），静置沉淀，然后将电导率传感器从头部位置开始插入液面二分之一深度，然后静置 20s，即可开始读取数据。得出的数据要乘以液土比例。

4.1.4.4　管理及维护

① 探头可通过开挖剖面和地面打孔方法安装，但切勿暴力对待，且被测土壤不得有强腐蚀性物质，以免损坏探头。另外探头不可以接触油类等污染物。

② 建议观测时间为每日上午八时，如果盐分变化较小，可隔日或若干日观测一次。

③ 在使用本传感器直接测量溶液时，请将探头悬浮于容器中，切勿使探头接触内壁。

4.1.4.5　结果解读

电导率（EC）直接依赖于水溶液中的盐浓度，盐浓度越高，电导率越高。植物营养实践中要求对水和溶液的电导率（EC）进行测量，封闭水溶液培养中此检测尤其必要。

4.1.5　干湿球湿度计

4.1.5.1　主要用途

可广泛用于电力、冶金、化工、石化、造纸印染、酿造、烟草、航天基地等领域。干湿球测湿法采用间接测量方法，通过测量干球、湿球的温度经过计算得到相对湿度值。

4.1.5.2　原理与构造

干湿球湿度计又叫干湿计，是利用水蒸发要吸热降温，而蒸发的快慢（即降温的多少）

又和当时空气的相对湿度有关这一原理制成的。其构造是用两支温度计，其中一支在球部用白纱布包好，将纱布另一端浸在水槽里，即由毛细管作用使纱布经常保持潮湿，此即湿球。另一支未用纱布包裹而露置于空气中的温度计，谓之干球（干球即表示气温的温度）。如果空气中水蒸气量没饱和，湿球的表面便不断地蒸发水汽，并吸取汽化热，因此湿球所表示的温度都比干球所示要低。空气越干燥（即湿度越低），蒸发越快，不断地吸取汽化热，使湿球所示的温度降低，而与干球间的差值增大。相反，当空气中的水蒸气量呈饱和状态时，水便不再蒸发，也不吸取汽化热，湿球和干球所示的温度，即会相等。使用时，应将干湿计放置于距地面 1.2～1.5m 的高处，读出干、湿两球所指示的温度差，由该湿度计所附的对照表即可查出当时空气的相对湿度。因为湿球所包之纱布水分蒸发的快慢，不仅和当时空气的相对湿度有关，还和空气的流通速度有关，所以干湿球湿度计所附的对照表只适用于指定的风速，不能任意应用。干湿球湿度计见图 4-6。

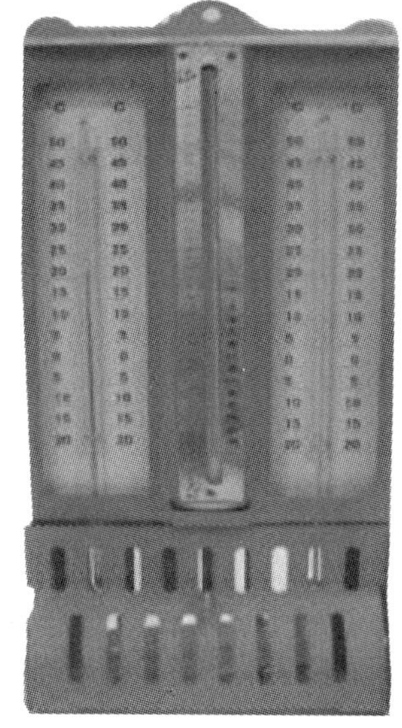

图 4-6 干湿球湿度计

4.1.5.3 操作过程

先查干球温度 T_1，再查湿球温度 T_2，计算温度差 T_1-T_2，然后查表，转动拨轮，使温度差数值正对观测窗口，找到干球温度与湿度数值交叉点，此点数值即为相对湿度。

4.1.5.4 管理及维护

① 安装或移动干湿球温度计时要小心，不要损坏温度计。

② 应保证水槽内的水位不低于三分之二，否则要添加纯化水。

③ 吸水纱布要干净，能自行吸收水分并使湿球部分保持湿润，否则要更换纱布。

④ 水槽内的水要保持清洁，发现水混浊变质时应及时清洗水槽、更换纱布、换水。

4.1.5.5 结果解读

根据测出的干球温度和湿球温度，查湿空气线图，可以得知此状态下空气的温度、湿度、比热容、比焓、比容、水蒸气分压、热量、显热、潜热等资料。例如，干球 18℃，湿球 15℃时，其温度差 3℃之纵栏与湿球 15℃之横栏交叉于 68 就表示湿度为 68%。通过测得的数值，对照湿空气线图可以计算空气加热、冷却、加湿和减湿的状态变化。

4.2 海洋环境检测常用仪器

4.2.1 盐温深测量仪

4.2.1.1 主要用途

海水电导率（conductivity）、温度（temperature）和深度（depth）相结合，即简称

CTD。盐温深测量仪是重要的海洋监测仪器，在海洋科考中用于探测海水温度、盐度、深度等信息。水体的电导率、温度和深度是水体的三个基本物理参数，根据这三个参数，还可以计算出其他各种物理参数，如声速等。

4.2.1.2 原理与构造

盐温深测量仪主要由可放入水下单元和甲板单元组成。水下单元一般由电导率传感器、高精度热敏电阻传感器和压力传感器等构成，电导率信息用于计算海水的盐度，热敏元件用于探测海水的温度信息，压敏元件用于探测海水的压力信息。此外有的设备还增设了溶解氧传感器、叶绿素荧光传感器、pH 传感器以及浊度传感器等等，使其由原来的探测海水盐温深功能转化为综合性海洋环境监测仪器。甲板单元，除接收、处理、记录和显示通过电缆从海水中的探头传来的各种信息数据外，还具有整套设备的操纵器功能。

下面以德国 SSTSea-Sun-Tech 公司 CTD48M 盐温深仪为例对 CTD 主要构成做一个简单介绍（见图 4-7）。

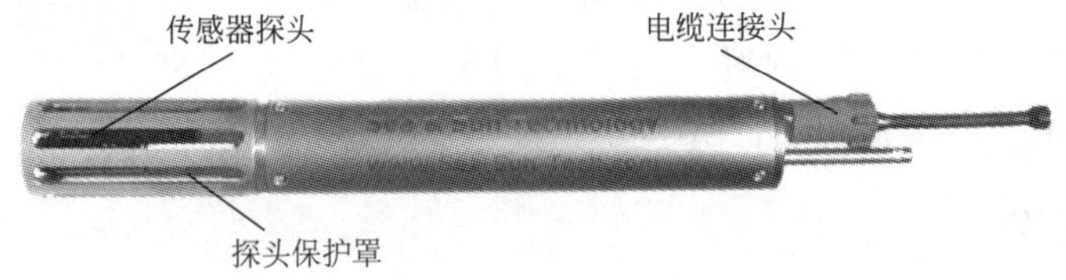

图 4-7 CTD 外观结构图

4.2.1.3 操作过程

（1）初始准备

安装电池注意正负极的方向如图 4-8，电池安装完毕将 O 形密封圈涂上硅化矿物油。

图 4-8 电池安装方向示意图

（2）软件安装

① 插入光盘，自动运行，显示如图 4-9 所示界面，点击“SST-SDA-Software Setup”。

② 安装完毕，将 CTD 通过 RS232 接口连接到电脑，打开设备管理器，查找端口，如图 4-10 所示。备注：若电脑上无 RS232 接口，可通过 USB 转接口连接在配件中，安装过程见下文介绍。

③ 将 USB 转接口安装于电脑上，插入驱动光盘，根据您的电脑配置选择驱动。安装

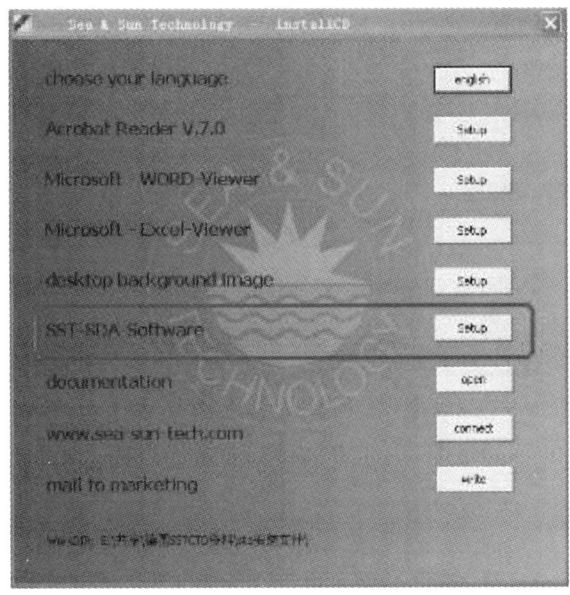

图 4-9 软件安装界面图-首页

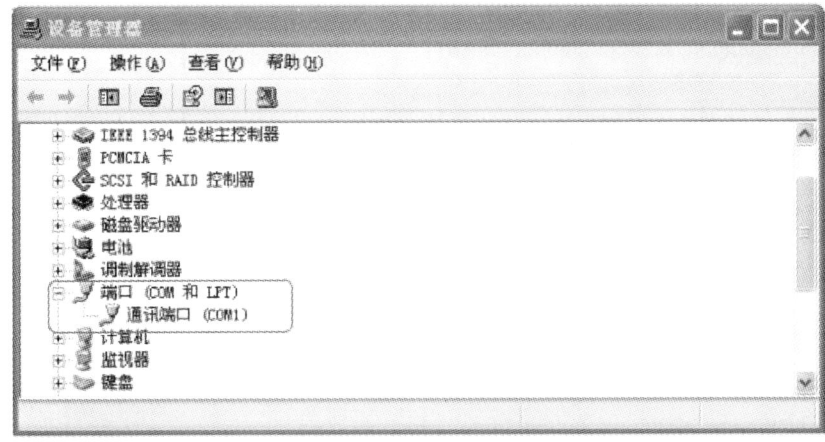

图 4-10 端口配置图

后，打开设备管理器，查找端口。

④ 打开操作软件，选择“Options→Language”，根据您的需要选择操作语言。本说明选择中文，见图 4-11。

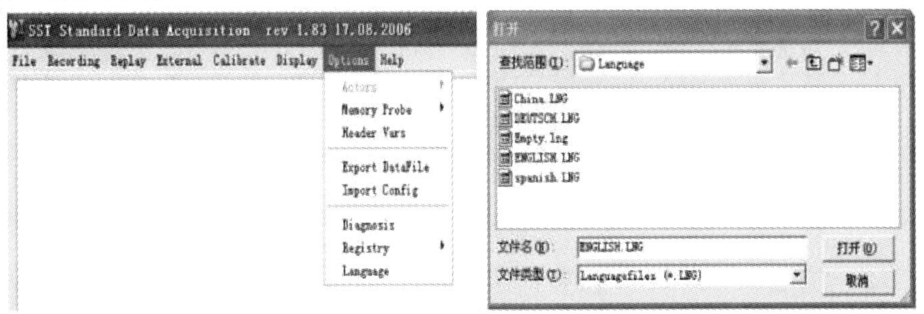

图 4-11 软件操作示意图

⑤ 选择文件→修改现有项目配置，再打开“CTM415. spj”，点开“CTM415. pob”，根据 CTD 与电脑的连接方式选择端口，见图 4-12。

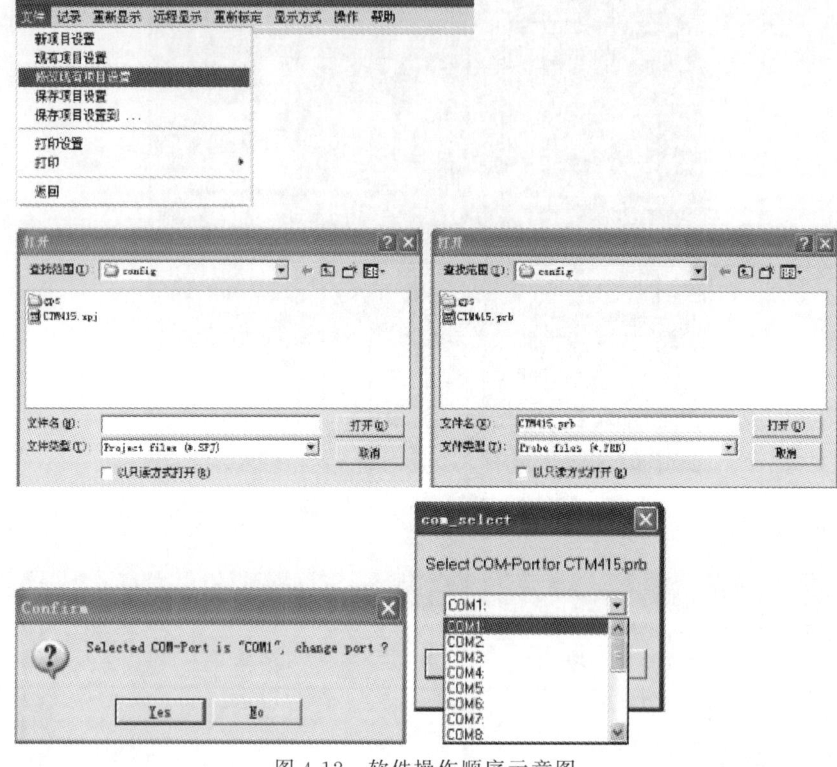

图 4-12　软件操作顺序示意图

⑥ 安装完毕。

(3) 实地操作

① 在线模式。用于实时监测各种参数。当 CTD 与电脑连接时系统默认为在线模式。

a. 将 CTD 与电脑相连，仪器开始自动监测显示数据。

b. 将探头上的各种保护去掉，将 CTD 放入水中。

c. 可用小窗勾选各种显示方式（图 4-13）。

SST Standard Data Acquisition rev 1.83 17.08.2006

文件 记录 重新显示 远程显示 重新标定 显示方式 操作 帮助

-0.01	24.70	0.72	3.64	2010-9-7 18:40:20
-0.00	24.70	0.72	3.65	2010-9-7 18:40:21
-0.01	24.70	0.72	3.65	2010-9-7 18:40:22
-0.01	24.70	0.72	3.65	2010-9-7 18:40:23
-0.01	24.70	0.72	3.65	2010-9-7 18:40:24
-0.01	24.70	0.72	3.64	2010-9-7 18:40:25
-0.01	24.70	0.72	3.64	2010-9-7 18:40:26
-0.01	24.70	0.72	3.65	2010-9-7 18:40:27
-0.01	24.70	0.72	3.65	2010-9-7 18:40:28
-0.02	24.70	0.72	3.64	2010-9-7 18:40:29
-0.01	24.70	0.72	3.65	2010-9-7 18:40:30
0.00	24.70	0.72	3.65	2010-9-7 18:40:31
-0.00	24.70	0.72	3.65	2010-9-7 18:40:32

SST- SDA Q...

☑ 滚动显示
☐ 表格显示
☐ 大表格显示
☐ XY图形显示
☐ 移动图形显示

图 4-13　小窗勾选显示方式图

d. 单击显示界面，可更改、添加、删除显示的参数及显示方式。

e. 数据的获得。点击“记录→开始记录”，数据开始获取；当获得所需数据后，点击“记录→停止记录”，数据记录完毕。选择是否添加头文件，头文件中可添加一些基本信息，如航次、项目、记录人、船名等。记录完毕，将数据文件存储，默认名称为时间名称，默认格式为“. SRD”，默认地址为安装目录下 Rawdata 文件夹。

f. 数据转化为可读文件。点击“操作→输出文件为 ASKⅡ”，添加需要转换的数据，选择所要转换的数据文件，再选择显示时的各种参数，选择存储的文件格式。存储后的文件可用记事本打开，再将数据存储到 Excel 表格内。

② 连续模式。在这个模式下，所有获得的数据集存储在内部存储器探头。程序的开关由磁性笔控制。

a. 将 CTD 与电脑连接，选择“操作→存储传感器设置→CTM582”，弹出设置窗口。通讯结束后，点击“Continuous mode”。

b. 点击“Start communication”，再点击“Configure continuous mode”，再点击“activate/switch-off probe”，再点击“OK send config to probe”，再点击“Close”。

c. 将 CTD 与电脑解除连接，保持 CTD 打开状态，将其放入水中，直至测量结束，取出 CTD，将 CTD 与电脑再次连接。

d. 选择“操作→存储传感器设置→CTM582”，弹出设置窗口。点击“Start communication”，通讯结束后，点击“Continuous mode”，编辑头文件，存储文件，关闭软件，点击“Readout data”。

e. 数据转化为可读文件。点击“操作→输出文件为 ASKⅡ”，添加需要转换的数据，选择所要转换的数据文件，再选择显示时的各种参数，选择存储的文件格式。存储后的文件可用记事本打开，再将数据存储到 Excel 表格内。

③ 时间模式。在这个模式下，可以控制探头每隔一定时间测量一次数据，适合于对某一测量点连续监控。

a. 将 CTD 与电脑连接，选择“操作→存储传感器设置→CTM582”，弹出设置窗口。通讯结束后，点击“Time mode”。

b. 点击“Start communication”，弹出一个窗口，再点击“Configure time mode”可以对开始时间、测量时间间隔，以及结束时间做必要设置，选择记录方式，再点击“activate/switch-off probe”。

c. 点击“OK send config to probe”，再点击“Close”。

d. 将 CTD 与电脑解除连接，保持 CTD 打开状态，将其放入水中，直至测量结束，取出 CTD，将 CTD 与电脑再次连接。

e. 选择“操作→存储传感器设置→CTM582”，弹出设置窗口。点击“Start communication”，通讯结束后，点击“Continuous mode”，编辑头文件，存储文件。关闭软件，点击“Readout data”。

f. 数据转化为可读文件。点击“操作→输出文件为 ASKⅡ”，添加需要转换的数据，选择所要转换的数据文件，再选择显示时的各种参数，选择存储的文件格式。存储后的文件可用记事本打开，再将数据存储到 Excel 表格内。

④ 增量模式。可以根据某个参数梯度设置测量方式。

a. 将 CTD 与电脑连接，选择操作→存储传感器设置→CTM582，弹出设置窗口。

b. 点击"Start communication"，再点击"Configure increment mode"，通讯结束后，点击"Increment mode"，弹出一个窗口，可以对参数、梯度大小、梯度增减方式进行设置，再点击"activate/switch-off probe"。

c. 点击"OK send config to probe"，再点击"Close"。

d. 将 CTD 与电脑解除连接，保持 CTD 打开状态，将其放入水中，直至测量结束，取出 CTD，将 CTD 与电脑再次连接。

e. 选择"操作→存储传感器设置→CTM582"，弹出设置窗口。点击"Start communication"，通讯结束后，点击"Continuous mode"，编辑头文件，存储文件。关闭软件，点击"Readout data"。

f. 数据转化为可读文件。点击"操作→输出文件为 ASKⅡ"，添加需要转换的数据，选择所要转换的数据文件，再选择显示时的各种参数，选择存储的文件格式。存储后的文件可用记事本打开，再将数据存储到 Excel 表格内。读取以前数据点击"重新显示开始"，选择需要显示的文件". SRD"，选择显示格式，点击完成。

4. 2. 1. 4 管理及维护

(1) 电池水密保养

每次更换完电池后，需将硅化矿物油涂于防水垫圈上，防止环境中的水进入电池盒和传感器端口，以保证电池组的水密性，防止海水入侵造成的腐蚀。

(2) 探头保养

每次用毕，需将探头用干净淡水洗净，pH 探头不用时需泡在保护液中，注意定时向保护瓶中添加保护液。根据使用情况，每隔一段时间需用稀醋酸溶液浸泡电导率探头。

4. 2. 1. 5 结果解读

定量监测海洋等水体的温度（T）、盐度（S）、深度（D）等参数，用于监测海洋水动力等过程。

4. 2. 1. 6 小结

在进入海洋世纪的今天，CTD 测量技术已经和正在深入广泛地应用在海洋科学的宏观研究与微观研究中，并且取得了显著成果。随着各种环境检测传感器的加入，CTD 的功能正在从传统盐温深测量向综合性环境监测仪器转变，相信不久的将来它会为动力海洋、海洋生态、海洋资源的调查开发以及近海的综合治理等发挥更大的作用。

CTD 测量技术具有广阔的应用前景，然而，更加小型化、高灵敏度和数字化的 CTD 将更能满足未来海洋环境监测等多方面的要求。

4. 2. 2 电位滴定仪

4. 2. 2. 1 主要用途

电位滴定仪主要用于酸碱滴定、氧化还原滴定、络合滴定和沉淀滴定等。在海洋环境监测中常用来滴定海水的 pH 值、总碱度以及溶解氧等指标。

4.2.2.2 原理与构造

全自动电位滴定仪采用柱塞式滴定方法，由单片机控制柱塞的滴定过程，采集电极的动态信号。在滴定过程中，滴定池内溶液产生不同的电位变化，当 $\Delta E/\Delta V$ 的电位变化大于阈限值后为等当点值，满足设定条件，仪器转到制停程序，停止滴定并给出测定结果。

将已知准确浓度的试剂溶液（即标准溶液）由滴定管滴定到预测物质的溶液中，直到所加试剂与预测物质按化学式计量定量反映为止，由浓度和消耗体积求出预测物质的含量。

下面以瑞士万通公司精湛一代滴定仪（TITRANDO）为例对电位滴定仪的主要构成做一个简单介绍。

图 4-14 展示的是配置灵活的 Titrando 系统。左边是一个 Touch Control 触摸屏控制着一个带有内置加液驱动器的 Titrando 以及 801 磁力搅拌器。右边是装有 PC Control 软件的计算机控制着一个带有加液设备的 Titrando 以及一个 804 滴定台和一个 802 螺旋桨搅拌器。

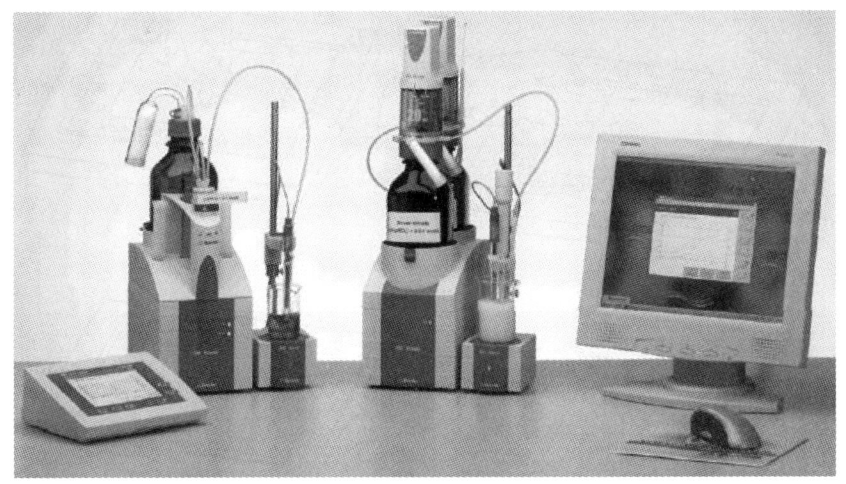

图 4-14 电位滴定仪系统

4.2.2.3 操作过程

（1）触摸屏控制

① 启动/关闭触摸屏控制。触摸屏与 Titrando 相连，其启动/关闭的电源开关位于后板，操作前必须熟读警示，如图 4-15。

> 注意！
>
> 中断电源之前，必须先关闭位于触屏后板的电源开关。否则，有丢失数据的危险。由于电源通过Titrando提供给触摸屏，必须先关闭触摸屏，然后才能关闭Titrando的电源(例如通过接线板启动/关Titrando)。必须先启动其他外围设备(例如打印机)，然后才启动触摸屏。

图 4-15 触摸屏控制警示图

建议按以下步骤操作：

a. 通过接线板连接所有仪器（Titrando 和外围设备）的电源。

b. 触摸屏关闭时，启动接线板电源，然后启动触摸屏。

c. 关闭的顺序正好相反，先关闭触摸屏，然后通过接线板电源关闭所有外围设备。

② 调节显示对比度。设置触摸屏灰度的旋钮位于其后板。增强或减弱灰度的方法为：按一个方向旋动旋钮，当达到所需的灰度时，按住停顿。

利用主对话窗口的固定键［Help］，打开在线帮助。设置灰度，以便滚动条显浅灰色，其左侧和下部显暗灰色。

③ 触摸屏操作。整个屏幕均为敏感屏幕。触摸屏幕上的按钮，可以了解触摸屏的操作。触摸［Home］，可以回到主对话窗口。

可用手指、指甲、铅笔擦或铁笔（操作触摸屏专用工具），激活触摸屏控制的用户界面，如图 4-16 所示。

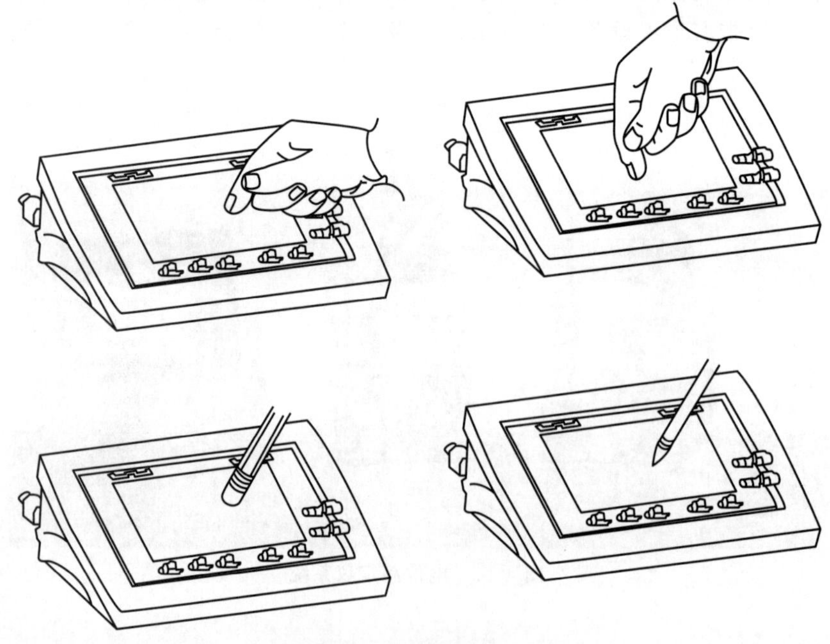

图 4-16　触摸屏操作方式

如果用标准设置，触摸激活的操作界面时会有声响。必须注意的是，切不可用圆珠笔尖等尖锐物体操作触摸屏，见图 4-17。

注意！

切不可用圆珠笔尖类的物体操作触摸屏。

图 4-17　触摸屏操作警示图

④ 文本和数字的输入。触摸主对话窗口的输入栏（图 4-18），例如 User，打开文本编辑。

文本编辑中，输入栏前显示参数名。

触摸屏所需字符：除了大写字母外，还可以输入小写字母、数字、数学符号以及专用字符。可利用［a…z］、［0…9］和［Special characters］键，以及专用字符的［More］，切换字符设置。退格键［⌫］用于删除光标前的字符。［Delete entry］用于删除整个文本。利用箭头键，可以移动光标的位置。

触摸［OK］或［Back］键，确认输入；或触摸［Cancel］键，拒绝输入。

在数字输入栏中，由触摸屏打开数字编辑。可通过指示的键，直接输入数字。用小数点作为小数分隔符自动停止，见图 4-19。

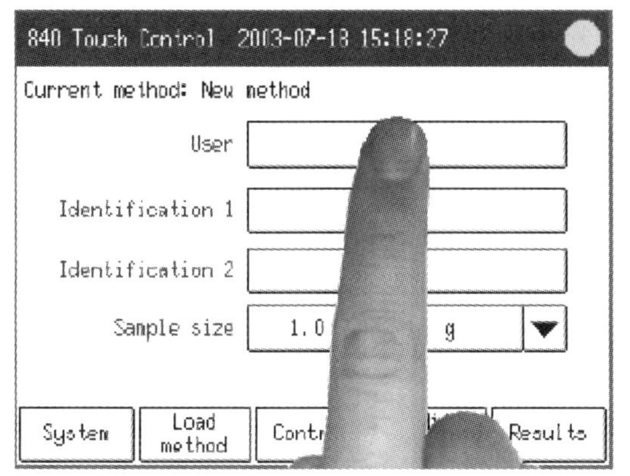

图 4-18 文本编辑窗口

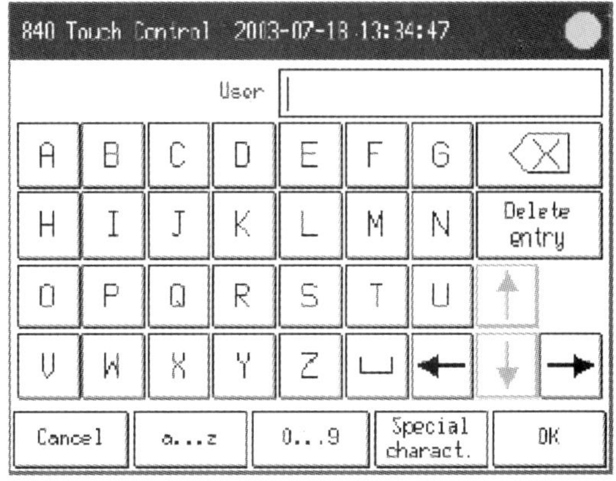

图 4-19 触摸屏所需字符图

下面以触摸滴定指令中主对话窗口的“Stop volumn”输入栏为例进行介绍（图 4-20）。

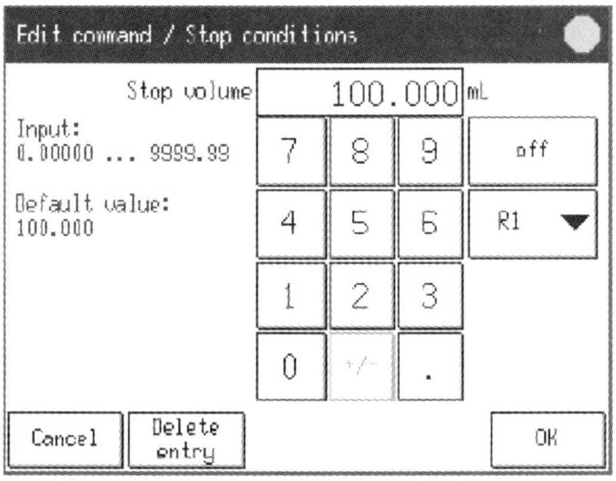

图 4-20 触摸滴定指令中主对话窗口

屏幕的左侧为数字的输入范围以及默认值。屏幕的右侧为可输入的数字以及专用数值（例如，off）。对于方法参数而言，还可输入结果，该结果是方法顺序中定义的数值。结果变量可由［R1］处选择。

触摸数字或专用数值：用［Delete entry］键，可删除整个输入。触摸［OK］或［Back］键，确认输入。触摸［Cancel］键，拒绝输入。为了更方便地输入文本和数字，可以通过 Titrando 的 USB 接口连接 PC 键盘。

（2）PC 控制

① 软件的启动与关闭：双击 PC Control 图标，安装软件时该图标已拷贝到 Window 桌面，启动软件；也可通过菜单 Start/Program Files/Metrohm/PC Control，启动软件；或通

过 C：\ Program Files \ Metrohm \ PC Control \ bin（默认路径安装），执行文件 PcControl. exe。启动软件后显示主对话窗口。

图 4-21　PC 控制输入栏

可点击软件窗口右上角的［X］（关闭），或点击 File 菜单的可选项 Exit，关闭软件。当 PC Control 软件启动后，不能关闭程序窗口。

② 操作 PC 控制软件：PC 控制软件的主对话窗口操作与触摸屏控制完全一样。可用鼠标激活或选择软件窗口中的所有元素和固定键。PC 控制还有选项栏，通过该选项栏，可选择 PC 控制的功能。

另外，可通过 PC 键盘操作，控制主对话显示（图 4-21）。可利用制表键，将光标从一个选项移到另一个选项。可利用空格键，激活确定的选项。可直接编辑输入栏。

4.2.2.4　管理及维护

(1) 更换电池（仅适用于 Touch Control）

Touch Control 用信息"电池低"表明其电池需要更换。请注意当前日期和时间将分别地被复位到 1.1.2000 和 00：00：00。

具体操作按如下进行。

① 关上 Touch Control。

② 移去外壳底部保护盖上的三个扣紧螺丝，打开保护盖。

③ 将现有的电池更换为两个新的 1.5V 碱性锰电池，型号为 LR6/AA/AM3。确保电池的极性正确！正确地放置电池盒（见图 4-22）。合上保护盖，用三个螺丝将其重新安装到后

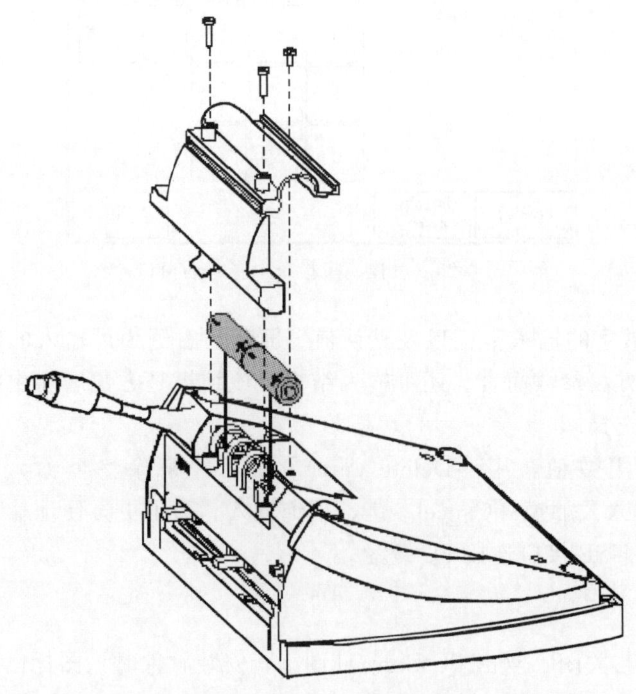

图 4-22　Touch Control 更换电池示意图

部面板。打开 Touch Control 并且重新设置日期和时间。

(2) 随机存取存储器初始化（RAM Init，仅针对 Touch Control）

在十分罕见的情况下，强烈的干扰会影响处理器的功能并导致程序崩溃。在这种情况下随机存取存储器部分必须被初始化。如果没有办法进行用户登录，如管理人员忘记口令或者没有管理人员被定义，则随机存取存储器初始化是再一次使系统可用的唯一的方法。

随机存取存储器初始化方法如下。

① 用 ON/OFF 开关 11 关上 Touch Control。

② 用 ON/OFF 开关 11 再一次打开 Touch Control 同时保持对比度控制器 14 被压下。当听到一个声音信号（beep）时，可以释放对比度控制器。

③ 为了确保随机存取存储器被初始化，按对比度控制器两次。随机存取存储器将被检查和初始化。

如果你在听到声音信号后 10s 内未确认随机存取存储器初始化，过程将被停止并且 Touch Control 将没有作随机存取存储器初始化而被打开。

4.2.2.5 结果解读

该仪器广泛应用于海洋、食品、药检、疾控、检验、商检、水处理、石油、化工、电力、环保、新能源、教学、科研等领域。数据可以直接显示各滴定参数的浓度，各不同参数的后续处理在此不作详述。

4.2.2.6 小结

自动电位滴定法具有快捷、准确、数据重复性好、误差小等优点，故今后自动电位滴定仪将是分析、检测部门的必备设备，应该得到更好地推广。但是也存在不同厂家生产的仪器电机插头不兼容、监测过程中需要配备的溶液较多等问题而影响了其推广。

4.2.3 浊度仪

4.2.3.1 主要用途

浊度仪是专门用来测量溶液中未溶解的物质数量的仪器，浊度是衡量水质优劣的一个重要指标，也是水处理工艺中一个极为重要的参数。实机外观图见图 4-23。

4.2.3.2 原理与构造

市面上浊度仪种类繁多，本文以上海精密仪器厂生产的雷磁 WZS-185（图 4-23）为例简单介绍浊度仪的结构及工作原理。

图 4-23 雷磁 WZS-185 外观图

(1) 构造内容

仪器主要由测量池和其他三只组合单元构成，见图 4-24。三只组合单元分布在测量池互成直角的三面，中间是方形底盘用来放比色皿，其外接一个 32mm 直径的圆柱形通道。

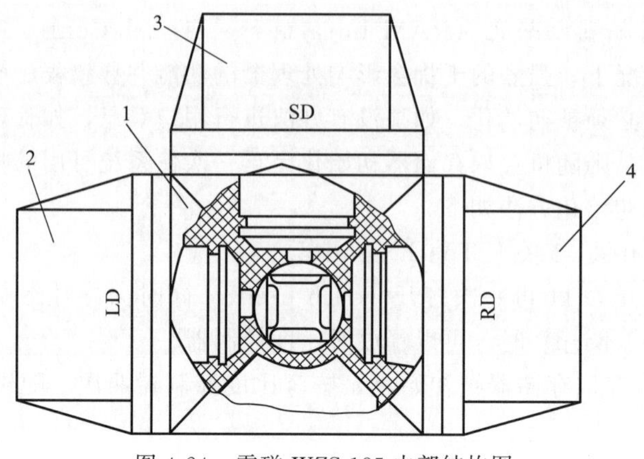

图 4-24　雷磁 WZS-185 内部结构图

1—测量池；2～4—3 个组合单元

光通过同一水平面交叉 90°角的三个窗口传播，三个窗口是密封的，采用密封的方法将三个组合单元旋紧到测量池上，所有的安装均不漏水、不漏气，以保护光电单元的器件不受潮，所以每个单元中都有一只干燥器（内装干燥剂）。

（2）工作原理

浊度仪作为浊度测量仪表，采用散射光的测量原理，除作测量用的散射光外，还有透射光作为干扰效应的补偿。

如图 4-25 所示，发光二极管发出近似单色、波长 940nm 的光束，光束通过含有未溶解

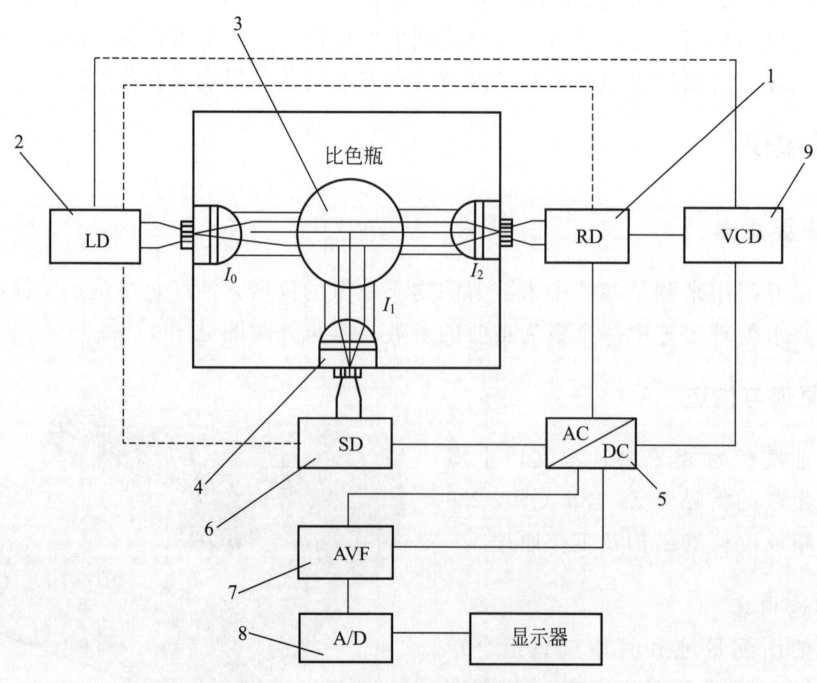

图 4-25　浊度仪工作原理示意图

1,2—发光二极管；3—样品池；4—光电二极管；5—积分器；6—透射光检测器；7—控制放大器；8—A/D 转换器；9—输出放大器

粒子的被测液，透射光的强度减弱，入射光的一部分在粒子上散射。

透射光检测器、控制放大器及发光二极管控制部件形成一个控制回路，使得透射光的强度保持恒定。

散射光在光电二极管上产生光电电流，经电流放大、积分器转换及A/D转换器转换成为浊度读数。本仪器还具有量程溢出自动换挡功能。

此外，为了补偿杂散光的干扰，校准电压引入了UK输出放大器。

4.2.3.3 操作过程

① 接好电源线，开机预热仪器45min，仪器在预热的同时，从比色盒中取出比色皿，用无浊度水清洗比色皿内外表面数次，清洗完毕后，用擦镜纸擦去外表面水分，备用。

② 仪器在预热期间，在没有插入比色皿时，其示值不显示零。这是由于空气中存在飘尘，入射光遇到飘尘而产生微弱散射光，导致仪器示值不为零，显示一定浊度值。因为仪器出厂前，已将其校准好，所以，微弱本底值不影响测量精度。

③ 测量样品，首先将样品摇匀，以水样清洗比色皿数次后，倒入水样并用擦镜纸擦干比色皿外表面水分。

④ 打开仪器的圆盖，将比色皿黑色一面对着操作者小心放入测量方槽中，并使比色皿底与测量底部完全吻合，不能任意转动，盖上圆盖，仪器显示值即为水样浊度值。

注意：1. 在清洗比色皿时，不要刻划比色皿玻璃表面。

2. 在测量时，仪器根据水样浊度值的大小会自动切换量程，不需用户自行选择，故给操作带来极大方便。

3. 更换水样时，测量时，比色皿先用无浊度水清洗数次，再用样品水清洗数次，按上述操作进行测量。

4.2.3.4 管理及维护

为延长仪器使用寿命及保证仪器的测量精度，对仪器测量池进行定期保养是必不可少的。平时在仪器操作时要小心，比色皿不能打翻，以免被测液流入仪器，对仪器带来不必要的损害。每日使用完毕要将仪器上的圆盖盖在仪器上，防止有害尘烟大量进入测量池圆孔引起不必要的污染。由于已在测量池的三个单元LD、SD、RD中放入了防湿干燥剂，故需根据不同环境定期更换失效的干燥剂。发生意外事件时也可按以下操作对测量池进行维护。

① 将仪器左上处的黑色盖子拔出拿下。

② 将仪器底板上三只M5螺丝旋下。

③ 将测量池拉出，同时将测量池与其底座分离，即可取出测量池。

④ 分别将三个单元上M4螺钉取下，调换干燥筒内失效的干燥剂，后再安上，将三只组合单元LD、SD、RD对号入座安装，不能搞错。

⑤ 单元拆下后，在圆柱中间有一圆形玻璃，可用擦镜纸擦干净。

⑥ 将装好的测量池再装回仪器中，先插入测量池底座，将M5螺钉旋上，后装白色盖子，测量池的维护即完毕。

注意：1. 干燥剂需定期（1～3个月）更换，失效后的干燥剂变为粉红色，可以通过加热再生，重复使用。

2. 再生方法如下：把失效的干燥剂放入耐热容器内，放进干燥箱，温度调到120℃左右，经过4h左右，干燥剂的颜色变为蓝色，再生完毕，将之密封保存备用.

3. 比色皿在使用过程中不能刻痕，不要和硬物接触，若比色皿表面有刻痕或起毛将影响测量的准确性。

4. 当样品测量结束后，请用无浊度水将比色皿清洗干净，随后用擦镜纸揩干，小心放入比色皿盒中。

4.2.3.5 结果解读

浊度是表现水中悬浮物在光线透过时所发生的阻碍程度。泥土、粉尘、微细有机物、浮游动物和其他微生物等悬浮物和胶体物都可使水呈现浑浊。浊度仪常用于定量测定海洋及内陆各种水体、水厂、电厂、工矿企业、实验室及野外实地水样的浑浊度。

4.2.3.6 小结

浊度仪是实验室分析水环境的必备仪器，然而其检测过程相对复杂、周期较长。随着仪器设计的进一步发展，直读式监测探头简化了监测步骤，比如 CTD、YSI 等仪器都有浊度探头可以选择安装。集成化多探头仪器极大地提高了环境监测效率，有进一步取代实验室分析的趋势。

4.2.4 激光粒度仪

4.2.4.1 主要用途

在海洋环境监测中，激光粒度仪主要用于海洋沉积物、海水悬砂和微颗粒物质等的粒度分析。

4.2.4.2 原理与构造

光在传播中，波前受到与波长尺度相当的隙孔或颗粒的限制，以受限波前处各元波为源的发射在空间干涉而产生衍射和散射，衍射和散射的光能的空间（角度）分布与光波波长和隙孔或颗粒的尺度有关。用激光作光源，光为波长一定的单色光后，衍射和散射的光能的空间（角度）分布就只与粒径有关。对颗粒群的衍射，各颗粒级的多少决定着对应各特定角度处获得的光能量的大小，各特定角度光能量在总光能量中的比例，反映着各颗粒级的分布丰度。按照这一思路可建立表征粒度级丰度与各特定角度处获取的光能量的数学物理模型，进而研制仪器，测量光能，由特定角度测得的光能与总光能的比较推出颗粒群相应粒径级的丰度比例量。下面以 Mastersizer 2000（见图 4-26）为例介绍一下激光粒度仪的结构。Mastersizer 2000 主要包括自动干法进样和湿法进样两种方式，由于其进样方式的不同仪器的设置方面也有所不同，本节分别从干湿两种进样方式介绍 Mastersizer 2000 激光粒度仪。

4.2.4.3 操作过程

① 打开主机电源，预热 15min。

② 开启分散器电源（干法或湿法根据实验的需要选一种）。

③ 打开计算机 Mastersizer 2000 的应用软件。

④ 干法的操作

a. 打开压缩空气瓶，注意：出口压力指示的数值不能超过 6bar。

b. 在样品盘里加入处理好的样品（先调节样品槽出口的宽度，样品放置时尽量靠近出口处）。

c. 在软件操作界面的测量显示窗口中点击“选项”栏，然后单击“物质”选项，设置光

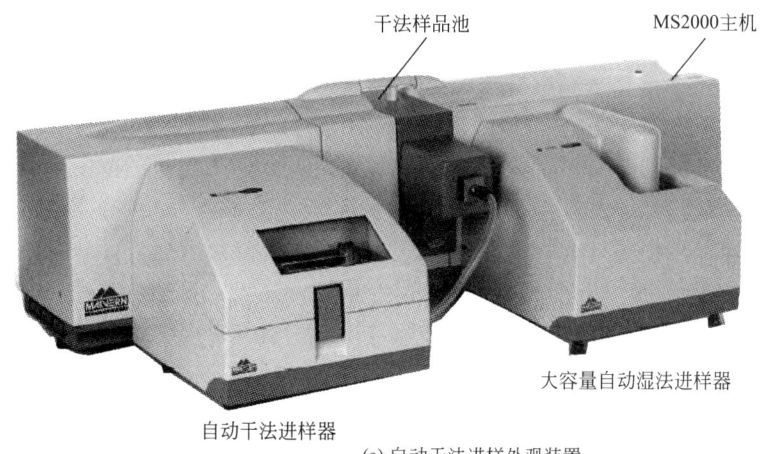

(a) 自动干法进样外观装置

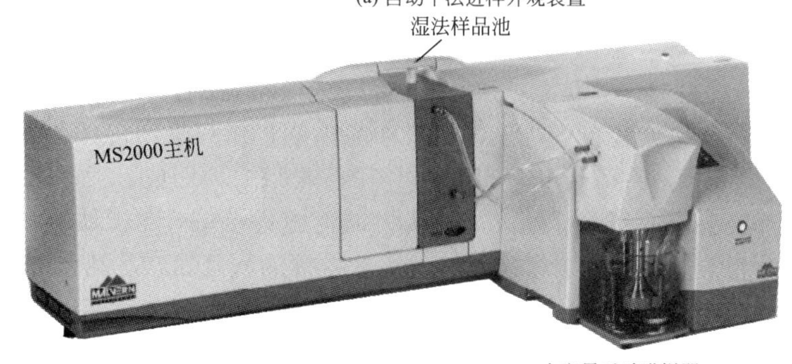

(b) 湿法进样外观图

图 4-26 Mastersizer 2000 外观图

学特性，选择合适的样品物质，在“结果计算”下面“模型”中选择“通用”（对于未知样品），“测量”选项，进入“测量”栏，再是“高级选项”的“测量”，设置遮光度界限，下限设为 0.5，上限为 6。

d. 测量显示，文档，标记，输入样品名称等相关信息。

e. 选择测量背景栏，测量，手动，附件（打开干法附件，设定一定的压力值），到气流模式（要注意错误栏的提示），再回到测量显示窗口，点击开始按钮，仪器进行自动对光，激光强度一般在 70 左右，背景值在 200 以内即可（随着仪器使用年份的增加，激光强度会逐渐减弱，而背景值会逐渐增加）。在干法附件窗口设置一定的进样速度，然后选择进样模式，在测量显示窗口的加入样品栏中可观察其激光遮光度，待激光遮光度处于设定范围内时，点击测量样品栏，得到待测样品的测量结果。

f. 保存、打印、分析测量结果。

g. 测量结束，清洁样品槽，并运行一次清洁 SOP。

h. 分别关闭主机、分散器、真空设备的电源，关闭气瓶的总阀门。

⑤ 湿法的操作

a. 开启湿法进样器的电源，再打开操作软件。

b. 设定泵的转速，如有必要则设定超声的强度和时间，在烧杯中加入 800mL 左右的分散介质（通常是蒸馏水），然后打开泵，单击“测量”栏中的“手动”按钮，进入测量显示窗口。然后进入“选项”栏，设定光学特性，在“物质”项下选择正确的样品物质名称以及分散剂的名称。“结果计算”下面的“模型”一般选择“通用”，单击“确定”，“测量”选项，进入“测量”栏，再是“高级选项”的“测量”，设定激光遮光度界限（下限为10，上限为20），然后“确定”，点击测量显示窗口的“开始”，系统开始测量背景，当背景测量完成并提示“加入样品”后，开始加入样品，待激光遮光度处于设定的范围内时，即可开始测量样品。

c. 将处理好的样品加入到烧杯中，然后，在测量显示窗口的加入样品栏中可观察其激光遮光度，待激光遮光度处于设定范围内时，点击测量样品栏，得到待测样品的测量结果。

d. 测量显示，文档，标记，输入样品名称等相关信息。

e. 保存、打印、分析测量结果。

f. 测量结束，清洗仪器2～3次。

g. 分别关闭主机以及分散器的电源。

⑥ 干法、湿法的相互切换操作

a. 干法操作换湿法操作：首先拔掉连接样品池与分散器的气管，取出样品池，放在架子上。然后把湿法样品池放置在主机上，连接样品池的进出口管与湿法分散器的进出口管，IN CELL与TO CELL相连，OUT CELL与FROM CELL相连。

b. 干法操作换湿法操作：首先拔掉连接样品池的进出口管与湿法分散器的进出口管，取出样品池，放在架子上，连接样品池与干法分散器的气管。然后把湿法样品池放置在主机上。

注意：在取干法分散器的时候，不要让真空监测管（白管）掉下来。

4.2.4.4 管理及维护

① 要求电源有良好的接地。

② 电源电压稳压，最好有净化电源。

③ 温度的变化应该在3℃以内，湿度≤75%。

④ 本仪器为精密光学仪器，应尽量避免振动。

⑤ 样品窗片的清洗要到位。

⑥ 主机上的滤网应该保持清洁。

⑦ 与仪器配套的线性化数据磁盘要妥善保存。

⑧ 湿法进样器的超声头不能在没有水的情况下使用，严禁空转！

⑨ 压缩空气瓶的出口压力不能超过6bar。使用完毕后应及时关闭气瓶总阀门。

⑩ 要注意及时更换吸尘器的收集袋。

4.2.4.5 结果解读

用于定量测定建材、化工、冶金、能源、食品、电子、地质、军工、航空航天、机械等领域颗粒物质等的粒度。

4.2.4.6 小结

多数激光粒度仪采用微机进行实时控制，自动完成数据采集、分析处理、结果保存、打印等功能，操作简单，自动化程度高。

但是，目前所有种类的粒度仪器，都是假定被测颗粒是球形的。实际测试的样品，基本都不是球形的。同样的样品，用不同类型的粒度仪器，测试结果多数不相同（除非颗粒是球形的）。

4.2.5 多参数水质仪

4.2.5.1 主要用途

多参数水质仪为多参数的水质监测、数据收集分析系统。这个系统可以用于科学研究、水体评估和常规分析，用于水质的测试和监测、卫生保健、生物信息处理等。

4.2.5.2 原理与构造

多参数的水质仪以其综合多参数同时测量为见长，可以作为海洋监测中的定点监测站使用，也可以用于剖面测量和走航测量等，其用途广泛、使用便捷，为海洋环境监测中的重要仪器。下面以 YSI6600 多参数水质仪为例做一个简单介绍。多参数水质仪的主要构成为探头，探头组成的俯视图如图 4-27 所示，包含温度、盐度、溶解氧、叶绿素以及浊度等探头，各探头各司其职，共同完成环境参数的监测工作。

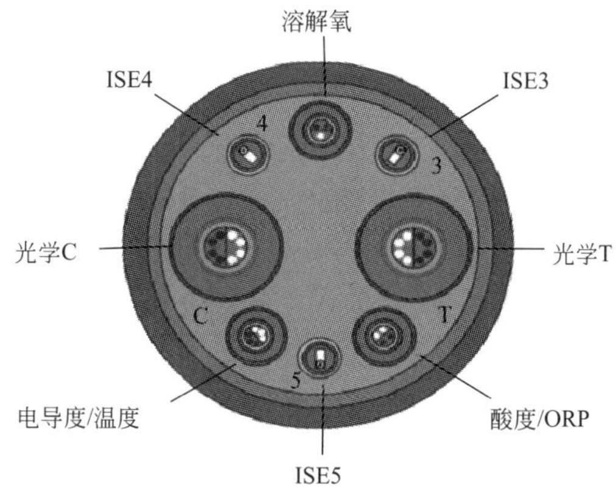

图 4-27 YSI6600 多参数水质仪的各接口名称

（1）电导率探头

YSI 多参数水质监测仪主机在测定溶液电导时，使用带四个纯镍电极的电池传感器。其中的两个电极是电流驱动，另外两个电极则用来测量电压降。测量到的电压降被转换成以毫西门子（毫姆）为单位表示的电导数值。为了把电导转换为电导率（mS/cm），要将电导乘以电池常数，电池常数的单位是 cm^{-1}，电导率传感器的电池常数约等于 5.0/cm。在大多数应用中，每次使用系统进行校准时，系统会自动检测或验证电池常数。设备输出的电导率和比电导率都是以 mS/cm 或 μS/cm 为单位［1mS/cm 相当于 0.001/(Ω·cm)］。电池常数与电导的相乘是由软件自动计算的。

（2）盐度探头

盐度是由多参数仪主机检测到的电导率和温度自动计算得到的，运算法规为水和海水检测的标准方法（JJG674—1990）。如果使用实际盐度测量（practical salinity scale），结果是无单位的数值，因为计算是根据标准海水15℃下的电导率来进行的。但是，这个无单位的数值非常接近于过去方法所得到的数值，过去的方法将盐度表示为在一定质量水中溶解盐的质量（千分之几：10^{-4}）。因此，设备以“10^{-4}”为标度输出数据。

（3）pH值探头

YSI多参数水质监测仪使用一个可替换的pH电极来测定氢离子的浓度。探头是一个组合电极，由两部分组成：包括一个质子选择玻璃槽，槽内充满pH值约等于7的缓冲溶液；另外还有一个使用胶体电解液的Ag/AgCl参比电极。一条表面覆盖有AgCl的银线浸入到缓冲液槽中。玻璃两边（介质和缓冲液槽）的质子（H^+离子）选择性地与玻璃作用，在玻璃膜两边形成了电位梯度。因为内部缓冲溶液中的氢离子浓度是不变的，因此测得的这个电位梯度（相对于Ag/AgCl参比电极）就正比于介质中的氢离子浓度。

（4）深度和水位探头

YSI多参数水质监测仪可以装配深度传感器或水位传感器。事实上，这两种传感器都是用于测量深度，但是按照YSI的惯例，水位指的是透气式测量结果，而深度指的是非透气式测量结果。这两种测量都是将差动变形测量换能器的一面暴露在水中来测量压力。

对于深度测量，传感器的另一面暴露在真空中。传感器测得的压力等于水柱的压力加水面上的大气压力。深度计算使用的压力只能是水柱施加的压力，因此，当在空气中校正深度时，软件会记录下大气压力并将它从后面所有的测量结果中扣去。这种修正大气压力的方法会引入一个小的误差，因为软件使用校准时的大气压，而两次校准之间（校准后开始进行测量起到下一次校准之间的这段时间内）的大气压可能发生变化，这种大气压的变化会表现为深度读数的变化。这个误差使得大气压每变化1mmHg柱，深度读数就会变化0.045英尺（1英尺=0.3048m）。在实际应用中，经常校正能够减少这个误差。考虑到长时间监测过程中通常的气压变化，±0.6英尺（0.2m）的误差是很普遍的。如果在应用过程中误差很大，则建议您使用水位传感器代替深度传感器。

与深度测量一样，水位传感器也是使用一面暴露在水中的差动式换能器来测量深度。但是，水位传感器的另一面是敞开到大气中的，这样，传感器测到的压力只有水柱施加的压力。大气压力可以被忽略，大气压力的变化也根本不会影响读数。

传感器的伏特输出正比于压力。主机软件通过厂家安装时设定的校正参数，把这个伏特数转换成以英尺或米为单位的深度读数。读数自动进行温度补偿、密度补偿，密度是由测量得到的环境水样的盐度估算而来的。

（5）温度探头

YSI多参数水质监测仪使用熔结金属氧化物热敏电阻来测量温度，这种电阻的电阻值会随着温度的变化而变化。由电阻计算温度的运算法则已经建立在主机软件中，并可以自动提供以摄氏度、开尔文温度、华氏温度表示的准确的温度读数。温度传感器无需校正或维护。

（6）溶解氧探头

YSI多参数水质监测仪使用专利的YSI快速脉冲系统来测量溶解氧（DO）。使用这项技术最主要的优点是可以监测DO，而不是通过取样，取样的方法会大大降低精确性。标准的DO电化学检测器很大程度上依赖于溶液的流动，所以需要对测量的介质进行搅拌。有两种方法提供搅拌：一种是通过辅助的搅拌器（搅拌器将会大大消耗便携系统储备的电池）；另一种则是在进行现场采样测定时不断地搅动检测器（这将会很不方便）。快速脉冲溶解氧技术克服了这些缺点，因为无需进行搅拌就可以得到准确的读数。另外，因为这种技术的性质，减少了某些污垢对传感器的影响。

快速脉冲系统使用一个 Clark 型传感器，这种传感器类似于静态膜溶解氧探头。系统仍然是测量通过 Teflon 膜扩散的氧的还原电流，这个电流和被测溶液中氧的分压（不是浓度）成比例关系。膜把还原反应必需的电极同外部介质隔离开来，将电流流动所必需的电解液薄层围起来，并阻止了其他非气态电化学活泼物种干扰测定。另外，传感器的构造也很新颖，一个细小的直线金电极安置在两个作为阳极和参比电极的银矩形之间。上述改变都是为了满足快速脉冲测量溶解氧的新方法的需要，这种新方法将在下一节中描述。

操作方法：YSI 和其他制造商均有出售标准的 Clark 溶解氧传感器。这种传感器能在很负的电压下不断地被极化，负电压使氧在阴极被还原成氧离子，金属银在阳极被氧化为氯化银。氧穿过 Teflon 膜扩散，与这一过程相关的电流正比于溶液中膜外的氧。但是，随着这个还原过程的进行，如果外部溶液没有被很快地搅拌，介质中的氧就会被消耗（或耗尽），导致测量电流（和表观氧含量）的减小。为了减少这种氧的消耗，YSI 快速脉冲系统中的探头电极在测量中被快速可重复地极化（开）和去极化（关）。在精确控制的时间间隔内，快速脉冲系统就这样测量与氧还原反应相关的电荷或库仑（特定时间内的电流总量）。这个库仑量是由于阴极（电容）的充电，不是由于氧的还原，在阴极被关闭之后进行的积分中，这个库仑量会被减去。净电荷，像标准系统中的静态电流一样，其正比于介质中氧的分压。因为总测量时间中仅有 1/100 的时间进行氧的还原，所以即使探头长时间地浸没在溶液中，膜外的氧的消耗仍然保持非常小的值，而系统对于搅拌的依赖性也就大大减弱了。

快速脉冲溶解氧系统的实用性关键在于“开的时间”非常的短，这就使得“关的时间”也就相应的短，仍然保持开与关的比率为 100，这对于获得相对不依赖于流动的测量结果是必需的。快速脉冲技术的第二个重要方面是对整个脉冲（开和关）进行积分（电流的加和）。因为电极的充电电流在这个过程中被扣除了，所以净信号就只与氧的还原过程相关。从应用的角度看，这意味着膜外的氧分压等于零时，快速脉冲信号也将等于零；反过来说，可以用已知氧分压的单个介质（空气或水）来对系统进行校正。

(7) 浊度探头

浊度是测定水中悬浮固体的量，通常的测量方法是用光束照射样品溶液，然后测量被溶液中的微粒反射的光的强度。为了使温度测量系统可以在野外使用，通常光源选择发光二极管（LED），发光二极管产生的光是近红外光。检测器通常是高灵敏度的光电二极管。发射光线和检测光线之间的夹角有很多种（通常在 90°～180°之间），这取决于使用哪一种传感器。国际标准化组织（International Standards Organization，ISO）建议使用光源波长在 830～890nm 之间的光源，发射光和检测光线之间的夹角为 90°（ISO 7027）。

(8) 叶绿素探头

叶绿素以多种形式存在于藻类、浮游植物和其他在环境水样中存在的植物中。叶绿素是一种重要的生物化学分子，它是光合作用的基础，而光合作用是一个重要的过程，它利用太阳能产生生命赖以生存的氧气。通常，被收集的水样中叶绿素的量可以被用来计算悬浮的浮游植物的浓度，悬浮的浮游植物的浓度对水质有非常大的影响。

叶绿素的一个重要的特征是它可以发荧光，即当用特定波长的光照射它时，它可以发射出更高波长的光（或者更低能量）。叶绿素发荧光的能力是所有商品化荧光计可以进行叶绿素活体测定的基础。这种类型的荧光计已经使用了一段时间。这些仪器用合适波长的光束照射样品诱导叶绿素发荧光，然后检测叶绿素发射的更高波长的荧光。大多数的叶绿素系统使用峰波长大约在 470nm 的发光二极管（LED）作为激发光源。这种规格的 LED 产生的光束在光谱的可见区，是肉眼可见的蓝光。用这种蓝光照射时，在完整细胞中存在的叶绿素发射出的光在光谱的 650～700nm 区域之内。为了量化荧光信号，系统检测器通常是高灵敏度的光敏二极管，并且用光学滤光片限定检测波长。比如，水样中颗粒物反射的 470nm 激发光，可以由滤光片阻止其被仪器检测到。如果没有滤光片，浑浊的水样即使没有发荧光的浮游植物，也可能表现为含有浮游植物。图 4-28 为叶绿素测定构造原理示意。

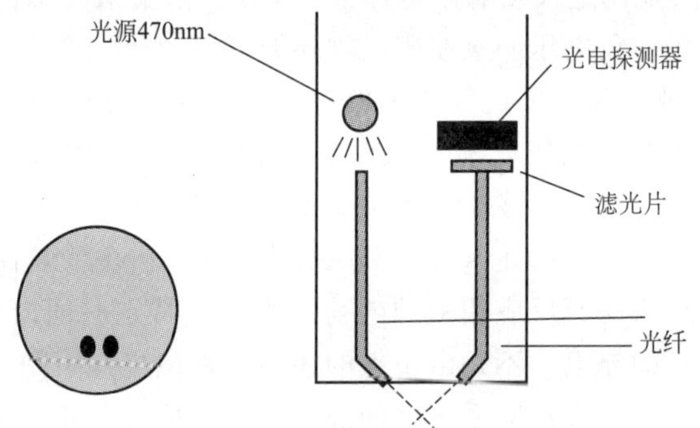

图 4-28　叶绿素测定构造原理示意图

大多数的商品化荧光计都可以归为两类。第一类是台式的仪器，通常拥有很好的光学灵活性和能力，但相对昂贵，而且常常很难用于野外测定。第二类是探测器式的荧光计，它拥有固定的光学结构，但是较便宜，可以更方便地用于野外测定，并且通常与数据收集平台兼容。其中一些探测器式的荧光计需要使用泵，这样就需要更大容量的电池以适应野外测定。

独特的 YSI 叶绿素系统是 YSI 环境监测系统主机的可选部件，它包括一个在原理上类似于探测器式荧光计的荧光系统，但是它体积很小，可以与 YSI 主机的探头接口兼容。传感器输出的叶绿素结果自动通过主机软件进行处理，读数可以用一般荧光单位（generic fluorescence units，percent full scale，%FS）或者 $\mu g/L$ 为单位。YSI 系统不需要泵，因此允许传感器脱离主机内置电池或者 YSI 显示/记录仪电池工作。像 YSI 浊度探头一样，YSI 叶绿素探头装配有一个机械清洁刷，可以手动或自动地定期清洗光学表面。YSI 叶绿素传感器具有这些特点，因此它可以达到探测器型荧光计同样水平的性能，但是它更容易使用，可以在环境水样中连续使用几个星期，无需其他维修保养。另外，探头是主机的组成部分，主机还可以同时获得除叶绿素外的 10 个其他参数，而不是仅仅提供单个参数。

4.2.5.3　操作过程

（1）不连续的采样

不连续的采样方式经常使用在短期、单点采样中，尤其是试验者就在现场，而且设备已连接到数据记录仪或便携式电脑上时。使用者也可以将 YSI 监测系统垂直放入湖中或河中，在每个深度采样几分钟，以获得此湖或河中垂直方向的相关数据。

本节中您将学会如何使用多参数仪主机菜单打开或关闭文件，设置采样间隔时间，开始采样操作，并将数据记录到多参数仪主机的内存中。

从“Run”菜单中选择编号为“1-Discrete sample”的选项。将会如图4-29所示显示不连续采样设置菜单。

```
------------Discrete sample------------
1-Start sampling
2-Sample interval=4
3-File=
4-Site=
5-Open file
Select option (0 for previous menu):
```

图4-29　主菜单示意图

选择编号为“1-Start sampling”的选项，开始不连续采样。在初始采样时间间隔过后（上面的例子是4s），屏幕上会显示连续的数据行，见图4-30。

```
=======================================================================
    Date      Time   Temp SpCond     Sal  DO      Depth     pH   Turbid      Battery
mm/dd/yy hh:mm:ss      C  mS/cm      ppt  mg/L     feet            NTU        volts
----------------------------------------------------------------------------------
*** 1-LOG last sample   2-LOG ON/OFF,   3-Clean optics***
05/05/97 10:04:40 21.57  0.009    0.00  7.73  -0.293  7.55              0.3
10.2
05/05/97 10:04:44 21.57  0.009    0.00  8.41  -0.300  7.55              0.3
10.3
*** LOG is ON,   hit 2 to turn it OFF,   3-Clean optics***
05/05/97 10:04:48 21.58  0.009    0.00  8.41  -0.302  7.55              0.3
10.3
05/05/97 10:04:52 21.58  0.009    0.00  8.40  -0.302  7.55              0.3
10.3
05/05/97 10:04:56 21.58  0.009    0.00  8.41  -0.303  7.55              0.3
10.2
05/05/97 10:05:00 21.58  0.009    0.00  8.42  -0.303  7.55              0.3
10.3
*** 1-LOG last sample   2-LOG ON/OFF ,   3-Clean optics***
05/05/97 10:05:04 21.58  0.009    0.00  8.44  -0.304  7.55              0.3
10.3
Sample logged.
05/05/97 10:05:08 21.58  0.009    0.00  8.45  -0.305  7.55              0.3
10.3
```

图4-30　连续采集数据行

在屏幕标题的下方将会出现以下的提示：

选择编号为“1-LOG last sample”的选项，单行的数据将被记录到多参数仪内存中，并显示如下的信息“Sample logged”。

选择编号为“2-LOG ON/OFF”的选项，一整套数据将会被记录到内存中，并显示如下的信息“LOG is ON，hit 2 to turn it OFF，3-Clean optics”（记录打开，2关闭，3清除）。再次单击2关闭记录。

选择编号为“3-Clean”的选项，如果您有一个光学探头（浊度、叶绿素或罗丹明WT），清洁刷就会开始清洁光学器件表面。只有您安装有光学探头并已将其激活时才会出现这个选项。

按“Esc”或按“0”的时候退回到不连续取样菜单。

从“Discrete Sampling”菜单中选择“2-Sample Interval”选项，然后输入采样间隔时间（秒）。最大的样品间隔时间是32767s（>9h）。工厂默认样品间隔时间是4s，这个设置对多数不连续的取样应用是适用的。读取 DO 读数所需的最小间隔为 4s。

注意：如果您的多参数仪采用 650MDS 数据记录仪，采样间隔时间会自动变为 0.5s。

选择“3-File”，输入一个最大为 8 个字符的名字作为文件名，这样将用这个名字记录读数。

如果您没有输入文件名就开始采样，您的文件将使用“NONAME1”作为默认的文件名。无论何时，当您从菜单中选择“1-LOG last sample”或“2-LOG ON/OFF”，将在采样的同时打开“NONAME1”文件。如果这样的情况发生，而且您想要用一个不同的名字重新开始文件，可选择“5-Close”并重命名文件。

选择“4-Site”，可以为您的采样地点输入一个最多为 31 个字符的名字，代表采样地。

选择“5-Open file”选项，打开一个文件，选项变为“Close File”，当您将数据记录完毕后，点击“5-Close file”，选项变为“Open File”。当您开始记录文件时，它会自动由“Open File”变为“Close File”。

选择编号为“1-Start sampling”的选项，开始不连续的采样。当初始采样时间间隔过后，连续的数据线就会出现在屏幕上。您可以按照前面所述记录单个或系列的数据点并擦拭您的光学探头表面。

(2) 无人伺服自动采样

这个选项是用来进行长期采样，当使用者不在现场时，多参数仪主机用电池供电。在使用这项功能之前，多参数仪主机一般在实验室里被连接到电脑上，并进行了设置，使其可以自动记录数据到多参数仪主机内存中，并且使用较长的时间间隔（15～60min）。之后将仪器带到野外采样点，并开始一个较长时间的工作（30～60 天）。当研究工作完成后，或者电池的电能用完后，把多参数仪主机带回实验室并上传数据文件到电脑中。在下次使用前要对仪器进行保养和维护。

从“Run”菜单中选择“2-Unattended Sampling”选项，将会如图 4-31 所示，显示无人伺服自动的设置菜单。

根据屏幕的提示，按以下步骤使多参数仪主机准备用于无人伺服自动采样。

① 确认当前时间和日期是正确的，以保证多参数仪主机将在您预期的时间开始和结束无人伺服方式的研究。为确认更改您的系统时间和日期，返回主菜单，选择“4-Status”或“5-System”菜单，可以从这两个子菜单中的任意一个输入正确的时间和日期。

```
------------Unattended
setup-----------
1-Interval=00:15:00
2-Start date=07/17/96
3-Start time=18:00:00
4-Duration days=14
5-File=clrlake3
6-Site=Clear   Lake   at
Spillway
7-Bat volts: 9.1
8-Bat life 21.2 days
9-Free mem 18.9 days
A-1st   sample   in   8.10
minutes
B-View params to log
C-Start logging
```

图 4-31 无人值守模式选项

② 选择“1-Interval”菜单，并输入需要的采样间隔时间。使用 24h 制格式。

③ 选择“2-Start Date”和“3-Start Time”菜单，设置开始记录数据到多参数仪主机内存的日期和时间。如果您没有更改这些设置，研究将会自动在下一个采样间隔时间开始，一旦您选择“C-Start logging”选项，则马上开始记录。

【举例】 如果当前时间是 17:15:00，您的采样间隔是 15min，记录将会在 17:30:00 自动开始。

最好在您将仪器拿到野外测试之前开始读数，这样您可以确认数据被保存到内存中并且执行初始质量控制。当然，如果您的研究要求在 6：00PM 开始采样，那么可将开始时间（Start Time）改为 18:00:00。

④ 选择“4-Duration”选项，并设置研究天数。默认设置是 365 天（比大多数应用都要长的时间）。多数情况下，您可能想用手动方式停止无人伺服采样方式或者容许电池被用尽，那么将无人伺服的持续时间设置的比预期的时间长一点是明智的。如果因为某些意外的原因例如天气或疾病，导致您不能在预期的时间收回多参数仪主机，那么只要电池有电力，数据将会继续被记录。

⑤ 选择“5-File”并输入一个不多于 8 个字符的名字，作为外部电脑中区别不同观察结果的名字。确保只使用希腊/数字字符。

⑥ 选择“6-Site”并输入一个不多于 31 个字符的采样点名，这个名字将会在您多参数仪主机的文件目录里出现，但是在数据传输到电脑中后，不会作为识别文件的依据。检查“7-Battery”项，确保电池电压足够高，电池足以工作到研究结束。不能通过软件改变此项目的值。

⑦ 选择“B-View Parameters”选项，登录到这个屏幕，以确定您的传感器和报告设置是正确的。

在某些情况下，“View params to log”选项仅仅确定那些在计算中用到的原始参数，这些参数是您在“Report”设置里选定的项目。

【举例】 您已经在报告设置里选择了 DO（mg/L），但是它并没有在“View parameters to log”里显示，这是因为它是从 DO 饱和度（DO saturation,%）、温度（temperature）和电导率（conductivity）计算得到的。类似的，比电导（specific conductance）也是在“Report setup”里选择的，它没有在“Parameters to log”里显示是因为它是从温度（temperature）和电导率（conductivity）计算得到的。除了个别的例子，总体来看，只要传感器设置正确，对应参数的设置总是会在启动的时候自动显示。

在报告（Report）设置里有几个项目必须激活，如此它们才可以在上传的文件中得到。这些特殊的参数是：温度 T℃，电导率 Cond mS/cm，溶解氧 DO Chrg，溶解氧饱和度 DO sat%，pH 值 mV，NH_4^+ mV，NO_3^- mV，浊度 Turbid NTU，电池 Battery V。如果您想将这些参数中的任何一个记录到您的数据文件中，那么在您开始无人值守测试前，必须确定它们在“Report setup”设置里被激活了。见图 4-32。

```
-------------Params to log-------------
1-Temp C                6-Orp mV
2-Cond mS/cm            7-NH4+ N mg/L
3-DOsat %               8-NO3- N mg/L
4-DOchrg                9-Turbid NTU
5-pH                    A-Battery volts
Select option (0 for previous menu):
```

图 4-32 参数记录显示页面

在完成上述输入之后，多参数仪主机软件将会自动地估计电池的预期寿命及内存充满所需的时间。相关信息在选项“9”和“A”中被显示，以供参考。如果在运行期间，电池寿命或剩余内存容量不足以维持到研究结束，您可能要对输入值做一些改变。举例来说，您可以将所有已经存在的文件上传到电脑磁盘中，并在多参数仪主机上删除它们以释放内存空间（从“Main”菜单选择“3-File”选项）。您可以换上寿命更长的电池来延长使用时间或者通过延长采样间隔时间来同时延长电池使用寿命和内存容纳能力。电池的预告寿命仅仅是一个估计值，采样点的温度和电池的品牌都对电池的实际使用时间有影响。建议在预期电池寿命结束前收回多参数仪主机，并在每次应用中使用崭新的电池。

当您选择“C-Start logging”时，一个如图 4-33 所示的提示将会出现，要求您确认。

```
-------------Start  logging------------
-
Are you sure?
1-Yes
2-No
Select option (0 for previous menu):
```

图 4-33　确认开始页面

选择“1-Yes”，屏幕将会变为图 4-34。

```
---------------Logging----------------
1-Interval=00:15:00
2-Next at 07/17/96
3-Next at 18:00:00
4-Stop at 07/31/96
5-Stop at 18:00:00
6-File=clrlake3
7-Site=Clear Lake at Spillway
8-Bat volts: 9.0
9-Bat life 21.2 days
A-Free mem 18.9 days
B-Stop logging
Select option (0 for previous menu):
```

图 4-34　数据记录状态和参数页面

这里的显示说明下一个采样数据记录的日期和时间，以及停止记录的日期和时间。最重要的是，注意底部命令行显示的“B-Stop logging”，这项确认表明记录已经真正地开始了。

当时间超过您预先设定的值或电池耗尽时，无人伺服模式将会停止。如果您想马上就停止，可以从“Run”菜单选择“2-Unattended sample”，然后选择“B-Stop logging”，再选择“1-yes”（图 4-35）后退回到无人伺服设置（the Unattended setup）菜单。

```
Stop logging?
1-Yes
2-No
Select option (0 for previous menu):
```

图 4-35　结束数据记录确认页面

4.2.5.4　管理及维护

YSI 型维护工具包是多参数仪主机的配套附件。这套工具包括一些必要的器件，以便对您的多参数仪主机进行日常维护。

维护工具包包括：两种 O 形圈（探头型和电缆连接器型），探头/安装/更换工具，用于电导率传感器的两个清洁刷，O 形圈润滑剂，和一个用于清洗传感器端口内部的注射器。

保养多参数仪主机时请注意不要破坏出厂时所贴的封条，在您保养的过程中，所有维护措施都不需要打开多参数仪主机，所以如果您自行拆卸多参数仪主机将会失去厂家的免费保修。

(1) O 形圈维护和保养

6-系列多参数仪主机使用 O 形圈作为密封，以防止环境中的水进入电池盒和传感器端口。在使用您的 YSI 多参数仪之前，请仔细阅读下列说明。按照推荐的过程进行操作，可以确保不让水进入您的多参数仪主机。

如果 O 形圈和多参数仪的密封表面没有正确保养，很可能会使水进入电池盒和/或传感器端口。如果水进入了这些部分，会对电池接线端或探头端口造成严重损害，导致使用过程中电源无法供电、错误读数及对探头的腐蚀。因此，当电池盒盖子从多参数仪主机中移开时，要仔细检查一下提供密封的 O 形圈，看是否受到污染（比如头发、砂粒等），有必要的话，按照下述建议进行清洁。和 O 形圈相连的探头、端口保护塞和野外电缆连接器移开时，同样也需要仔细检查。如果没有明显的污染或损坏，不要将它们从凹槽中取出，轻轻地涂上润滑油即可。当然，如果 O 形圈已损坏，请用多参数仪中配置的 YSI 维护工具包中相同型号的 O 形圈进行替换。在 O 形圈进行替换时，整个 O 形圈系统要按如下所述进行清洁。

① 取下 O 形圈　用一个小的平口螺丝刀或类似的钝口刀具将 O 形圈从它的凹槽中取出。检查 O 形圈和凹槽是否有过多的润滑油或污染。如果有明显的污染，用擦镜纸或与无绒毛的布对 O 形圈和其邻近的塑料部分进行清洁。乙醇可以用来清洁塑料部分，但只能用水和温和的洗涤剂清洗 O 形圈。还需要检查 O 形圈是否有刻痕及缺陷。

警告：a. 采用乙醇清洗 O 形圈会使它失去弹性，变得容易断裂。b. 不能用尖利的工具取 O 形圈，否则会损伤到 O 形圈或凹槽。c. 在重新安装 O 形圈前，确保您的工作台和手都是清洁的，并且要避免接触任何可能会在 O 形圈或凹槽上留下纤维的物品。一个很小的污染（头发、沙粒等）都可能导致泄漏。

② 关于重新安装 O 形圈　将少量的聚四氟乙烯活塞润滑油涂在您的拇指和食指间（过多的润滑油反而不好!）。

a. 夹紧手指，让 O 形圈通过。在 O 形圈的所有面上都涂上非常薄的一层润滑油。将 O 形圈放入凹槽，确保它不会扭曲或摇晃。

b. 用有润滑油的手指将 O 形圈的结合部分再轻轻地涂抹一遍。不要将过多的润滑油涂在 O 形圈或 O 形圈凹槽上。

警告：不要将过多的润滑油涂在 O 形圈上，过多的润滑油会吸附小颗粒物，反而破坏密封。过多的润滑油也使 O 形圈的防水能力下降，使泄漏的可能性增大。如果润滑油过多，用擦镜纸或无绒毛的布将其擦去。

③ 多参数仪主机探头接口　每次安装、卸下或替换探头时，最重要的一点是拔掉探头或探头端口保护塞之前需将整个多参数仪主机和所有的探头彻底干燥。这样可以防止水浸入接口。每次拔探头或保护塞时，请检查多参数仪主机探头端口里的连接器，如果有任何的润湿迹象，可使用压缩空气吹干连接器。重新安装探头或端口保护塞时，使用 YSI 维护包中所配备的润滑剂轻轻地涂抹油脂于 O 形圈处。

④ 电缆连接器端口　当和多参数仪主机通讯时，电缆连接器端口在多参数仪主机的顶端应该是一直被隐蔽着的。电缆应该安装并固定在一个稳定的位置处，这样可以保持良好的连接并且可以阻止湿气和污染物的进入。

当通讯电缆不再与电缆连接器端口连接时，仪器附带的封闭塞应该牢固地放置在端口上。

如果有湿气进入连接器，使用压缩空气、干净的布或纸巾完全干燥连接器。每次安装之前，在连接器里的 O 形圈上涂抹薄薄的一层润滑剂（维护包中）。

（2）探头的保养和维护

一旦探头完全安装好后，必须注意定期清洗和更换 DO 薄膜。

① DO 探头　为了获取最佳效果，推荐在使用多参数仪主机前和采样研究中至少每 30

天就更换 KCl 溶液和探头顶端的 Teflon 膜。另外，KCl 溶液和隔膜是否被更换取决于：a. 隔膜下有可见的空气泡；b. 隔膜上或 O 形圈上有干燥的电解液沉积物；c. 如果探头读数不稳定或其他与探头有关的出错征兆出现。具体请查看仪器使用说明书中更换 DO 隔膜的方法说明。

从探头顶端摘掉已使用的隔膜后，检查探头顶端的电极。如果两根银电极中有一根或两根都变成黑色，应使用修理包中的细砂轮打磨探头至光滑，见图 4-36。

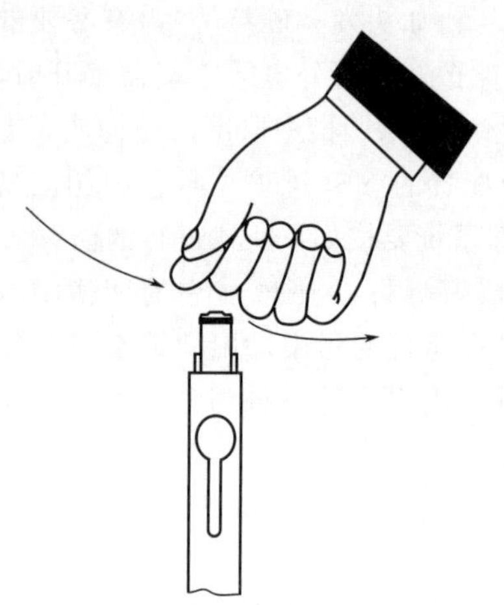

图 4-36　用细砂轮打磨探头方法示意图

用细砂轮打磨探头的步骤如下：首先用镜头纸仔细擦干探头的顶端。第二步，使探头处于垂直位置，用拇指拿细砂轮沿平行于探头金电极表面方向打磨（位于两个银制电极之间）。这个动作类似滑火柴，通常用细砂轮打磨 10～15 下就可以将银制电极上的黑色沉淀物去除掉。但在特别情况下您需要进行更多次打磨才能更新银电极表面。

在完成打磨过程后，反复用干净水冲洗探头并用镜头纸擦干探头表面以去除细砂轮留下的沙砾。清洗干净后用蒸馏水或去离子水完全彻底地冲洗探头顶端，然后安上新的薄膜。

重点：a. 您只能使用维护装置中所提供的细砂轮进行表面更新操作。b. 请将砂轮平行于金制电极方向打磨。对于以上两点，如果没有遵守任何一点都会造成电极的严重损害。

注意：如果该步骤没做好，表现为探头性能不佳，您有可能需要将探头送到其公司客服中心修理。

② 电导率/温度探头　电导率电极允许液体流经的通道口必须定期清洗。维护工具中的小刷子是理想的工具。将刷子浸入干净水中并且伸入每个洞口中，清洗 15～20 次。如果有沉淀物形成于电极上，可能需要用强力洗洁剂和刷子去清除。清洗后，用校准标准溶液检查电导池的灵敏度。

探头的温度传感器部分不需要保养。

③ pH 探头　一旦沉淀或污染物出现在探头玻璃和/或白金表面，或当探头的反应时间变慢都表明探头需要清洗。

清洗步骤如下。从多参数仪主机上将探头拆下来，首先，用蒸馏水和洁净的软布，或镜头纸，或棉签去除玻璃泡和白金上所有的异物。然后使用湿棉签仔细地清洗去除任何堵塞传感器参考电极连接点的异物。

警告：当您用棉签清洗时，请注意一定要避免棉签尖端戳入玻璃传感器和防护罩之间的部分。如果有必要，去掉棉签顶部的棉花，这样可以使棉花能够接触到传感器头的所有部位而不造成挤压。当然也可以采用管道清洁刷进行这个操作。

如果经过以上步骤的处理，pH 和/或 ORP 的灵敏度仍然没有恢复，请进行以下附加步骤。

a. 在干净水中滴加数滴商用清洗剂，然后将探头浸没其中 10～15min。

b. 用经清洗液浸润的棉签轻柔地擦洗玻璃球和铂纽扣。

c. 在干净水里冲洗探头，用蘸满干净水的棉签揩洗，然后再用干净水漂洗一遍。

如果经过以上步骤仍然不能恢复 pH 和/或 ORP 的灵敏度，请实施以下附加步骤。

a. 将探头浸入 1mol/L 盐酸溶液（HCl）中 30～60min。您可以在大多数药品商店购买到此种试剂。

b. 在干净水里冲洗探头，用蘸满干净水的棉签擦洗，然后再用干净水漂洗一遍。确认所有的残存酸液都已经从探头的缝隙中去除掉。也可将探头浸入干净水中不时地搅拌约 1h。

如果参考电极连接处有生物污染物或经过以上步骤仍然不能很好地恢复 pH 和/或 ORP 的灵敏度，可采用以下操作步骤：

a. 将探头浸入 1∶1 稀释的商用氯漂白剂中，漂白约 1h。

b. 用干净水冲洗探头然后浸入干净水中至少 1h 并且用不时地搅拌来去除连接处的残留漂白液（如果有可能，可将探头浸入干净水中超过 1h 以确定所有的残余漂白溶液都被清除干净），然后用干净水漂洗探头。

用压缩空气干燥多参数仪主机的接口和探头的连接器，并且在重装所有的 O 形圈之前，给 O 形圈薄薄地涂抹上一层润滑剂。

④ 深度传感器　深度传感器模块是在出厂时安装的选件，位于隔板和多参数仪主机管之间。传感器上有个圆形的保护罩，上面有两个小孔。这个罩子是不可移动的，但是在维护包中有一个注射器其专门用来清洗压力接口的内部。注射器充满干净水后，将注射器的尖端探入其中的一个孔并逐渐地将水打入压力接口，并保证这些水从另一个孔流出，继续冲洗压力排液口，直到流出来的水干净为止。

警告：a. 禁止移动圆形压力排液口罩。

b. 不要从多参数仪主机上拆下深度传感器模块。

⑤ 水位传感器　水位传感器的维护保养程序参照深度传感器保养程序。另外，需确保干燥剂保持活性。具活性的干燥剂有明显的蓝色，当它不能再吸收水蒸气时显示为玫瑰红或是粉红色。不管对于筒式还是罐式的干燥剂来说，空气通风口末端的干燥剂将会首先改变颜色。只要干燥剂最靠近多参数仪主机的部分还是蓝色，就不需要进行维护保养。两种颜色交界面的位置可以暗示干燥剂还可以维持多久。在湿润环境中，必须在干燥剂失效之前及时更换或再生使之在应用中保持性能。

您可以再生干燥剂，为了再生干燥剂，您需将干燥剂从设备中取出后均匀平铺开，保持一层细粒的厚度，盛入一个合适的托盘中，在 200℃下加热约 1h。干燥剂在填入设备前应先在一个合适的容器中密闭冷却。当干燥剂的颜色恢复为蓝色时表明再生循环是成功的。干燥剂在填入过滤器前应在 100℃恒温下干燥大约 30min。

干燥剂原料是单独出售的。加热筒和滤气罐都是易打开、排空和重新填入的器具。

警告：保持多参数仪主机管和电缆的干燥是很重要的。在不使用的时候，防护帽应保持密闭，直到校准和使用前才可取下防护帽。

⑥ 浊度、叶绿素、罗丹明探头　在每次使用后，要检查探头顶端的光学表面上是否有污垢，如果需要，请使用潮湿的镜头纸轻轻擦拭探头表面。另外，对于探头，建议定期更换清洁刷（图 4-37），更换周期取决于采样地点

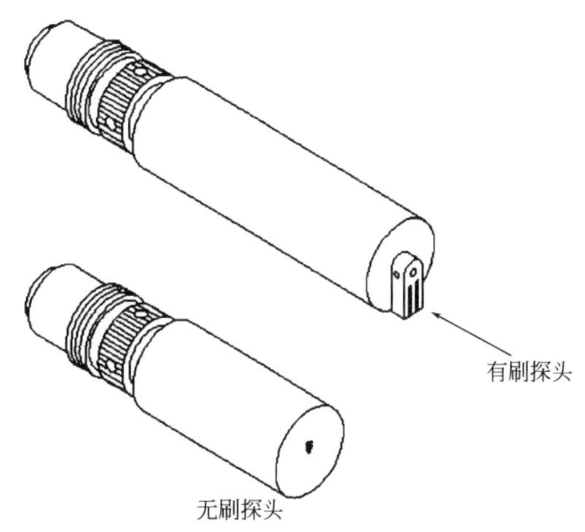

图 4-37　带清洁刷和不带清洁刷的探头

的水质。在附带的探头中，有一个可更换的清洁刷，还有用来安装的小六角起子。根据探头中的指示，确保正确安装新的清洁刷。可以从 YSI 购买新的清洁刷。

4.2.5.5 结果解读

定量监测海洋、内陆等水体的温度、盐度、溶解氧、pH 值、叶绿素浓度、罗丹明等参数，可用于综合监测水环境的变化。

4.2.5.6 小结

多参数水质仪在海洋和内陆水体环境监测中被广泛应用，其长期监测功能尤其突出，有利于海洋监测等需要长时间监测的工作的顺利开展。目前其数据存储模式还是要依靠其仪器内存或者电缆线连接后存储，如果能够开发出无线传输功能将更加有益于其监测过程。

4.2.6 海洋综合观测浮标

4.2.6.1 主要用途

海洋综合观测浮标可提供全天候、连续、定点的海洋水文气象监测，构建数据信息平台，为生物资源持续利用、生态安全、环境保护、气候变化、防灾减灾和应用海洋学等不同角度的科学研究提供基础资料服务。监测数据实时加密传输和保存，系统配套的数据处理软件可对保存在数据库中的数据进行分析处理。

4.2.6.2 原理与构造

海洋浮标具有全天候稳定可靠地收集多种海洋环境资料的能力，能实现数据自动采集、自动标示和自动发送，造价低，不受环境影响。它能在任何恶劣的环境下进行长期、连续、全天候的工作，每日定时测量并且发报出 10 多种水文气象要素。一般来说，全项目的海洋浮标分为水上和水下两部分。海洋浮标水上部分由浮标体、传感器组、数据采录装置、遥测遥控通讯系统、电源和系留设备等组成（见图 4-38)。水上部分装有多种气象要素传感器，分别测量风速、风向、气压、气温和湿度等气象要素；水下部分有多种水文要素的传感器，分别测量波浪、海流、潮位、海温和盐度等海洋传感要素。各传感器产生的信号，通过仪器自动处理，由发射机定时发出，地面接收站将收到的信号进行处理，就得到了人们所需的资料。有的浮标建立在离陆地很远的地方，便将信号发往卫星，再由卫星将信号传送到地面接收站。数据采录装置是以时钟控制，按规定程序采集各传感器观测信号的工具。它一方面能将信号转换为数码存储（或记录）在浮标上，另一方面能将数据经纠正检验并编码后输送给遥测发射机向岸站发出，目前主要采用 CDMA 或者 GPRS 通讯。电源一般采用太阳能板及其蓄电池。浮标有不同的种类和规格，按布设的水域可分为海上浮标和内河浮标。浮标体是海上仪器设备的载体，海上浮标标身的基本形状有罐形、锥形、球形、柱形、杆形等多种式样，其中直径 10m 左右的圆盘形和长 6m 左右的船形浮标比较普遍（见图 4-39)。由于浮标受风、浪、潮的影响，标体有一定浮移范围，因此不能用作测定船位的标志。若采用活结式杆形浮标则位置准确，受撞后可复位。内河浮标有鼓形浮标、三角形浮标、棒形浮标、横流浮标和左右通航浮标等。浮标的形状、涂色、顶标、灯质（灯光节奏、光色、闪光周期）等都按规定标准制作，均有其特定含义。

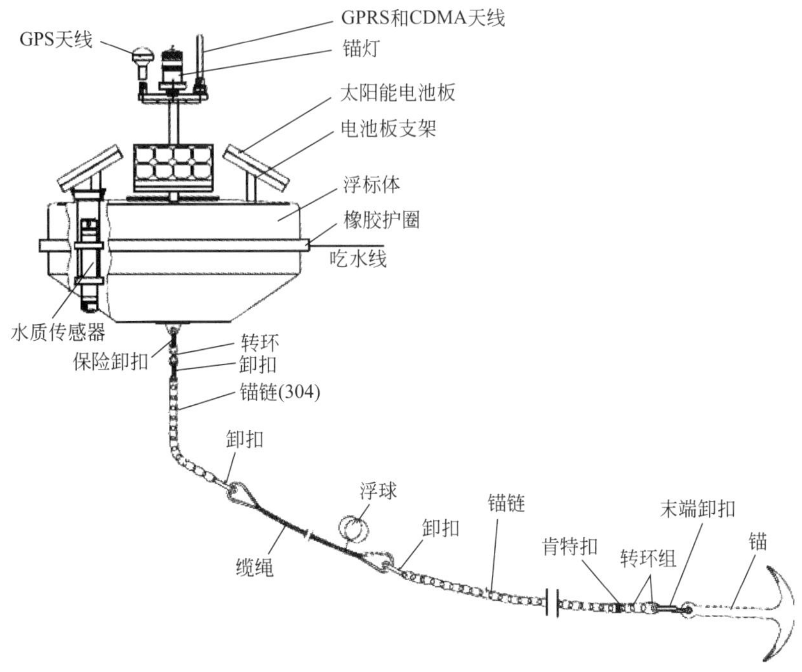

图 4-38 海洋浮标结构示意图

图 4-39 海洋浮标水上部分示例

下面以常用的海上综合观测浮标为例进行介绍。

具体包括如下单元。

(1) 数据采集单元

风向	风速	气压	气温
湿度（或露点）	水温	盐度（电导率）	叶绿素浓度

浊度　透明度　流向　流速
波高　波周期　波向

（2）数据传输单元

CDMA/GPRS通讯

（3）供电系统

MSX20R型太阳能板　保护电路
耐磨、耐刮、耐碰撞，抵受海洋腐蚀性环境
高能免维护蓄电池

（4）系留系统（见图4-40）

锥形锚　霍尔锚　块状锚　铁链
尼龙缆　弹性缆

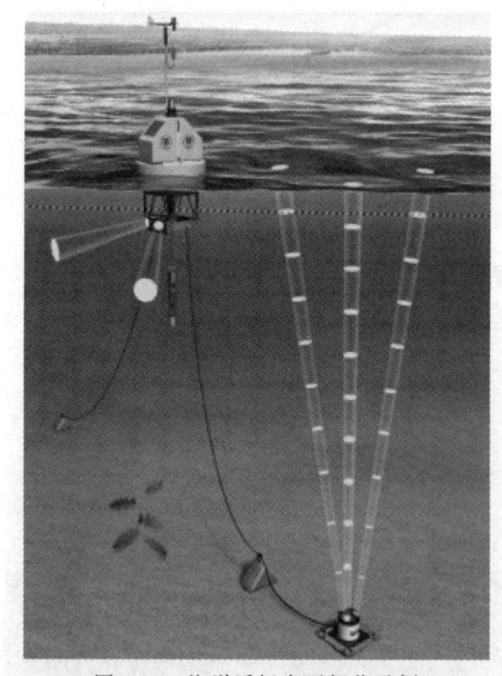

图4-40　海洋浮标水下部分示例

（5）保护单元

GPS-全球定位仪　同时跟踪卫星　实时监测经纬度
脱离预设范围报警：防偷盗、防锚缆断裂、防意外事件
雷达反射器

（6）警示灯标

能见度5.5km　6灯泡轮式结构，自动切换　LED太阳能一体灯
闪烁间隔程序设定

（7）报警

超限自动报警：GPS、溶解氧、叶绿素、氮、磷等

报警信号送指定电话：即时采取措施

有些浮标还在系缆绳上安装着测量不同深度水层温、盐、深度的传感器。但由于技术复杂，易于损坏，所以也有采用潜标观测和声学传输的办法来完成深层观测任务的。

(8) 岸上接收单元

主要设备有遥控发射机、遥测接收机、天线（菱形、笼形或卫星接收天线）、时序控制器、解调译码器、电子计算机和终端演示部分等。海上浮标定时发送的资料或接受岸站指令随时发送的资料，岸站均能自动接收下来，并通过质量控制后直观显示于数字终端（图 4-41）。

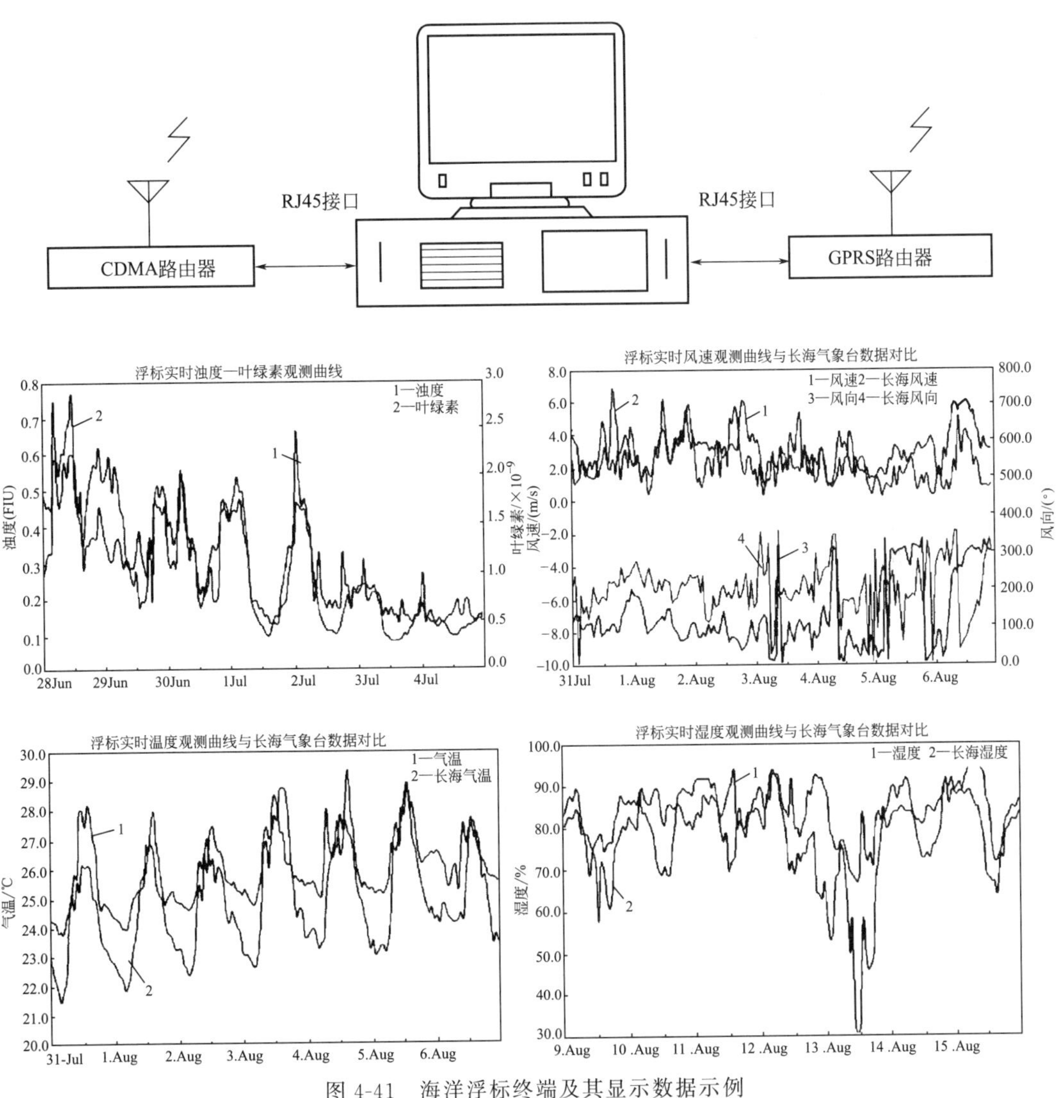

图 4-41　海洋浮标终端及其显示数据示例

大多数海洋浮标是由蓄电池供电进行工作的。但由于海洋浮标远离陆地，换电池不方便，现在有不少海洋浮标装备使用太阳能蓄电设备，有的还利用波能蓄电，大大减少了更换电池的次数，使海洋浮标更简便、经济。

目前国际上的发展趋势是布设浮标网或浮标阵列来实现对大面积海域的高分辨率海洋观测，如国际地转海洋学实时观测阵（ARGO，1998），全球有 23 个国家和团体已经在太平洋、印度洋和大西洋等海域陆续投放了近5000个ARGO浮标，目前正常工作的浮标已超过3000个，中国已布放了35个剖面浮标，该观测网正在以前所未有的规模和速度，源源不断地提供全球海洋从海面到2000m水深内的海水温、盐度剖面和海流资料，每年提供的温、盐度观测剖面大约在10万条以上（http：//www.argo.net/）。

4.2.6.3 操作过程

由于海洋浮标结构复杂、不同用途浮标所配置的观测设备有很大差异、作业地点相对危险等因素，一般由专业人员进行操作，这里就不对其做具体介绍。只简单地介绍一下浮标数据采集和设置部分的操作。

（1）锚系的装配

浮标锚系的连接按如下方法操作。

① 把ϕ20mm不锈钢链条（长2m）和标体的系流眼板之间用ϕ20mm不锈钢卸扣连接。

② 用ϕ20mm不锈钢卸扣把橡胶弹性缆和不锈钢链条连接上。螺旋保险绳套在橡胶弹性缆上。如布放水深少于15m，则不安装橡胶缆。

③ 用ϕ20mm不锈钢卸扣把橡胶缆和编织尼龙缆之间连接好。此步连接之前首先需要测量一下布放区域的水深，然后根据需要截取尼龙缆的绳长再连接。

④ 用ϕ16mm的连接卸扣把尼龙缆和ϕ16mm的三环组连接上。

⑤ 用ϕ16mm的肯特卸扣连接三环组和ϕ16mm的有挡锚链一节（一节有挡锚链长约27.5m）。此步可在船上操作。

⑥ 用尼龙绳把ϕ250mm的深水浮球牢固地系于ϕ16mm的有挡锚链上，距离三环组的连接端一定距离。此步可在船上操作。

⑦ 再用ϕ16mm的肯特卸扣把ϕ16mm的有挡锚链和ϕ16mm的转环组连接上。此步可在船上操作。

⑧ 用ϕ16mm的末端卸扣把50kg的海军锚和转环组连上。此步可在船上操作。

（2）考机检验

出海布放前，海上系统应通过不小于72h的无故障考机运行后，方可进行正式使用布放。

（3）具体布放步骤

波浪浮标的海上布放方法有多种，这里只举例说明其中之一。

布放船：50t木制渔船（具备简单的吊杆和绞盘）；布放站位水深25m；布放时波高1m；风速小于2m/s。

① 岸边准备工作

在岸边将浮标锚系连接妥；

锚系拖至船上搭在舷侧（部分在舷内，部分在舷外），锚放至舷边，采用麻缆简单固定；

浮标吊至船上，固定在专用支架上；

连接锚系至浮标；

航渡至指定站位后，测深，确定实际布放海深；

将锚系的末端（浮标端）用缆绳固定至系缆桩上；

将浮标起吊入水，解脱吊钩；

解脱锚系末端的固定缆，末端锚系入水；

解脱锚系的固定麻缆，将锚投入水中，锚系随之入水；

浮标布放完成。

浮标包装底盘应注意妥善保管，浮标回收作业时仍然需要用到。

② 海上浮标分系统测量工作流程　在首次使用时，需要进行有关工作参数的设置。根据浮标中设定的时序，给加速度计和方位传感器加电预热。预热结束后，CPU 开始采集气象、水文等各种数据温度，同时对采集数据进行存储并编码发射。

浮标作为一个无人值守的观测系统，其主要工作参数均在系统中予以保存。只要不改变工作方式，系统的工作参数将长期保留。断掉系统的供电电池不会使工作参数丢失。但建议在每次使用前对工作参数进行检查。

浮标各参数测量采用定时自动工作的方式，可以选择每 3h 工作一次、每 1h 工作一次、每半小时工作一次、连续工作 4 种工作方式。

连续工作方式，系统加电后即自动开始采集，采集结束后立即发送统计数据，然后开始下一组采集。

4.2.6.4　管理及维护

浮标在位期间如需要更换浮标数据存储卡或对浮标设备进行维修时，需要将浮标吊至作业船上进行，上述工作不需要对浮标锚系进行回收，具体步骤为：在海况允许的情况下，作业船靠近浮标，将浮标吊至船上，将与橡胶缆绳并行连接的尼龙缆固定在系缆桩上（不能使橡胶缆受力）后，进行如下相关工作。作业时应注意不能损伤橡胶缆绳。

（1） 电池检查

检查浮标电池电压，必要时，应进行充电。充电时，采用随机配备的锂电池专用充电器和与之配套的专用充电电缆，不可打开浮标上盖使用其他充电器进行充电，以免发生事故。

（2） 内部仪器设备检查

浮标内部仪器设备出厂前均以安装固定，除更换存储卡之外，一般无须打开，若确有必要开启，调试完毕密封时应将密封法兰盘上的橡胶密封圈放至沟槽内后，方可将上盖固定。

（3） 锚灯检查

系统加电后，浮标上的锚灯在低照度的情况下可以自动工作，白天检查锚灯时，可用不透光物品遮住锚灯，若锚灯工作（闪光），则锚灯正常。

（4） 浮标体清理

在海水中长时间使用的浮标在标体外部会有一定的生物附着，多数附着物可以轻易除去，对于无法清理的硬壳类附着，可以使用弱酸进行涂抹，待其松动后除去，然后使用清水冲洗掉酸液。切忌不可使用硬物强行敲打，以免损坏壳体。

(5) 浮标电池充电

将浮标顶部法兰盘上充电插座的保护盖取下，插上充电机的充电插头，拧紧。松脱浮标顶部法兰盘上的卸压阀。充电过程中，电池会升温，如不松脱卸压阀会造成标体内气压升高，如电池发生意外会造成危险。

将充电机电源插头连接到220V市电，开启充电开关开始充电。充电机消耗功率为1kW，功率较大，请确保供电线路及插座安全可靠。充电过程中充电机本身会有较大功率损耗并发热，请保持通风并避免阳光照射。

充电机工作分为以下几个过程。

① 开始充电，此时Power灯亮，Charge灯为红色。充电机处于大电流充电状态。此过程充电机外壳升温明显，个别位置温度可能比较高，注意避免烫伤。

② 开始充电大约经过8h后，当电池总电压达到14.4V时，进入均衡充电过程，此时Charge灯由红色转为绿色。LED1、LED2、LED3、LED4分别对应4只单体电池，其他的灯没有意义。当单只电池的电压逐渐充满时，对应的LED灯会逐渐由暗转亮。由于个体差异，此过程中4个LED灯的点亮时刻会有所不同。此过程大约需要1～2h。

③ 当所有的电池单体都充满时，均衡灯会全部亮起。此过程延续时间较短，可能不易觉察。

④ 充电结束后，所有的均衡灯熄灭，Charge灯熄灭，仅Power灯亮。此时即可断开充电机电源，取下充电插头。

在充电之前，如果有均衡灯亮，或在充电过程中一直有个别均衡灯未亮，请停止充电。检查电池电压。

正常充电过程约需要10h。充电机如超过12h仍然没有停止或进入均衡状态，请立即停止充电，检查电池与充电机，或与厂家联系解决。电池过充电会对电池寿命与容量造成影响，严重过充电会导致电池报废。

充电完毕，请将充电座的保护盖安装妥当。静置3h以上，待浮标内部热量散尽后，将卸压阀拧紧。

充电机环境防护等级较低，应注意避免水分与尘土的进入。

蓄电池容量以25℃为标准。随温度下降续行里程相对缩短是正常现象，冬天应尽量在室温环境下充电，以保证电池电量充足。

(6) 锚系检查与存放

① 应仔细检查锚系的每一个环节，特别关注以下情况：

a. 橡胶缆属于锚系中的易损件，应着重检查是否存在裂痕、划伤等，如出现问题，必须更换。

b. 注意检查不锈钢链条与卸扣，检查有无个别位置出现明显腐蚀。

c. 检查锚链是否有过度腐蚀。

② 锚系的存放

a. 橡胶缆应密封保存，存放时间不应超过2年。

b. 锚链暴露在空气中，特别是潮湿的空气中易于腐蚀，如长时间存放，最好先除锈并涂刷防锈漆。

③ 浮标状态监测　浮标状态参数中需要定期关注以下参数。

a. 浮标电池电压　浮标的正常工作电压在 10～14.4V 之间，当电池电压低于 10V 时，系统将停止工作以保证电池安全，此时通讯机亦停止工作，锚灯也处于熄灭状态。因此需要经常关注电池电压。

当电池电压低于 11V 时，请尽快组织浮标的回收作业。因为出海作业受各种气象条件等因素限制比较多，因此尽量不要等到电池电压过低时才准备回收，以免系统终止工作后造成安全隐患。

b. 浮标经纬度　浮标正常在位状态，经纬度数值变化不会超过 0.1 分，如果发生较大移动，需要考虑是否发生了锚系断裂或人为破坏，必须及时进行处理。

c. 浮标方位　浮标方位数据应是随着浮标的转动不断变化的数值，如果此数值长时间为 0 或长时间不变化，则可能是浮标的传感器出现故障，需要维修。

d. 锚灯状态　锚灯会随着周围光线的明暗自动工作，在白天为熄灭状态，夜间为闪亮状态。如锚灯不能正常工作，会对浮标的安全造成隐患，需要及时处理。

e. 进水状态　浮标内部安装有进水传感器，如果出现进水报警，必须及时处理。

④ 浮标安全监控　海上自然环境恶劣、渔业活动频繁等因素，造成小型浮标在海上的工作环境复杂危险，因此对浮标的日常安全监控非常重要。根据以往的经验教训，谨慎地提供以下建议：

a. 充分地与当地海事、港口等管理部门沟通，尽可能地得到他们的协助。

b. 在当地做好浮标的宣传工作，尽可能地得到当地渔民及其他海上作业人员的理解与支持，减少人为破坏的可能。

c. 如浮标在岸上可以看到，可定期对浮标进行观察，观测其吃水深度、夜间锚灯的工作状况等。如浮标布放位置较远，最好能定期巡检或请过往船只协助监控。

4.2.6.5　结果解读

定点监测海洋特定海域的气象、水文和环境等相关信息，如风向、风速、气温、湿度、气压、光照度、透明度、温度、盐度、溶解氧、pH 值、叶绿素浓度、罗丹明等参数，可用于综合监测相关海域水环境的变化。

4.2.6.6　小结

海洋综合观测浮标在海洋环境监测中的应用极其广泛，其长期监测功能尤其突出，有利于海洋监测等需要长时间监测的工作的顺利开展。目前由于各种原因其数据资料存储相对分散，没有形成综合性管理，并且开放给公众的数据相对较少。如果能够将其纳入实时综合发布平台，将会促进其在各领域的广泛应用。

参考文献

[1] 杨图强. 一氧化碳检测探头检定问题探讨. 质量技术监督研究，2011，(04)：35-37.

[2] 王楱. 一氧化碳检测仪的测量原理与应用. 中国计量，2010，(01)：67.

[3] 毛会琼，任子晖，牛光东等. 基于 MSP430 的便携式一氧化碳检测仪的设计. 工矿自动化，2007，(02)：72-74.

[4] 贺玉凯，王汝琳，刘中奇等. 红外一氧化碳检测中干扰因素分析及补偿方法研究. 矿山机械，2006，(03)：25-27，32.

[5] 贺玉凯，关中辉，王汝琳. 新型矿用智能红外一氧化碳检测仪研究. 煤炭科学技术，2005，(03)：73-76.

[6] 王宏强. 土壤养分测试仪测光电路系统中温度补偿措施与方法的研究. 晋中：山西农业大学，2004.

[7] 焦谷源. TYZ-3 智能型土壤养分测试仪温度补偿方法研究. 晋中：山西农业大学，2005.

[8] 刘志鹏. 黄土高原地区土壤养分的空间分布及其影响因素. 北京：中国科学院研究生院（教育部水土保持与生态环境研究中心），2013.

[9] 高义民. 陕西渭北苹果园土壤养分特征时空分析及施肥效应研究. 咸阳：西北农林科技大学，2013.

[10] 杨海，金伟，王琳玲等. 一种具有温度校正功能的新型手持式农药残留检测仪. 分析化学，2005，(07)：1041-1044.

[11] 吴丽，郭康权. 便携式有机磷农药残留检测仪的设计. 农机化研究，2010，(05)：133-135，142.

[12] 桂文君. 农药残留检测新技术研究进展. 北京工商大学学报（自然科学版），2012，(03)：13-18.

[13] 蔡陈杰. 茶园中有机氯农药残留检测技术及应用研究. 南京：南京农业大学，2011.

[14] 便携式农药残留速检测仪使用说明书.

[15] 郑和祥，傅卫平，柴建华等. 土壤特性的空间变异性及 PR1 土壤水分速测仪的适用性研究. 内蒙古水利，2006，(04)：25-27.

[16] 杨延荣，杜艳红，卫勇等. 土壤水分速测仪的设计. 农机化研究，2011，(03)：117-119，123.

[17] 王岩军，王正纲. TS-2000A 型土壤水分速测仪. 新疆农业科学，2007，(S3)：153-155.

[18] 王岩军，王正纲. TS-2000A 型无源土壤水分速测仪在农业生产上的应用. 新疆农业科学，2007，(S2)：20-23.

[19] 张宁子. 基于 ITU 总线的智能干湿球温湿度测试系统研究. 银川：宁夏大学，2013.

[20] 谢馨，贾从峰. 用干湿球测量相对湿度的不确定度分析. 环境科学与管理，2011，(07)：146-148.

[21] 刘巨强. 干湿球法测量湿度影响因素分析. 科技创新与应用，2014，(05)：300.

[22] 刘海龙. 湿度测量在环境可靠性试验设备中的应用. 装备环境工程，2010，(06)：288-291.

[23] 林军. 干湿球湿度计测量原理与影响因素研究. 中国计量，2008，(10)：80-81.

[24] 张兆英. CTD 测量技术的现状与发展. 海洋技术，2003，22 (4)：105-110.

[25] 张兆英. 高精度 CTD 剖面仪研制中的问题与对策. 海洋技术，2001，20 (1)：130-139.

[26] 吴明钰，李建国. 高精度 CTD 剖面仪温度传感器. 海洋技术，2001，20 (1)：143-146.

[27] CTD48M 温盐深仪操作指南.

[28] 任琳，曹田. 自动电位滴定仪在大学实验教学中的应用. 安徽建筑工业学院学报，2007，15 (6)：77-79.

[29] 陶小晚，钟少军，阎军，瞿成利. 自动电位滴定仪高效高精度测定海水碱度值. 海洋科学，2008，32 (10)：77-80.

[30] 孙晗杰，李铁刚，于心科. 自动电位滴定仪测定海洋沉积物中碳酸盐百分含量. 海洋地质与第四纪地质，2012，2 (5)：157-162.

[31] 谈军，杨继光，毛菊林，刘朝阳. 对“自动电位滴定仪”开展检定工作的体会和建议. 中国计量，2011，8：113-114.

[32] 程万虎，刘红武. 不同类型浊度仪对浊度的测试研究. 净水技术，2002，4：33-35.

[33] 白金纬，张德源，刘畅. 浊度仪中两种不同光源对浊度测量的影响研究. 光学仪器，2008，30 (2)：1-3.

[34] 孙广军，郭欣岩. 浊度和浊度仪在盐水悬浮物测最中的应用. 中国氯碱，2003，1：40-42.

[35] 梅玫，黄勇. 水体中浊度测定方法的研究进展. 广东化工，2012，9：158-159.

[36] 尹亮，李哲，祁欣. 透射光补偿浊度测量方法的研究. 北京化工大学学报（自然科学版），2013，40 (3)：89-92.

[37] 李向召，谢康，黄志凡，曾宏勋. 激光粒度仪的技术发展与展望. 现代科学仪器，2009，4：146-148.

[38] 谭立新，蔡一湘，余志明等. 激光粒度仪颗粒联测的结果与评价. 中国粉体技术，2011，17 (1)：84-87.

[39] 吴琼，宋星原，张立军等. 激光粒度分析仪在泥沙粒径分析中的比测应用. 人民长江，2012，43 (1)：174-176.

[40] 刘秀明，罗祎. 粒度分析在沉积物研究中的应用. 实验技术与管理，2013，30 (8)：20-23.

[41] 唐娟. 浅谈激光粒度仪的使用及管理. 分析仪器，2012，6：102-103.

[42] 彭靖. YSI 多参数水质监测仪在不同河口咸潮监测中的应用. 水利科技与经济，2013，9 (4)：13-15.

[43] YSI 公司. 环境监测系统操作手册. 北京：YSI 公司，2010.

[44] 周良明，刘玉光，郭佩芳等. 多参数水质检测仪在海洋水质监测中的应用. 气象水文海洋仪器，2003：44-57.

[45] 邹洪波. YSI 多参数水质监测仪在咸潮测量中的应用初探. 广东水利电力职业技术学院学报，2008，6 (2)：9-42.

[46] 刘苑，陈宇炜，邓建明. YSI（多参数水质检测仪）测定叶绿素 a 浓度的准确性及误差探讨. 湖泊科学，2010，22 (6)：965-968.

[47] 李保成. 基于多种通信方式的海洋资料浮标数据接收系统研究及数据分析. 青岛：中国海洋大学，2012.
[48] 王军成. 国内外海洋资料浮标技术现状与发展. 海洋技术，1998，1：9-15.
[49] 唐原广，王金平. SZF 型波浪浮标系统. 海洋技术，2008，27（2）：31-33.
[50] 曹恒永. HFB-l 型海洋浮标系统. 海洋科技资料，1981，（3）：44-48.
[51] 蔡励勋. 海洋多参数水质在线自动连续监测浮标的应用. 中国水产，2008，（4）：57-59.